高等数学（经管类）

（第 2 版）

狄 芳　陆生琪　陶 耘　编著

东南大学出版社
·南京·

内容提要

近些年来，我国高等教育事业有了较大发展，为适应部分二本类高等院校经管类专业的教学需要，配合高等院校的教学改革和教材建设，我们遵照教育部最新制定的《经济管理类本科数学基础课程教学基本要求》编写了本书。全书内容包括函数、极限与连续、导数与微分、微分中值定理与导数应用、不定积分、定积分及其应用、多元函数微分法及其应用、二重积分、无穷级数、常微分方程与差分方程简介；同时，考虑到计算机技术的迅速发展和普及，在附录部分介绍了 MATLAB 软件，使学生能通过计算机编程亲身体验数学知识，提高学习的兴趣。

本书内容精炼、结构严谨且通俗易懂，可作为二本类高等院校经管类专业的教材，也可供从事经济、管理工作的人员参考.

图书在版编目（CIP）数据

高等数学. 经管类 / 狄芳，陆生琪，陶耘编著. —
2版. —南京：东南大学出版社，2019.8（2023.7重印）
ISBN 978-7-5641-8529-9

Ⅰ. ①高… Ⅱ. ①狄… ②陆… ③陶… Ⅲ. ①高等数学-高等学校-教材 Ⅳ. ①O13

中国版本图书馆 CIP 数据核字（2019）第 187529 号

高等数学(经管类) Gaodeng Shuxue (Jingguanlei)

编　　著　狄　芳　陆生琪　陶　耘
出版发行　东南大学出版社
社　　址　南京市四牌楼 2 号（邮编：210096）
出 版 人　江建中
责任编辑　吉雄飞（联系电话：025-83793169）
经　　销　全国各地新华书店
印　　刷　南京京新印刷有限公司
开　　本　700mm×1000mm　1/16
印　　张　23
字　　数　451 千字
版　　次　2019 年 8 月第 2 版
印　　次　2023 年 7 月第 3 次印刷
书　　号　ISBN　978-7-5641-8529-9
定　　价　49.80 元

本社图书若有印装质量问题，请直接与营销部联系，电话：025-83791830。

前　言

近些年来，我国高等教育事业有了较大发展，为适应部分二本类高等院校经管类专业的教学需要，配合高等院校的教学改革和教材建设，编写的本书于2015年出版，各方面反映良好。全书内容包括函数、极限与连续、导数与微分、微分中值定理与导数应用、不定积分、定积分及其应用、多元函数微分法及其应用、二重积分、无穷级数、常微分方程与差分方程简介；同时，在附录部分介绍了MATLAB软件，使学生能通过计算机编程亲身体验数学知识，提高学习的兴趣。

此次修订是在第1版的基础上，根据我们多年的教学改革实践，并按照新形势下教材改革的精神进行地全面修订。我们保留了第1版的体系和风格，及其内容精炼、结构严谨、循序渐进、通俗易懂、例题较多、便于自学等优点，同时根据当前教学要求，在各章后加入和本章节内容相关的数学家简介，以增强学生对数学史的了解，从而激发学习的兴趣，对例题和习题也作了适当的补充和调整，在选材和叙述上尽量做到理论联系实际，并注意吸收当前教材改革中的一些成功举措，使得本书成为一本既符合改革精神又继承传统优点的教材。

本次修订仍保留了带“*”的内容，每章后习题分为A组基础题和B组提高题，以供不同专业的教师和学生选用和参考。

本书第1版中，第1,2,3及11章由陶耘编写，第4,5,6,7章由陆生琪编写，第8,9,10章由狄芳编写，最后由狄芳负责全书的统稿和定稿。此次修订工作由陆生琪、狄芳完成。在编写和修订本书过程中，编者得到了三江学院各位领导和数理部同事的大力支持，在此表示衷心感谢！

由于编者水平有限，书中难免存在不妥之处，敬请读者批评指正。

编者

2019年7月

目　录

1 函数

1.1 集合

1.1.1 集合

1）集合的概念

集合是具有某种共同性质的对象的全体.例如,某高校一年级学生、一批产品、方程 $x^2-4x-12=0$ 的根、全体实数,等等.我们把组成某一集合的那些对象称为这个集合的元素.例如上述的集合中,学生、产品、根、数等都分别为相应集合的元素.

习惯上用大写字母 $A,B,C,\cdots$ 表示集合,而用小字母 $a,b,c,\cdots$ 表示集合的元素.如果 a 是集合 A 的元素,就记为 $a\in A$,读作 a 属于 A 或者 a 在 A 中;如果 a 不是集合 A 的元素,就记为 $a\notin A$,读作 a 不属于 A 或者 a 不在 A 中.

由有限多个元素组成的集合称为有限集合,如上述方程的根;特别的,仅含一个元素的集合称为单元素集.由无限多个元素组成的集合称为无限集合,如正整数集.

2）表示法

表示集合有两种方法.一种是列举法,即若一个集合的元素可以一一列举出来,可用一个花括号{ }把这些元素括起来,以表示这个集合.例如,由元素 a_1,$a_2,\cdots,a_n$ 组成的集合 A 可以表示为 $A=\{a_1,a_2,\cdots,a_n\}$.另一种方法是描述法,即若集合 M 是具有某种性质 P 的元素 x 的全体所组成的,就可以表示成 $M=\{x\mid x$ 具有性质 $P\}$.例如,集合 B 是全体偶数的集合就可以表示为 $B=\{x\mid x=2n,n$ 为整数$\}$.

集合以及集合间的关系可以用图形表示,称为文氏图.文氏图是用一个简单的平面区域代表一个集合(见图 1-1),集合内的元素则用区域内的点表示.

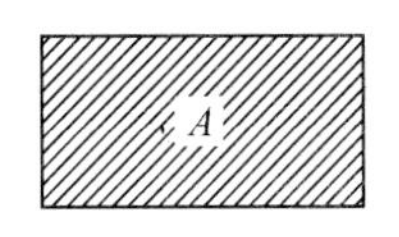

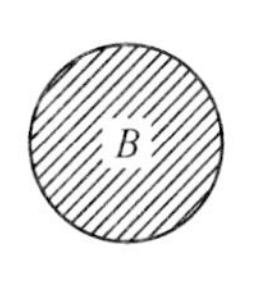

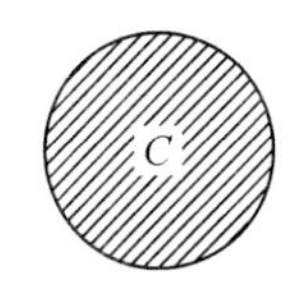

图 1-1

3）空集与全集

不含有任何元素的集合称为空集，记为 $\varnothing$. 例如，方程 $x^4+1=0$ 的实数解的集合为空集. 由所研究的所有事物构成的集合称为全集，记为 Ω. 全集是相对的，一个集合在某种情况下是全集，在另一种条件下就可能不是全集. 例如，讨论的问题仅限于有理数，则有理数集 $\mathbf{Q}$ 为全集；若讨论的问题为实数集，则有理数集 $\mathbf{Q}$ 就不是全集.

4）子集

定义 1.1 如果集合 A 的每一个元素都属于集合 B，则称 A 为 B 的子集，记作 $A\subset B$ 或 $B\supset A$，读作 A 包含于 B 或 B 包含 A（见图 1-2）.

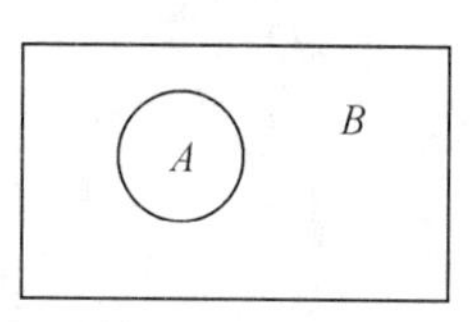

图 1-2

例 1-1 已知集合 $A=\{2,3,4\}$，$B=\{1,2,3,4,5,6\}$，则 $A\subset B$.

由定义可知，任何一个集合的本身是它的子集，即 $A\subset A$；空集 $\varnothing$ 是任何一个集合的子集.

定义 1.2 设有集合 A 与 B，若 $A\subset B$ 且 $B\subset A$，则称 A 与 B 相等，记为 $A=B$.

例 1-2 已知集合

$A=\{x|x$ 为大于 3 小于 6 的整数$\}$，

$B=\{x|x^2-9x+20=0\}$，

则 $A=B$.

由子集的定义可知，若 $A\subset B$，$B\subset C$，则 $A\subset C$，即集合关系有传递性.

5）集合的运算

集合之间可以进行运算. 设 A，B 是任意两个集合，它们的运算主要有以下几种.

定义 1.3 由 A 与 B 的所有元素构成的集合称为 A 与 B 的并，记为 $A\cup B$（见图 1-3），即 $A\cup B=\{x|x\in A$ 或 $x\in B\}$.

例 1-3 设 $A=\{1,2,3,4\}$，$B=\{3,4,5,6\}$，则

$A\cup B=\{1,2,3,4,5,6\}$.

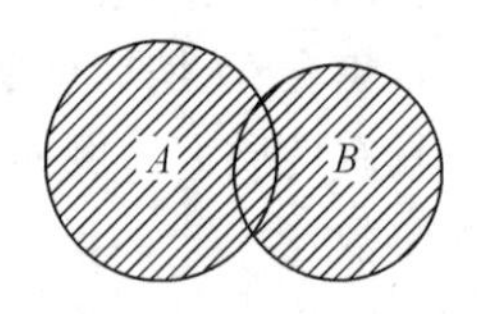

图 1-3

例 1-4 设 $A=\{x|-1\leqslant x\leqslant 1\}$，$B=\{x|x>0\}$，则

$A\cup B=\{x|x\geqslant -1\}$.

集合的并有下列性质：

(1) $A\subset A\cup B$，$B\subset A\cup B$；

(2) 对任何集合 A，有 $A\cup\varnothing=A$，$A\cup\Omega=\Omega$，$A\cup A=A$.

定义 1.4 设有集合 A 和 B，由既属于 A 又属于 B 的元素所构造的集合称为 A 与 B 的交，记为 $A\cap B$（见图 1-4），即

$A\cap B=\{x|x\in A$ 且 $x\in B\}$.

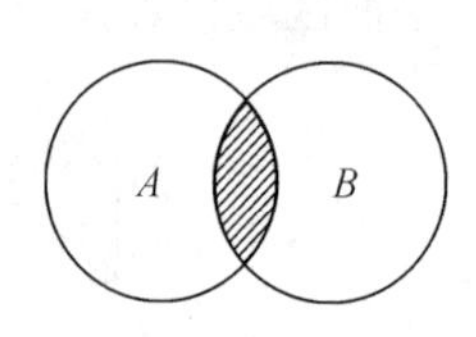

图 1-4

例 1-5　设 $A=\{a,b,c\}$，$B=\{a,b\}$，则

$$A\cap B=\{a,b\}.$$

例 1-6　设 $A=\{x\mid -2\leqslant x\leqslant 2\}$，$B=\{x\mid x<-1\}$，则

$$A\cap B=\{x\mid -2\leqslant x<-1\}.$$

集合的交有下列性质：

(1) $A\cap B\subset A$，$A\cap B\subset B$；

(2) 对任何集合 A，有 $A\cap\varnothing=\varnothing$，$A\cap\Omega=A$，$A\cap A=A$.

如果 $A\cap B=\varnothing$，则称 A，B 是不相交的，或说 A，B 是分离的.

定义 1.5　设有集合 A 和 B，由属于 A 但不属于 B 的元素所组成的集合称为 A 与 B 的差，记为 $A-B$(见图 1-5)，即

$$A-B=\{x\mid x\in A \text{ 且 } x\notin B\}.$$

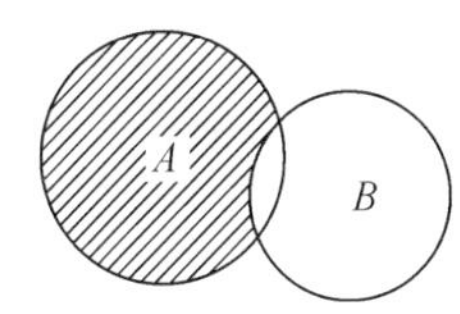

图 1-5

例 1-7　如果 $A=\{1,2,3\}$，$B=\{1,3,5\}$，则

$$A-B=\{2\}.$$

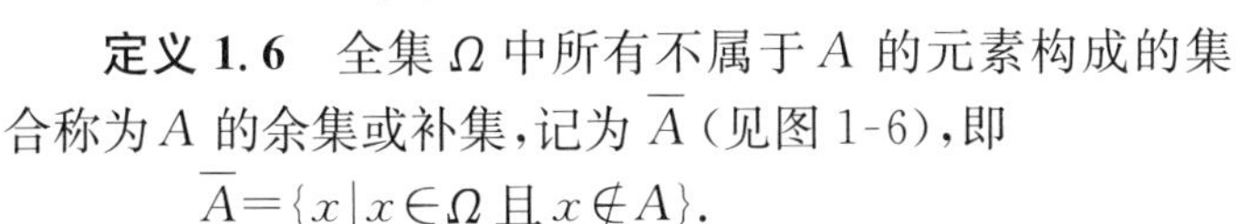

定义 1.6　全集 Ω 中所有不属于 A 的元素构成的集合称为 A 的余集或补集，记为 $\overline{A}$(见图 1-6)，即

$$\overline{A}=\{x\mid x\in\Omega \text{ 且 } x\notin A\}.$$

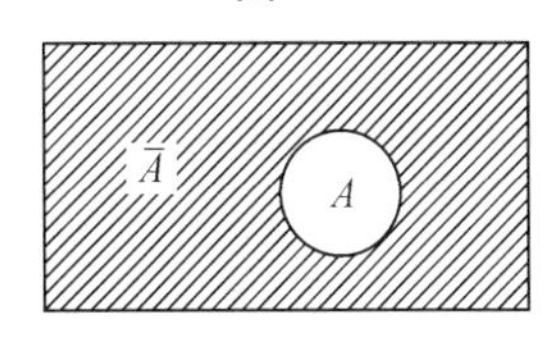

图 1-6

例 1-8　设某单位全体员工为全集 Ω，如果 A 表示该单位懂德语的人的集合，则 $\overline{A}$ 表示该单位不懂德语的人的集合.

补集有下列性质：

$$A\cup\overline{A}=\Omega,\quad A\cap\overline{A}=\varnothing.$$

集合的并、交与补具有与初等代数里加法和乘法相类似的性质，现列举如下：

① 交换律：$A\cup B=B\cup A$，$A\cap B=B\cap A$；

② 结合律：$(A\cup B)\cup C=A\cup(B\cup C)$，

$(A\cap B)\cap C=A\cap(B\cap C)$；

③ 分配律：$(A\cup B)\cap C=(A\cap C)\cup(B\cap C)$，

$(A\cap B)\cup C=(A\cup C)\cap(B\cup C)$；

④ 对偶律：$\overline{A\cup B}=\overline{A}\cap\overline{B}$，$\overline{A\cap B}=\overline{A}\cup\overline{B}$.

下面证明分配律的第二个式子和对偶律的第一个式子，其他的关系式可类似进行证明.

分配律的第二个式子的证明如下：

证　设 $x\in(A\cap B)\cup C$，则

$$x\in A\cap B \quad\text{或}\quad x\in C,$$

因此

$$x\in A \text{ 同时 } x\in B \quad\text{或}\quad x\in C,$$

于是

$$x\in A\cup C \quad \text{同时} \quad x\in B\cup C,$$

即

$$x\in (A\cup C)\cap(B\cup C),$$

于是

$$(A\cap B)\cup C\subset(A\cup C)\cap(B\cup C).$$

反之,设 $x\in (A\cup C)\cap(B\cup C)$,则

$$x\in A\cup C \quad \text{同时} \quad x\in B\cup C,$$

因此

$$x\in A \text{ 或 } x\in C \quad \text{同时} \quad x\in B \text{ 或 } x\in C,$$

所以

$$x\in (A\cap B)\cup C,$$

于是

$$(A\cup C)\cap(B\cup C)\subset(A\cap B)\cup C.$$

综上,可得

$$(A\cap B)\cup C=(A\cup C)\cap(B\cup C).$$

对偶律的第一个式子的证明如下:

证 如果 $x\in \overline{A\cup B}$,则 $x\notin A\cup B$,即

$$x\notin A \text{ 且 } x\notin B, \quad \text{即} \quad x\in \overline{A} \text{ 且 } x\in \overline{B},$$

因此 $x\in \overline{A}\cap\overline{B}$,所以

$$\overline{A\cup B}\subset\overline{A}\cap\overline{B}.$$

反之,设 $x\in \overline{A}\cap\overline{B}$,则 $x\in\overline{A}$且 $x\in\overline{B}$,即

$$x\notin A\text{且 } x\notin B, \quad \text{即} \quad x\notin A\cup B,$$

因此 $x\in \overline{A\cup B}$,所以

$$\overline{A}\cap\overline{B}\subset\overline{A\cup B}.$$

综上,可得

$$\overline{A\cup B}=\overline{A}\cap\overline{B}.$$

例 1-9 利用集合运算律证明:$Z\cup\overline{Z\cap Y}\cup Y=\Omega$.

证 $Z\cup\overline{Z\cap Y}\cup Y=Z\cup(\overline{Z}\cup\overline{Y})\cup Y=(Z\cup\overline{Z}\cup\overline{Y})\cup Y$

$$=\Omega\cup\overline{Y}\cup Y=\Omega.$$

6) 笛卡儿乘积

集合的元素是不涉及顺序的,如{1,2}与{2,1}是指同一集合,但有时需要研究元素必须按照某种规定顺序进行排列的问题.

将两元素 a 与 b 按前后顺序排成一个元素组 (a,b),称为有序元素组. (a,b)与(b,a)是两个不同的有序元素组.

对于有序元素组(a_1,b_1)与(a_2,b_2)，当$a_1=a_2$且$b_1=b_2$时，我们称(a_1,b_1)与(a_2,b_2)相等.

由n个元素组成的有序数组$(a_1,a_2,\cdots,a_n)$称为n元有序数组，如(a_1,b_1)是二元有序数组.

定义 1.7 设有集合A与B，对任意的$x\in A$，$y\in B$，所有二元有序数组(x,y)构成的集合称为集合A与B的笛卡儿乘积，记为$A\times B$，即

$$A\times B=\{(x,y)\mid x\in A,y\in B\}.$$

例 1-10 设$A=\{1,3,5\}$，$B=\{2,3,4,6\}$，则

$$A\times B=\{(1,2),(1,3),(1,4),(1,6),(3,2),(3,3),(3,4),(3,6),(5,2),(5,3),(5,4),(5,6)\}.$$

例 1-11 设$A=\{1,2\}$，$B=\{3,1\}$，$C=\{2\}$，则

$$A\times B\times C=\{(1,3,2),(1,1,2),(2,3,2),(2,1,2)\}.$$

例 1-12 设$A=\{x\mid 1\leqslant x\leqslant 2\}$，$B=\{y\mid 0\leqslant y\leqslant 1\}$，则

$$A\times B=\{(x,y)\mid 1\leqslant x\leqslant 2,0\leqslant y\leqslant 1\}.$$

它表示平面直角坐标系中的矩形区域(见图 1-7). 类似的，可以定义

$$A\times B\times C=\{(x,y,z)\mid x\in A,y\in B,z\in C\}.$$

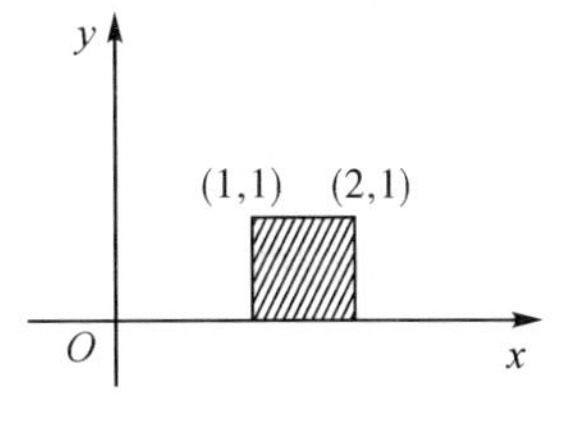

图 1-7

1.1.2 实数集

1) 定义

微积分的主要研究对象是函数. 实际上，这里说的函数主要在实数范围内考虑. 因此，我们先学习一下实数集的定义. 正负整数、正负分数及零统称为有理数. 有理数可以表示成$\frac{m}{n}$，其中m，n均为整数，$n\neq 0$，且m与n没有公因子. 除了有理数还有无理数，例如$\sqrt{2}$不能用$\frac{m}{n}$进行表示，称它为无理数. 全部有理数与无理数构成的集合称为实数集或实数系. 实数集常用$\mathbf{R}$表示.

2) 区间

区间是用得较多的一类数集. 设$a,b\in\mathbf{R}$，且满足$a<b$.

开区间：数集$\{x\mid a<x<b\}$称为开区间，记为(a,b).

闭区间：数集$\{x\mid a\leqslant x\leqslant b\}$称为闭区间，记为$[a,b]$.

半开区间、半闭区间：数集$\{x\mid a\leqslant x<b\}$及数集$\{x\mid a<x\leqslant b\}$均称为半开区间或半闭区间，分别记为$[a,b)$及$(a,b]$.

以上三类均为有限区间，a和b均称为它们的端点，并称a为左端点，b为右端点. 右端点与左端点的差$b-a$称为区间的长度.

除有限区间外还有无限区间.这里先介绍三个符号:符号$+\infty$称为正无穷大,符号$-\infty$称为负无穷大,符号∞称为无穷大.需要注意的是,$+\infty$,$-\infty$,∞都是符号,而非数.

有以下几种很常见的无限区间:

$$\mathbf{R}=(-\infty,+\infty),$$
$$(-\infty,b]=\{x\mid-\infty<x\leqslant b\},\quad(-\infty,b)=\{x\mid-\infty<x<b\},$$
$$[a,+\infty)=\{x\mid a\leqslant x<+\infty\},\quad(a,+\infty)=\{x\mid a<x<+\infty\}.$$

3) 邻域

在今后的讨论中,有时需要考虑由某点x_0附近所有点构成的集合,为此我们引入邻域的概念.

定义 1.8 设δ为某个正数,称开区间$(x_0-\delta,x_0+\delta)$为点x_0的δ邻域,记作$U(x_0,\delta)$,并称x_0为该邻域的中心,δ为该邻域的半径;点x_0的邻域去掉中心x_0后的集合称为x_0的去心δ邻域,记作$\mathring{U}(x_0,\delta)$;开区间$(x_0-\delta,x_0)$为x_0的左邻域,$(x_0,x_0+\delta)$为x_0的右邻域.

点x_0的δ邻域(见图 1-8)又可表示为集合$\{x\mid |x-x_0|<\delta\}$;点x_0的去心δ邻域(见图 1-9)可表示为集合$\{x\mid 0<|x-x_0|<\delta\}$.

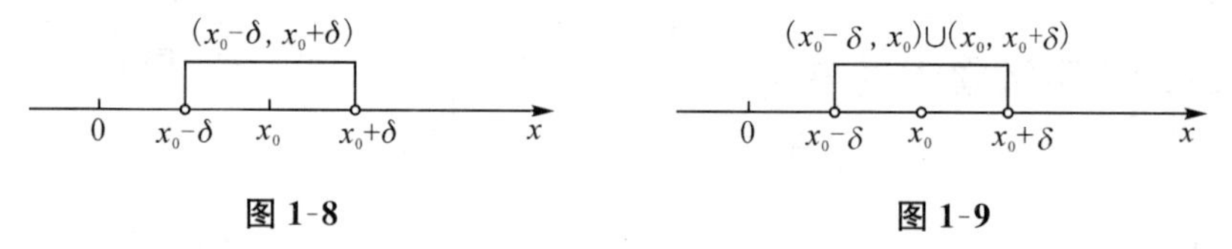

图 1-8　　图 1-9

1.2 函数

1.2.1 常量与变量

在自然科学、工程技术及生产实践中常常会遇到各种不同的量,如路程、速度、时间、长度、面积、体积、产量等等.它们的实际含义虽然不同,但根据它们的特点可以归纳成两种情形.第一种情形是在研究某个事物的过程中始终保持定值的量,我们称其为常量;第二种情形是在研究某个事物的过程中可以取不同值的量,我们称其为变量.例如,自由落体在降落的过程中,重力加速度是常量,而速度及位移则是变量.

常量与变量是两类不同的量,但它们的划分不是绝对的,同一个量在某种情形下是常量,而在另一种情形下则可能是变量.比如重力加速度,在某一地区某一高度之内,它可以看成常量,但距地面高度较大时,重力加速度数值显著减小,此时就是变量.

在今后的研究中,我们常常将常量看成是变量的特殊情形,这样会给我们研究带来许多方便.通常用小写的拉丁字母 $a,b,c,\cdots$ 表示常量,用小写的拉丁字母 x,$y,z,\cdots$ 表示变量.

1.2.2 函数概念

在自然现象或生产实践中常常出现两个或两个以上的变量,而它们之间是有关联的,且服从一定的规律.为了解释这些变量之间的关联与服从的规律,我们先观察下面的实例.

例 1-13(圆面积) 记圆的面积为 S,半径为 r,那么 S 与 r 之间满足下面的关系:$S=\pi r^2$,其中 π 为圆周率,r 为圆的半径.设 r 由 0 增加到 10,那么对 r 在区间 $[0,10]$ 上的任意一个值,譬如说 r_0,按照上面的关系,面积 S 就有确定的值 πr_0^2 与之对应.

例 1-14 某君父母每年在他生日那天会记录下他的身高.表 1-1 所示的是某君 1 周岁到 10 周岁的身高.

表 1-1

年龄(岁)	1	2	3	4	5	6	7	8	9	10
身高(m)	0.73	0.84	0.91	0.98	1.05	1.11	1.20	1.31	1.36	1.42

由表 1-1 可知某君的身高随年龄的增长而增高.如果想知道他 5 岁时的身高,只要查表就知道为 1.05 m.

由以上两个实例可以看出,尽管它们的实际背景不同,表示的方式也各异,但在数量关系方面都有以下两个共同特点:

(1) 每个实例中都有两个变量,每个变量都有它一定的变化范围;

(2) 其中一个变量与另一个变量有着紧密联系,且这种联系服从一定的规律.

将以上两个共同特点抽象化并用数学语言表达出来,便可得到函数的概念.

定义 1.9 若 D 是一个非空实数集合,设有一个对应规则 f,使每一个 $x\in D$,都有一个确定的实数 y 与之对应,则称这个对应规则 f 为定义在 D 上的一个函数关系,或称变量 y 是变量 x 的函数,记作 $y=f(x)$,$x\in D$.其中,x 称为自变量,y 称为因变量;集合 D 称为函数的定义域,也可记作 $D(f)$.

若 $x_0\in D(f)$,则称 $f(x)$ 在点 $x=x_0$ 处有定义.x_0 所对应的 y 值,记作 y_0 或 $f(x_0)$ 或 $y\big|_{x=x_0}$,称为当 $x=x_0$ 时函数 $y=f(x)$ 的函数值.

全体函数值的集合 $\{y\,|\,y=f(x)$,其中 $x\in D(f)\}$ 称为函数 $y=f(x)$ 的值域,记作 Z 或 $Z(f)$.

除了记号 $y=f(x)$ 外,我们有时也用其他记号来表示函数,如 $y=g(x)$,$y=h(x)$ 等等.

关于函数概念,我们提出以下几点注释:

(1) 由定义1.9可知,函数概念有两个重要因素——定义域与对应规律,如果两个函数的定义域和对应规律相同,那么它们就是同一个函数.

(2) 每个函数除定义域外,还有值域,它们随着函数的出现而出现,因此它们都不可能是空集.我们前面讨论过的几个函数,无一不是如此.

(3) 我们引进的函数只有一个自变量,故常常称它为一元函数,而且对于自变量x在定义域D中的每一个值,因变量y有唯一确定的值与之对应,故这样的函数为单值函数.在没有特别声明的情况下,以后凡提及函数,均指一元单值函数.

但有时我们也会遇到多值函数,即若对于自变量x的某些值,因变量y的对应值不止一个,此时称y是x的多值函数.例如,对于方程$x^2+y^2=1$,解得$y=\pm\sqrt{1-x^2}$,对于自变量x在区间$(-1,1)$内任取一个值,皆有两个不同的值与之对应,因此y是x的多值函数.

注:多值函数基本上不属于本书的研究范围.

例1-15 求函数$y=\arcsin(1-x)+\ln\dfrac{1+x}{1-x}$的定义域.

解 给定函数的定义域要求满足

$$|1-x|\leqslant 1 \quad 且 \quad \frac{1+x}{1-x}>0,$$

即

$$-1\leqslant 1-x\leqslant 1 \quad 且 \quad (x+1)(x-1)<0,$$

解得$0\leqslant x\leqslant 2$且$-1<x<1$,因此有$0\leqslant x<1$.

于是,给定函数的定义域为$D=[0,1)$.

例1-16 求函数$y=\dfrac{\ln(x+1)}{\sqrt{x-1}}$的定义域.

解 给定函数的定义域要求满足

$$x+1>0 \quad 且 \quad x-1>0,$$

即$x>-1$且$x>1$,因此有$x>1$.

于是,给定函数的定义域为$D=(1,+\infty)$.

例1-17 求函数$y=\dfrac{1}{\ln(2x-3)}$的定义域.

解 给定函数的定义域要求满足

$$2x-3>0 \quad 且 \quad 2x-3\neq 1,$$

即$x>\dfrac{3}{2}$且$x\neq 2$.

于是,给定函数的定义域为$D=\left(\dfrac{3}{2},2\right)\cup(2,+\infty)$.

以上问题的定义域都是自变量所能取得使函数有意义的一切实数所构成的集合.以后如不另作声明,我们都做这样的约定,即函数的定义域就是自变量所能取得使函数有意义的一切实数值的集合.对于实际问题中出现的函数,它的定义域则是根据问题的实际意义来确定.

1.2.3 分段函数

有些函数,对于其定义域内自变量不同的值,其对应规则不能用一个统一的数学表达式表示,而要用两个或两个以上的式子表示,这类函数称为“分段函数”.分段函数的表达式虽然用几个式子表达,但它表示的是一个函数而非几个函数.

例 1-18 符号函数

$$f(x)=\operatorname{sgn}x=\begin{cases}-1, & x<0,\\ 0, & x=0,\\ 1, & x>0\end{cases}$$

是一个分段函数,定义域为$(-\infty,+\infty)$,值域 $Z=\{-1,0,1\}$,其图形如图 1-10 所示.

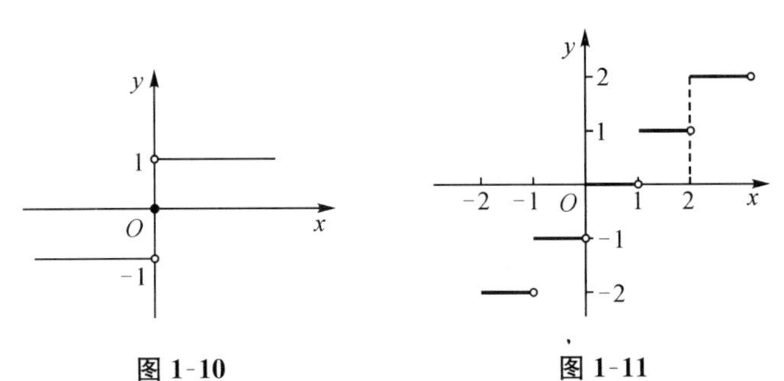

图 1-10　　图 1-11

例 1-19 取整函数 $f(x)=[x]$,其中$[x]$表示不超过 x 的最大整数.例如,$[1.5]=1$,$[-0.2]=-1$,$[0]=0$.

取整函数的定义域为$(-\infty,+\infty)$,其图形如图 1-11 所示.

例 1-20 已知函数

$$f(x)=\begin{cases}0, & x<0,\\ \dfrac{x^2}{4}, & 0\leqslant x<2,\\ 1, & x\geqslant 2,\end{cases}$$

求 $f(-1)$,$f(1)$,$f(2)$以及 $f(x)$的定义域并作图.

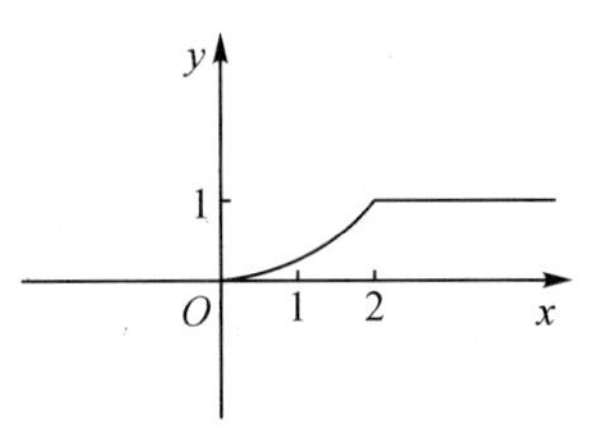

图 1-12

解 $f(-1)=0$,$f(1)=\dfrac{1}{4}$,$f(2)=1$.

$f(x)$的定义域为$(-\infty,+\infty)$,其图形如图 1-12 所示.

1.2.4 隐函数

用公式法表达的函数,在前面我们遇到的函数中,它们的对应规则都为因变量用自变量的一个数学表达式表示出来的,如 $y=(x^2+x+1)^{100}$,$y=\ln(x^2+1)$等,这些函数都称为显函数;而有些函数,它们的对应规则是用一个方程 $F(x,y)=0$ 来表示的,这些函数称为隐函数.

例如 $x^2-y^3+10=0$ 可确定一个 y 与 x 的函数关系,因为对区间$(-\infty,+\infty)$内任一个 x 值通过方程可唯一的确定一个 y 值. 如 $x=1$ 时,$y=\sqrt[3]{11}$.

有的隐函数可以比较容易地通过代数运算化为显函数. 例如上述方程可解得 $y=\sqrt[3]{x^2+10}$,于是 y 成了 x 的显函数. 但有的隐函数并不能很容易地通过代数运算化为显函数,有的甚至不可能. 例如方程 $y-x-\frac{1}{2}\sin y=0$ 所确定的隐函数便属于这种类型.

1.2.5 建立函数关系的例题

要解决应用问题,先要给问题建立数学模型,即建立函数关系,为此需明确问题中的因变量与自变量,再根据题意建立等式,从而得出函数关系,然后确定函数定义域. 应用问题中函数的定义域,除考虑函数的解析式外,还要考虑变量在实际问题中的含义.

例 1-21 某工厂生产某产品,且每日最多生产 500 单位. 若它的日固定成本为 500 元,生产一个单位产品的可变成本为 6 元,试建立该厂日总成本 $C(x)$与日生产 x 单位产品之间的函数关系.

解 日总成本 C 由日固定成本与日可变成本两部分构成,由题设可知日产量不超过 500 单位,故总成本为

$$C(x)=500+6x,\quad 0<x\leqslant 500.$$

例 1-22 设某超市以每千克 a 元价格购入某种商品,再以每千克 b 元价格出售这种商品$(a<b)$. 为了促销,该超市规定,若顾客一次购买该商品在 10 kg 以上,则超出 10 kg 的部分以每千克 $0.9b$ 元的优惠价出售. 试将一次成交的销售收入 R 与利润 L 表示成销售量 x 的函数.

解 由题设可知,一次售出 10 kg 以内的收入为

$$R=bx,\quad 0\leqslant x\leqslant 10,$$

一次售出 10 kg 以上的收入为

$$R=10b+0.9b(x-10)=b+0.9bx,\quad x>10.$$

因此,一次成交的销售收入 R 是 x 的分段函数,即

$$R(x)=\begin{cases} bx, & 0\leqslant x\leqslant 10, \\ b+0.9bx, & x>10. \end{cases}$$

一次成交的销售利润 L 也是 x 的分段函数,即

$$L(x)=\begin{cases} (b-a)x, & 0\leqslant x\leqslant 10, \\ b+0.9bx-ax, & x>10. \end{cases}$$

1.3 函数的几种简单性质

1.3.1 有界性

定义 1.10 设函数 $y=f(x)$ 在区间 D 内有定义,如果存在一个正数 M,对于所有的 $x\in D$,恒有 $|f(x)|\leqslant M$,则称函数 $f(x)$ 在 D 上是有界的,否则便称是无界的.

例 1-23 讨论下列函数的有界性:

(1) $y=\sin x$, $x\in(-\infty,+\infty)$;

(2) $y=\tan x$, $x\in\left(-\frac{\pi}{2},\frac{\pi}{2}\right)$.

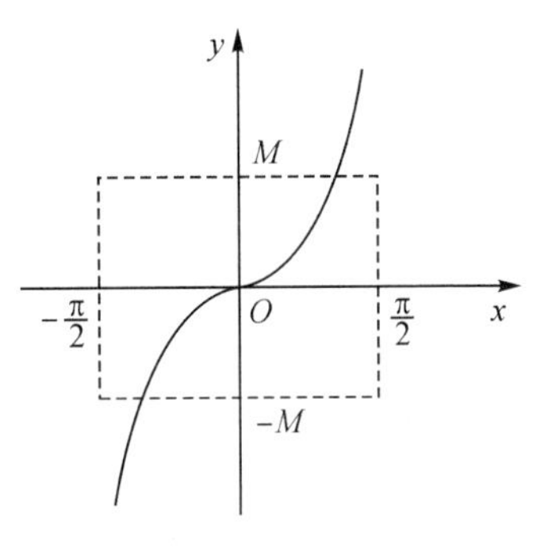

图 1-13

解 (1) 由于对一切 $x\in(-\infty,+\infty)$,都有

$$|\sin x|\leqslant 1,$$

故 $y=\sin x$ 在 $(-\infty,+\infty)$ 上是有界函数.

(2) 根据 $y=\tan x$, $x\in\left(-\frac{\pi}{2},\frac{\pi}{2}\right)$ 的图形(见图 1-13)容易看出,不论正数 M 多么大,不等式 $|\tan x|\leqslant M$ 不可能对一切 $x\in\left(-\frac{\pi}{2},\frac{\pi}{2}\right)$ 均成立,因此 $y=\tan x$ 在 $\left(-\frac{\pi}{2},\frac{\pi}{2}\right)$ 上是无界函数.

但如果在区间 $\left[-\frac{\pi}{3},\frac{\pi}{3}\right]$ 上讨论函数 $y=\tan x$,因对一切 $x\in\left[-\frac{\pi}{3},\frac{\pi}{3}\right]$,不等式 $|\tan x|\leqslant\sqrt{3}$ 成立,故 $y=\tan x$ 在区间 $\left[-\frac{\pi}{3},\frac{\pi}{3}\right]$ 上是有界函数.

图 1-14

关于函数的有界性,应注意以下两点:

(1) 函数在某区间上不是有界就是无界,二者必属其一.

(2) 从几何学的角度很容易判别一个函数是否有界(见图 1-14).如果找不到两条与 x 轴平行的直线使得函数的图形介于它们之间,

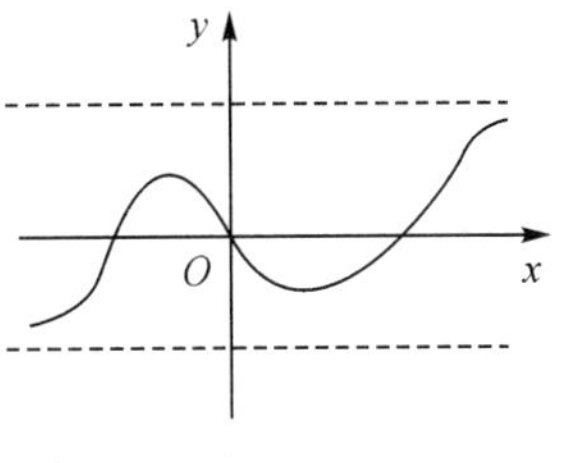

那么函数一定无界.如例 1-23 中的函数 $y=\tan x, x\in\left(-\frac{\pi}{2},\frac{\pi}{2}\right)$.

例 1-24 证明:函数 $y=\frac{2x}{1+x^2}$是有界函数.

证 $y=\frac{2x}{1+x^2}$的定义域为$(-\infty,+\infty)$,又

$$|y|=\left|\frac{2x}{1+x^2}\right|\leqslant\left|\frac{x^2+1}{x^2+1}\right|=1,$$

因此 $y=\frac{2x}{1+x^2}$是有界函数.

1.3.2 单调性

定义 1.11 设函数 $y=f(x)$在区间 D 上有定义.对区间 D 内的任意两点 x_1 和 x_2,当 $x_1<x_2$ 时,若有 $f(x_1)<f(x_2)$,则称函数 $f(x)$在区间 D 内单调增加或单调递增;当 $x_1<x_2$ 时,若有 $f(x_1)>f(x_2)$,则称函数 $f(x)$在区间 D 内单调减小或单调递减.

若 $x_1<x_2$ 时,有 $f(x_1)\leqslant f(x_2)$,则称函数 $f(x)$在 D 内单调不减;若 $x_1<x_2$ 时,有 $f(x_1)\geqslant f(x_2)$,则称函数 $f(x)$在 D 内单调不增.

单调增加函数的图形是沿 x 轴正向逐渐上升的(如图 1-15 所示),单调减少函数的图形是沿 x 轴正向逐渐下降的(如图 1-16 所示).

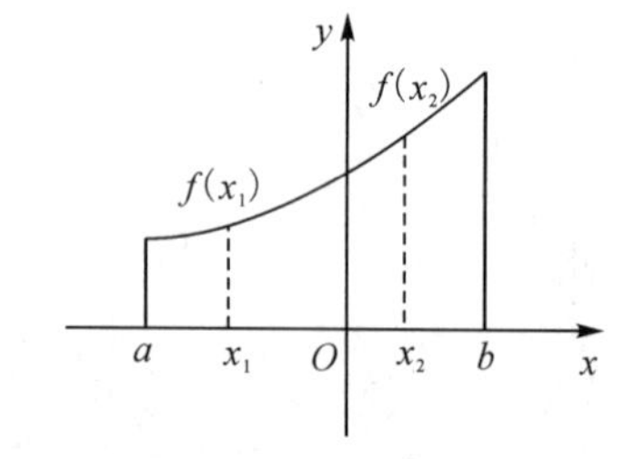

图 1-15

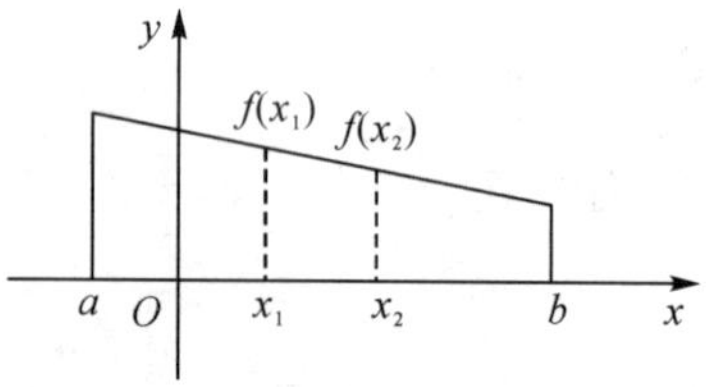

图 1-16

例 1-25 讨论下列函数在定义域内的单调性:

(1) $y=x^3$;　　　　(2) $y=\frac{1}{x}$.

解 (1) $y=x^3$ 的定义域为$(-\infty,+\infty)$.在$(-\infty,+\infty)$内,对于任意 x_1,x_2,若 $x_1<x_2$,则 $f(x_1)<f(x_2)$,因此 $y=x^3$ 在$(-\infty,+\infty)$内单调增加.

(2) $y=\frac{1}{x}$的定义域为$(-\infty,0)\cup(0,+\infty)$.在$(-\infty,0)$内,对于任意 x_1,x_2,若 $x_1<x_2$,则$\frac{1}{x_1}>\frac{1}{x_2}$,因此 $y=\frac{1}{x}$在$(-\infty,0)$内单调减少;在$(0,+\infty)$内,对于任

意 x_1,x_2,若 $x_1<x_2$,则$\dfrac{1}{x_1}>\dfrac{1}{x_2}$,因此 $y=\dfrac{1}{x}$在$(0,+\infty)$内单调减少.

注意:这里不能说函数 $y=\dfrac{1}{x}$在定义域$(-\infty,0)\cup(0,+\infty)$内是单调减少的.

关于函数的单调性,应注意以下两点:

(1) 判别一个函数在它的定义域内是否单调,目前只能根据定义并运用四则运算来讨论,必要时可以利用函数的图形作为辅助工具.

(2) 除了单调函数外,还存在着大量非单调的函数.例如 $y=\sin x$ 在完整的定义域$(-\infty,+\infty)$内就不是单调的.

1.3.3 奇偶性

定义 1.12 设 $y=f(x)$为一给定函数,它的定义域 D 关于原点对称.如果对于任意 $x\in D$,我们有 $f(-x)=-f(x)$,那么称 $y=f(x)$为奇函数;如果对于任意 $x\in D$,我们有 $f(-x)=f(x)$,那么称 $y=f(x)$为偶函数.

例 1-26 讨论下列函数的奇偶性(定义域均为$(-\infty,+\infty)$):

(1) $y=x^2-2x^4$; (2) $y=x^3$; (3) $y=x+x^2$.

解 (1) 设 $y=f(x)=x^2-2x^4$,因为

$$f(-x)=(-x)^2-2(-x)^4=x^2-2x^4=f(x),$$

所以 $y=x^2-2x^4$ 为偶函数.

(2) 设 $y=f(x)=x^3$,因为

$$f(-x)=(-x)^3=-x^3=-f(x),$$

所以 $y=x^3$ 为奇函数.

(3) 设 $y=f(x)=x+x^2$,因为

$$f(-x)=-x+(-x)^2=-x+x^2,$$

既不等于 $f(x)=x+x^2$,也不等于$-f(x)=-x-x^2$,所以函数 $y=x+x^2$ 既非奇函数,也非偶函数,称之为非奇非偶函数.

关于函数的奇偶性,应注意以下三点:

(1) 除了奇偶函数外,还有大量的非奇非偶函数;

(2) 奇函数的图形关于原点对称,偶函数的图形关于 y 轴对称;

(3) 如果一个函数的定义域 D 不关于原点对称,那么它一定是非奇非偶函数,如函数 $y=\sqrt{x-2}$就属于这种情形.

1.3.4 周期性

在中学数学中已经指出,函数 $y=\sin x$ 以及函数 $y=\cos x$ 都是以 2π 为周期的周期函数,而函数 $y=\tan x$ 则是以 π 为周期的周期函数.一般的,关于周期函数我

们有下面的定义.

定义 1.13 设 $y=f(x)$为一给定的函数，定义域为 D. 如果存在不为零的正数 T，使得对于任意的 $x\in D$，都有 $x\pm T\in D$，且 $f(x\pm T)=f(x)$，则称 $y=f(x)$为周期函数，且称使得等式 $f(x\pm T)=f(x)$成立的正数 T 为函数 $y=f(x)$的周期.

例 1-27 求下列函数的周期：

(1) $y=\sin 2x$；　　　　(2) $y=\tan\dfrac{x}{2}$.

解 (1) 因为函数 $y=\sin x$ 的周期为 2π，所以函数 $y=\sin 2x$ 的周期为$\dfrac{2\pi}{2}=\pi$.

(2) 因为函数 $y=\tan x$ 的周期为 π，所以函数 $y=\tan\dfrac{x}{2}$的周期为 $\pi\cdot 2=2\pi$.

关于函数的周期性，也应注意以下两点：

(1) 为了作出以 T 为周期，定义域为$(-\infty,+\infty)$的周期函数的图形，一般只需作出该函数在任何一个长度为 T 的闭区间上的图形，然后通过延拓便能得到函数在无穷区间$(-\infty,+\infty)$上的图形；

(2) 除了周期函数外，还存在大量的非周期函数，如 $y=x+x^2$ 就不是周期函数.

1.4　反函数与复合函数

1.4.1　反函数

在某一过程中，变量有自变量与因变量之分. 但这种划分不是绝对的，可根据问题的性质以及所要达到的目的来选择其中一个为自变量，另一个为函数. 例如，某一货品的需求量为 Q，价格为 P，则 Q 可以看成 P 的函数(称为需求函数)，其关系式为 $Q=a-bP$，其中，常数 $a,b>0$，由此可看出最大销售量为 a；但在应用中也常将 P 看成 Q 的函数，此时需求函数为 $P=\dfrac{a}{b}-\dfrac{1}{b}Q$，由此可以看出最高价格为 $\dfrac{a}{b}$. 我们称 $P=\dfrac{a}{b}-\dfrac{1}{b}Q$ 是 $Q=a-bP$ 的反函数，当然 $Q=a-bP$ 也是 $P=\dfrac{a}{b}-\dfrac{1}{b}Q$ 的反函数，它们互为反函数. 一般的，我们有下述的定义.

定义 1.14 设 $y=f(x)$为一个给定的函数，定义域为 D，值域为 Z，如果对于每一个 $y\in Z$ 有一个确定的且满足 $y=f(x)$的 $x\in D$ 与之对应，其对应规则记作 f^{-1}，这个定义在 Z 上的函数 $x=f^{-1}(y)$称为 $y=f(x)$的反函数，或称它们互为反函数.

函数 $y=f(x)$中，x 为自变量，y 为因变量，定义域为 D，值域为 Z；函数 $x=f^{-1}(y)$中，y 为自变量，x 为因变量，定义域为 Z，值域为 D.

习惯上用 x 表示自变量，用 y 表示因变量，因此我们将 $x=f^{-1}(y)$改写为以 x 为自变量，以 y 为因变量的函数关系 $y=f^{-1}(x)$，这时我们说 $y=f^{-1}(x)$是 $y=$

$f(x)$的反函数.

$y=f(x)$与$y=f^{-1}(x)$的关系是x与y互换，所以它们的图形是对称于直线$y=x$的(如图1-17所示).

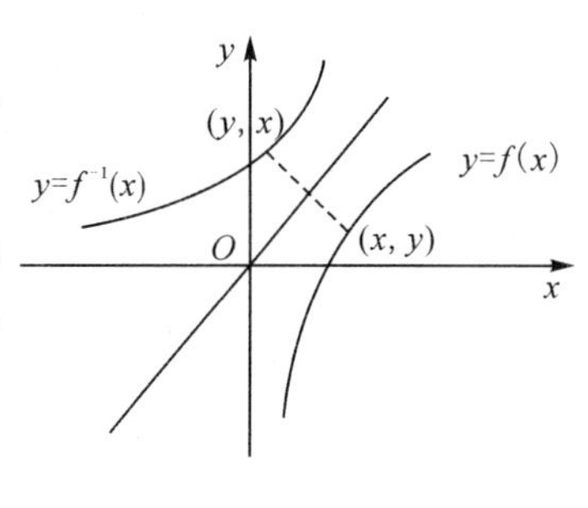

图 1-17

一个函数如果有反函数,它必定是一一对应的函数关系.例如,在$(-\infty,+\infty)$内,$y=x^4$不是一一对应的函数关系,所以它没有反函数;而在$(0,+\infty)$内,$y=x^4$有反函数$y=\sqrt[4]{x}$;在$(-\infty,0)$内,$y=x^4$有反函数$y=-\sqrt[4]{x}$.

例 1-28 求函数$y=2x-3$的反函数,并作出它们的图形.

解 由$y=f(x)=2x-3$可以求出

$$x=f^{-1}(y)=\frac{y+3}{2},$$

将上式中的x与y互换,由此得出$y=\frac{x+3}{2}$,它是$y=2x-3$的反函数.它们的图形如图1-18所示.

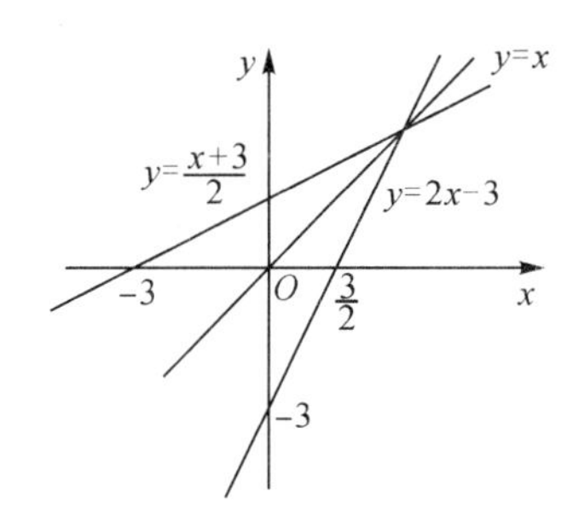

图 1-18

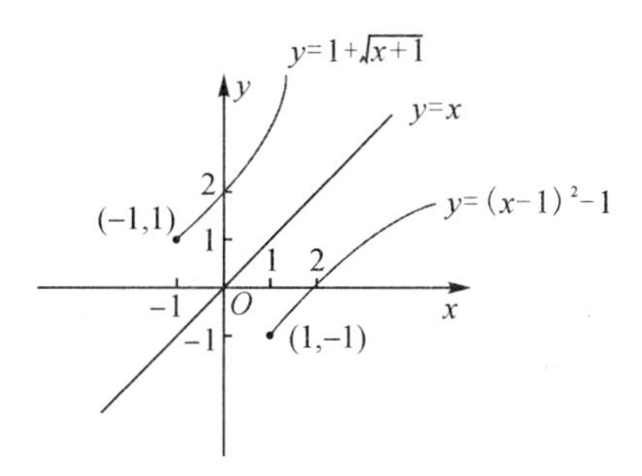

图 1-19

例 1-29 求函数

$$f(x)=(x-1)^2-1,\quad x\in[1,+\infty)$$

的反函数,并作出它们的图形.

解 由$y=(x-1)^2-1$可以求出

$$x=1\pm\sqrt{y+1},\quad y\in[-1,+\infty),$$

由于$x\in[1,+\infty)$,故应取$x=1+\sqrt{y+1}$.换变量符号,得到$y=1+\sqrt{x+1}$,即$f^{-1}(x)=1+\sqrt{x+1}$,这就是$f(x)=(x-1)^2-1,x\in[1,+\infty)$的反函数.它们的图形如图1-19所示.

1.4.2 复合函数

在一些实际问题中,两个变量之间的函数关系有时不是直接给出,而是通过另一个变量作为媒介联系起来.例如,一个质量为 m 的物体以速度 v 做直线运动,那么该物体的动能 E 与速度 v 之间的关系是

$$E=\frac{1}{2}mv^2.$$

如果运动是匀加速的,且已知加速度为 a,初速度为 v_0,那么速度 $v=v_0+at$(这里 t 表示时间),因此

$$E=\frac{1}{2}m(v_0+at)^2,$$

于是动能 E 就通过速度 v 而成为时间 t 的函数.

再举一个例子.设 y 是 u 的函数,有 $y=\sqrt[3]{u+1}$;而 u 是 x 的函数,有 $u=x^2-2$.将 $u=x^2-2$ 代入前一个等式的右端得到 $y=\sqrt[3]{x^2-1}$,因此变量 y 通过变量 u 而成为变量 x 的函数.

一般的,我们有以下定义.

定义 1.15 设函数 $y=f(u)$的定义域为 D,若函数 $u=\varphi(x)$的值域为 Z,并且 $Z\cap D$ 非空,则称 $y=f[\varphi(x)]$为复合函数,其中 x 为自变量,y 为因变量,u 称为中间变量.

例 1-30 已知 $y=f(u)=\sqrt{u}$,$u=\varphi(x)=-1-x^2$,考察 $y=f[\varphi(x)]$是不是复合函数.

解 因为

$$y=f(u)=\sqrt{u},\quad D=[0,+\infty),$$
$$u=\varphi(x)=-1-x^2,\quad Z=(-\infty,-1],$$

即 $Z\cap D$ 为空集,所以 $y=f[\varphi(x)]$不是复合函数.

例 1-31 已知 $y=\sqrt{u}$,$u=x^2-1$,求它们的复合函数.

解 因为 $y=\sqrt{u}$,$D=[0,+\infty)$,故 $x^2-1\geqslant 0$,于是需将函数 $u=x^2-1$ 的定义域限制为$(-\infty,-1]\cup[1,+\infty)$,然后再将 $u=x^2-1$ 代入 $y=\sqrt{u}$ 中,得到复合函数

$$y=\sqrt{x^2-1},\quad x\in(-\infty,-1]\cup[1,+\infty).$$

例 1-32 设 $y=f(x)$的定义域为$[0,1]$,求下列函数的定义域:

(1) $f\left(x+\frac{1}{4}\right)+f\left(x-\frac{1}{4}\right)$;　　　　(2) $f(\cos x)$.

解 (1) 给定函数的定义域为$[0,1]$,因此对于函数 $f\left(x+\frac{1}{4}\right)+f\left(x-\frac{1}{4}\right)$,有

$$0 \leqslant x+\frac{1}{4} \leqslant 1 \quad 且 \quad 0 \leqslant x-\frac{1}{4} \leqslant 1,$$

即

$$-\frac{1}{4} \leqslant x \leqslant \frac{3}{4} \quad 且 \quad \frac{1}{4} \leqslant x \leqslant \frac{5}{4},$$

所以函数的定义域 $D=\left[\frac{1}{4}, \frac{3}{4}\right]$.

(2) 给定函数的定义域为$[0,1]$,因此对于函数 $f(\cos x)$,有 $0 \leqslant \cos x \leqslant 1$,即

$$2k\pi-\frac{\pi}{2} \leqslant x \leqslant 2k\pi+\frac{\pi}{2}, \quad k=0, \pm 1, \pm 2, \cdots,$$

因此该函数的定义域

$$D=\left[2k\pi-\frac{\pi}{2}, 2k\pi+\frac{\pi}{2}\right], \quad k=0, \pm 1, \cdots.$$

以后求复合函数,均应像上两例那样来确定定义域,但叙述过程可以简化.有时我们还需要确定一个给定的函数是由哪些函数复合而成.

例 1-33　函数 $y=\ln(x^2+x-1)$可以看成由 $y=\ln u, u=x^2+x-1$ 复合而成.

例 1-34　函数 $y=\mathrm{e}^{-\sqrt{x^2-1}}$可以看成由 $y=\mathrm{e}^u, u=-\sqrt{v}, v=x^2-1$ 三个函数复合而成.

1.5　初等函数

1.5.1　基本初等函数

通常,将常量函数、幂函数、指数函数、对数函数、三角函数、反三角函数等六类函数称为基本初等函数.下面我们复习六类基本初等函数的表达式、定义域、图形特点与主要性质,读者应对此比较熟悉.

1) 常量函数 $y=C$

常量函数的定义域为$(-\infty,+\infty)$,图形为平行于 x 轴且截距为C 的直线(如图 1-20 所示).

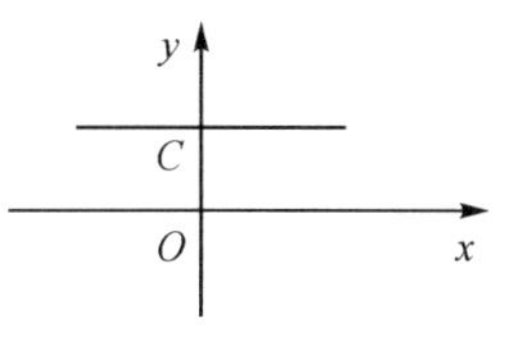

图 1-20

2) 幂函数 $y=x^\alpha$(α 为常数且$\alpha \neq 0$)

幂函数的定义域随 α 值的不同而相异,但不论 α 如何取值,$y=x^\alpha$ 在区间$(0,+\infty)$内总有定义.若 $\alpha>0$,则 $y=x^\alpha$ 在$[0,+\infty)$内单调增加,其图形通过$(0,0)$,$(1,1)$两点(如图 1-21 所示);若 $\alpha<0$, $y=x^\alpha$ 在$(0,+\infty)$内单调减少,其图形通过$(1,1)$点(如图 1-22 所示).

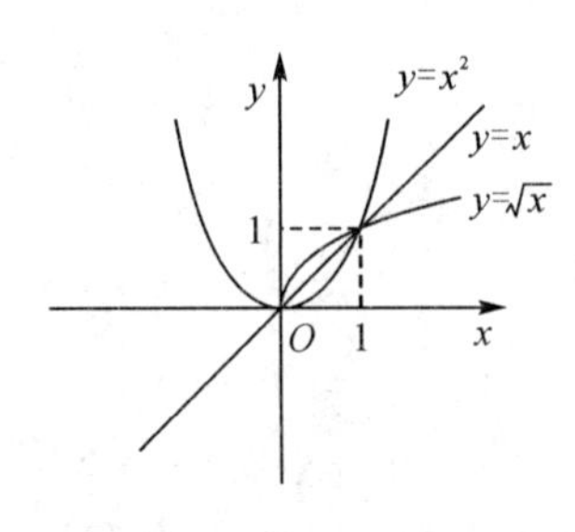

图 1-21

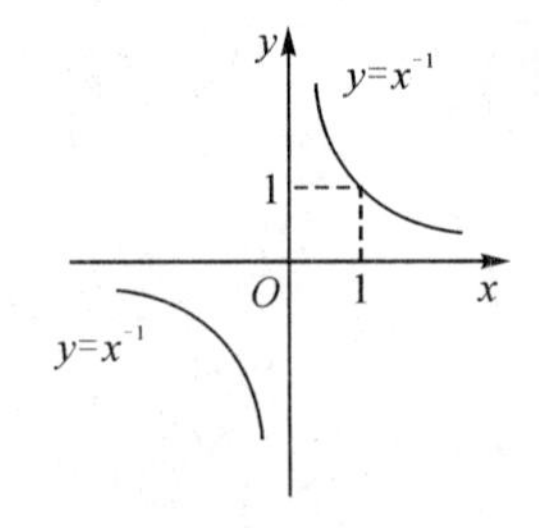

图 1-22

3) 指数函数 $y=a^x$(a 为常数,$a>0$ 且 $a\neq 1$)

指数函数的定义域为$(-\infty,+\infty)$,值域为$(0,+\infty)$. $0<a<1$ 时,$y=a^x$ 为单调减少函数;$a>1$ 时,$y=a^x$ 为单调增加函数. 指数函数的图形位于 x 轴上方,且经过点(0,1)(如图 1-23 所示).

根据幂的基本性质,指数函数 $y=a^x$ 具有性质 $a^{x_1}a^{x_2}=a^{x_1+x_2}$. 特别的,以 e 为底的指数函数为 $y=\mathrm{e}^x$,其中 e=2.71828…是无理数.

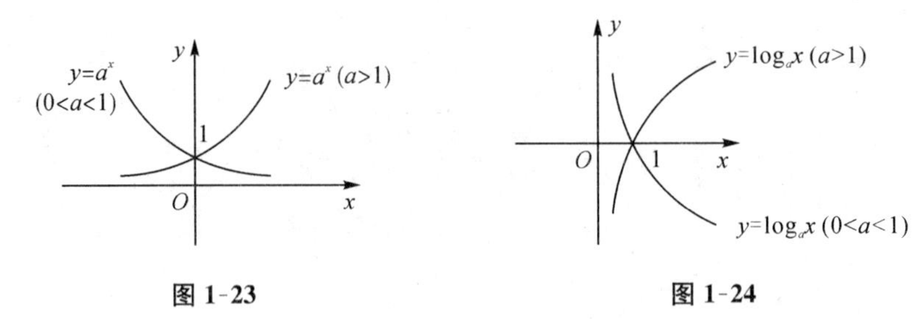

图 1-23 图 1-24

4) 对数函数 $y=\log_a x$(a 为常数,$a>0$ 且 $a\neq 1$)

对数函数的定义域为$(0,+\infty)$,值域为$(-\infty,+\infty)$. $0<a<1$ 时,$y=\log_a x$ 为单调减少函数;$a>1$ 时,$y=\log_a x$ 为单调增加函数. 对数函数的图形位于 y 轴右侧,且经过点(1,0)(如图 1-24 所示).

通常,以 10 为底的对数函数记为 $y=\lg x$,称为常用对数函数;以 e 为底的对数函数记为 $y=\ln x$,称为自然对数函数.

对数函数 $y=\log_a x$ 与指数函数 $y=a^x$ 互为反函数. 例如,$y=\lg x$ 与 $y=10^x$ 互为反函数;$y=\ln x$ 与 $y=\mathrm{e}^x$ 互为反函数.

根据对数函数与指数函数的关系和幂的基本性质,有下列结论成立:

$$\log_a|x_1x_2|=\log_a|x_1|+\log_a|x_2|,$$

$$\log_a\left|\frac{x_1}{x_2}\right|=\log_a|x_1|-\log_a|x_2|,$$

$$\log_a x=\frac{\log_b x}{\log_b a}=\frac{\lg x}{\lg a}=\frac{\ln x}{\ln a}.$$

5）三角函数

（1）任意角三角函数的定义性质及图形

$y=\sin x$　　　　（正弦函数）

$y=\cos x$　　　　（余弦函数）

$y=\tan x=\dfrac{\sin x}{\cos x}$　　　　（正切函数）

$y=\cot x=\dfrac{\cos x}{\sin x}$　　　　（余切函数）

$y=\sec x=\dfrac{1}{\cos x}$　　　　（正割函数）

$y=\csc x=\dfrac{1}{\sin x}$　　　　（余割函数）

以上六个函数统称为三角函数. 在微积分中，三角函数的自变量 x 一律用弧度单位表示. 弧度与度数之间的换算公式如下：

$$360°=2\pi\text{ 弧度}\quad\text{或}\quad 1°=\frac{\pi}{180}\text{弧度}\quad\text{或}\quad 1\text{ 弧度}=\frac{180°}{\pi}.$$

$y=\sin x$ 为奇函数，$y=\cos x$ 为偶函数，它们都是周期为 2π 的周期函数，定义域为 $(-\infty,+\infty)$，值域都为 $[-1,1]$，其图形分别如图 1-25 和图 1-26 所示.

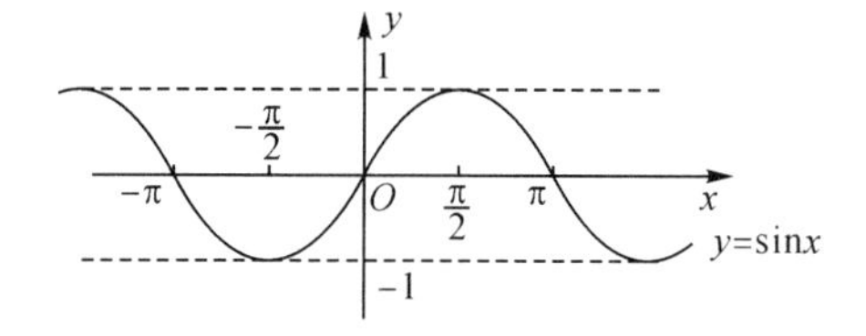

图 1-25

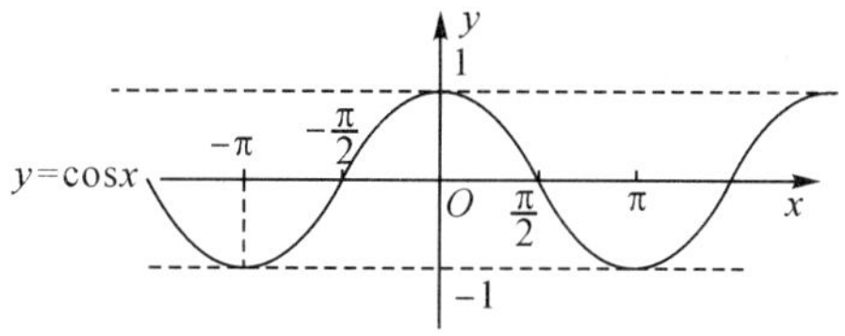

图 1-26

$y=\tan x$ 与 $y=\cot x$ 都是奇函数，它们都是周期为 π 的周期函数. $y=\tan x$ 的定义域为 $\left\{x\,\middle|\,x\in\mathbf{R},x\neq k\pi+\dfrac{\pi}{2},k\text{ 为整数}\right\}$，$y=\cot x$ 的定义域为 $\{x\,|\,x\in\mathbf{R},x\neq k\pi,k\text{ 为整数}\}$. 它们的图形分别如图 1-27 和图 1-28 所示.

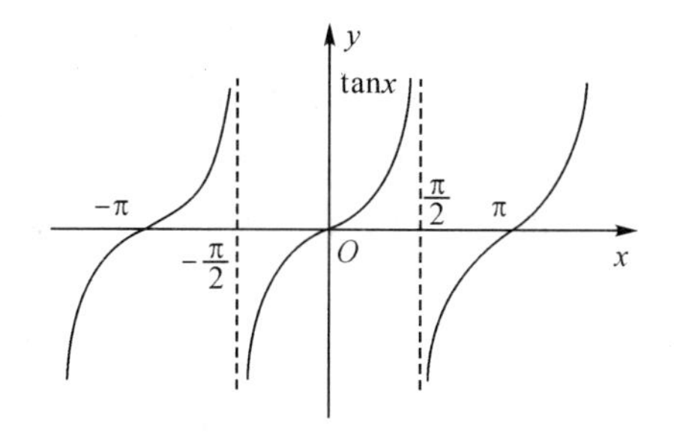

图 1-27

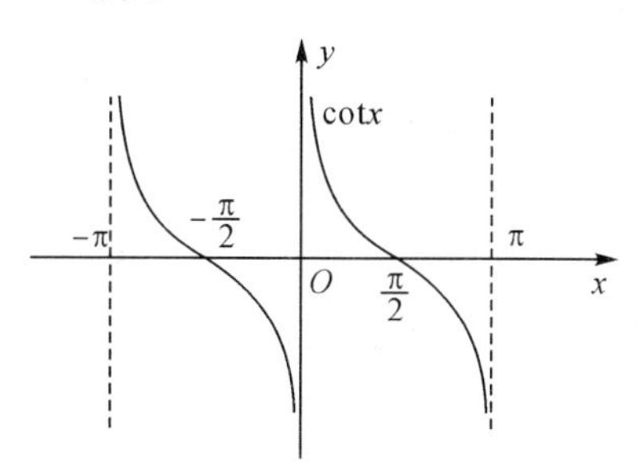

图 1-28

(2) 主要恒等式

① 三角函数间的关系

$$\tan x=\frac{\sin x}{\cos x},\quad \cot x=\frac{\cos x}{\sin x},$$

$$\sin^2 x+\cos^2 x=1,\quad 1+\tan^2 x=\sec^2 x,\quad 1+\cot^2 x=\csc^2 x.$$

② 简化公式

$$\begin{cases}\sin\left(\frac{\pi}{2}\pm x\right)=\cos x,\\ \cos\left(\frac{\pi}{2}\pm x\right)=\mp\sin x;\end{cases}\qquad \text{(余角公式)}$$

$$\begin{cases}\sin(\pi\pm x)=\mp\sin x,\\ \cos(\pi\pm x)=-\cos x;\end{cases}\qquad \text{(补角公式)}$$

$$\begin{cases}\sin(x_1\pm x_2)=\sin x_1\cos x_2\pm\cos x_1\sin x_2,\\ \cos(x_1\pm x_2)=\cos x_1\cos x_2\mp\sin x_1\sin x_2;\end{cases}\qquad \text{(和角公式)}$$

$$\begin{cases}\sin 2x=2\sin x\cos x,\quad \cos 2x=\cos^2 x-\sin^2 x,\\ \sin^2 x=\frac{1-\cos 2x}{2},\quad \cos^2 x=\frac{1+\cos 2x}{2};\end{cases}\qquad \text{(倍角或半角公式)}$$

$$\begin{cases}\sin x_1\cos x_2=\frac{1}{2}[\sin(x_1+x_2)+\sin(x_1-x_2)],\\ \sin x_1\sin x_2=\frac{1}{2}[\cos(x_1-x_2)-\cos(x_1+x_2)],\\ \cos x_1\cos x_2=\frac{1}{2}[\cos(x_1+x_2)+\cos(x_1-x_2)];\end{cases}\qquad \text{(积化和差公式)}$$

$$\begin{cases}\sin x_1\pm\sin x_2=2\sin\frac{x_1\pm x_2}{2}\cos\frac{x_1\mp x_2}{2},\\ \cos x_1-\cos x_2=-2\sin\frac{x_1+x_2}{2}\sin\frac{x_1-x_2}{2},\\ \cos x_1+\cos x_2=2\cos\frac{x_1+x_2}{2}\cos\frac{x_1-x_2}{2}.\end{cases}\qquad \text{(和差化积公式)}$$

6) 反三角函数

由于三角函数($y=\sin x$,$y=\cos x$,$y=\tan x$,$y=\cot x$)都是周期函数,对值域中的任何 y 值,自变量 x 都有无穷多个值与之对应,故在整个定义域上三角函数不存在反函数. 但是,如果限制 x 的取值区间,使三角函数在选取的区间上为单调函数,则可考虑三角函数的反函数.

(1) 反正弦函数 $y=\arcsin x$

正弦函数 $y=\sin x$ 在区间$\left[-\frac{\pi}{2},\frac{\pi}{2}\right]$上单调增加,值域为$[-1,1]$. 将 $y=\sin x$

在$\left[-\frac{\pi}{2},\frac{\pi}{2}\right]$上的反函数定义为反正弦函数，记为 $y=\arcsin x$，其定义域为$[-1,1]$，值域为$\left[-\frac{\pi}{2},\frac{\pi}{2}\right]$. 其图形如图 1-29 所示.

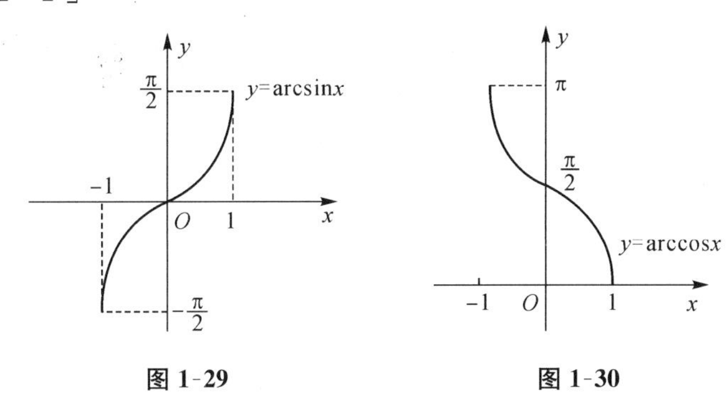

图 1-29　　图 1-30

(2) 反余弦函数 $y=\arccos x$

余弦函数 $y=\cos x$ 在区间$[0,\pi]$上单调减少，值域为$[-1,1]$. 将 $y=\cos x$ 在$[0,\pi]$上的反函数定义为反余弦函数，记为 $y=\arccos x$，其定义域为$[-1,1]$，值域为$[0,\pi]$. 其图形如图 1-30 所示.

(3) 反正切函数 $y=\arctan x$

正切函数 $y=\tan x$ 在区间$\left(-\frac{\pi}{2},\frac{\pi}{2}\right)$内单调增加，值域为$(-\infty,+\infty)$. 将 $y=\tan x$ 在$\left(-\frac{\pi}{2},\frac{\pi}{2}\right)$内的反函数定义为反正切函数，记为 $y=\arctan x$，其定义域为$(-\infty,+\infty)$，值域为$\left(-\frac{\pi}{2},\frac{\pi}{2}\right)$. 其图形如图 1-31 所示.

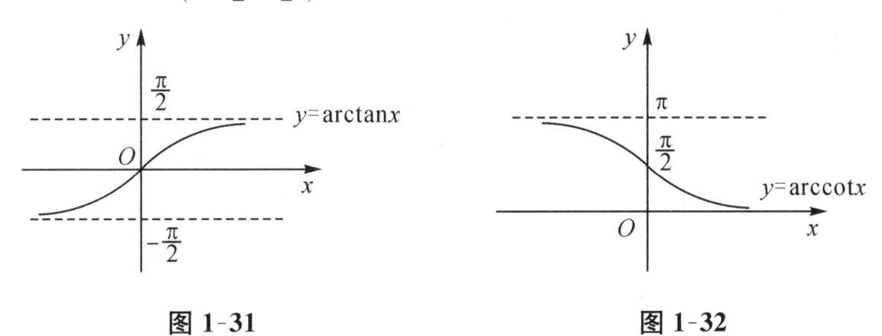

图 1-31　　图 1-32

(4) 反余切函数 $y=\operatorname{arccot} x$

余切函数 $y=\cot x$ 在区间$(0,\pi)$内单调减少，值域为$(-\infty,+\infty)$. 将 $y=\cot x$ 在$(0,\pi)$内的反函数定义为反余切函数，记为 $y=\operatorname{arccot} x$，其定义域为$(-\infty,+\infty)$，值域为$(0,\pi)$. 其图形如图 1-32 所示.

1.5.2 初等函数

定义 1.16 由基本初等函数经过有限次四则运算和有限次复合步骤所构成，

且在定义域内由一个式子表示的函数称为初等函数.

例如，$y=\frac{P(x)}{Q(x)}$(其中 $P(x)$及 $Q(x)$都是多项式)，$y=\sqrt{x^2+1}$，$y=xe^x$ 都是初等函数.

形如$[f(x)]^{g(x)}$的函数称为幂指函数，其中 $f(x)$，$g(x)$均为初等函数，且 $f(x)>0$. 由恒等式$[f(x)]^{g(x)}=e^{g(x)\cdot\ln f(x)}$可知幂指函数是初等函数.

初等函数是微积分的主要研究对象，在以后的章节中我们还会遇到隐函数、变限积分函数和幂级数函数等非初等函数，但对它们的研究都离不开初等函数.

本章小结

本章的重点是函数概念以及对函数属性(单调性、奇偶性、周期性、有界性)的讨论；定义域和对应规则是构成函数的两个基本要素；基本初等函数经过有限次的四则运算和有限次复合而成的初等函数是本章的主要研究对象. 读者应十分熟悉基本初等函数的主要性质和图形特点，掌握求函数定义域的方法，了解分段函数的概念，会求函数值，并能从一些简单实际问题中建立起变量间的函数关系.

阅读材料:微积分学在中国的最早传播人——李善兰

李善兰(1811—1882)，浙江海宁人，原名李心兰，字竟芳，号秋纫，是我国清代著名数学家. 李善兰对尖锥求积术(相当于求多项式的定积分)、三角函数与对数的幂级数展开式、高阶等差级数求和等都有突出研究；在素数论方面具有杰出成就，提出了判别素数的重要法则；对有关二项式定理系数的恒等式也进行了深入研究，并取各家级数论之长，归纳出以他的名字命名的“李善兰恒等式”.

李善兰一生著作很多，主要论著有《方圆阐幽》《弧矢启秘》《麟德术解》《四元解》《垛积比类》《对数探源》《考数根法》等.

李善兰不仅在数学研究上有很深造诣，而且对于代数学、微积分学在我国的传播也作出了不朽的贡献. 1852 年至 1859 年间，李善兰与他人合作翻译出版了《几何原本》(后 9 卷)《代数学》(13 卷)《代微积拾级》(18 卷)《谈天》(18 卷)《圆锥曲线说》(3 卷)《重学》(20 卷)等，其中大部分译著分别是我国出版的第一部代数学、解析几何学、微积分学著作. 对于这些国外著作，李善兰并非只是简单的抄录整理，而是基于对微积分学等的深入理解以及对我国传统数学的承袭进行了创造加工，特别是创设了一些名词，例如变量、微分、积分、数轴、曲率、曲线、极大、极小、无穷、根、方程式等，沿用至今.

习题 1

A 组

1. 用集合的描述法或列举法表示下列集合：

(1) 小于 50 的正整数集合；

(2) 圆 $x^2+y^2=16$(不包括圆周)内一切点的集合；

(3) 方程 $x^2-4x+4=0$ 的根的集合；

(4) 抛物线 $y=x^2$ 与直线 $y=x+2$ 交点的集合.

2. 设 $A=\{2,3,4,5\}$, $B=\{3,4,7,8\}$, $C=\{2,3,5,8,11\}$, 求：

(1) $A\cup B$； (2) $A\cap B$； (3) $B\cup C$；

(4) $A\cap B\cap C$； (5) $A-B$.

3. 如果 $A=\{x\mid 1<x<6\}$, $B=\{x\mid x>3\}$, 求：

(1) $A\cup B$； (2) $A\cap B$； (3) $A-B$.

4. 设集合 $A=\{(x,y)\mid x+y-2=0\}$, $B=\{(x,y)\mid x-y-2=0\}$, 求 $A\cap B$.

5. 设全集 $U=\{1,3,5,7,9\}$, $A=\{1,3,5\}$, $B=\{5,7,9\}$, 求：

(1) $\overline{A}$； (2) $\overline{B}$； (3) $\overline{A}\cup\overline{B}$； (4) $\overline{A}\cap\overline{B}$.

6. 若 A 表示某班报名美术兴趣班的同学的集合，B 表示该班报名书法兴趣班的同学的集合，问 $\overline{A}$, $\overline{B}$, $A-B$, $\overline{A\cup B}$, $\overline{A\cap B}$ 各表示什么样的同学的集合？

7. 设某系有 200 名学生，其中有 100 人选修课程Ⅰ，以集合 A 表示这些学生；有 55 人选修课程Ⅱ，以集合 B 表示这些学生；有 45 人这两门课程都修. 试用集合表示下列各类学生，并求出各类学生的人数：

(1) 选修课程Ⅰ而不选修课程Ⅱ的学生；

(2) 选修课程Ⅱ而不选修课程Ⅰ的学生；

(3) 至少选修两门课程中一门的学生；

(4) 两门课程都不选修的学生.

8. 用集合的运算律证明：

$$\overline{A}\cap(A\cup\overline{A\cap B}\cup B)=\overline{A}.$$

9. 用区间表示满足下列不等式的所有 x 的集合：

(1) $0<(x-1)^2<1$； (2) $1<|x-1|<3$；

(3) $\dfrac{1}{|x-1|}<2$； (4) $2<\dfrac{1}{|x+2|}<5$.

10. 确定下列函数的定义域：

(1) $y=\sqrt{x-2}+\dfrac{1}{x-3}+\ln(5-x)$； (2) $y=\dfrac{\sqrt{x+2}}{|x|-x}$；

(3) $y=2^{\frac{1}{x}}+\arcsin\ln\sqrt{1-x}$；　　(4) $y=\sqrt{\dfrac{1-x}{1+x}}$；

(5) $y=\ln\sin x$；　　(6) $y=\sqrt{3-x}+\arcsin\dfrac{3-2x}{5}$.

11. 判断下列各对函数是否相同,并说明理由：

(1) $y=1$ 与 $y=\sin^2x+\cos^2x$；

(2) $y=\sqrt{2-x}\sqrt{3+x}$ 与 $y=\sqrt{(2-x)(3+x)}$；

(3) $y=\ln(x^2+4x+3)$ 与 $y=\ln(x+1)+\ln(x+3)$；

(4) $y=\dfrac{x^2-4}{x-2}$ 与 $y=x+2$.

12. 已知 $f(x)=x^2-3x+2$,求 $f(0)$,$f(1)$,$f(2)$,$f(-x)$,$f\left(\dfrac{1}{x}\right)$,$f(x+1)$.

13. 已知函数 $f(x)=\begin{cases}\sqrt{9-x^2}, & |x|\leqslant 3,\\ x^2-9, & |x|>3,\end{cases}$ 求 $f(0)$,$f(-3)$,$f(3)$,$f(2+a)$.

14. 求下列分段函数的定义域,并作出函数的图形.

(1) $y=\begin{cases}\sqrt{4-x^2}, & |x|<2,\\ x^2-1, & 2\leqslant|x|<4;\end{cases}$　　(2) $y=\begin{cases}\dfrac{1}{x}, & x<0,\\ x-3, & 0\leqslant x<1,\\ -2x+1, & 1\leqslant x<+\infty.\end{cases}$

15. 已知函数 $f(x)$ 的定义域为 $(-2,0)$,求函数 $f(x^2-2)$ 的定义域.

16. 已知 $f(x+1)=x^2+\cos x$,求 $f(2x)$.

17. 讨论下列函数的单调性：

(1) $y=\sqrt{4x-x^2}$；　　(2) $y=e^{|x|}$；

(3) $y=2x+\ln x$，$x\in(0,+\infty)$.

18. 讨论下列函数的奇偶性：

(1) $f(x)=x\sin x+\cos x$；　　(2) $f(x)=x\sqrt{x^2-1}+\tan x$；

(3) $f(x)=\ln(\sqrt{x^2+1}-x)$；　　(4) $f(x)=\ln\dfrac{1-x}{1+x}$；

(5) $f(x)=\dfrac{e^x+e^{-x}}{e^x-e^{-x}}$；　　(6) $f(x)=\begin{cases}1-x, & x<0,\\ 1+x, & x\geqslant 0.\end{cases}$

19. 判断下列函数是否为周期函数,如果是周期函数,求其周期.

(1) $f(x)=\sin x+\cos x$；　　(2) $f(x)=x\cos x$；

(3) $f(x)=\cos^2x$；　　(4) $f(x)=1+\sin\pi x$.

20. 判断下列函数在给定区域上的有界性：

(1) $y=\frac{1}{1+\tan x}$，$x\in(-\infty,+\infty)$；

(2) $y=\frac{x}{1+x^2}$，$x\in(-\infty,+\infty)$；

(3) $y=\sin\frac{1}{x}$，$x\in(0,+\infty)$.

21. 求下列函数的反函数及反函数的定义域：

(1) $y=\frac{1-x}{1+x}$；

(2) $y=\sqrt{9-x^2}$，$x\in[0,3]$；

(3) $y=1+\ln(x-1)$；

(4) $y=2\sin\frac{x}{2}$，$x\in\left[-\frac{\pi}{3},\frac{\pi}{3}\right]$；

(5) $y=\begin{cases}x-1, & x<0,\\ x^2, & x\geqslant 0;\end{cases}$

(6) $y=\begin{cases}2x-1, & 0<x\leqslant 1,\\ 2-(x-2)^2, & 1<x\leqslant 2.\end{cases}$

22. 在下列各题中求由给定函数复合而成的复合函数：

(1) $y=u^2, u=\log_a x$；

(2) $y=\sqrt{u}, u=1-e^x$；

(3) $y=\ln u, u=v^3+1, v=\sin x$；

(4) $y=\tan u, u=\sqrt{v}, v=x^2-1$.

23. 指出下列各函数是由哪些基本初等函数经复合或四则运算而成.

(1) $y=\log_a\sqrt{x}$；

(2) $y=\arctan e^{\sqrt{x}}$；

(3) $y=\ln\sin^2 x$；

(4) $y=\tan\sqrt{x^2-x-1}$.

24. 以下函数 $f(u)$ 与 $u=g(x)$ 中，哪些可以复合构成复合函数 $f[g(x)]$？哪些不可复合？为什么？

(1) $f(u)=\arcsin(3+u), u=x^2$；

(2) $f(u)=\sqrt{u}, u=-x^2-1$；

(3) $f(u)=\ln(1-u), u=\sin x$.

25. 要造一个无盖圆柱形水桶，已知侧壁单位面积造价为 50 元/m^2，底面单位面积造价为 30 元/m^2，若底半径 r 与桶高相等，试确定总造价 Q 与 r 的函数关系.

26. 某工厂生产积木玩具，已知每生产一套积木玩具的可变成本为 15 元，每天的固定成本为 2000 元，如果每套积木玩具的出厂价为 20 元，为了不亏本，问该厂每天应生产多少套这种积木玩具？

27. 某商场以每件 a 元的价格出售某种商品，若顾客一次购买 50 件以上，则超出 50 件的商品以每件 $0.8a$ 元的优惠价出售. 试将一次成交的销售总收益表示成销售量 x 的函数.

28. 某商品的供给量 Q 对价格 P 的函数关系为 $Q=Q(P)=a+b\cdot c^P$，其中 a，b，c 为待定常数. 已知 $P=2$ 时 $Q=30$，$P=3$ 时 $Q=50$，$P=4$ 时 $Q=90$，求供给量 Q 对价格 P 的函数关系.

29. 某公司全年需购某商品 1000 件，每件购进价为 4000 元，分若干批进货，且每批进货件数相同，一批商品售完后马上进下一批货，每进货一次需消耗费用 2000 元. 若商品均匀投放市场（即平均年库存量为批量的一半），该商品每年每件库存费为进货价格的 4%，试将公司全年在该商品上的投资总额表示为每批进货量的函数.

B 组

30. 设集合 $A=\{2,3,a,b\}$，$B=\{3,5,c,d\}$，已知 $A\cup B=\{2,3,4,5,6,7\}$，$A\cap B=\{3,5\}$，$A-B=\{2,4\}$，求集合 A,B.

31. 求函数 $f(x)=\dfrac{\lg(3-x)}{\sin x}+\sqrt{5+4x-x^2}$ 的定义域.

32. 已知函数 $f(x)$ 的定义域为 $(0,1]$，求函数 $f(e^x)$，$f\left(x-\dfrac{1}{4}\right)+f\left(x+\dfrac{1}{4}\right)$ 的定义域.

33. 设 $f\left(\dfrac{2x+1}{2x-2}\right)-\dfrac{1}{2}f(x)=x$，求 $f(x)$.

34. 设 $f(x)$ 满足关系式 $2f(x)-f(1-x)=x^2-1$，$x\in(-\infty,+\infty)$，求 $f(x)$.

35. 已知 $f(x)=\begin{cases}0, & x<0,\\ 1, & x\geqslant 0,\end{cases}$ 求 $f(x)+f(x+1)$.

36. 设函数 $f(x)$ 与 $g(x)$ 在 D 上有界，试证：函数 $f(x)\pm g(x)$ 与 $f(x)g(x)$ 在 D 上也有界.

37. 讨论函数 $f(x)=2x\cdot\ln x$ 在区间 $(1,+\infty)$ 内的单调性.

38. 下列函数中，哪些是偶函数？哪些是奇函数？哪些是非奇又非偶函数？

(1) $y=\tan x-\sec x+1$；　　(2) $y=\dfrac{e^x-e^{-x}}{2}$；

(3) $y=|x\cos x|e^{\cos x}$；　　(4) $y=x(x-2)(x+2)$.

39. 讨论函数 $f(x)=\sqrt{2x-x^2}$ 的奇偶性、单调性、有界性及周期性.

40. 证明：函数 $y=x\sin x$ 在 $(0,+\infty)$ 上无界.

41. 已知函数 $f(x)$ 满足如下方程：$af(x)+bf\left(\dfrac{1}{x}\right)=\dfrac{c}{x}$，$x\neq 0$，其中 a,b,c 为常数，且 $|a|\neq|b|$，求 $f(x)$ 并讨论 $f(x)$ 的奇偶性.

42. 求函数 $f(x)=\begin{cases}x^2-9, & 0\leqslant x\leqslant 3,\\ x^2, & -3\leqslant x<0\end{cases}$ 的反函数 $f^{-1}(x)$.

43. 已知 $f\left(\dfrac{1}{x}\right)=\dfrac{x+1}{x}$，求 $f(x)$ 的反函数 $f^{-1}(x)$.

44. 求函数 $y=\dfrac{10^x-10^{-x}}{10^x+10^{-x}}$的值域.

45. 将一块半径为 R 的圆形铁片自中心处剪去圆心角为 α 的扇形后，将剩下的部分围成一个锥形漏斗，试求漏斗的容积 V 与角 α 的函数关系.

46. 已知某收音机每台售价为 90 元，成本为 60 元，现厂方为鼓励销售商大量采购，决定凡是订购量超过 100 台的，每多订购 1 台，售价就降低 1 分钱，但最低价为每台 75 元.

(1) 将每台的实际售价 P 表示为订购量 x 的函数；

(2) 将厂方所获的利润 L 表示为订购量 x 的函数；

(3) 某一商行订购了 1000 台，厂方可获多少利润？

2 极限与连续

2.1 数列的极限

2.1.1 数列

定义 2.1 对于自然数 $1,2,3,\cdots,n,\cdots$ 都各有实数

$$u_1,u_2,u_3,\cdots,u_n,\cdots \tag{2.1}$$

与之对应时,(2.1)就称为数列.数列(2.1)中每一个数称为该数列的项,u_n 称为第 n 项或通项,自然数 n 称为数列的下标.数列(2.1)可用$\{u_n\}$来表示.

例如,下面的(1)~(4)都是数列:

(1) $\left\{\frac{1}{n}\right\}$: $1,\frac{1}{2},\frac{1}{3},\cdots,\frac{1}{n},\cdots$;

(2) $\{2n\}$: $2,4,6,\cdots,2n,\cdots$;

(3) $\left\{\frac{1+(-1)^n}{2}\right\}$: $0,1,0,1,\cdots$;

(4) $\left\{(-1)^n\cdot\frac{1}{n}\right\}$: $-1,\frac{1}{2},-\frac{1}{3},\frac{1}{4},\cdots,\frac{(-1)^n}{n},\cdots$.

对于给定的数列$\{u_n\}$,由于其各项的取值由下标 n 唯一确定,故数列$\{u_n\}$可视为定义在正整数集合 $\mathbf{N}^*$ 上的函数,即

$$u_n=f(n),\quad n\in\mathbf{N}^*,$$

并称之为下标函数.

由上面数列可以看出:随着 n 逐渐增大,它们有着各自的变化趋势.下面,我们对一个具体数列变化趋势作出分析,并由此引出数列极限的概念.

2.1.2 数列极限

在初等数学中,我们知道圆的面积等于 πR^2(R 为圆的半径),但这个 πR^2 是怎样求出来的呢?

我国古代数学家刘徽曾提出利用圆内接正多边形推算圆的方法——割圆术.从几何图形上看,当圆的内接正多边形的边数越多,则正多边形就越接近圆,在边数无限增多的情况下正多边形无限接近圆.因而,内接多边形的边数无限增多时,它的面积就转化为圆的面积(见图 2-1).

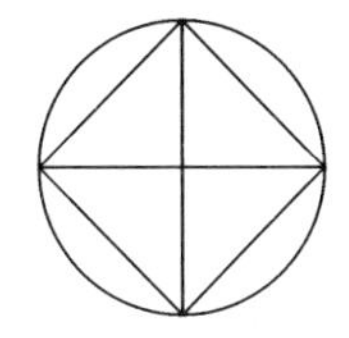
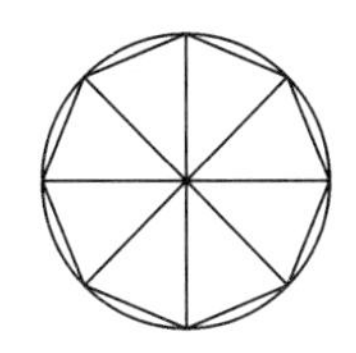
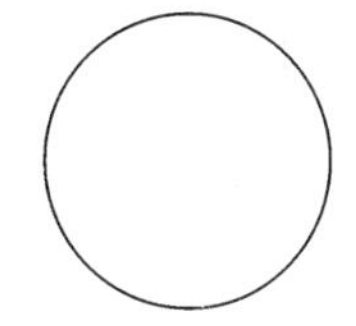

图 2-1

再从数量上看，正多边形面积可以这样计算：把内接正 n 边形分成 n 个全等的等腰三角形（如图 2-2 所示），则等腰三角形 $\triangle OAB$ 的顶角 $\alpha=\frac{2\pi}{n}$，OB 边上的高 $AC=R\sin\alpha=R\sin\frac{2\pi}{n}$，于是

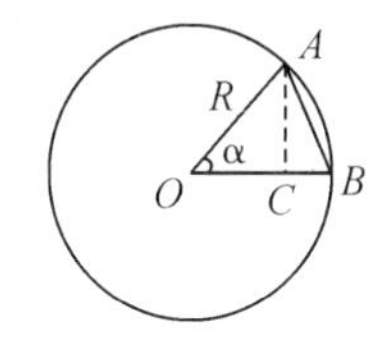

图 2-2

$$\triangle OAB\text{ 的面积}=\frac{1}{2}|OB|\cdot|AC|=\frac{1}{2}R^2\sin\frac{2\pi}{n},$$

从而内接正 n 边形的面积

$$A_n=\frac{n}{2}R^2\sin\frac{2\pi}{n}.$$

当 n 无限变大时，A_n 无限接近常数 πR^2. 因此，πR^2 就是圆的面积. 即可以用内接正 n 边形面积的“极限”来精确规定圆的面积.

这种考察 n 无限增大时数列通项是否无限接近于某个常数的思想就是数列极限的思想.

设有数列$\{u_n\}$与常数 a，如果当 n 无限增大时 u_n 无限趋近于常数 a，则称数列$\{u_n\}$的极限为 a. 这是对数列极限的一种直观描述，而不是严格的数列定义.

为了引进数列极限的严格定义，我们考察数列通项

$$u_n=1+\frac{1}{n}.$$

直观上看，当 n 无限增大时，u_n 将无限趋近于数 1. 这在数轴上表现为动点 u_n 与定点 1 的距离：$|u_n-1|=\left|1+\frac{1}{n}-1\right|=\frac{1}{n}$可以任意小，这里称数列$\left\{1+\frac{1}{n}\right\}$的极限为 1.

但是，“无限增大”、“无限趋近”和“可以任意小”的确切意义是什么呢？或者说，如何用严格的数学语言表达呢？

如果描述 u_n 与 1 接近的距离为 0.1，则当 $n>10$ 时，有$|u_n-1|=\frac{1}{n}<0.1$，即自第 10 项 u_{10}之后，所有项 u_n 与 1 的距离都小于给定的 0.1. 如果定更小的距离为 0.01，则当 $n>100$ 时，有$|u_n-1|<0.01$，即 u_{100}之后的所有项 u_n 与 1 的距离都小于 0.01. 一般的，对于不论多么小的距离 $\varepsilon>0$ 都能有类似的分析. 换言之，对于任意给定的 $\varepsilon>0$，当 $n>\frac{1}{\varepsilon}$时，恒有$|u_n-1|=\frac{1}{n}<\varepsilon$，即自第$\left[\frac{1}{\varepsilon}\right]$项之后的所有项 u_n

与 1 的距离都小于给定的 ε，$n>\left[\frac{1}{\varepsilon}\right]$刻画的是“$n$ 无限增大的程度”，而$|u_n-1|<\varepsilon$刻画的是“u_n 无限趋近于 1”或“$|u_n-1|$可以任意小”的程度.

由此例可给出数列极限的严格数学定义.

定义 2.2 设有数列$\{u_n\}$和常数 a，如果对任意给定的 $\varepsilon>0$，存在正整数 N，使当 $n>N$ 时，恒有$|u_n-a|<\varepsilon$ 成立，则称常数 a 为数列$\{u_n\}$的极限，记为

$$\lim_{n\to\infty}u_n=a \quad 或 \quad u_n\to a \quad (n\to\infty).$$

如果数列$\{u_n\}$有极限，则称数列$\{u_n\}$收敛，或称极限$\lim\limits_{n\to\infty}u_n$ 存在；如果数列$\{u_n\}$无极限，则称数列$\{u_n\}$发散，或称极限$\lim\limits_{n\to\infty}u_n$ 不存在.

按照定义 2.2 和上面的分析可知$\lim\limits_{n\to\infty}\left(1+\frac{1}{n}\right)=1$.

几点说明：

(1) 定义 2.2 中的正数 ε 是任意给定的，ε 用来刻画“u_n 无限接近于 a”的程度，ε 越小，u_n 越接近于 a.

(2) 定义中正整数 N 随 ε 而定，用来刻画“n 无限增大”的程度.

(3) 定义 2.2 的几何意义是若数列$\{u_n\}$的极限为 a，则在以 a 为中心，任意给定的正数 ε(无论多小)为半径的 ε 邻域$(a-\varepsilon,a+\varepsilon)$之外，至多有 N 个点 $u_1,u_2,\cdots,u_N$，而无限多个其他点 $u_{N+1},u_{N+2},\cdots$都落在该邻域之内(如图 2-3 所示).

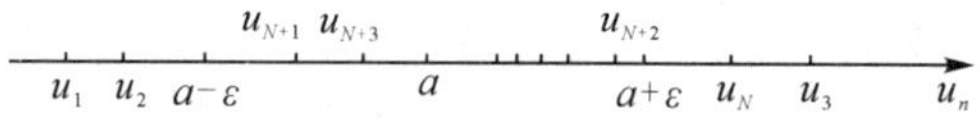

图 2-3

例 2-1 用定义证明：$\lim\limits_{n\to\infty}\frac{n-1}{n+2}=1$.

证 对于任意给定的 $\varepsilon>0$，要使不等式

$$|u_n-1|=\left|\frac{n-1}{n+2}-1\right|=\frac{3}{n+2}<\varepsilon$$

成立，只需 $n>\frac{3}{\varepsilon}-2$ 成立.

因此，若取 $N=3+\left[\frac{3}{\varepsilon}-2\right]$，则当 $n>N$ 时，有

$$|u_n-1|=\frac{3}{n+2}<\varepsilon,$$

由定义 2.2 可知

$$\lim_{n\to\infty}\frac{n-1}{n+2}=1.$$

注意：我们不能根据极限的严格定义求出数列的极限，只能用定义证明某常数是不是某数列的极限.

2.2　函数的极限

我们已经讨论了数列的极限，而数列本来就可以看成特殊的函数，现在我们转而讨论一般函数的极限.

2.2.1　$x \to x_0$ 时函数的极限

所谓“$x \to x_0$ 时函数 $f(x)$ 的极限”，就是研究当自变量 x 无限趋近x_0时（记为 $x \to x_0$）函数 $f(x)$ 的变化趋势. 如果 $f(x)$ 无限趋近某个常数 A，则称 $x \to x_0$ 时，函数 $f(x)$ 以 A 为极限或 $f(x)$ 的极限为 A.

例如，由观察可知，$x \to 1$ 时函数 $f(x)=3x+2$ 的值无限趋近数 5，即 $x \to 1$ 时 $f(x)=3x+2$ 的极限为 5. 将此直观描述用准确数学语言表达，有以下定义.

定义 2.3　设函数 $f(x)$ 在 x_0 的某一邻域内有定义（在 x_0 处可以没有定义），A 是一个常数，若对任意给定的正数 ε，总存在一个正数 δ，使得当 $0<|x-x_0|<\delta$ 时恒有 $|f(x)-A|<\varepsilon$，则称当 x 趋于 x_0 时函数 f 以常数 A 为极限，或者说函数 f 在 x_0 处的极限为 A，记作

$$\lim_{x \to x_0} f(x)=A \quad 或 \quad f(x) \to A \quad (x \to x_0).$$

几点说明：

(1) 在此定义中，正数 ε 刻画了 $f(x)$ 与 A 的接近程度，δ 刻画了 x 与x_0的接近程度；正数 ε 是任意小的，δ 是随 ε 而确定的.

(2) 由定义可知，$\lim\limits_{x \to x_0} f(x)$ 是否存在或存在时极限为何值，与 $f(x)$ 在 x_0 处是否有定义或有定义时的函数值 $f(x_0)$ 无直接关系.

(3) $x \to x_0$ 时，$f(x)$ 以 A 为极限的几何意义是对任意小的正数 ε，总存在 $\delta>0$，使当动点 x 进入定点x_0的去心邻域 $\mathring{U}(x_0,\delta)$ 之内时，函数 $f(x)$ 之值进入点 A 的 ε 邻域 $(A-\varepsilon,A+\varepsilon)$ 之内. 即当点 $x \in \mathring{U}(x_0,\delta)$ 时，相应函数 $y=f(x)$ 的图形落在两条平行直线 $y=A-\varepsilon$ 和 $y=A+\varepsilon$ 所形成的带形区域内（见图 2-4）.

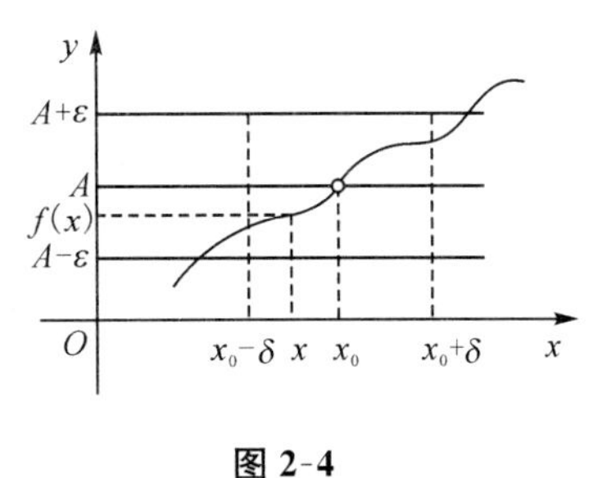

图 2-4

例 2-2　用定义证明：$\lim\limits_{x \to 1} 3x+2=5$.

证　任给 $\varepsilon>0$，要使

$$|(3x+2)-5|<\varepsilon,$$

即 $|x-1|<\dfrac{\varepsilon}{3}$.

取 $\delta=\frac{\varepsilon}{3}$，则当 $0<|x-1|<\delta$ 时，有

$$|(3x+2)-5|<\varepsilon,$$

因此$\lim\limits_{x\to 1}(3x+2)=5$.

例 2-3 证明：$\lim\limits_{x\to 0}\sin x=0$.

证 因为$|\sin x|<|x|$，即

$$|\sin x-0|<|x-0|,$$

于是对任给 $\varepsilon>0$，当$|x-0|<\varepsilon$ 时，$|\sin x-0|<\varepsilon$，因此取 $\delta=\varepsilon$，当 $0<|x-0|<\delta$ 时，有

$$|\sin x-0|<\varepsilon,$$

则$\lim\limits_{x\to 0}\sin x=0$.

在上面讨论的"$x\to x_0$ 时 $f(x)$的极限"问题中，自变量 x 趋于x_0的方式是任意的. x 既可以从x_0的左侧($x<x_0$)趋于 x_0，也可以从 x_0 的右侧($x>x_0$)趋于 x_0，但有时需要了解 x 仅从x_0的左侧或仅从 x_0 的右侧趋于 x_0 时 $f(x)$的变化趋势，这就需要引进左极限和右极限的概念.

定义 2.4 设函数 f 在x_0的右侧区间(x_0,b)内有定义，A 为一定数. 如果对于任何 $\varepsilon>0$，总存在正数 δ，使得当 $0<x-x_0<\delta$ 时$|f(x)-A|<\varepsilon$ 恒成立，则称当 x 从 x_0右侧趋于 x_0 时 $f(x)$以 A 为极限，或称函数 f 在x_0的右极限是 A，记为

$$\lim_{x\to x_0^+}f(x)=A \quad 或 \quad f(x_0+0)=A.$$

类似可以定义函数 f 在x_0的左极限

$$\lim_{x\to x_0^-}f(x)=A \quad 或 \quad f(x_0-0)=A.$$

函数在一点的左极限与右极限统称为单侧极限.

函数的左、右极限与函数的极限是三个不同的概念，三者之间有如下重要的定理.

定理 2.1 $\lim\limits_{x\to x_0}f(x)=A$ 成立的充分必要条件是 $\lim\limits_{x\to x_0^+}f(x)$和 $\lim\limits_{x\to x_0^-}f(x)$都存在且都等于 A，即有

$$\lim_{x\to x_0}f(x)=A\Leftrightarrow \lim_{x\to x_0^+}f(x)=\lim_{x\to x_0^-}f(x)=A.$$

对该定理感兴趣的读者可以利用左、右极限的定义给予严格证明.

例 2-4 已知 $f(x)=\begin{cases}2x+3, & x\leqslant 1,\\ 4, & x>1,\end{cases}$ 讨论当 $x\to 1$ 时 $f(x)$的极限是否存在.

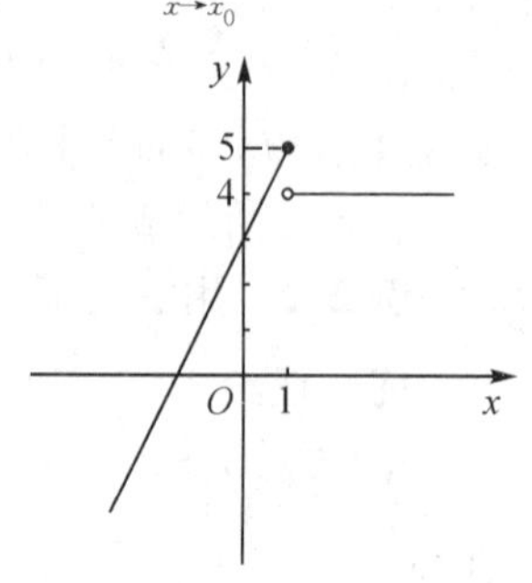

图 2-5

解 由图 2-5 容易看出

$$\lim_{x\to 1^-} f(x)=5,\quad \lim_{x\to 1^+} f(x)=4,$$

函数 $f(x)$在 $x=1$ 处左、右极限都存在,但二者不等,故由定理 2.1 可知$\lim\limits_{x\to 1} f(x)$不存在.

2.2.2 $x\to\infty$时函数的极限

对于函数 $f(x)$的自变量 x:若 x 取正值且无限增大,则记为 $x\to+\infty$,读作"x 趋于正无穷大";若 x 取负值且其绝对值$|x|$无限增大,则记为 $x\to-\infty$,读作"x 趋于负无穷大";若 x 既取正值又取负值且其绝对值$|x|$无限增大,则记为 $x\to\infty$,读作"x 趋于无穷大".

研究"$x\to\infty$时函数 $f(x)$的极限",就是研究自变量 x 趋于无穷大(即 $x\to\infty$)时函数 $f(x)$的相应变化趋势. 若 $f(x)$无限趋近某个常数 a,则称 $x\to\infty$时函数 $f(x)$的极限为 a 或 $f(x)$以 a 为极限.

例如,由图 2-6 观察可知,$x\to\infty$时函数 $f(x)=\dfrac{1}{x}+1$ 将无限趋于 1,这时称 $x\to\infty$时函数 $f(x)=\dfrac{1}{x}+1$ 的极限为 1.

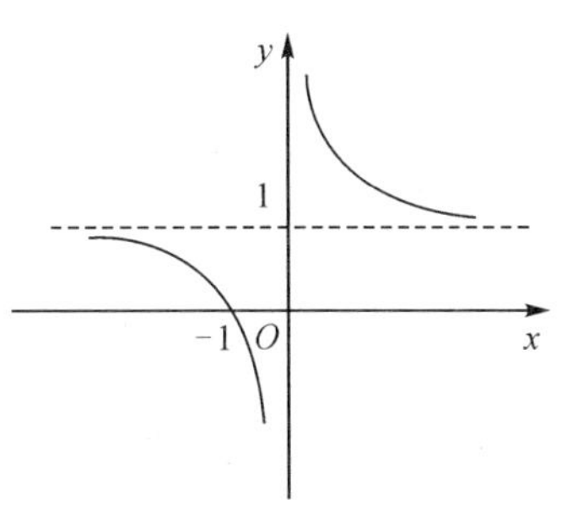

图 2-6

与数列极限类似,$x\to\infty$时函数 $f(x)$的极限的严格数学定义如下所述.

定义 2.5 设函数 $f(x)$在$|x|>a$(a 为正的常数)时有定义,如果对任意给定的正数 ε(不论多么小),总存在正数 M,使当$|x|>M$ 时恒有$|f(x)-A|<\varepsilon$ 成立,则称当 x 趋于无穷大时函数 f 以常数 A 为极限,记为

$$\lim_{x\to\infty} f(x)=A \quad 或 \quad f(x)\to A \quad (x\to\infty)$$

几点说明:

(1) 上述定义中,ε 是任意给定的正数,用来刻画 $f(x)$与 A 的接近程度;M 随 ε 而定,用来刻画$|x|$无限增大的程度.

(2) 对任意给定的 $\varepsilon>0$,总存在正数 $M>0$,使当 x 进入区域$(-\infty,-M)\cup(M,+\infty)$之内时,曲线 $y=f(x)$上的点 $M(x,f(x))$必落在水平直线 $y=A-\varepsilon$ 与 $y=A+\varepsilon$ 之间的带形区域内(如图 2-7 所示).

(3) 定义 2.5 中,$x\to\infty$的方式是任意的,$|x|$可以沿着 x 轴负方向无限增大,也可沿 x 轴正方向无限增大. 有时仅需考虑$|x|$沿 x 轴负方向无限增大(即 $x\to-\infty$)或$|x|$沿 x 轴正方向无限增大(即 $x\to+\infty$)的情形.

若当 $x\to-\infty$(或 $x\to+\infty$)时函数 $f(x)$无限趋近常数 A,则称常数 A 为 $x\to-\infty$(或 $x\to+\infty$)时函数 $f(x)$的极限,记为

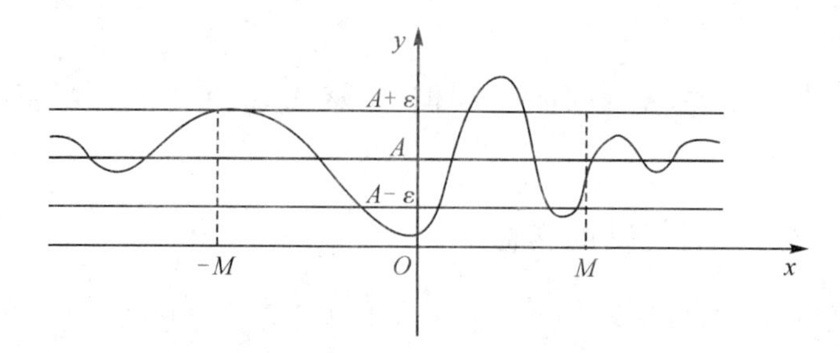

图 2-7

$$\lim_{x\to-\infty} f(x)=A \quad \left(\text{或} \lim_{x\to+\infty} f(x)=A\right).$$

读者不难给出它们的严格数学定义.

$\lim\limits_{x\to\infty} f(x)$与 $\lim\limits_{x\to+\infty} f(x)$，$\lim\limits_{x\to-\infty} f(x)$是三个不同的极限概念，它们之间也有与定理 2.1 类似的定理.

定理 2.2 $\lim\limits_{x\to\infty} f(x)$存在且等于 A 的充分必要条件是 $\lim\limits_{x\to-\infty} f(x)$与 $\lim\limits_{x\to+\infty} f(x)$都存在且都等于 A，即有

$$\lim_{x\to\infty} f(x)=A \Leftrightarrow \lim_{x\to-\infty} f(x)=\lim_{x\to+\infty} f(x)=A.$$

例 2-5 用定义证明：$\lim\limits_{x\to\infty}\dfrac{\cos 5x}{2x}=0$.

证 对任意给定的 $\varepsilon>0$，要使

$$\left|\frac{\cos 5x}{2x}-0\right| \leqslant \frac{1}{2|x|}<\varepsilon,$$

只需 $|x|>\dfrac{1}{2\varepsilon}$. 因此，取 $M=\dfrac{1}{2\varepsilon}$，则当 $|x|>M$ 时，必有

$$\left|\frac{\cos 5x}{2x}-0\right| \leqslant \frac{1}{2|x|}<\frac{1}{2M}=\varepsilon,$$

于是由定义 2.5 可知$\lim\limits_{x\to\infty}\dfrac{\cos 5x}{2x}=0$.

例 2-6 用定义证明：$\lim\limits_{x\to+\infty}\left(\dfrac{1}{a}\right)^x=0$，其中 $a>1$.

证 对任意给定的 $\varepsilon>0$，要使

$$\left|\left(\frac{1}{a}\right)^x-0\right|=\left(\frac{1}{a}\right)^x<\varepsilon,$$

只需 $x>\dfrac{\lg\frac{1}{\varepsilon}}{\lg a}$(设 $0<\varepsilon<1$). 因此，取 $M=\dfrac{\lg\frac{1}{\varepsilon}}{\lg a}$，则当 $x>M$ 时，有

$$\left|\left(\frac{1}{a}\right)^x-0\right|<\varepsilon,$$

所以 $\lim\limits_{x\to+\infty}\left(\frac{1}{a}\right)^x=0$

例 2-7 讨论极限$\lim\limits_{x\to\infty}\arctan x$ 是否存在.

解 由函数 $f(x)=\arctan x$ 的图形(见图 2-8)可知

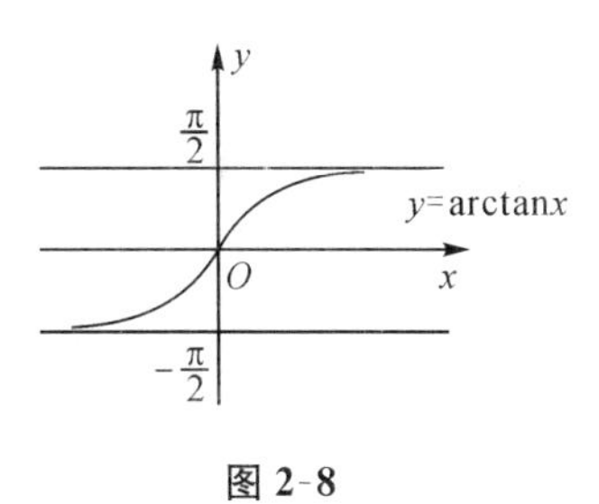

图 2-8

$$\lim_{x\to+\infty}\arctan x=\frac{\pi}{2},\quad \lim_{x\to-\infty}\arctan x=-\frac{\pi}{2},$$

由于极限 $\lim\limits_{x\to+\infty}\arctan x$ 与 $\lim\limits_{x\to-\infty}\arctan x$ 都存在,但不相等,故由定理 2.2 可知极限$\lim\limits_{x\to\infty}\arctan x$ 不存在.

2.3 无穷大量与无穷小量

在这一节中,为了统一处理起见,我们用通用记号"lim"表示 $x\to x_0$, $x\to x_0^-$, $x\to x_0^+$, $x\to-\infty$, $x\to+\infty$, $x\to\infty$ 与 $n\to\infty$ 等七种极限过程中的任一种. 需要证明时,只对其中一种类型(比如 $x\to x_0$)给出证明,其他类型的证明只需根据极限定义将证明过程略加修改即可.

2.3.1 无穷大量

在函数极限不存在的情形中,有一种特殊情形值得注意. 例如,当 $x\to0$ 时,$f(x)=\frac{1}{x}$ 的绝对值无限增大;当 $x\to1$ 时,$g(x)=\frac{1}{x-1}$ 的绝对值无限增大;当 $x\to+\infty$ 时,$h(x)=2^x$ 无限增大. 这些极限都是不存在的,但它们有一个共同特点,就是在某个变化过程中,函数的绝对值都无限增大.

通常,借用函数极限的记法,将上述三种极限不存在的情形分别记为

$$\lim_{x\to0}\frac{1}{x}=\infty,\quad \lim_{x\to1}\frac{1}{x-1}=\infty,\quad \lim_{x\to+\infty}2^x=+\infty.$$

一般的,我们有如下的直观定义.

定义 2.6 在自变量的某一变化过程中,若变量 y 的绝对值 $|y|$ 无限增大,则称 y 为无穷大量或无穷大,记为 $\lim y=\infty$.

若 y 恒为正且 y 无限增大,则称 y 为正无穷大,记为 $\lim y=+\infty$;

若 y 恒为负且 $|y|$ 无限增大,则称 y 为负无穷大,记为 $\lim y=-\infty$.

例如,可以证明:

$$\lim_{x\to1}\frac{1}{(x-1)^2}=+\infty,\quad \lim_{x\to0^+}\lg x=-\infty,\quad \lim_{x\to\infty}x^2=+\infty.$$

几点说明:

(1) 无穷大是指自变量的某个变化过程中绝对值无限增大的变量,而非绝对

值很大的常量.

(2) 无穷大是相对于自变量的某个变化过程而言的. 例如，$x \to 1$ 时 $\frac{1}{x-1}$ 是无穷大；而 $x \to 0$ 时 $\frac{1}{x-1} \to -1$，不是无穷大.

(3) 定义 2.6 只是对无穷大的一种直观描述，并非严格的数学定义. 例如，对 $\lim\limits_{x \to x_0} f(x) = \infty$ 的严格定义如下：对任意给定的正数 M（无论 M 多大），总存在 $\delta > 0$，使当 $0 < |x - x_0| < \delta$ 时恒有 $|f(x)| > M$ 成立，则称 $f(x)$ 当 $x \to x_0$ 时是无穷大量.

2.3.2 无穷小量

1) 概念

定义 2.7 在自变量的某一变化过程中，以 0 为极限的变量称为无穷小量或无穷小.

例如，因为 $\lim\limits_{n \to \infty} \frac{1}{2^n} = 0$，所以当 $n \to \infty$ 时变量 $y_n = \frac{1}{2^n}$ 为无穷小；因为 $\lim\limits_{x \to -\infty} 2^x = 0$，所以 $x \to -\infty$ 时 2^x 是无穷小；因为 $\lim\limits_{x \to 0} x^2 = 0$，所以 $x \to 0$ 时 x^2 是无穷小.

几点说明：

(1) 无穷小是指在自变量的某个变化过程中极限为 0 的变量，而不是绝对值很小的常量.

(2) 无穷小是相对于自变量的某一具体变化过程而言的. 例如，$x \to -\infty$ 时 2^x 是无穷小；而 $x \to 1$ 时 $2^x \to 2$，就不是无穷小了.

(3) 因 $\lim 0 = 0$，故常数 0 在自变量的所有变化过程中都是无穷小.

定理 2.3 极限 $\lim f(x) = A$ 的充分必要条件是函数 $f(x)$ 可以表示为 A 与一个无穷小量 $\alpha(x)$ 的和，即有

$$\lim f(x) = A \Leftrightarrow f(x) = A + \alpha(x),$$

其中 $\lim \alpha(x) = 0$.

证 仅就 $x \to x_0$ 的情形进行证明.

先证明必要性. 设 $\lim\limits_{x \to x_0} f(x) = A$，则对任意给定的 $\varepsilon > 0$，存在 $\delta > 0$，当 $0 < |x - x_0| < \delta$ 时恒有 $|f(x) - A| < \varepsilon$. 如果将 $f(x) - A$ 看成一个整体，即有

$$|f(x) - A - 0| < \varepsilon,$$

由定义 2.7 可知它是一个无穷小量，记为 $\alpha(x)$，于是 $f(x) - A = \alpha(x)$，即 $f(x) = A + \alpha(x)$，其中 $\lim\limits_{x \to x_0} \alpha(x) = 0$.

充分性的证明请读者完成.

定理 2.3 表明"$f(x)$ 以 A 为极限"与"$f(x)$ 与 A 之差 $f(x) - A$ 为无穷小"是

两个等价的说法.该定理在今后的讨论中常会用到.

2）无穷小的性质

性质 2.1 如果变量 $f(x)$ 和 $g(x)$ 是同一变化过程中的两个无穷小量，则 $f(x)\pm g(x)$ 也是该变化过程中的无穷小量.

证 仍就 $x\to x_0$ 的情形进行证明.

设 $\lim\limits_{x\to x_0}f(x)=0$，$\lim\limits_{x\to x_0}g(x)=0$. 对任意 $\varepsilon>0$，因为 $\lim\limits_{x\to x_0}f(x)=0$，所以存在 $\delta_1>0$，当 $0<|x-x_0|<\delta_1$ 时，$|f(x)|<\dfrac{\varepsilon}{2}$；又因为 $\lim\limits_{x\to x_0}g(x)=0$，所以存在 $\delta_2>0$，当 $0<|x-x_0|<\delta_2$ 时，$|g(x)|<\dfrac{\varepsilon}{2}$. 取 $\delta=\min\{\delta_1,\delta_2\}$，则当 $0<|x-x_0|<\delta$ 时，有

$$|[f(x)\pm g(x)]-0|\leqslant|f(x)|+|g(x)|<\frac{\varepsilon}{2}+\frac{\varepsilon}{2}=\varepsilon,$$

因此 $f(x)\pm g(x)$ 是无穷小量.

推论 2.1 有限个无穷小的和仍是无穷小.

性质 2.2 无穷小与有界变量的积仍为无穷小.

证 就 $x\to x_0$ 的情形进行证明.

设 $f(x)$ 为有界函数，即存在常数 $M>0$，使得 $|f(x)|<M$. 再设 $\alpha(x)$ 为 $x\to x_0$ 时的无穷小，则对任意给定的 $\varepsilon>0$，存在 $\delta>0$，使当 $0<|x-x_0|<\delta$ 时，恒有

$$|\alpha(x)|<\frac{\varepsilon}{M},$$

于是有

$$|\alpha(x)f(x)-0|=|\alpha(x)|\cdot|f(x)|<\frac{\varepsilon}{M}\cdot M=\varepsilon,$$

因此，由极限定义可知 $\lim\limits_{x\to x_0}\alpha(x)f(x)=0$，即 $x\to x_0$ 时，$\alpha(x)f(x)$ 为无穷小.

例 2-8 求极限 $\lim\limits_{x\to 0}x\sin\dfrac{1}{x}$.

解 因为 $\left|\sin\dfrac{1}{x}\right|\leqslant 1$，所以 $\sin\dfrac{1}{x}$ 是有界变量；又因为 $\lim\limits_{x\to 0}x=0$，故 $x\to 0$ 时 x 为无穷小. 于是，由性质 2.2 可知，$x\to 0$ 时 $x\sin\dfrac{1}{x}$ 为无穷小，即有

$$\lim_{x\to 0}x\sin\frac{1}{x}=0.$$

3）无穷小的比较

无穷小量虽然都是趋于 0 的变量，但不同的无穷小量趋于 0 的速度却不一定相同，有时可能差别很大.

例如，当 $x\to 0$ 时，x，$2x$，x^2 都是无穷小量，但它们趋于 0 的速度却不一样，列

表比较如下：

表 2-1

x	1	0.5	0.1	0.01	0.001	…	→	0
$2x$	2	1	0.2	0.02	0.002	…	→	0
x^2	1	0.25	0.01	0.0001	0.000001	…	→	0

显然，x^2 趋于 0 的速度比 x 与 $2x$ 都要快得多. 快慢是相对的，是相互比较而言的. 下面通过比较两个无穷小量趋于 0 的速度引入无穷小量阶的概念.

定义 2.8 设 α,β 是同一过程中的两个无穷小量.

(1) 若 $\lim \dfrac{\beta}{\alpha}=0$，则称 β 是比 α 较高阶的无穷小量，记作 $\beta=o(\alpha)$.

(2) 若 $\lim \dfrac{\beta}{\alpha}=C\neq 0$（$C$ 为常量），则称 β 与 α 是同阶无穷小量. 特别当 $C=1$ 时，称 β 与 α 是等价无穷小量，记作 $\alpha\sim\beta$.

(3) 若 $\lim \dfrac{\beta}{\alpha}=\infty$，则称 β 是比 α 较低阶的无穷小量.

例如，由定义可知，$x\to 0$ 时，$2x$ 与 x 是同阶无穷小量，x^2 是比 x 高阶的无穷小量，$x-x^2$ 与 x 是等价无穷小量（即 $x-x^2\sim x,x\to 0$）.

2.3.3 无穷大量与无穷小量的关系

定理 2.4 在自变量的同一变化过程中，无穷大的倒数为无穷小，无穷小（不取 0）的倒数为无穷大. 即

(1) 若 $\lim f(x)=\infty$，则 $\lim \dfrac{1}{f(x)}=0$；

(2) 若 $\lim f(x)=0$，则 $\lim \dfrac{1}{f(x)}=\infty\,(f(x)\neq 0)$.

该定理的证明略.

例如，由 $\lim\limits_{x\to+\infty} e^{x}=+\infty$，有 $\lim\limits_{x\to+\infty} e^{-x}=0$；由 $\lim\limits_{x\to 1}\dfrac{1}{x-1}=\infty$，有 $\lim\limits_{x\to 1}(x-1)=0$.

2.4 极限的基本性质与运算法则

2.4.1 极限的基本性质

性质 2.3（唯一性） 若极限 $\lim f(x)$ 存在，则极限值唯一.

证 仅对 $x\to x_0$ 给出证明，其他情形可类似证明. 若极限值不唯一，设

$$\lim_{x\to x_0} f(x)=A,\quad \lim_{x\to x_0} f(x)=B,\quad 且\ A\neq B.$$

取 $\varepsilon=\frac{1}{2}|A-B|>0$，因为 $\lim\limits_{x\to x_0}f(x)=A$，所以存在 $\delta_1>0$，当 $0<|x-x_0|<\delta_1$ 时，有

$$|f(x)-A|<\varepsilon=\frac{1}{2}|A-B|.$$

同样，因为 $\lim\limits_{x\to x_0}f(x)=B$，所以存在 $\delta_2>0$，当 $0<|x-x_0|<\delta_2$ 时，有

$$|f(x)-B|<\varepsilon=\frac{1}{2}|A-B|.$$

取 $\delta=\min\{\delta_1,\delta_2\}$，则当 $0<|x-x_0|<\delta$ 时，以上两个不等式同时成立，得

$$\begin{aligned}|A-B|&=|A-f(x)+f(x)-B|\leqslant|A-f(x)|+|f(x)-B|\\&<\frac{1}{2}|A-B|+\frac{1}{2}|A-B|=|A-B|,\end{aligned}$$

产生矛盾，故极限值是唯一的.

性质 2.4(局部有界性) 若极限 $\lim\limits_{x\to x_0}f(x)$ 存在，则函数 $f(x)$ 在 x_0 的某空心邻域内有界.

证 设 $\lim\limits_{x\to x_0}f(x)=A$，则对任意的 $\varepsilon>0$，存在 $\delta>0$，使当 $0<|x-x_0|<\delta$ 时，恒有

$$|f(x)-A|<\varepsilon,\quad 即\quad A-\varepsilon<f(x)<A+\varepsilon,$$

由此可知 $f(x)$ 在 x_0 的空心邻域 $(x_0-\delta,x_0)\cup(x_0,\delta+x_0)$ 内有界.

性质 2.5(局部保号性) 设 $\lim\limits_{x\to x_0}f(x)=A$.

(1) 若 $A>0$(或 $A<0$)，则在 x_0 的某空心邻域内恒有

$$f(x)>0\quad(或\ f(x)<0).$$

(2) 若在 x_0 的某空心邻域内恒有 $f(x)\geqslant0$(或 $f(x)\leqslant0$)，则有 $A\geqslant0$(或 $A\leqslant0$).

证 (1) 只就 $A>0$ 的情形进行证明.

取 $\varepsilon=\frac{A}{2}$，则必存在 $\delta>0$，使得当 $0<|x-x_0|<\delta$ 时，有

$$|f(x)-A|=\frac{A}{2},\quad 即\quad -\frac{A}{2}<f(x)-A<\frac{A}{2},$$

从而 $f(x)>A-\frac{A}{2}=\frac{A}{2}>0$.

(2) 用反证法，假设 $f(x)\geqslant0$ 时 $A<0$. 根据极限定义，对给定的 $\varepsilon=-\frac{A}{2}>0$，存在 $\delta>0$，使当 $0<|x-x_0|<\delta$ 时，恒有

$$|f(x)-A|<\varepsilon,\quad 即\quad A-\varepsilon<f(x)<A+\varepsilon,$$

即有

$$f(x)<A+\varepsilon=A-\frac{A}{2}=\frac{A}{2}<0,$$

与假设矛盾. 因此,在 x_0 的某空心邻域内恒有 $f(x)\geqslant0$,则有 $A\geqslant0$. $f(x)\leqslant0$ 时,$A\leqslant0$ 可类似进行证明.

性质 2.6 若$\lim\limits_{x\to x_0}f(x)=A$,$\lim\limits_{x\to x_0}g(x)=B$,且在 x_0 的某空心邻域内恒有 $f(x)\geqslant g(x)$,则有 $A\geqslant B$.

该性质请读者自行证明.

注:性质 2.3~2.5 对数列的极限也成立.

以上我们介绍了极限的概念和一些基本性质. 由极限的定义只能验证某常数是否为某个变量的极限,而不能求出变量的极限. 接下来我们将介绍变量极限的运算法则,利用这些法则一方面可以判断某些变量的极限是否存在,另一方面也是更重要的是求出一些变量的极限.

2.4.2 极限的四则运算法则

定理 2.5 如果极限 $\lim f(x)$ 与 $\lim g(x)$ 都存在,则极限 $\lim[f(x)\pm g(x)]$ 与 $\lim[f(x)g(x)]$ 也都存在,且有

$$\lim[f(x)\pm g(x)]=\lim f(x)\pm\lim g(x), \tag{2.2}$$

$$\lim[f(x)g(x)]=[\lim f(x)][\lim g(x)]. \tag{2.3}$$

又如果 $\lim g(x)\neq0$,则 $\lim\dfrac{f(x)}{g(x)}$ 也存在,且

$$\lim\frac{f(x)}{g(x)}=\frac{\lim f(x)}{\lim g(x)}. \tag{2.4}$$

证 设 $\lim f(x)=A$,$\lim g(x)=B$,则由定理 2.3 有

$$f(x)=A+\alpha(x),\quad g(x)=B+\beta(x),$$

其中 $\alpha(x)$ 与 $\beta(x)$ 是同一变化过程中的无穷小. 于是有

$$f(x)\pm g(x)=(A\pm B)+[\alpha(x)\pm\beta(x)],$$

$$f(x)\cdot g(x)=AB+[A\beta(x)+B\alpha(x)+\alpha(x)\beta(x)].$$

由无穷小的性质可知 $\alpha(x)\pm\beta(x)$ 与 $A\beta(x)+B\alpha(x)+\alpha(x)\beta(x)$ 都是无穷小,因此由定理 2.3 可得

$$\lim[f(x)\pm g(x)]=A\pm B=\lim f(x)\pm\lim g(x),$$

$$\lim[f(x)g(x)]=AB=[\lim f(x)][\lim g(x)].$$

若 $\lim g(x)=B\neq0$,则

$$\frac{f(x)}{g(x)}=\frac{A+\alpha(x)}{B+\beta(x)}=\frac{AB+B\alpha(x)+A\beta(x)-A\beta(x)}{B[B+\beta(x)]}$$

$$=\frac{A[B+\beta(x)]+B\alpha(x)-A\beta(x)}{B[B+\beta(x)]}=\frac{A}{B}+\frac{B\alpha(x)-A\beta(x)}{B[B+\beta(x)]},$$

由无穷小的性质可知$\dfrac{B\alpha(x)-A\beta(x)}{B[B+\beta(x)]}$是无穷小，于是由定理 2.3 可得

$$\lim\frac{f(x)}{g(x)}=\frac{A}{B}=\frac{\lim f(x)}{\lim g(x)}.$$

推论 2.2 若$\lim f(x)=A$，k 是常数，则

$$\lim[kf(x)]=k[\lim f(x)].$$

极限的四则运算法则可以推广到有限多个变量的和、差与积的情形，即对有限多个变量，如果每一个变量的极限都存在，则这些变量的和、差与乘积的极限也存在，且分别等于每项极限的和、差与因子极限的乘积.

例 2-9 求：(1) $\lim\limits_{x\to x_0}x^n$；

(2) $\lim\limits_{x\to x_0}(a_0x^n+a_1x^{n-1}+\cdots+a_{n-1}x+a_n)$.

解 (1) 原式$=\left(\lim\limits_{x\to x_0}x\right)^n=x_0^n$.

(2) 原式$=\lim\limits_{x\to x_0}a_0x^n+\lim\limits_{x\to x_0}a_1x^{n-1}+\cdots+\lim\limits_{x\to x_0}a_{n-1}x+\lim\limits_{x\to x_0}a_n$

$=a_0\lim\limits_{x\to x_0}x^n+a_1\lim\limits_{x\to x_0}x^{n-1}+\cdots+a_{n-1}\lim\limits_{x\to x_0}x+\lim\limits_{x\to x_0}a_n$

$=a_0x_0^n+a_1x_0^{n-1}+\cdots+a_{n-1}x_0+a_n$.

例 2-10 求$\lim\limits_{x\to 1}(3x^2-2x+1)$.

解 原式$=\lim\limits_{x\to 1}3x^2-\lim\limits_{x\to 1}2x+\lim\limits_{x\to 1}1=3\lim\limits_{x\to 1}x^2-2\lim\limits_{x\to 1}x+1$

$=3-2+1=2$.

例 2-11 求$\lim\limits_{x\to 1}\dfrac{x^2-3x-2}{x^2-3}$.

解 因为$\lim\limits_{x\to 1}(x^2-3)=-2\neq 0$，所以

$$\lim_{x\to 1}\frac{x^2-3x-2}{x^2-3}=\frac{\lim\limits_{x\to 1}(x^2-3x-2)}{\lim\limits_{x\to 1}(x^2-3)}=\frac{-4}{-2}=2.$$

例 2-12 求$\lim\limits_{x\to 2}\dfrac{x+1}{x^2-4}$.

解 因为$\lim\limits_{x\to 2}(x^2-4)=0$，所以不能直接应用商的极限运算法则. 又$\lim\limits_{x\to 2}(x+1)=3\neq 0$，将分子、分母位置对换后，得

$$\lim_{x\to 2}\frac{x^2-4}{x+1}=\frac{0}{3}=0,$$

即 $x\to 2$ 时$\dfrac{x^2-4}{x+1}$是无穷小量. 再根据无穷小量与无穷大量互为倒数的关系得

$$\lim_{x\to 2}\frac{x+1}{x^2-4}=\infty.$$

例 2-13 求$\lim\limits_{x\to 2}\frac{x^3-8}{x^2-4}$.

解 因为$\lim\limits_{x\to 2}(x^2-4)=0$,所以不能直接应用商的极限运算法则.但由于

$x^3-8=(x-2)(x^2+2x+4)$,

$x^2-4=(x+2)(x-2)$,

分子、分母中有公因子 $x-2$ 可以消去,于是有

$$\lim_{x\to 2}\frac{x^3-8}{x^2-4}=\lim_{x\to 2}\frac{x^2+2x+4}{x+2}=\frac{\lim\limits_{x\to 2}(x^2+2x+4)}{\lim\limits_{x\to 2}(x+2)}=3.$$

例 2-11～例 2-13 的求解方法可推广到一般情形.设

$$R(x)=\frac{P_n(x)}{Q_m(x)}=\frac{a_0x^n+a_1x^{n-1}+\cdots+a_{n-1}x+a_n}{b_0x^m+b_1x^{m-1}+\cdots+b_{m-1}x+b_m},$$

其中 $a_0,a_1,\cdots,a_n,b_0,b_1,\cdots,b_m$ 均为常数,且 $a_0\neq 0,b_0\neq 0$.

(1) 若 $Q_m(x_0)\neq 0$, 则$\lim\limits_{x\to x_0}R(x)=R(x_0)$;

(2) 若 $Q_m(x_0)=0$, 且 $P_n(x_0)\neq 0$,则$\lim\limits_{x\to x_0}R(x)=\infty$;

(3) 若 $Q_m(x_0)=P_n(x_0)=0$, 且 $Q_m(x)$与 $P_n(x)$有公因子 $x-x_0$,则将 $Q_m(x)$与 $P_n(x)$因式分解,并将分解后的公因子约去,然后再求解.

例 2-14 求$\lim\limits_{x\to\infty}\frac{3x^2-2x+5}{4x^2+x-6}$.

解 将分子、分母同除以 x^2,得

$$\lim_{x\to\infty}\frac{3x^2-2x+5}{4x^2+x-6}=\lim_{x\to\infty}\frac{3-\frac{2}{x}+\frac{5}{x^2}}{4+\frac{1}{x}-\frac{6}{x^2}}=\frac{\lim\limits_{x\to\infty}\left(3-\frac{2}{x}+\frac{5}{x^2}\right)}{\lim\limits_{x\to\infty}\left(4+\frac{1}{x}-\frac{6}{x^2}\right)}=\frac{3}{4}.$$

例 2-15 求$\lim\limits_{x\to\infty}\frac{4x^3+2x^2-1}{3x^4+1}$.

解 将分子、分母同除以 x^4,得

$$\lim_{x\to\infty}\frac{4x^3+2x^2-1}{3x^4+1}=\lim_{x\to\infty}\frac{\frac{4}{x}+\frac{2}{x^2}-\frac{1}{x^4}}{3+\frac{1}{x^4}}=\frac{0+0-0}{3+0}=0.$$

例 2-16 求$\lim\limits_{x\to\infty}\frac{x^4-x^3+2x-5}{2x^3+x^2-3x+6}$.

解 将分子、分母同除以 x^4,得

$$\lim_{x\to\infty}\frac{x^4-x^3+2x-5}{2x^3+x^2-3x+6}=\lim_{x\to\infty}\frac{1-\frac{1}{x}+\frac{2}{x^3}-\frac{5}{x^4}}{\frac{2}{x}+\frac{1}{x^2}-\frac{3}{x^3}+\frac{6}{x^4}}=\infty.$$

总结例 2-14～例 2-16 的结果，可得出如下规律：

$$\lim_{x\to\infty}\frac{a_0x^n+a_1x^{n-1}+\cdots+a_n}{b_0x^m+b_1x^{m-1}+\cdots+b_m}=\begin{cases}\dfrac{a_0}{b_0}, & n=m,\\ 0, & n<m,\\ \infty, & n>m,\end{cases}$$

其中，$a_i(i=0,1,\cdots,n)$，$b_j(j=0,1,\cdots,m)$为常数且 $a_0\neq0$，$b_0\neq0$，m,n 为非负整数.

上式对数列极限也适用. 例如

$$\lim_{n\to\infty}\frac{4n^3+2n-3}{2n^3+n^2-1}=\frac{4}{2}=2.$$

例 2-17 求$\lim\limits_{x\to0}\dfrac{\sqrt{1+x}-1}{x}$.

解 原式$=\lim\limits_{x\to0}\dfrac{(\sqrt{1+x}-1)(\sqrt{1+x}+1)}{x(\sqrt{1+x}+1)}=\lim\limits_{x\to0}\dfrac{x}{x(\sqrt{1+x}+1)}=\dfrac{1}{2}$.

例 2-18 求 $\lim\limits_{x\to-2}\left(\dfrac{1}{x+2}-\dfrac{12}{x^3+8}\right)$.

解 原式$=\lim\limits_{x\to-2}\dfrac{x^2-2x+4-12}{x^3+8}=\lim\limits_{x\to-2}\dfrac{(x+2)(x-4)}{(x+2)(x^2-2x+4)}$

$$=\lim_{x\to-2}\frac{x-4}{x^2-2x+4}=-\frac{1}{2}.$$

例 2-19 已知 $f(x)=\begin{cases}3x+2, & x\leqslant0,\\ x^2+1, & 0<x\leqslant1,\\ \dfrac{2}{x}, & x>1,\end{cases}$ 求$\lim\limits_{x\to0}f(x)$，$\lim\limits_{x\to1}f(x)$.

解 因为

$$\lim_{x\to0^-}f(x)=\lim_{x\to0^-}(3x+2)=2,\quad \lim_{x\to0^+}f(x)=\lim_{x\to0^+}(x^2+1)=1,$$

所以$\lim\limits_{x\to0}f(x)$不存在. 又因为

$$\lim_{x\to1^-}f(x)=\lim_{x\to1^-}(x^2+1)=2,\quad \lim_{x\to1^+}f(x)=\lim_{x\to1^+}\frac{2}{x}=2,$$

所以$\lim\limits_{x\to1}f(x)=2$.

2.4.3 复合函数的极限运算法则

定理 2.6 设 $y=f(u)$与 $u=\varphi(x)$构成复合函数 $y=f[\varphi(x)]$，若$\lim\limits_{u\to u_0}f(u)=A$，$\lim\limits_{x\to x_0}\varphi(x)=u_0$，且 $\varphi(x)\neq u_0(x\neq x_0)$，则有

$$\lim_{x\to x_0}f[\varphi(x)]=\lim_{u\to u_0}f(u)=A.$$

该定理的证明从略.

说明:(1) 实际利用定理 2.6 时,不必事先验证$\lim\limits_{u\to u_0}f(u)$的存在性,因其是否存在会随计算过程自动显示出来;

(2) 对于其他类型的极限,也有类似的结论.

例如,若$\lim\limits_{u\to\infty}f(u)=A$(或$\infty$),且$\lim\limits_{x\to x_0}\varphi(x)=\infty$,则

$$\lim_{x\to x_0}f[\varphi(x)]=\lim_{u\to\infty}f(u)=A\quad(\text{或}\infty).$$

例 2-20 求$\lim\limits_{x\to 0}\dfrac{\sqrt[3]{1+x}-1}{x}$.

解 令 $t=\sqrt[3]{1+x}$,则当 $x\to 0$ 时 $t\to 1$,且 $x\neq 0$ 时 $t\neq 1$. 于是

$$\lim_{x\to 0}\frac{\sqrt[3]{1+x}-1}{x}=\lim_{t\to 1}\frac{t-1}{t^3-1}=\lim_{t\to 1}\frac{1}{t^2+t+1}=\frac{1}{3}.$$

例 2-21 求$\lim\limits_{x\to\frac{\pi}{2}}\dfrac{\cos^2 x}{2-\sin x-\sin^2 x}$.

解 令 $u=\sin x$,则当 $x\to\frac{\pi}{2}$ 时 $u\to 1$. 因此

$$\lim_{x\to\frac{\pi}{2}}\frac{\cos^2 x}{2-\sin x-\sin^2 x}=\lim_{u\to 1}\frac{1-u^2}{2-u-u^2}=\lim_{u\to 1}\frac{1+u}{2+u}=\frac{2}{3}.$$

2.5 极限存在准则与两个重要极限

本节将介绍极限存在的两个准则以及由它们推出的两个重要极限:

$$\lim_{x\to 0}\frac{\sin x}{x}=1\quad\text{与}\quad\lim_{x\to\infty}\left(1+\frac{1}{x}\right)^x=\mathrm{e}.$$

2.5.1 夹逼准则与第一个重要极限

定理 2.7(夹逼定理) 假设在 x_0 的某空心邻域$(x_0-\delta_0,x_0)\cup(x_0,x_0+\delta_0)$内恒有 $g(x)\leqslant f(x)\leqslant h(x)$,其中 $\delta_0>0$,且

$$\lim_{x\to x_0}g(x)=\lim_{x\to x_0}h(x)=A,$$

则极限$\lim\limits_{x\to x_0}f(x)$存在,且有$\lim\limits_{x\to x_0}f(x)=A$.

证 由题设可知,对任意给定的 $\varepsilon>0$,必存在 $\delta_1>0$,$\delta_2>0$,使得 $0<|x-x_0|<\delta_1$ 时有$|g(x)-A|<\varepsilon$,$0<|x-x_0|<\delta_2$ 时有$|h(x)-A|<\varepsilon$.

令 $\delta=\min\{\delta_0,\delta_1,\delta_2\}$,则当 $0<|x-x_0|<\delta$ 时,同时有

$$|g(x)-A|<\varepsilon,\quad |h(x)-A|<\varepsilon,$$

即同时有

$$A-\varepsilon<g(x)<A+\varepsilon,\quad A-\varepsilon<h(x)<A+\varepsilon,$$

于是，由假设有

$$A-\varepsilon<g(x)\leqslant f(x)\leqslant h(x)<A+\varepsilon,$$

从而当 $0<|x-x_0|<\delta$ 时，有

$$|f(x)-A|<\varepsilon,$$

由定义可知 $\lim\limits_{x\to x_0}f(x)=A$.

注意：(1) 对于 $x\to\infty$ 等其他函数极限情形也有类似结果，读者可仿照上述定理写出 $x\to\infty$ 时的夹逼定理(作为练习).

(2) 数列也有类似的夹逼定理：如果存在正整数 n_0，使当 $n\geqslant n_0$ 时，恒有

$$x_n\leqslant y_n\leqslant z_n,$$

且 $\lim\limits_{n\to\infty}x_n=\lim\limits_{n\to\infty}z_n=A$，则 $\lim\limits_{n\to\infty}y_n$ 存在，且有

$$\lim_{n\to\infty}y_n=A.$$

现在用夹逼准则证明第一个重要极限：

$$\lim_{x\to 0}\frac{\sin x}{x}=1. \tag{2.5}$$

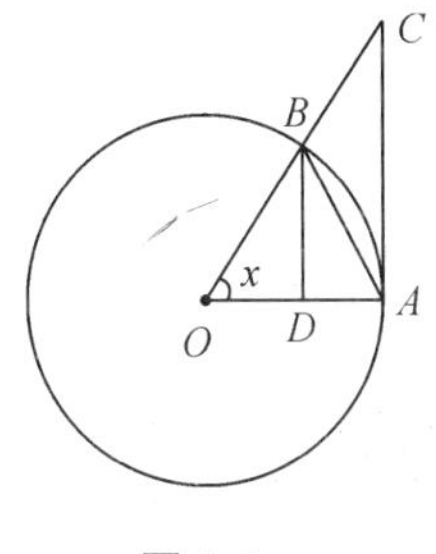

图 2-9

证　作单位圆，AC 为切线(见图 2-9). 设 $0<x<\frac{\pi}{2}$，由图可知

$$\triangle AOB\text{ 的面积}<\text{扇形 }AOB\text{ 的面积}<\triangle AOC\text{ 的面积},$$

即

$$\frac{1}{2}\sin x<\frac{1}{2}x<\frac{1}{2}\tan x \quad\text{或}\quad \sin x<x<\tan x.$$

以 $\sin x$ 除不等式各项，得

$$1<\frac{x}{\sin x}<\frac{1}{\cos x}\quad\text{或}\quad \cos x<\frac{\sin x}{x}<1,$$

因为 $\frac{\sin x}{x}$，$\cos x$ 都是偶函数，所以当 $-\frac{\pi}{2}<x<0$ 时，不等式 $\cos x<\frac{\sin x}{x}<1$ 也成立. 因此当 $0<|x|<\frac{\pi}{2}$ 时，有

$$\cos x<\frac{\sin x}{x}<1.$$

由 $\lim\limits_{x\to 0}\cos x=\lim\limits_{x\to 0}1=1$，根据定理 2.7 得

$$\lim_{x\to 0}\frac{\sin x}{x}=1.$$

利用第一个重要极限可以求其他一些函数的极限.

若 $x\to 0$ 时，$\varphi(x)\to 0$，那么在等式 $\lim\limits_{x\to 0}\frac{\sin x}{x}=1$ 中将 x 换为 $\varphi(x)$，则有

$$\lim_{\varphi(x)\to 0}\frac{\sin\varphi(x)}{\varphi(x)}=1.$$

例 2-22 求$\lim\limits_{x\to 0}\dfrac{\tan x}{x}$.

解 $\lim\limits_{x\to 0}\dfrac{\tan x}{x}=\lim\limits_{x\to 0}\dfrac{\sin x}{x\cos x}=\dfrac{\lim\limits_{x\to 0}\dfrac{\sin x}{x}}{\lim\limits_{x\to 0}\cos x}=1.$

例 2-23 求$\lim\limits_{x\to 0}\dfrac{\sin kx}{x}$($k$ 为非零常数).

解 令 $t=kx$,则 $x\to 0$ 时 $t\to 0$,于是

$$\lim_{x\to 0}\frac{\sin kx}{x}=\lim_{t\to 0}k\cdot\frac{\sin t}{t}=k\lim_{t\to 0}\frac{\sin t}{t}=k.$$

例 2-24 求$\lim\limits_{x\to 0}\dfrac{1-\cos x}{x^2}$.

解 $\lim\limits_{x\to 0}\dfrac{1-\cos x}{x^2}=\lim\limits_{x\to 0}\dfrac{2\sin^2\dfrac{x}{2}}{x^2}=\lim\limits_{x\to 0}\dfrac{2\sin^2\dfrac{x}{2}}{4\left(\dfrac{x}{2}\right)^2}=\dfrac{1}{2}\lim\limits_{x\to 0}\left(\dfrac{\sin\dfrac{x}{2}}{\dfrac{x}{2}}\right)^2$

$$=\frac{1}{2}\left(\lim_{x\to 0}\frac{\sin\dfrac{x}{2}}{\dfrac{x}{2}}\right)^2=\frac{1}{2}.$$

例 2-25 证明:$\lim\limits_{n\to\infty}\dfrac{n}{2}R^2\sin\dfrac{2\pi}{n}=\pi R^2$.

证 $\lim\limits_{n\to\infty}\dfrac{n}{2}R^2\sin\dfrac{2\pi}{n}=\lim\limits_{n\to\infty}\pi R^2\cdot\dfrac{\sin\dfrac{2\pi}{n}}{\dfrac{2\pi}{n}}=\pi R^2\cdot\lim\limits_{n\to\infty}\dfrac{\sin\dfrac{2\pi}{n}}{\dfrac{2\pi}{n}}=\pi R^2.$

2.5.2 单调有界收敛准则与第二个重要极限

设有数列 $y_n=f(n)$,如果对任何正整数 n,恒有

$$f(n)<f(n+1),$$

则 $f(n)$为单调增加数列;如果对任何正整数 n,恒有

$$f(n)>f(n+1),$$

则 $f(n)$为单调减少数列;如果存在两个常数 m 和 $M(m<M)$,使对任何正整数 n,恒有 $m\leqslant f(n)\leqslant M$,则 $f(n)$为有界数列.

定理 2.8(单调有界收敛准则) 若数列 $y_n=f(n)$是单调有界的,则$\lim\limits_{n\to\infty}f(n)$一定存在.

该定理的证明从略.

现在讨论第二个重要极限:

$$\lim_{x\to\infty}\left(1+\frac{1}{x}\right)^x=\mathrm{e},$$

其中 e 是一个常数,其近似值为 e≈2.718281828.

证 首先,设 $u_n=\left(1+\frac{1}{n}\right)^n$,$n$ 为正整数. 因

$$\begin{aligned}&\left(1+\frac{1}{n}\right)^{n+1}-\left(1+\frac{1}{n+1}\right)^{n+1}\\&=\left[\left(1+\frac{1}{n}\right)-\left(1+\frac{1}{n+1}\right)\right]\cdot\\&\quad\left[\left(1+\frac{1}{n}\right)^n+\left(1+\frac{1}{n}\right)^{n-1}\left(1+\frac{1}{n+1}\right)+\cdots+\left(1+\frac{1}{n+1}\right)^n\right]\\&<\frac{1}{n(n+1)}\cdot\left[\left(1+\frac{1}{n}\right)^n+\left(1+\frac{1}{n}\right)^n+\cdots+\left(1+\frac{1}{n}\right)^n\right]\quad\left(1+\frac{1}{n+1}<1+\frac{1}{n}\right)\\&=\frac{1}{n(n+1)}\cdot(n+1)\left(1+\frac{1}{n}\right)^n\\&=\frac{1}{n}\cdot\left(1+\frac{1}{n}\right)^n,\end{aligned}$$

由此得

$$\left(1+\frac{1}{n}\right)^{n+1}-\frac{1}{n}\left(1+\frac{1}{n}\right)^n=\left(1+\frac{1}{n}\right)^n<\left(1+\frac{1}{n+1}\right)^{n+1},$$

因此,数列$\{u_n\}$单调增加.

其次,由二项式定理$(a+b)^n=\sum\limits_{k=0}^{n}C_n^k a^k b^{n-k}$,有

$$\begin{aligned}u_n&=\left(1+\frac{1}{n}\right)^n=1+C_n^1\frac{1}{n}+C_n^2\frac{1}{n^2}+\cdots+C_n^n\frac{1}{n^n}\\&=1+1+\frac{1}{2!}\frac{n(n-1)}{n^2}+\cdots+\frac{1}{n!}\cdot\frac{n!}{n^n}\\&\leqslant 1+1+\frac{1}{2!}+\cdots+\frac{1}{n!}\leqslant 1+1+\frac{1}{2}+\cdots+\frac{1}{2^{n-1}}\\&=1+\frac{1-\left(\frac{1}{2}\right)^n}{1-\frac{1}{2}}=1+2\left[1-\left(\frac{1}{2}\right)^n\right]=3-\left(\frac{1}{2}\right)^{n-1}<3\quad(n\geqslant 1),\end{aligned}$$

可知$\{u_n\}$为有界数列.

于是由定理 2.8 可知$\{u_n\}$收敛,并以 e 记$\{u_n\}$的极限,即

$$\lim_{n\to\infty}\left(1+\frac{1}{n}\right)^n=\mathrm{e}.$$

最后,我们来证明当 x 取实数趋于 $+\infty$ 或 $-\infty$ 时,函数 $\left(1+\frac{1}{x}\right)^x$ 极限都存在且为 e,即

$$\lim_{x\to\infty}\left(1+\frac{1}{x}\right)^x=\mathrm{e},$$

这里只证明 $x\to+\infty$ 时的情形.

记 $[x]=n$,则当 $x\to+\infty$ 时 $n\to+\infty$,且有不等式

$$\left(1+\frac{1}{n+1}\right)^n<\left(1+\frac{1}{x}\right)^x<\left(1+\frac{1}{n}\right)^{n+1},$$

因为

$$\lim_{n\to\infty}\left(1+\frac{1}{n+1}\right)^n=\lim_{n\to\infty}\left[\left(1+\frac{1}{n+1}\right)^{n+1}\cdot\left(1+\frac{1}{n+1}\right)^{-1}\right]$$
$$=\frac{\lim\limits_{n\to\infty}\left(1+\frac{1}{n+1}\right)^{n+1}}{\lim\limits_{n\to\infty}\left(1+\frac{1}{n+1}\right)}=\mathrm{e},$$

$$\lim_{n\to\infty}\left(1+\frac{1}{n}\right)^{n+1}=\lim_{n\to\infty}\left[\left(1+\frac{1}{n}\right)^n\cdot\left(1+\frac{1}{n}\right)\right]$$
$$=\lim_{n\to\infty}\left(1+\frac{1}{n}\right)^n\cdot\lim_{n\to\infty}\left(1+\frac{1}{n}\right)=\mathrm{e},$$

所以由夹逼准则得

$$\lim_{x\to\infty}\left(1+\frac{1}{x}\right)^x=\mathrm{e}. \tag{2.6}$$

该极限也可写为

$$\lim_{x\to0}(1+x)^{\frac{1}{x}}=\mathrm{e}. \tag{2.7}$$

利用第二个重要极限,可求解很多涉及幂指函数形式的极限.

例 2-26 求下列极限:

(1) $\lim\limits_{x\to\infty}\left(1-\frac{1}{x}\right)^x$; (2) $\lim\limits_{x\to\infty}\left(1+\frac{1}{x}\right)^{mx}$ $(m\neq0)$; (3) $\lim\limits_{x\to\infty}\left(\frac{x-1}{x+1}\right)^x$.

解 (1) 令 $t=-x$,则 $x\to\infty$ 时 $t\to\infty$,于是

$$\lim_{x\to\infty}\left(1-\frac{1}{x}\right)^x=\lim_{t\to\infty}\left(1+\frac{1}{t}\right)^{-t}=\lim_{t\to\infty}\frac{1}{\left(1+\frac{1}{t}\right)^t}=\frac{1}{\mathrm{e}}.$$

(2) $\lim\limits_{x\to\infty}\left(1+\frac{1}{x}\right)^{mx}=\left[\lim\limits_{x\to\infty}\left(1+\frac{1}{x}\right)^x\right]^m=\mathrm{e}^m.$

(3) 因为

$$\lim_{x\to\infty}\left(\frac{x-1}{x+1}\right)^x=\lim_{x\to\infty}\left(1+\frac{-2}{x+1}\right)^{\frac{x+1}{-2}\cdot(-2)-1},$$

令 $t=\frac{x+1}{-2}$,则

$$\lim_{t\to\infty}\left(1+\frac{1}{t}\right)^{-2t-1}=\lim_{t\to\infty}\left[\left(1+\frac{1}{t}\right)^{t}\right]^{-2}\cdot\left(1+\frac{1}{t}\right)^{-1}$$
$$=e^{-2}\cdot 1=e^{-2}.$$

例 2-27(连续复利问题) 设某人以本金 A_0(元)进行一项投资,投资的年利率为 r,若以年为单位计算复利,则 t 年后资金总额为

$$A_0(1+r)^t(\text{元}).$$

若以月为单位计算复利(即每月计息一次,并把利息加入下月的本金,重复计算),则 t 年后资金总额为

$$A_0\left(1+\frac{r}{12}\right)^{12t}(\text{元}).$$

以此类推,若以天为单位计算复利,则 t 年后资金总额为

$$A_0\left(1+\frac{r}{365}\right)^{365t}(\text{元}).$$

如果 1 年分 n 期计息,每期利率为 $\frac{r}{n}$,则 t 年后资金总额为

$$A_0\left(1+\frac{r}{n}\right)^{nt}(\text{元}).$$

令 $n\to\infty$,t 年末的资金总额为

$$\lim_{n\to\infty}A_0\left(1+\frac{r}{n}\right)^{nt}=A_0\lim_{n\to\infty}\left[\left(1+\frac{r}{n}\right)^{\frac{n}{r}}\right]^{rt}=A_0e^{rt}(\text{元}).$$

2.6 等价无穷小的替换

由第 2.3.2 节中无穷小的比较可知,设 α 与 β 是同一变化过程中的两个无穷小且 $\lim\frac{\alpha}{\beta}=1$,则称 α 与 β 是等价无穷小,记为 $\alpha\sim\beta$.

关于等价无穷小量,接下来我们介绍一个很有用的性质.

性质 2.7(无穷小等价替换定理) 如果在同一变化过程中 $\alpha_1,\alpha_2,\beta_1,\beta_2$ 都是无穷小量,且 $\alpha_1\sim\alpha_2,\beta_1\sim\beta_2$,那么有

$$\lim\frac{\alpha_1}{\beta_1}=\lim\frac{\alpha_2}{\beta_2}.$$

证 $\lim\frac{\alpha_1}{\beta_1}=\lim\frac{\alpha_1}{\alpha_2}\cdot\frac{\alpha_2}{\beta_2}\cdot\frac{\beta_2}{\beta_1}=\lim\frac{\alpha_1}{\alpha_2}\cdot\lim\frac{\alpha_2}{\beta_2}\cdot\lim\frac{\beta_2}{\beta_1}=\lim\frac{\alpha_2}{\beta_2}.$

该性质表明,在求两个无穷小之比的极限时,等价无穷小因子可以相互代换.

在前面我们求出了一些极限,如 $\lim_{x\to0}\frac{\sin x}{x}=1,\lim_{x\to0}\frac{\tan x}{x}=1$ 等,从这些极限中可

以得出

$$\sin x \sim x \quad (x \to 0), \quad \tan x \sim x \quad (x \to 0).$$

我们还可以求出一些等价无穷小量，如 $x \to 0$ 时，有

$$1-\cos x \sim \frac{x^2}{2}, \quad \arcsin x \sim x, \quad \arctan x \sim x, \quad \sqrt[n]{1+x}-1 \sim \frac{x}{n},$$

$$\ln(1+x) \sim x, \qquad e^x-1 \sim x, \quad \cdots.$$

我们可利用上述等价无穷小量在求极限时进行等价无穷小替换.

例 2-28 求 $\lim\limits_{x \to 0}\frac{\sin 4x}{\tan 3x}$.

解 因为 $x \to 0$ 时，$\sin 4x \sim 4x$，$\tan 3x \sim 3x$，所以

$$\lim_{x \to 0}\frac{\sin 4x}{\tan 3x}=\lim_{x \to 0}\frac{4x}{3x}=\frac{4}{3}.$$

例 2-29 求 $\lim\limits_{x \to 0}\frac{\sin^2 x \cdot (1-\cos 2x)}{x^4}$.

解 因为 $x \to 0$ 时，$\sin x \sim x$，$1-\cos 2x \sim \frac{1}{2}(2x)^2=2x^2$，所以

$$\lim_{x \to 0}\frac{\sin^2 x \cdot (1-\cos 2x)}{x^4}=\lim_{x \to 0}\frac{x^2 \cdot 2x^2}{x^4}=2.$$

例 2-30 求 $\lim\limits_{x \to 0}\frac{\sqrt[5]{1+\sin 3x}-1}{\tan 2x}$.

解 因为 $x \to 0$ 时，$\sqrt[5]{1+x}-1 \sim \frac{1}{5}x$，所以 $x \to 0$ 时，有

$$\sqrt[5]{1+\sin 3x}-1 \sim \frac{1}{5}\sin 3x \sim \frac{3x}{5},$$

又因为 $x \to 0$ 时，$\tan 2x \sim 2x$，所以

$$\lim_{x \to 0}\frac{\sqrt[5]{1+\sin 3x}-1}{\tan 2x}=\lim_{x \to 0}\frac{\frac{3x}{5}}{2x}=\frac{3}{10}.$$

例 2-31 求 $\lim\limits_{x \to 0}\frac{\tan x-\sin x}{\sin^3 x}$.

解 因为

$$\lim_{x \to 0}\frac{\tan x-\sin x}{\sin^3 x}=\lim_{x \to 0}\frac{\sin x(1-\cos x)}{\cos x\sin^3 x},$$

又因为 $x \to 0$ 时，$\sin x \sim x$，$1-\cos x \sim \frac{x^2}{2}$，所以

$$\lim_{x \to 0}\frac{\tan x-\sin x}{\sin^3 x}=\lim_{x \to 0}\frac{x \cdot \frac{x^2}{2}}{x^3\cos x}=\lim_{x \to 0}\frac{1}{2\cos x}=\frac{1}{2}.$$

这里特别要说明的是，等价无穷小的替换只能用于乘除运算，对加、减项的无

穷小量不能随意代换,如上例用下面解法是错误的:

$$\lim_{x\to 0}\frac{\tan x-\sin x}{\sin^3 x}=\lim_{x\to 0}\frac{x-x}{\sin^3 x}=0.$$

例 2-32 求$\lim\limits_{x\to 1}\frac{1+\cos\pi x}{(x-1)^2}$.

解 因为

$$\lim_{x\to 1}\frac{1+\cos\pi x}{(x-1)^2}=\lim_{x\to 0}\frac{1-\cos(\pi-\pi x)}{(x-1)^2},$$

又因为 $x-1\to 0$ 时,$1-\cos[\pi(x-1)]\sim\frac{\pi^2}{2}(x-1)^2$,所以

$$\lim_{x\to 1}\frac{1+\cos\pi x}{(x-1)^2}=\lim_{x\to 1}\frac{\frac{\pi^2}{2}(x-1)^2}{(x-1)^2}=\frac{\pi^2}{2}.$$

2.7 函数的连续性

在客观世界中广泛存在一种连续变化,如植物的生长、气温的变化、汽车行驶过程中速度的增减、物体运动路程的改变等等,这种现象在数学中体现为函数的连续性,其实质是自变量的微小变化仅引起因变量的微小变化. 与连续性相反的现象也存在,如断裂、爆炸、恶性通货膨胀等等,这些现象在数学中体现为函数的"间断性",其实质在于自变量的微小变化导致因变量的剧烈变化. 当然,所谓"微小"与"剧烈"变化的确切含义尚需说明,而这得借助极限的概念.

2.7.1 连续的概念

首先介绍函数改变量的概念与记号.

设有函数 $y=f(x)$,当自变量 x 从x_1变到 x_2 时,相应的函数值从 $f(x_1)$变到 $f(x_2)$,称 x_2-x_1 为自变量 x 在x_1处的改变量(或增量),记作 $\Delta x=x_2-x_1$;称 $f(x_2)-f(x_1)$为函数 f 在x_1处的改变量(或增量),记作 $\Delta y=f(x_2)-f(x_1)$(见图 2-10).

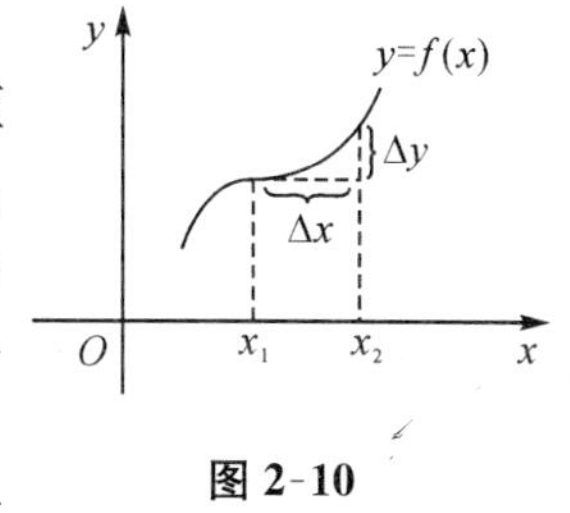

图 2-10

注:符号 $\Delta x,\Delta y$ 是整体符号,增量 $\Delta x,\Delta y$ 可以是正的,也可以是负的.

下面给出函数在一点处连续的定义.

定义 2.9 设函数 $f(x)$在点 x_0 的某个邻域内有定义,如果当自变量 x 在 x_0 处取得的改变量 Δx 趋于 0 时,函数相应的改变量 Δy 也趋于 0,即

$$\lim_{\Delta x\to 0}\Delta y=0,\quad 或写作\quad \lim_{\Delta x\to 0}[f(x_0+\Delta x)-f(x_0)]=0,$$

则称函数 $f(x)$在点 x_0 处连续，并称点 x_0 是函数 f 的连续点.

例 2-33 证明：$y=x^3$ 在给定点 x_0 处连续.

证 当 x 从 x_0 处产生一个改变量 Δx 时，函数 $y=x^3$ 的相应改变量为

$$\Delta y=(x_0+\Delta x)^3-x_0^3=3x_0^2\Delta x+3x_0(\Delta x)^2+(\Delta x)^3,$$

因为

$$\lim_{\Delta x\to 0}\Delta y=\lim_{\Delta x\to 0}[3x_0^2\Delta x+3x_0(\Delta x)^2+(\Delta x)^3]=0,$$

所以 $y=x^3$ 在给定点 x_0 处连续.

在定义 2.9 中，令 $x=x_0+\Delta x$，即 $\Delta x=x-x_0$，则 $\Delta x\to 0$ 时 $x\to x_0$，且

$$\Delta y=f(x_0+\Delta x)-f(x_0)=f(x)-f(x_0),$$

因而 $\lim\limits_{\Delta x\to 0}\Delta y=0$ 可以改写为

$$\lim_{x\to x_0}[f(x)-f(x_0)]=0,$$

即

$$\lim_{x\to x_0}f(x)=f(x_0).$$

因此，函数在点 x_0 处连续也可以如下定义.

定义 2.10 设函数 $y=f(x)$在点 x_0 的某个邻域内有定义，如果当 $x\to x_0$ 时函数 $f(x)$的极限存在，而且等于 $f(x)$在点 x_0 处的函数值 $f(x_0)$，即有

$$\lim_{x\to x_0}f(x)=f(x_0),$$

则称函数 $f(x)$在点 x_0 处连续.

因此，求连续函数在某点的极限，只需求出函数在该点的函数值即可.

如在例 2-33 中我们已经证明 $y=x^3$ 在 x_0 处连续，若令 $x_0=1$，则有

$$\lim_{x\to 1}x^3=1^3=1.$$

利用单侧极限可定义单侧连续的概念.

定义 2.11 (1) 若 $f(x)$在点 x_0 的某左邻域内有定义，且 $f(x_0-0)=f(x_0)$，则称 $f(x)$在 x_0 处左连续；若 $f(x)$在点 x_0 的某右邻域内有定义，且 $f(x_0+0)=f(x_0)$，则称 $f(x)$在点 x_0 处右连续.

(2) 若 $f(x)$在闭区间$[a,b]$上有定义，在开区间(a,b)内连续，且在点 a 处右连续，在点 b 处左连续，则称 $f(x)$在闭区间$[a,b]$上连续.

若 $f(x)$在点 x_0 的某邻域内有定义，则由定义 2.11 和左、右极限与极限的关系可知

$$f(x)\text{在点 }x_0\text{ 连续}\Leftrightarrow f(x)\text{在点 }x_0\text{ 既左连续又右连续}.$$

例 2-34 证明：$y=\sin x$ 在 $\mathbf{R}$ 内是连续的.

证 设 x_0 是$(-\infty,+\infty)$内任意一点，当 x 从 x_0 处取得改变量是 Δx 时，函数 y 取得相应的改变量

$$\Delta y=\sin(x_0+\Delta x)-\sin x_0=2\sin\frac{\Delta x}{2}\cos\left(x_0+\frac{\Delta x}{2}\right),$$

因为

$$\left|\cos\left(x_0+\frac{\Delta x}{2}\right)\right|\leqslant 1,\quad \left|\sin\frac{\Delta x}{2}\right|\leqslant\frac{|\Delta x|}{2},$$

所以

$$|\Delta y|\leqslant 2\frac{|\Delta x|}{2}\cdot 1=|\Delta x|,$$

即$-|\Delta x|\leqslant\Delta y\leqslant|\Delta x|$,因而$\lim\limits_{\Delta x\to 0}\Delta y=0$,所以 $y=\sin x$ 在点 x_0 处连续.

又因 x_0 是$(-\infty,+\infty)$内任意一点,所以 $y=\sin x$ 在$(-\infty,+\infty)$内连续.

该函数的图形如图 2-11 所示:

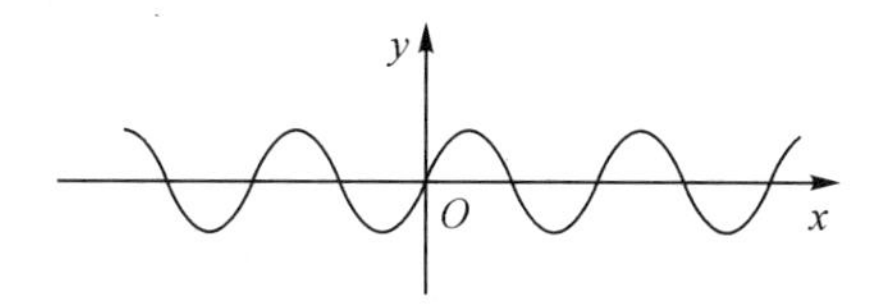

图 2-11

由定义 2-10 可知,函数 $f(x)$在 x_0 处连续必满足三个条件:

(1) $f(x)$在 x_0 处有定义;

(2) $\lim\limits_{x\to x_0}f(x)$存在;

(3) $\lim\limits_{x\to x_0}f(x)=f(x_0)$.

例 2-35 试证:函数 $f(x)=\begin{cases}x\sin\dfrac{1}{x}, & x\neq 0,\\ 0, & x=0\end{cases}$ 在 $x=0$ 处连续.

证 根据题意,可得

$$f(0)=0,\quad \lim_{x\to 0}f(x)=\lim_{x\to 0}x\sin\frac{1}{x}.$$

因为$\lim\limits_{x\to 0}x=0$,且$\left|\sin\dfrac{1}{x}\right|\leqslant 1$,由无穷小的性质可知

$$\lim_{x\to 0}f(x)=\lim_{x\to 0}x\sin\frac{1}{x}=0,$$

即$\lim\limits_{x\to 0}f(x)=f(0)$,所以函数 $y=f(x)$在 $x=0$ 处连续.

2.7.2 函数的间断点

定义 2.12 如果函数 $f(x)$在点 x_0 处不满足连续条件,则称函数 $f(x)$在点 x_0 处不连续,或者称函数 $f(x)$在点 x_0 处间断,点 x_0 称为 $f(x)$的间断点.

显然,如果 $f(x)$在 x_0 处有下列三种情形之一,则点 x_0 为 $f(x)$的间断点:

(1) 在点 x_0 处 $f(x)$没有定义;

(2) $\lim\limits_{x\to x_0}f(x)$不存在;

(3) 虽然 $f(x_0)$有定义,且$\lim\limits_{x\to x_0}f(x)$存在,但$\lim\limits_{x\to x_0}f(x)\neq f(x_0)$.

例 2-36 讨论 $y=\tan x$ 在 $x=\frac{\pi}{2}$处的连续性.

解 函数 $y=\tan x$ 在 $x=\frac{\pi}{2}$处无定义,故 $x=\frac{\pi}{2}$是函数的间断点.

又由于$\lim\limits_{x\to\frac{\pi}{2}}\tan x=\infty$,所以 $x=\frac{\pi}{2}$为函数 $y=\tan x$ 的无穷间断点(见图 2-12).

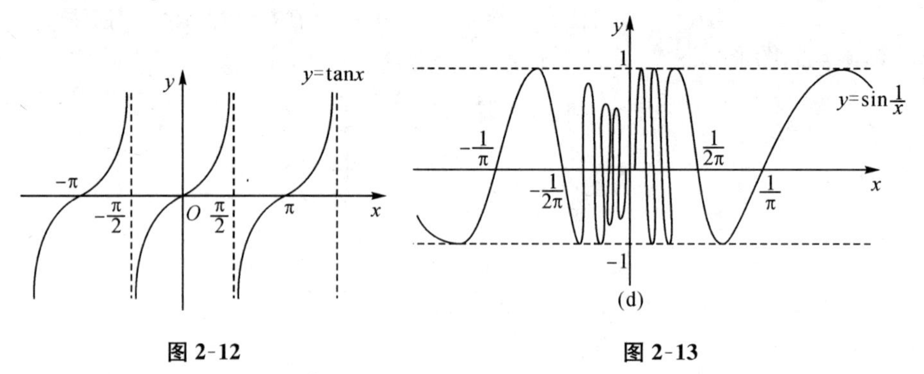

图 2-12　　图 2-13

例 2-37 讨论 $y=\sin\dfrac{1}{x}$在 $x=0$ 处的连续性.

解 函数 $y=\sin\dfrac{1}{x}$在 $x=0$ 处无定义,故 $x=0$ 为间断点.

又由于$\lim\limits_{x\to 0}\sin\dfrac{1}{x}$不存在,且 $x\to 0$ 时 $\sin\dfrac{1}{x}$在-1 与 1 之间无限次振荡,则 $x=0$ 为 $f(x)$的振荡间断点(见图 2-13).

例 2-38 研究函数 $y=\dfrac{x^2-1}{x-1}$在 $x=1$ 处的连续性.

解 因为函数 $y=\dfrac{x^2-1}{x-1}$在 $x=1$ 处没有定义,所以 $f(x)$在 $x=1$ 处间断,即 $x=1$ 为 $f(x)$的间断点(见图 2-14).

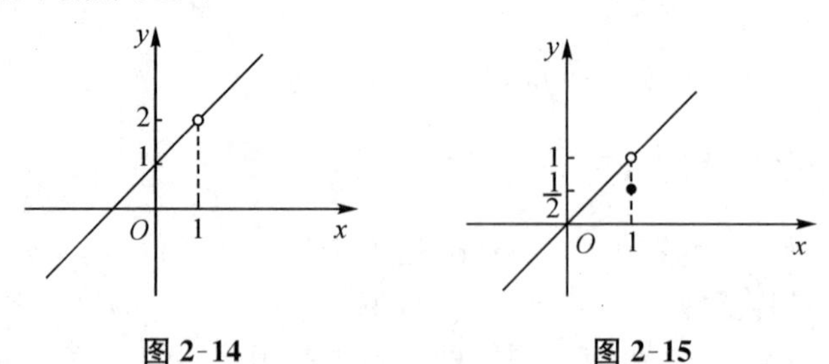

图 2-14　　图 2-15

例 2-39 研究函数 $y=f(x)=\begin{cases}x, & x\neq 1,\\ \dfrac{1}{2}, & x=1\end{cases}$ 在 $x=1$ 处的连续性.

解　$f(x)$在$x=1$处有定义，且$f(1)=\frac{1}{2}$. 但是$\lim\limits_{x\to1}f(x)=\lim\limits_{x\to1}x=1$，即$\lim\limits_{x\to1}f(x)\neq f(1)$，所以$f(x)$在$x=1$处间断(见图 2-15).

例 2-40　已知 $f(x)=\begin{cases}x-1, & x<0,\\ 0, & x=0,\\ x+1, & x>0,\end{cases}$ 考察函数$f(x)$在$x=0$处的连续性.

解　$f(x)$在$x=0$处有定义，且$f(0)=0$，但是

$$\lim_{x\to0^-}f(x)=-1,\quad \lim_{x\to0^+}f(x)=1,$$

即$f(x)$在$x=0$处左、右极限不相等，所以$\lim\limits_{x\to0}f(x)$不存在. 因此，$f(x)$在$x=0$处间断(见图 2-16 所示).

2-16

下面讨论间断点的类型.

定义 2.13　如果函数$f(x)$在$x=x_0$处的左、右极限都存在，但不等于$f(x_0)$，或$f(x_0)$不存在，则称点$x=x_0$为第一类间断点；如果函数$f(x)$在点$x=x_0$处左、右极限至少有一个不存在，则称点$x=x_0$为$f(x)$的第二类间断点.

例如，例 2-38 中的$x=1$及例 2-39 中的$x=1$，例 2-40 中的$x=0$都为第一类间断点；例 2-36 中的$x=\frac{\pi}{2}$及例 2-37 中的$x=0$都是第二类间断点.

在第一类间断点中，如果间断点的左、右极限存在并相等，只是不等于该点的函数值，那么可以重新定义函数在间断点的值，使得所形成的函数在该点连续，我们称这种间断点为可去间断点. 如例 2-39 中，若令$f(1)=1$，那么修改后的函数在$x=1$处连续，因此$x=1$是$f(x)$的可去间断点.

在第一类间断点中，如果函数间断点的左、右极限存在但不相等，我们称这种间断点为跳跃间断点. 如例 2-40 中的$x=0$即为函数$f(x)$的跳跃间断点.

2.7.3　连续函数的运算法则

利用函数极限的性质可以证明连续函数的如下定理.

定理 2.9(连续函数的四则运算)　设$f(x)$与$g(x)$在x_0处连续，则这两个函数的代数和$f(x)\pm g(x)$、积$f(x)\cdot g(x)$、商$\frac{f(x)}{g(x)}$(当$g(x)\neq0$时)在x_0处也连续.

利用定理 2.9 可以证明：

(1) 多项式函数$y=a_0x^n+a_1x^{n-1}+\cdots+a_{n-1}x+a_n$在$(-\infty,+\infty)$内连续；

(2) 有理函数$y=\frac{a_0x^n+a_1x^{n-1}+\cdots+a_{n-1}x+a_n}{b_0x^m+b_1x^{m-1}+\cdots+b_{m-1}x+b_m}$除分母为 0 的点不连续外，

在其他点处都连续.

定理 2.10(复合函数的连续性) 设函数 $y=f[\varphi(x)]$ 是由函数 $y=f(u)$ 及 $u=\varphi(x)$ 复合而成,如果 $\varphi(x)$ 在 x_0 处连续,$y=f(u)$ 在 $u_0=\varphi(x_0)$ 处连续,则复合函数 $y=f[\varphi(x)]$ 在点 x_0 处连续,即

$$\lim_{x\to x_0} f[\varphi(x)]=f[\varphi(x_0)] \quad 或 \quad \lim_{x\to x_0} f[\varphi(x)]=f[\lim_{x\to x_0}\varphi(x)].$$

该定理表明:函数 $f(x)$ 在点 x_0 连续时函数符号"f"与极限符号"$\lim\limits_{x\to x_0}$"可交换.

定理 2.11(反函数的连续性) 设函数 $y=f(x)$ 在区间 $[a,b]$ 上单调连续,且 $f(a)=\alpha, f(b)=\beta$,则其反函数 $y=f^{-1}(x)$ 在区间 $[\alpha,\beta]$ 或 $[\beta,\alpha]$ 上单调连续.

该定理的证明从略.

由定理 2.11 以及三角函数 $\sin x, \cos x, \tan x, \cot x$ 等的连续性可知:$\arcsin x$, $\arccos x$, $\arctan x$, $\text{arccot}\, x$ 在它们各自定义域内是连续的.

例如,因为 $y=\tan x$ 在开区间 $\left(-\frac{\pi}{2}, \frac{\pi}{2}\right)$ 内单调增加且连续,所以它的反函数 $y=\arctan x$ 在 $(-\infty,+\infty)$ 内也是单调增加且连续的.

2.7.4 初等函数的连续性

由上面的讨论知道,常量函数、幂函数、三角函数、反三角函数、指数函数以及对数函数在它们各自的定义域内是连续的.因此,由初等函数的定义及定理 2.9 和定理 2.10 可知:一切初等函数在其定义区间内都是连续的.

下面利用对数函数的连续性及复合函数的极限运算法则计算几个常用的极限.

例 2-41 求 $\lim\limits_{x\to 0}\dfrac{\log_a(1+x)}{x}$ $(a>0, a\neq 1)$.

解 $$\lim_{x\to 0}\frac{\log_a(1+x)}{x}=\lim_{x\to 0}\frac{1}{x}\log_a(1+x)=\lim_{x\to 0}\log_a(1+x)^{\frac{1}{x}}$$
$$=\log_a \mathrm{e}.$$

特别的,有

$$\lim_{x\to 0}\frac{\ln(1+x)}{x}=1.$$

例 2-42 求 $\lim\limits_{x\to 0}\dfrac{a^x-1}{x}$ $(a>0, a\neq 1)$.

解 令 $t=a^x-1$,则 $x=\log_a(1+t)$.当 $x\to 0$ 时 $t\to 0$,所以

$$\lim_{x\to 0}\frac{a^x-1}{x}=\lim_{t\to 0}\frac{t}{\log_a(1+t)}=\frac{1}{\log_a \mathrm{e}}=\ln a.$$

特别的,有

$$\lim_{x\to 0}\frac{\mathrm{e}^x-1}{x}=1.$$

例 2-43　求$\lim\limits_{x\to 0}\dfrac{(1+x)^{\alpha}-1}{x}$ $(\alpha\in\mathbf{R})$.

解　当 $\alpha=0$ 时,有

$$\lim_{x\to 0}\frac{(1+x)^{\alpha}-1}{x}=0;$$

当 $\alpha\neq 0$ 时,有

$$\frac{(1+x)^{\alpha}-1}{x}=\frac{e^{\alpha\ln(1+x)}-1}{x}=\frac{e^{\alpha\ln(1+x)}-1}{\alpha\ln(1+x)}\cdot\frac{\alpha\ln(1+x)}{x},$$

因此

$$\lim_{x\to 0}\frac{(1+x)^{\alpha}-1}{x}=\lim_{x\to 0}\frac{e^{\alpha\ln(1+x)}-1}{\alpha\ln(1+x)}\cdot\lim_{x\to 0}\frac{\alpha\ln(1+x)}{x}=1\cdot\alpha=\alpha.$$

于是对于任意实数 α,都有

$$\lim_{x\to 0}\frac{(1+x)^{\alpha}-1}{x}=\alpha.$$

由例 2-41、例 2-42 和例 2-43,我们验证了第 2.6 节中的三个等价无穷小关系式:当 $x\to 0$ 时,有

$$\ln(1+x)\sim x,\quad e^{x}-1\sim x,\quad (1+x)^{\alpha}-1\sim\alpha x.$$

例 2-44　设 $f(x)=\begin{cases}\dfrac{\ln(1+x)}{x}, & x>0,\\ 1 & x=0,\\ \dfrac{\sqrt{1+x}-\sqrt{1-x}}{x}, & -1\leqslant x<0,\end{cases}$ 试研究函数在定义域内的连续性.

解　在$[-1,0)$内,$f(x)=\dfrac{\sqrt{1+x}-\sqrt{1-x}}{x}$为初等函数,在$(0,+\infty)$内,$f(x)=\dfrac{\ln(1+x)}{x}$也为初等函数,故 $f(x)$在$[-1,0)\cup(0,+\infty)$内连续.

在分段点 $x=0$ 处,有

$$\lim_{x\to 0^{-}}f(x)=\lim_{x\to 0^{-}}\frac{\sqrt{1+x}-\sqrt{1-x}}{x}=\lim_{x\to 0^{-}}\frac{2x}{x(\sqrt{1+x}+\sqrt{1-x})}=1=f(0),$$

$$\lim_{x\to 0^{+}}f(x)=\lim_{x\to 0^{+}}\frac{\ln(1+x)}{x}=1=f(0),$$

因此,$f(x)$在 $x=0$ 处即左连续又右连续,从而 $f(x)$在 $x=0$ 处连续.

综上所述,$f(x)$在定义域$[-1,+\infty)$内连续.

2.7.5　闭区间上连续函数的性质

下面不加证明地介绍定义在闭区间上的连续函数的三个基本定理,它们是某些理论证明的基础,后续内容中将会多次用到.

定理 2.12(有界性定理)　如果函数 $y=f(x)$在闭区间$[a,b]$上连续,则 $f(x)$在这个区间上有界.

定理 2.13(最值定理)　若函数 $f(x)$在区间$[a,b]$上连续,则它在这个区间上一定有最大值与最小值.

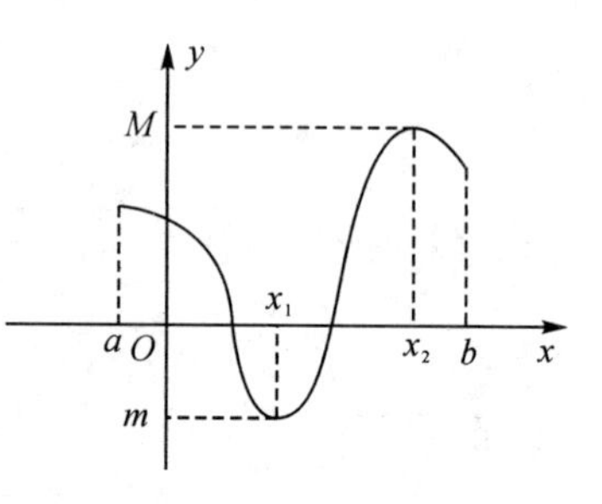

图 2-17

例如,在图 2-17 中,函数 $f(x)$在闭区间$[a,b]$上连续,在点 x_1 处取得最小值 m,在点 x_2 处取得最大值 M.

定理 2.14(介值定理)　如果函数 $f(x)$在闭区间$[a,b]$上连续,m 和 M 分别是 $f(x)$在$[a,b]$上的最小值与最大值,则对介于 m 与 M 之间的任一实数 C $(m<C<M)$,至少存在一点 $\xi\in(a,b)$,使得 $f(\xi)=C$.

例如,在图 2-18 中,连续曲线 $y=f(x)$与 $y=C$ 相交于两点,其横坐标 x 分别为 ξ_1,ξ_2,所以有

$$f(\xi_1)=f(\xi_2)=C.$$

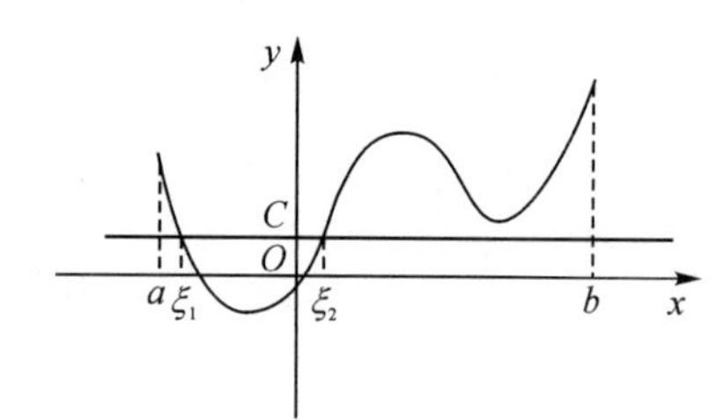

图 2-18

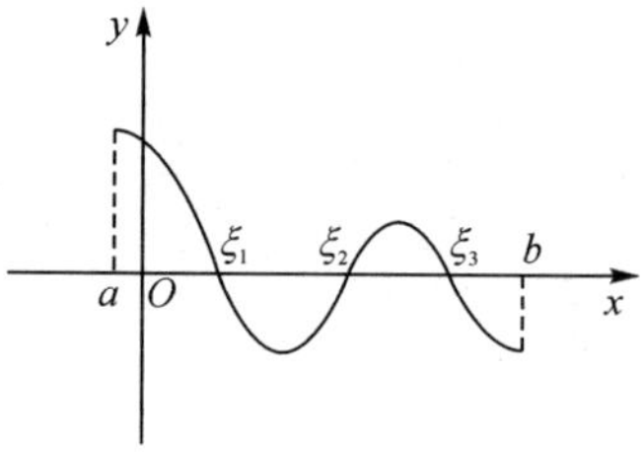

图 2-19

推论(零点定理)　如果函数 $f(x)$在闭区间$[a,b]$上连续,且 $f(a)$与 $f(b)$异号,则至少存在一点 $\xi\in(a,b)$,使得 $f(\xi)=0$.

例如,在图 2-19 中,连续曲线 $y=f(x)$($f(a)>0,f(b)<0$)与 x 轴相交于点 ξ_1,ξ_2 和 ξ_3,所以有

$$f(\xi_1)=f(\xi_2)=f(\xi_3)=0.$$

零点定理常用于证明方程实根的存在性.

例 2-45　证明:方程 $x=\cos x$ 在$\left(0,\frac{\pi}{2}\right)$处至少有一个实根.

证　方程 $x=\cos x$ 等价于方程 $x-\cos x=0$. 令

$$f(x)=x-\cos x,\quad x\in\left[0,\frac{\pi}{2}\right],$$

可知 $f(x)$在$\left[0,\frac{\pi}{2}\right]$上连续,且 $f(0)=-1<0,f\left(\frac{\pi}{2}\right)=\frac{\pi}{2}>0$.

由零点定理可知,至少存在一点 $\xi\in\left(0,\frac{\pi}{2}\right)$,使 $f(\xi)=\xi-\cos\xi=0$,即方程 $x=$

$\cos x$ 在$\left(0,\frac{\pi}{2}\right)$内至少有一个实根.

本章小结

本章内容可分为三部分,即极限概念、极限的运算与函数的连续性.具体要求如下:了解无穷小量的概念和基本性质,掌握无穷小量比较的方法;了解无穷大量的概念,知道无穷小量与无穷大量的关系;熟练掌握求极限的方法,会利用极限运算法则、无穷小量的性质、两个重要极限及函数的连续性等求极限值;了解函数连续性的概念,掌握函数间断点的分类;掌握讨论简单分段函数连续性的方法;了解连续函数的性质及闭区间上连续函数的基本定理.

阅读材料:我国古代伟大的数学家——祖冲之

祖冲之(429—500),河北涞源县人,是我国南北朝时期伟大的数学家和天文学家.

祖冲之自幼酷爱数学与天文,并且天资聪颖,勤奋好学.对于当时的一些科学经典著作,祖冲之一方面刻苦钻研,汲取其精华,另一方面又亲身观测实验,并以实测数据和创新结论修改前人的不足和错误."亲量圭尺,躬察仪漏,目尽毫厘,心穷筹策",祖冲之的这种对待科学的刻苦意志、认真态度、实践作风以及追求真理的大无畏精神,使他在数学、天文和机械等方面做出了伟大贡献.

在数学方面,祖冲之求出圆周率 π 在 3.1415926 与 3.1415927 之间.据数学史界推侧,这一结果可能是祖冲之进一步应用刘徽的割圆术求得的,精度非常高.祖冲之还提出了约率(即 22/7)和密率(即 355/113),其中密率的精度也是很高的,并且比荷兰工程师安托尼兹的同一发现早一千多年.祖冲之的著作《缀术》在唐代被指定为学者的必读经典,只可惜在 11 世纪后失传.

在天文、历法方面,祖冲之制订了"大明历".在该历法中,他提出将"19 年 7 闰"的闰法改为"391 年 144 闰",更加符合天象实际.

在生产应用方面,祖冲之改造了指南车,发明制作了水碓磨、千里船、漏钟等.

祖冲之所取得的杰出成就在世界科学史上留下极为光辉的一页,他的伟大贡献备受世人敬仰.在巴黎科学博物馆的墙壁上,铭刻着祖冲之的画像和他计算出的圆周率;在莫斯科大学的走廊上,也镶嵌着祖冲之的雕像;1967 年,国际天文学联合会还把月球上的一座山脉命名为"祖冲之山".

习题 2

A 组

1. 用数列极限的定义证明下列极限：

(1) $\lim\limits_{n\to\infty}\dfrac{n+1}{n}=1$；　　(2) $\lim\limits_{n\to\infty}\left(-\dfrac{1}{3}\right)^n=0$；

(3) $\lim\limits_{n\to\infty}\dfrac{1}{\sqrt{n+1}}=0$.

2. 观察判别下列数列的敛散性；若收敛，求其极限值.

(1) $u_n=\dfrac{5n-3}{n}$；　　(2) $u_n=\dfrac{\cos n\pi}{n}$；

(3) $u_n=2+\left(-\dfrac{1}{2}\right)^n$；　　(4) $u_n=1+(-2)^n$；

(5) $u_n=\dfrac{n^2-1}{n}$；　　(6) $u_n=a^n$（a 为常数）.

3. 用函数极限的定义证明下列极限：

(1) $\lim\limits_{x\to 3}(2x-1)=5$；　　(2) $\lim\limits_{x\to\infty}\dfrac{3x+1}{x}=3$；

(3) $\lim\limits_{x\to 2}\dfrac{x^2-4}{x-2}=4$；　　(4) $\lim\limits_{x\to 1^-}(1-\sqrt{1-x})=1$.

4. 设 $f(x)=\begin{cases}2x+1, & x\leqslant 1,\\ x^2-x+3, & 1<x\leqslant 2,\\ x^3-1, & 2<x,\end{cases}$ 分别讨论当 $x\to 1$，$x\to 2$ 时 $f(x)$ 的极限值是否存在；若存在，求其极限值.

5. 证明：$\lim\limits_{x\to 0}\dfrac{|x|}{x}$ 不存在.

6. 观察判断下列变量当 x 趋于何值时为无穷小：

(1) $f(x)=\dfrac{x-3}{x^2+1}$；　　(2) $f(x)=\ln(2+x)$；

(3) $f(x)=\mathrm{e}^{1-x}$；　　(4) $f(x)=\dfrac{1}{(x-1)^2}$.

7. 观察判断下列变量当 x 趋于何值时为无穷大：

(1) $f(x)=\dfrac{2x+1}{x^2-25}$；　　(2) $f(x)=\mathrm{e}^{2x}$；

(3) $f(x)=x^2+\dfrac{x}{2}$；　　(4) $f(x)=\dfrac{1}{\sqrt{x+5}}$.

8. 求下列各极限：

(1) $\lim\limits_{x\to 0}\dfrac{x^2-1}{2x^2-x-1}$；

(2) $\lim\limits_{x\to 1}\dfrac{2x^3-x^2+1}{x+1}$；

(3) $\lim\limits_{x\to\sqrt{2}}\dfrac{x^2-2}{3x^2+1}$；

(4) $\lim\limits_{x\to 1}\dfrac{x^2-1}{x^2-2x+1}$；

(5) $\lim\limits_{x\to 0}\dfrac{3x^2+2x}{4x^3-2x^2+x}$；

(6) $\lim\limits_{x\to 1}\dfrac{x^2-1}{2x^2-x-1}$；

(7) $\lim\limits_{x\to\infty}\dfrac{3x^3-1}{(x+1)^3}$；

(8) $\lim\limits_{x\to\infty}\dfrac{x^3+x+1}{2x^4-x-2}$；

(9) $\lim\limits_{x\to\infty}\dfrac{2x^3-x^2+1}{3x+1}$；

(10) $\lim\limits_{n\to\infty}\dfrac{n(n+1)(n+2)}{5n^3}$；

(11) $\lim\limits_{x\to 4}\dfrac{x^2-6x+8}{x^2-5x+4}$；

(12) $\lim\limits_{x\to\infty}\dfrac{2x+1}{\sqrt[5]{x^3+x^2-2}}$；

(13) $\lim\limits_{x\to+\infty}\dfrac{\sqrt[5]{1+x^4}}{1+x}$；

(14) $\lim\limits_{x\to\infty}\dfrac{(x-1)^{30}(2x-2)^{30}}{(2x+2)^{60}}$；

(15) $\lim\limits_{x\to\infty}\dfrac{x^2+2}{2x^4-1}(3+\sin x)$；

(16) $\lim\limits_{x\to+\infty}\dfrac{\cos x}{e^x+e^{-x}}$；

(17) $\lim\limits_{x\to\infty}\dfrac{\arctan x}{x}$；

(18) $\lim\limits_{x\to 1}\left(\dfrac{3}{1-x^3}-\dfrac{1}{1-x}\right)$；

(19) $\lim\limits_{x\to -1}\left(\dfrac{1}{x+1}+\dfrac{1}{x^2-1}\right)$；

(20) $\lim\limits_{x\to+\infty}x(\sqrt{1+x^2}-x)$；

(21) $\lim\limits_{n\to\infty}\left(\dfrac{1}{n^2}+\dfrac{2}{n^2}+\cdots+\dfrac{n}{n^2}\right)$；

(22) $\lim\limits_{x\to+\infty}\dfrac{\sin x^2+x}{\cos x^2+x}$.

9. 设 $f(x)=x^2$，求 $\lim\limits_{h\to 0}\dfrac{f(x+h)-f(x)}{h}$.

10. 已知 $f(x)=\begin{cases}x-1, & x<0,\\ \dfrac{x^2+3x-1}{x+1}, & x\geqslant 0,\end{cases}$ 求 $\lim\limits_{x\to 0}f(x)$，$\lim\limits_{x\to+\infty}f(x)$ 和 $\lim\limits_{x\to-\infty}f(x)$.

11. 若 $\lim\limits_{x\to 3}\dfrac{x-3}{x^2+ax+b}=1$，求 a,b 的值.

12. 已知 $\lim\limits_{x\to -2}\dfrac{x^2+mx+2}{x+2}=n$，求 m,n 的值.

13. 已知 $\lim\limits_{x\to\infty}\left(\dfrac{x^2}{x+1}-ax-b\right)=0$，求 a,b 的值.

14. 已知 $f(x)=\dfrac{px^2-2}{x^2+1}+3qx+5$，当 $x\to\infty$ 时，p 和 q 取何值时 $f(x)$ 为无穷小量？p 和 q 取何值时 $f(x)$ 为无穷大量？

15. 判断 $x\to\infty$ 时变量 $\dfrac{1}{x}\sqrt{\dfrac{x^3}{x-1}}$ 的极限是否存在.

16. 利用极限存在准则证明数列$\sqrt{2}$,$\sqrt{2+\sqrt{2}}$,$\sqrt{2+\sqrt{2+\sqrt{2}}}$,…的极限存在，并求出极限.

17. 求下列极限：

(1) $\lim\limits_{x\to 0}(1+x)^{\frac{2}{x}}$；　　(2) $\lim\limits_{x\to 0}\left(\frac{2-x}{2}\right)^{\frac{2}{x}}$；

(3) $\lim\limits_{x\to\infty}\left(\frac{x}{1+x}\right)^{x+3}$；　　(4) $\lim\limits_{x\to\infty}\left(\frac{x+a}{x-a}\right)^{x}$ $(a\in\mathbf{R})$；

(5) $\lim\limits_{x\to+\infty}\left(1-\frac{1}{x}\right)^{\sqrt{x}}$.

18. 已知$\lim\limits_{x\to\infty}\left(\frac{x+a}{x-a}\right)^{\frac{x}{2}}=3$,求常数 a 的值.

19. 求下列极限：

(1) $\lim\limits_{x\to 0}\frac{3x}{\arctan 5x}$；　　(2) $\lim\limits_{x\to\infty}x\sin\frac{1}{x}$；

(3) $\lim\limits_{x\to\pi}\frac{\sin x}{\pi-x}$；　　(4) $\lim\limits_{x\to 0}\frac{x-\sin x}{x+\sin x}$.

20. 用等价无穷小量代换求下列极限：

(1) $\lim\limits_{x\to 0}\frac{\tan^2 2x}{1-\cos x}$；　　(2) $\lim\limits_{x\to 0}\frac{x(x-1)}{\sin 5x}$；

(3) $\lim\limits_{x\to 0}\frac{1-\cos x}{\ln(1+x^2)}$；　　(4) $\lim\limits_{x\to 0}\frac{\tan x-\sin x}{\sin^3 2x}$；

(5) $\lim\limits_{x\to 0}\frac{\sqrt{1+x}-1}{\ln(1+x)}$；　　(6) $\lim\limits_{x\to 0}\frac{\sqrt{1+x\sin x}-1}{x\arctan x}$；

(7) $\lim\limits_{x\to 0}\frac{e^{5x}-1}{x}$；　　(8) $\lim\limits_{x\to 0}\frac{\tan x\cdot\sin x^3}{1-\cos x^2}$.

21. 判断函数 $f(x)=\begin{cases}x^2, & 0\leqslant x\leqslant 1,\\ 2-x, & 1<x\leqslant 2\end{cases}$ 在点 $x=1$ 处是否连续,并作出 $f(x)$ 的图形.

22. 讨论函数 $f(x)=\begin{cases}x^2\sin\frac{1}{x}, & x\neq 0,\\ 0, & x=0\end{cases}$ 在 $x=0$ 处的连续性.

23. 判断下列指定点是否为对应函数的间断点;若是,请指出间断点的类型.

(1) $y=\frac{x^2-1}{x^2-3x+2}$, $x=1$,$x=2$；　　(2) $y=\cos^2\frac{1}{x}$, $x=0$；

(3) $y=\begin{cases}\frac{\sin x}{x}, & x<0,\\ 0, & x=0,\\ e^{-x}, & x>0,\end{cases}$ $x=0$.

24. 求函数 $f(x)=\dfrac{x+1}{\ln|x|}$ 的连续区间，并指出间断点的类型.

25. 设函数

$$f(x)=\begin{cases}3x+a, & x\leqslant 0,\\ x^2+1, & 0<x<1,\\ \dfrac{b}{x}, & x\geqslant 1\end{cases}$$

在 $(-\infty,+\infty)$ 上连续，求 a,b 的值.

26. 设函数

$$f(x)=\begin{cases}\dfrac{1}{x}\sin x, & x<0,\\ a, & x=0,\\ x\sin\dfrac{1}{x}+b, & x>0\end{cases}$$

在 $(-\infty,+\infty)$ 上连续，求 a,b 的值.

27. 讨论下列函数的连续性：

(1) $f(x)=\begin{cases}\dfrac{x}{1-\sqrt{1-x}}, & x<0,\\ x+2, & x\geqslant 0;\end{cases}$ (2) $f(x)=\begin{cases}e^{\frac{1}{x}}, & x<0,\\ 0, & x=0,\\ \dfrac{\ln(1+x^2)}{x}, & x>0.\end{cases}$

28. 证明：方程 $x^5-3x=1$ 在 1 和 2 之间至少有一个实根.

29. 证明：方程 $\sin x+x+1=0$ 在 $\left(-\dfrac{\pi}{2},\dfrac{\pi}{2}\right)$ 内至少有一个实根.

30. 设 $f(x)=e^x-2$，证明：在区间 $(0,2)$ 内至少有一点 x_0，使得 $e^{x_0}-2=x_0$.

31. 求下列极限：

(1) $\lim\limits_{x\to 3}\sqrt{x^3-x+5}$； (2) $\lim\limits_{x\to\frac{\pi}{6}}\ln(2\sin x)$；

(3) $\lim\limits_{x\to 0}\dfrac{\log_5(1+x^2)}{\sin\left(\dfrac{\pi}{6}+x^2\right)}$； (4) $\lim\limits_{x\to 0}\dfrac{\sqrt{x+4}-2}{x}$.

B 组

32. 观察并判断下列数列是否收敛；若收敛，请给出收敛值.

(1) $y_n=\sin\sqrt{n}-\sin\sqrt{n+1}$； (2) $y_n=\dfrac{n!}{n^n}$；

(3) $y_n=\sqrt{n}(\sqrt[n]{n}-1)$.

33. 用数列极限定义证明：

$\lim\limits_{n\to\infty}\sqrt[n]{a}=1\quad(a>1)$.

34. 判断下列结论是否正确，并证明你的判断.

(1) 若 $x_n<y_n(n>N)$，且存在极限 $\lim\limits_{n\to\infty}x_n=A$，$\lim\limits_{n\to\infty}y_n=B$，则 $A<B$；

(2) 设 $f(x)$ 在 (a,b) 内有定义，又存在 $c\in(a,b)$，使得极限 $\lim\limits_{x\to c}f(x)=A$，则 $f(x)$ 在 (a,b) 内有界；

(3) 若 $\lim\limits_{x\to a}f(x)=\infty$，则存在 $\delta>0$，使得当 $0<|x-a|<\delta$ 时，$\dfrac{1}{f(x)}$ 有界.

35. 设 $a_1=1$，$a_n=1+\dfrac{a_{n-1}}{1+a_{n-1}}(n=2,3,\cdots)$，判断 $n\to\infty$ 时数列 $\{a_n\}$ 是否存在极限；若存在，计算该极限.

36. 设 $a_1>0$，$a_{n+1}=\dfrac{3(1+a_n)}{3+a_n}(n=1,2,\cdots)$，判断 $n\to\infty$ 时数列 $\{a_n\}$ 是否存在极限；若存在，计算该极限.

37. 计算下列极限：

(1) $\lim\limits_{n\to\infty}\left(\dfrac{3}{1^2\cdot 2^2}+\dfrac{5}{2^2\cdot 3^2}+\cdots+\dfrac{2n+1}{n^2\cdot(n+1)^2}\right)$；

(2) $\lim\limits_{n\to\infty}\left(\dfrac{1}{n^2+n+1}+\dfrac{2}{n^2+n+2}+\cdots+\dfrac{n}{n^2+n+n}\right)$；

(3) $\lim\limits_{n\to\infty}3^n\cdot\sin\dfrac{x}{3^n}$.

38. 计算下列极限：

(1) $\lim\limits_{x\to\infty}\dfrac{3x^2\sin\dfrac{1}{x}+2\sin x}{x}$；　　(2) $\lim\limits_{x\to\infty}\left(\dfrac{1}{x}+2^{\frac{1}{x}}\right)^x$.

39. 已知 $\lim\limits_{x\to\infty}\left(\dfrac{x+c}{x-c}\right)^x=8$，求 c 的值.

40. 设 $f(x)=\lim\limits_{n\to\infty}\dfrac{x^{2n-1}+ax^2+bx}{x^{2n}+1}$，若 $f(x)$ 处处连续，求 a,b 的值.

41. 在上一题中，如果 a,b 不是所求的值时 $f(x)$ 有何间断点？并指出间断点的类型.

42. 设有

$$f(x)=\begin{cases}x^2, & x\leqslant 1,\\ 1-x, & x>1,\end{cases}\quad g(x)=\begin{cases}x, & x\leqslant 2,\\ 2(x-1), & 2<x\leqslant 5,\\ x+3, & x>5,\end{cases}$$

讨论 $y=f[g(x)]$ 的连续性；若有间断点，指出它类型.

43. 设 $f(x)=\lim\limits_{u\to\infty}\frac{1}{u}\cdot\ln(e^u+x^u)$，其中 $x>0$.

(1) 求 $f(x)$；

(2) 讨论 $f(x)$的连续性.

44. 已知函数

$$f(x)=\begin{cases}2(x+1)\arctan\frac{1}{x}, & x>0,\\ 1, & x=0,\\ \frac{\ln(1+ax^2)}{x\sin x}, & x<0,\end{cases}$$

又 $a\neq0$，问 a 为何值时$\lim\limits_{x\to0}f(x)$存在？此时 $f(x)$在 $x=0$ 处连续吗？

45. 求下列极限：

(1) $\lim\limits_{x\to0}\frac{\sqrt{1+x\sin x}-1}{e^{x^2}-1}$；　(2) $\lim\limits_{x\to1}\frac{x^x-1}{x\ln x}$；

(3) $\lim\limits_{x\to\infty}\left(\sin\frac{1}{x}+\cos\frac{1}{x}\right)^x$；　(4) $\lim\limits_{x\to0}\left(\frac{e^x+e^{2x}}{2}\right)^{\frac{1}{x}}$.

46. 若 $\lim\limits_{t\to0^+}\frac{t-\ln(1+t)}{t^2}=\frac{1}{2}$，求数列极限$\lim\limits_{n\to\infty}x_n$，其中 $x_n=n\left[e\left(1+\frac{1}{n}\right)^{-n}-1\right]$.

47. 设 $f(x)$在闭区间$[a,b]$上连续，且对任意 $x\in[a,b]$，总存在 $y\in[a,b]$，使得$|f(y)|\leqslant\frac{1}{2}|f(x)|$，试证：存在 $\xi\in[a,b]$，使得 $f(\xi)=0$.

48. 已知函数 $f(x)$在$[0,2]$上连续，且 $f(0)=f(2)$，证明：存在一点 $\xi\in[0,1]$，使得$f(\xi)=f(1+\xi)$.

49. 填空题：

(1) $\lim\limits_{n\to\infty}\sqrt[n]{2^n+3^n}=$________；

(2) 若 $\lim\limits_{x\to+\infty}(\sqrt{x^2-x+1}-ax-b)=0$，则 $a=$________，$b=$________；

(3) $x\to0$ 时，无穷小量$\sqrt{1+x}-\sqrt{1-x}$与 $x^\alpha(\alpha>0)$等价，则 $\alpha=$________；

(4) $x\to0$ 时，$1+x^2-e^{x^2}$ 是 x 的________（高、低）阶无穷小；

(5) 函数

$$f(x)=\begin{cases}\frac{\sin3x}{x}, & x<0,\\ 3, & x=0,\\ 3+xe^{\frac{1}{x-1}}, & x>0\text{ 且 }x\neq1\end{cases}$$

的连续区间是________.

3 导数与微分

在科学研究与实际生活中，除需了解变量之间的函数关系外，还常会遇到如下两个问题：一是求给定函数相对于自变量的变化率；二是求自变量发生微变化时函数改变量的近似值. 由对这两类问题的研究，就分别建立了导数与微分的概念.

导数与微分是微积分学中两个基本概念，它们是本课程的重点内容. 本章将从实际问题出发建立导数与微分概念，同时导出基本公式与运算法则.

3.1 导数的概念

3.1.1 引例

我们先考察两个例子.

1）变速直线运动的瞬时速度

在中学物理中，我们已了解匀速直线运动过程中物体运动的路程与运动所用时间的关系，但对于变速直线运动，我们只学习过自由落体等特殊运动，主要是因为缺少必要的数学工具.

设一质点做直线运动，它所经过的路程 s 是 t 的函数，即 $s=s(t)$，求质点 t_0 时刻的瞬时速度.

在时间间隔$[t_0,t_0+\Delta t]$上，质点运动所经过的路程为

$$\Delta s=s(t_0+\Delta t)-s(t_0).$$

当质点做匀速运动时，它的速度不随时间而改变，即有

$$\frac{\Delta s}{\Delta t}=\frac{s(t_0+\Delta t)-s(t_0)}{\Delta t},$$

质点运动的速度是一个常量，它是物体在任意时刻的速度，也即是 t_0 时刻的瞬时速度.

但若质点做变速运动，速度随时间而变化，则$\frac{\Delta s}{\Delta t}$表示$[t_0,t_0+\Delta t]$这段时间内质点运动的平均速度 $\bar{v}$，即

$$\bar{v}=\frac{\Delta s}{\Delta t}=\frac{s(t_0+\Delta t)-s(t_0)}{\Delta t}.$$

当 Δt 很小时，$\bar{v}$ 与t_0时刻的瞬时速度近似相等，Δt 越小则近似程度就越好，当

$\Delta t \to 0$ 时，如果极限 $\lim\limits_{\Delta t\to 0}\dfrac{\Delta s}{\Delta t}$ 存在，就称此极限为质点在 t_0 时刻的瞬时速度，即

$$v\big|_{t=t_0}=\lim_{\Delta t\to 0}\frac{\Delta s}{\Delta t}=\lim_{\Delta t\to 0}\frac{s(t_0+\Delta t)-s(t_0)}{\Delta t}.$$

例 3-1　已知自由落体运动的运动方程 $s=\dfrac{1}{2}gt^2$，求：

(1) 物体在 t_0 到 $t_0+\Delta t$ 这段时间内的平均速度；

(2) 物体在 t_0 时刻的瞬时速度.

解　(1) 当 t 由 t_0 取得一个改变量 Δt 时，s 取得的相应改变量为

$$\begin{aligned}\Delta s&=\frac{1}{2}g(t_0+\Delta t)^2-\frac{1}{2}gt_0^2\\&=gt_0\Delta t+\frac{1}{2}g(\Delta t)^2,\end{aligned}$$

因此，在时间间隔 $[t_0,t_0+\Delta t]$ 上，物体的平均速度为

$$\bar{v}=\frac{\Delta s}{\Delta t}=\frac{gt_0\Delta t+\frac{1}{2}g(\Delta t)^2}{\Delta t}=g\left(t_0+\frac{1}{2}\Delta t\right).$$

(2) 由上式可知，$t=t_0$ 时的瞬时速度为

$$v\big|_{t=t_0}=\lim_{\Delta t\to 0}g\left(t_0+\frac{1}{2}\Delta t\right)=gt_0.$$

2) 切线问题

已知一平面曲线的方程为 $y=f(x)$（见图 3-1），求该曲线在点 $M_0(x_0,y_0)$ 处的切线斜率，其中 $y_0=f(x_0)$.

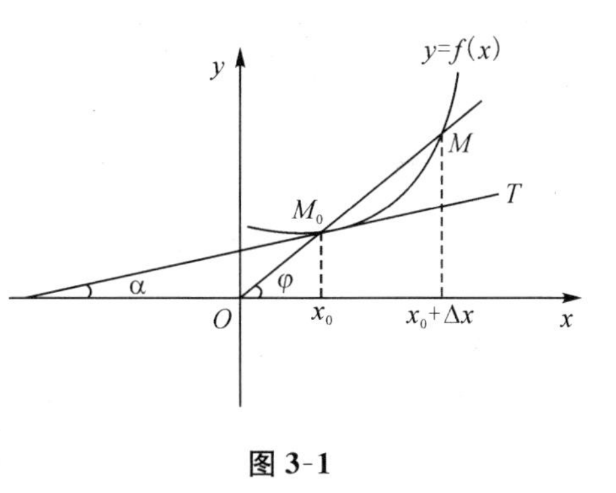

图 3-1

如图所示，设 $M(x_0+\Delta x,y_0+\Delta y)(\Delta x\neq 0)$ 为曲线上异于 M_0 的一点，连接点 M_0 与点 M 的直线 M_0M 称为曲线的割线. 当动点 M 沿曲线趋于定点 M_0 时，割线 M_0M 随之变动趋向其极限位置——直线 M_0T，我们称此直线 M_0T 为曲线在点 M_0 处的切线. 显然在此过程中，割线 M_0M 的倾角 φ 趋向于切线 M_0T 的倾角 α.

因此，切线 M_0T 的斜率为

$$\tan\alpha=\lim_{\varphi\to\alpha}\tan\varphi=\lim_{\Delta x\to 0}\frac{\Delta y}{\Delta x}=\lim_{\Delta x\to 0}\frac{f(x_0+\Delta x)-f(x_0)}{\Delta x}.$$

以上两例，一个是物理问题，一个是几何问题，实际意义不同，但解决问题的思路相同，都归结为计算函数改变量与自变量改变量之比当自变量的改变量趋于 0 时的极限. 将这种共性抽象化，就得到函数的变化率即导数的概念.

3.1.2 导数的定义

定义 3.1 设函数 $y=f(x)$在点 x_0 的某个邻域内有定义，当自变量在点 x_0 处取得改变量 $\Delta x(\Delta x\neq 0)$时，函数 $f(x)$取得相应的改变量

$$\Delta y=f(x_0+\Delta x)-f(x_0),$$

如果当 $\Delta x\to 0$ 时$\frac{\Delta y}{\Delta x}$的极限存在，即

$$\lim_{\Delta x\to 0}\frac{\Delta y}{\Delta x}=\lim_{\Delta x\to 0}\frac{f(x_0+\Delta x)-f(x_0)}{\Delta x}$$

存在，则称函数 $f(x)$在点 x_0 处可导，并称这个极限为函数 $y=f(x)$在点 x_0 处的导数，记为 $f'(x_0)$，即

$$f'(x_0)=\lim_{\Delta x\to 0}\frac{\Delta y}{\Delta x}=\lim_{\Delta x\to 0}\frac{f(x_0+\Delta x)-f(x_0)}{\Delta x}.$$

函数在点 x_0 处的导数也可记为

$$y'\Big|_{x=x_0},\quad \frac{\mathrm{d}y}{\mathrm{d}x}\Big|_{x=x_0},\quad 或\frac{\mathrm{d}f(x)}{\mathrm{d}x}\Big|_{x=x_0}.$$

注意：(1) $\frac{\Delta y}{\Delta x}=\frac{f(x_0+\Delta x)-f(x_0)}{\Delta x}$反映的是变量 x 从x_0改变到 $x_0+\Delta x$ 时函数 $f(x)$的平均变化速度，称为函数的平均变化率；而导数 $f'(x_0)=\lim\limits_{\Delta x\to 0}\frac{\Delta y}{\Delta x}$反映的是函数在点 x_0 处的变化速度，称为函数在点 x_0 处的变化率.

(2) 如果$\lim\limits_{\Delta x\to 0}\frac{\Delta y}{\Delta x}$不存在，则称函数 $f(x)$在点 x_0 处不可导或没有导数，x_0 为 $f(x)$的不可导点. 特别的，若上述极限为无穷大，此时导数不存在，也称 $f(x)$在 x_0 处的导数为无穷大.

有时还需要考虑函数 $f(x)$在点 x_0 左侧或右侧的导数. 例如，在定义区间端点或分段函数的分段点就需如此.

定义 3.2 设函数 $f(x)$在点 x_0 的某个左邻域(或右邻域)内有定义，且极限 $\lim\limits_{\Delta x\to 0^-}\frac{\Delta y}{\Delta x}\left(或\lim\limits_{\Delta x\to 0^+}\frac{\Delta y}{\Delta x}\right)$存在，则称此极限值为 $f(x)$在点 x_0 处的左导数(或右导数)，记为 $f'_-(x_0)$(或 $f'_+(x_0)$)，即

$$f'_-(x_0)=\lim_{\Delta x\to 0^-}\frac{\Delta y}{\Delta x}=\lim_{\Delta x\to 0^-}\frac{f(x_0+\Delta x)-f(x_0)}{\Delta x},$$

或

$$f'_+(x_0)=\lim_{\Delta x\to 0^+}\frac{\Delta y}{\Delta x}=\lim_{\Delta x\to 0^+}\frac{f(x_0+\Delta x)-f(x_0)}{\Delta x}.$$

由极限存在的充要条件可知，函数 $f(x)$在点 x_0 处可导的充要条件是函数

$f(x)$在点 x_0 处的左、右导数都存在且相等,即

$$f'(x_0)=A \Leftrightarrow f'_-(x_0)=f'_+(x_0)=A.$$

定义 3.3 如果函数 $f(x)$在开区间(a,b)内每一点都可导,则称 $f(x)$在(a,b)内可导;如果 $f(x)$在(a,b)内可导,且在点 a 处右导数存在,在点 b 处左导数存在,则称 $f(x)$在闭区间$[a,b]$上可导.

注意:函数 $f(x)$在开区间(a,b)内可导时,对任意的 $x\in(a,b)$,总存在唯一数值的 $f(x)$与之对应,因此 $f'(x)$也是 x 的函数,并称为 $f(x)$的导函数,简称为导数. 导函数$f'(x)$也记为 y',$\frac{dy}{dx}$,$\frac{df}{dx}$或$\frac{d}{dx}f(x)$.

函数 $f(x)$在点 x_0 处的导数值为 $f'(x_0)$,即导函数 $f'(x)$在点 x_0 处的函数值$f'(x_0)$.

例 3-2 求函数 $f(x)=\sqrt{x}$在点 $x=1$ 处的导数.

解 因为

$$\Delta y=f(1+\Delta x)-f(1)=\sqrt{1+\Delta x}-1,$$

所以

$$f'(1)=\lim_{\Delta x\to 0}\frac{\Delta y}{\Delta x}=\lim_{\Delta x\to 0}\frac{\sqrt{1+\Delta x}-1}{\Delta x}=\lim_{\Delta x\to 0}\frac{1+\Delta x-1}{\Delta x(\sqrt{1+\Delta x}+1)}=\frac{1}{2}.$$

例 3-3 讨论函数 $f(x)=\begin{cases}x^2+1, & 0\leqslant x<1,\\ 3x-1, & x\geqslant 1\end{cases}$在 $x=1$ 处的可导性.

解 $f(1)=3\cdot 1-1=2$.

当 $\Delta x<0$ 时,有

$$\begin{aligned}\Delta y&=f(1+\Delta x)-f(1)=(1+\Delta x)^2+1-2\\&=(2+\Delta x)\Delta x,\end{aligned}$$

故

$$f'_-(1)=\lim_{\Delta x\to 0^-}\frac{\Delta y}{\Delta x}=\lim_{\Delta x\to 0^-}\frac{(2+\Delta x)\Delta x}{\Delta x}=2.$$

当 $\Delta x>0$ 时,有

$$\Delta y=f(1+\Delta x)-f(1)=3(1+\Delta x)-1-2=3\Delta x,$$

故

$$f'_+(1)=\lim_{\Delta x\to 0^+}\frac{\Delta y}{\Delta x}=\lim_{\Delta x\to 0^+}\frac{3\Delta x}{\Delta x}=3.$$

可见 $f'_-(1)\neq f'_+(1)$,所以 $y=f(x)$在 $x=1$ 处不可导.

例 3-4 求常量函数 $y=C$ 的导数.

解 由于 $\Delta y=0$,所以$\lim\limits_{\Delta x\to 0}\frac{\Delta y}{\Delta x}=0$,于是,常量函数的导数为

$$(C)'=0. \tag{3.1}$$

例 3-5 求函数 $y=x^{\alpha}(\alpha\neq 0)$的导数.

解 由于

$$\Delta y=(x+\Delta x)^{\alpha}-x^{\alpha}=x^{\alpha}\left[\left(1+\frac{\Delta x}{x}\right)^{\alpha}-1\right],$$

而 $\Delta x\to 0$ 时，$\left(1+\frac{\Delta x}{x}\right)^{\alpha}-1\sim\alpha\cdot\frac{\Delta x}{x}$，所以

$$(x^{\alpha})'=\lim_{\Delta x\to 0}\frac{\Delta y}{\Delta x}=\lim_{\Delta x\to 0}x^{\alpha}\frac{\alpha\cdot\frac{\Delta x}{x}}{\Delta x}=\alpha x^{\alpha-1}\lim_{\Delta x\to 0}\frac{\Delta x}{\Delta x}=\alpha x^{\alpha-1}.$$

因此，幂函数的导数为

$$(x^{\alpha})'=\alpha x^{\alpha-1}\quad(\alpha\neq 0). \tag{3.2}$$

例 3-6 求函数 $y=a^{x}$ 的导数.

解 由于

$$\Delta y=a^{\Delta x+x}-a^{x}=a^{x}(a^{\Delta x}-1),$$

而 $\Delta x\to 0$ 时，$a^{\Delta x}-1\sim\Delta x\ln a$，于是

$$(a^{x})'=\lim_{\Delta x\to 0}\frac{\Delta y}{\Delta x}=\lim_{\Delta x\to 0}\frac{a^{x}\cdot\Delta x\ln a}{\Delta x}=a^{x}\ln a.$$

因此，指数函数的导数为

$$(a^{x})'=a^{x}\ln a\quad(a>0,a\neq 1). \tag{3.3}$$

特别的，有

$$(\mathrm{e}^{x})'=\mathrm{e}^{x}. \tag{3.4}$$

例 3-7 求函数 $y=\sin x$ 的导数.

解 由于

$$\Delta y=\sin(x+\Delta x)-\sin x=2\sin\frac{\Delta x}{2}\cos\left(x+\frac{\Delta x}{2}\right),$$

而 $\Delta x\to 0$ 时，$\sin\frac{\Delta x}{2}\sim\frac{\Delta x}{2}$，于是

$$(\sin x)'=\lim_{\Delta x\to 0}\frac{\Delta y}{\Delta x}=\lim_{\Delta x\to 0}\frac{2\sin\frac{\Delta x}{2}\cos\left(x+\frac{\Delta x}{2}\right)}{\Delta x}=\cos x.$$

因此，正弦函数的导数为

$$(\sin x)'=\cos x. \tag{3.5}$$

类似可得余弦函数的导数为

$$(\cos x)'=-\sin x. \tag{3.6}$$

3.1.3 导数的几何意义

由切线问题和导数的定义可知，如果函数 $y=f(x)$在点 x_0 可导，则其导数

$f'(x_0)$的几何意义是曲线 $y=f(x)$在点$(x_0,f(x_0))$处的切线斜率. 特别的,若$f'(x_0)=0$,则曲线 $y=f(x)$在$(x_0,f(x_0))$处的切线平行 Ox 轴;若 $f'(x_0)$不存在,且 $f'(x_0)=\infty$,则曲线 $y=f(x)$在点$(x_0,f(x_0))$处的切线垂直于 Ox 轴.

由导数的几何意义及直线的点斜式方程,可知曲线 $y=f(x)$上点(x_0,y_0)的切线方程为

$$y-y_0=f'(x_0)(x-x_0),$$

法线方程为

$$y-y_0=-\frac{1}{f'(x_0)}(x-x_0).$$

例 3-8 求曲线 $y=x^3$ 在点(2,8)处的切线方程和法线方程.

解 由幂函数求导公式可知 $y'=3x^2$,则

$$y'\big|_{x=2}=3\cdot 2^2=12,$$

故要求的切线方程为 $y-8=12(x-2)$,即

$$12x-y-16=0,$$

法线方程为 $y-8=-\dfrac{1}{12}(x-2)$,即

$$x+12y-98=0.$$

3.1.4 可导与连续的关系

定理 3.1 如果函数 $y=f(x)$在点 x_0 处可导,则它在点 x_0 处一定连续.

证 因为函数 $y=f(x)$在点 x_0 处可导,所以有

$$\lim_{\Delta x\to 0}\frac{\Delta y}{\Delta x}=f'(x_0),$$

又 $\Delta y=\dfrac{\Delta y}{\Delta x}\cdot\Delta x$,则

$$\begin{aligned}\lim_{\Delta x\to 0}\Delta y&=\lim_{\Delta x\to 0}\frac{\Delta y}{\Delta x}\cdot\Delta x=\lim_{\Delta x\to 0}\frac{\Delta y}{\Delta x}\cdot\lim_{\Delta x\to 0}\Delta x\\&=f'(x_0)\cdot 0=0,\end{aligned}$$

所以函数 $y=f(x)$在点 x_0 处连续.

应注意的是,该定理的逆命题不成立,即若函数 $y=f(x)$在点 x_0 处连续,则该函数 $y=f(x)$在该点处不一定可导. 连续是可导的必要条件,但非充分条件.

例 3-9 讨论函数 $y=|x|=\begin{cases}x, & x\geqslant 0,\\ -x, & x<0\end{cases}$在点 $x=0$ 处的连续性与可导性.

解 由于在 $x_0=0$ 处,函数的改变量为

$$\Delta y=|\Delta x|=\begin{cases}\Delta x, & \Delta x\geqslant 0,\\ -\Delta x, & \Delta x<0,\end{cases}$$

所以$\lim\limits_{\Delta x\to 0}\Delta y=\lim\limits_{\Delta x\to 0}|\Delta x|=0$,即 $y=|x|$在 $x=0$ 处连续.

由于 $\Delta x\neq 0$ 时,有

$$\frac{\Delta y}{\Delta x}=\frac{|\Delta x|}{\Delta x}=\begin{cases}1, & \Delta x>0,\\ -1, & \Delta x<0,\end{cases}$$

所以

$$f'_-(0)=\lim_{\Delta x\to 0^-}\frac{\Delta y}{\Delta x}=-1,\quad f'_+(0)=\lim_{\Delta x\to 0^+}\frac{\Delta y}{\Delta x}=1,$$

即 $f'_-(0)\neq f'_+(0)$,所以 $y=|x|$在 $x=0$ 处不可导.

该函数图形如图 3-2 所示,函数 $y=|x|$在 $x=0$ 处连续,但在 $x=0$ 处出现“尖点”,切线不存在,从而切线斜率(即 $f'(0)$)不存在.

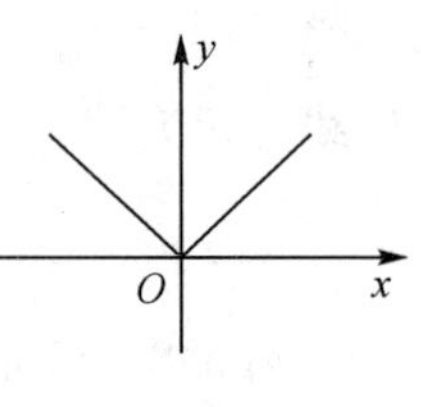

图 3-2

例 3-10 确定常数 a,b,使函数 $f(x)=\begin{cases}ax+b\sqrt{x}, & x>1,\\ x^2, & x\leqslant 1\end{cases}$ 在 $x=1$ 处可导.

解 $f(x)$在 $x=1$ 处可导的必要条件是 $f(x)$在 $x=1$ 处连续,即有

$$\lim_{x\to 1^-}f(x)=\lim_{x\to 1^+}f(x)=f(1).$$

因为

$$f(1)=1,\quad \lim_{x\to 1^-}f(x)=\lim_{x\to 1^-}x^2=1,\quad \lim_{x\to 1^+}f(x)=\lim_{x\to 1^+}(ax+b\sqrt{x})=a+b,$$

所以 $a+b=1$.

又因为

$$f'_-(1)=\lim_{\Delta x\to 0^-}\frac{f(1+\Delta x)-f(1)}{\Delta x}=\lim_{\Delta x\to 0^-}\frac{(1+\Delta x)^2-1}{\Delta x}=2,$$

$$\begin{aligned}f'_+(1)&=\lim_{\Delta x\to 0^+}\frac{f(1+\Delta x)-f(1)}{\Delta x}=\lim_{\Delta x\to 0^+}\frac{a(1+\Delta x)+b\sqrt{1+\Delta x}-a-b}{\Delta x}\\&=\lim_{\Delta x\to 0^+}\frac{a\Delta x+b\sqrt{1+\Delta x}-b}{\Delta x}\\&=\lim_{\Delta x\to 0^+}\left(a+b\cdot\frac{\sqrt{1+\Delta x}-1}{\Delta x}\right)\\&=a+b\lim_{\Delta x\to 0^+}\frac{1+\Delta x-1}{\Delta x(\sqrt{1+\Delta x}+1)}=a+\frac{b}{2},\end{aligned}$$

若 $f(x)$在 $x=0$ 处可导,应有 $a+\frac{b}{2}=2$.

综上可知,如果函数 $f(x)$在 $x=1$ 处可导,则常数满足

$$\begin{cases}a+b=1,\\ a+\frac{b}{2}=2,\end{cases}$$

因而 $a=3, b=-2$.

3.2 求导法则

在导数定义中，我们阐述了导数概念的实质，同时也给出了根据定义求函数导数的方法. 但对于一些复杂的函数，直接按定义去求它的导数是很困难的. 因此，需要建立一些求导的法则，以便简化求导的过程.

3.2.1 导数的四则运算法则

定理 3.2 若函数 $u(x)$ 和 $v(x)$ 在点 x 处可导，则它们的和、差、积、商(分母为 0 的点除外)所产生的函数在点 x 处可导，且有

(1) $[u(x)\pm v(x)]'=u'(x)\pm v'(x)$;

(2) $[u(x)\cdot v(x)]'=u'(x)\cdot v(x)+u(x)\cdot v'(x)$,

特别的，有

$$[Cu(x)]'=Cu'(x)\quad (C\text{ 为常数});$$

(3) $\left[\dfrac{u(x)}{v(x)}\right]'=\dfrac{u'(x)\cdot v(x)-u(x)\cdot v'(x)}{v^2(x)}\quad (v(x)\neq 0)$.

证 (1)
$$\begin{aligned}[u(x)\pm v(x)]'&=\lim_{\Delta x\to 0}\frac{[u(x+\Delta x)\pm v(x+\Delta x)]-[u(x)\pm v(x)]}{\Delta x}\\&=\lim_{\Delta x\to 0}\left[\frac{u(x+\Delta x)-u(x)}{\Delta x}\pm\frac{v(x+\Delta x)-v(x)}{\Delta x}\right]\\&=u'(x)\pm v'(x);\end{aligned}$$

(2)
$$\begin{aligned}[u(x)\cdot v(x)]'&=\lim_{\Delta x\to 0}\frac{u(x+\Delta x)v(x+\Delta x)-u(x)v(x)}{\Delta x}\\&=\lim_{\Delta x\to 0}\frac{1}{\Delta x}[u(x+\Delta x)v(x+\Delta x)-u(x)v(x+\Delta x)\\&\quad +u(x)v(x+\Delta x)-u(x)v(x)]\\&=\lim_{\Delta x\to 0}\frac{u(x+\Delta x)-u(x)}{\Delta x}\cdot v(x+\Delta x)\\&\quad +\lim_{\Delta x\to 0}\frac{v(x+\Delta x)-v(x)}{\Delta x}\cdot u(x)\\&=\lim_{\Delta x\to 0}\frac{u(x+\Delta x)-u(x)}{\Delta x}\cdot\lim_{\Delta x\to 0}v(x+\Delta x)\\&\quad +\lim_{\Delta x\to 0}\frac{v(x+\Delta x)-v(x)}{\Delta x}\cdot\lim_{\Delta x\to 0}u(x)\\&=u'(x)\cdot v(x)+u(x)\cdot v'(x),\end{aligned}$$

其中 $\lim\limits_{\Delta x\to 0}v(x+\Delta x)=v(x)$ 是由于 $v'(x)$ 存在，故 $v(x)$ 在点 x 处连续;

(3) $$\left[\frac{u(x)}{v(x)}\right]'=\lim_{\Delta x\to 0}\frac{\dfrac{u(x+\Delta x)}{v(x+\Delta x)}-\dfrac{u(x)}{v(x)}}{\Delta x}$$

$$=\lim_{\Delta x\to 0}\frac{u(x+\Delta x)\cdot v(x)-u(x)\cdot v(x+\Delta x)}{v(x+\Delta x)\cdot v(x)\cdot \Delta x}$$

$$=\lim_{\Delta x\to 0}\frac{[u(x+\Delta x)\cdot v(x)-u(x)\cdot v(x)]-[u(x)v(x+\Delta x)-u(x)\cdot v(x)]}{v(x)\cdot v(x+\Delta x)\cdot \Delta x}$$

$$=\lim_{\Delta x\to 0}\frac{\dfrac{u(x+\Delta x)-u(x)}{\Delta x}\cdot v(x)-\dfrac{v(x+\Delta x)-v(x)}{\Delta x}\cdot u(x)}{v(x)\cdot v(x+\Delta x)}$$

$$=\frac{u'(x)\cdot v(x)-u(x)\cdot v'(x)}{v^2(x)}.$$

法则(1)～(3)可简单记为

$$(u\pm v)'=u'\pm v', \tag{3.7}$$

$$(u\cdot v)'=u'v+uv', \tag{3.8}$$

$$\left(\frac{u}{v}\right)'=\frac{u'v-uv'}{v^2}. \tag{3.9}$$

定理 3.2 中的法则(1)和(2)可推广到任意有限个可导函数的情形.例如,设 $u=u(x)$,$v=v(x)$,$w=w(x)$均可导,则有

$$(u+v+w)'=u'+v'+w',$$

$$(uvw)'=u'vw+uv'w+uvw'.$$

例 3-11 求下列函数的导数:

(1) $y=\tan x$; (2) $y=\sec x$.

解 (1) $$y'=(\tan x)'=\left(\frac{\sin x}{\cos x}\right)'=\frac{(\sin x)'\cos x-\sin x(\cos x)'}{\cos^2 x}$$

$$=\frac{\cos^2 x+\sin^2 x}{\cos^2 x}=\sec^2 x,$$

即

$$(\tan x)'=\sec^2 x. \tag{3.10}$$

同理可得

$$(\cot x)'=-\csc^2 x. \tag{3.11}$$

(2) $$y'=(\sec x)'=\left(\frac{1}{\cos x}\right)'=\frac{(1)'\cdot\cos x-1\cdot(\cos x)'}{\cos^2 x}$$

$$=\frac{\sin x}{\cos^2 x}=\sec x\tan x,$$

即

$$(\sec x)'=\sec x\tan x. \tag{3.12}$$

同理可得

$$(\csc x)' = -\csc x\cot x. \tag{3.13}$$

本例中四个函数的导数公式应作为常用基本初等函数的导数公式进行熟记.

例 3-12 已知 $y=\dfrac{\cot x}{x+\cot x}$,求 y'.

解 $y'=\left(\dfrac{\cot x}{x+\cot x}\right)'=\dfrac{(\cot x)'(x+\cot x)-(\cot x)(x+\cot x)'}{(x+\cot x)^2}$

$=\dfrac{-\csc^2 x(x+\cot x)-(\cot x)(1-\csc^2 x)}{(x+\cot x)^2}$

$=\dfrac{-x\csc^2 x-\cot x}{(x+\cot x)^2}.$

例 3-13 已知 $f(x)=x^2+4\sin x-\cos\dfrac{\pi}{3}$,求 $f'(x)$及 $f'\left(\dfrac{\pi}{2}\right)$.

解 $f'(x)=2x+4\cos x,\quad f'\left(\dfrac{\pi}{2}\right)=\pi.$

例 3-14 $f(x)=e^x(\sin x+\cos x)$,求 $f'(x)$.

解 $f'(x)=(e^x)'(\sin x+\cos x)+e^x(\sin x+\cos x)'$

$=e^x(\sin x+\cos x)+e^x(\cos x-\sin x)$

$=2e^x\cos x.$

例 3-15 已知 $y=\dfrac{x}{1-\cos x}$,求 y'.

解 $y'=\left(\dfrac{x}{1-\cos x}\right)'=\dfrac{(x)'(1-\cos x)-x(1-\cos x)'}{(1-\cos x)^2}$

$=\dfrac{1-\cos x-x\sin x}{(1-\cos x)^2}.$

3.2.2 反函数的求导法则

定理 3.3 设函数 $y=f(x)$在点 x 处有不等于 0 的导数 $f'(x)$,并且其反函数 $x=f^{-1}(y)$在相应点处连续,则$[f^{-1}(y)]'$存在,并且

$$[f^{-1}(y)]'=\frac{1}{f'(x)}, \tag{3.14}$$

或

$$f'(x)=\frac{1}{[f^{-1}(y)]'}. \tag{3.14$'$}$$

证 记

$$\Delta x=f^{-1}(y+\Delta y)-f^{-1}(y),\quad \Delta y=f(x+\Delta x)-f(x),$$

考虑极限$\lim\limits_{\Delta y\to 0}\dfrac{\Delta x}{\Delta y}$.

由 $\Delta y\neq 0$ 可知 $\Delta x\neq 0$,因而可用 Δx 除上面极限号内的分子分母;又因 $f(x)$

的单调连续可推知 $x=f^{-1}(y)$ 单调连续，所以当 $\Delta y\to 0$ 时 $\Delta x\to 0$；又由 $f'(x)\neq 0$ 可得

$$(f^{-1}(y))'=\lim_{\Delta y\to 0}\frac{\Delta x}{\Delta y}=\lim_{\Delta x\to 0}\frac{1}{\frac{\Delta y}{\Delta x}}=\frac{1}{\lim\limits_{\Delta x\to 0}\frac{\Delta y}{\Delta x}}$$

$$=\frac{1}{f'(x)}\quad\left(\text{或}\frac{\mathrm{d}x}{\mathrm{d}y}=\frac{1}{\frac{\mathrm{d}y}{\mathrm{d}x}}\right).$$

这就是要证明的式(3.14)．当 $f'(x)\neq 0$ 时，由式(3.14)可知$[f^{-1}(y)]'\neq 0$，所以式(3.14′)成立．

例 3-16 求下列反三角函数的导数：

(1) $y=\arcsin x$；　　(2) $y=\arccos x$；

(3) $y=\arctan x$；　　(4) $y=\operatorname{arccot} x$．

解 (1) 因 $y=\arcsin x$ 是 $x=\sin y$ 的反函数，且 $x\in(-1,1)$ 时，$y\in\left(-\frac{\pi}{2},\frac{\pi}{2}\right)$，$\cos y>0$，故有

$$(\arcsin x)'=\frac{1}{(\sin y)'}=\frac{1}{\cos y}=\frac{1}{\sqrt{1-\sin^2 y}}=\frac{1}{\sqrt{1-x^2}}.$$

因此，反正弦函数的导数为

$$(\arcsin x)'=\frac{1}{\sqrt{1-x^2}}.\tag{3.15}$$

(2) 与(1)类似可得反余弦函数的导数为

$$(\arccos x)'=-\frac{1}{\sqrt{1-x^2}}.\tag{3.16}$$

(3) 因 $y=\arctan x$ 是 $x=\tan y$ 的反函数，且 $x\in(-\infty,+\infty)$时，$y\in\left(-\frac{\pi}{2},\frac{\pi}{2}\right)$，故有

$$(\arctan x)'=\frac{1}{(\tan y)'}=\frac{1}{\sec^2 y}=\frac{1}{1+\tan^2 y}=\frac{1}{1+x^2}.$$

因此，反正切函数的导数为

$$(\arctan x)'=\frac{1}{1+x^2}.\tag{3.17}$$

(4) 与(3)类似可得反余切函数的导数为

$$(\operatorname{arccot} x)'=-\frac{1}{1+x^2}.\tag{3.18}$$

例 3-17 求对数函数 $y=\log_a x\,(a>0,a\neq 1)$的导数．

解 已知 $y=\log_a x$ 的反函数是 $x=a^y$，于是

$$y'=(\log_a x)'=\frac{1}{(a^y)'}=\frac{1}{a^y\cdot\ln a}=\frac{1}{x\ln a},$$

即

$$(\log_a x)'=\frac{1}{x\ln a}. \tag{3.19}$$

特别的，有

$$(\ln x')=\frac{1}{x}. \tag{3.20}$$

3.2.3 复合函数的求导法则

定理 3.4 如果函数 $u=g(x)$ 在点 x 处可导，而函数 $y=f(u)$ 在点 $u=g(x)$ 处可导，则复合函数 $y=f[g(x)]$ 在点 x 处可导，且有

$$\frac{\mathrm{d}y}{\mathrm{d}x}=f'(u)\cdot g'(x) \quad 或 \quad \frac{\mathrm{d}y}{\mathrm{d}x}=\frac{\mathrm{d}y}{\mathrm{d}u}\cdot\frac{\mathrm{d}u}{\mathrm{d}x} \quad 或 \quad y'_x=y'_u\cdot u'_x,$$

即复合函数的导数等于复合函数对中间变量的导数乘以中间变量对自变量的导数.

证 使自变量 x 取得改变量 Δx，则变量 u 取得相应的改变量 Δu，从而 y 取得相应的改变量 Δy.

当 $\Delta u\neq 0$ 时，有

$$\frac{\Delta y}{\Delta x}=\frac{\Delta y}{\Delta u}\cdot\frac{\Delta u}{\Delta x},$$

因为 $u=\varphi(x)$ 可导，则必连续，所以当 $\Delta x\to 0$ 时 $\Delta u\to 0$，因此

$$\lim_{\Delta x\to 0}\frac{\Delta y}{\Delta x}=\lim_{\Delta u\to 0}\frac{\Delta y}{\Delta u}\cdot\lim_{\Delta x\to 0}\frac{\Delta u}{\Delta x},$$

于是可得

$$\frac{\mathrm{d}y}{\mathrm{d}x}=f'(u)\cdot\varphi'(u), \tag{3.21}$$

或写作

$$y'_x=y'_u\cdot u'_x. \tag{3.21$'$}$$

当 $\Delta u=0$ 时，可以证得上式亦成立.

复合函数的求导法则也称为链式法则，它可以推广到多个中间变量的情形. 例如，若 $y=f(u)$，$u=\varphi(v)$，$v=\psi(x)$ 都满足相应条件，则

$$\frac{\mathrm{d}y}{\mathrm{d}x}=\frac{\mathrm{d}y}{\mathrm{d}u}\cdot\frac{\mathrm{d}u}{\mathrm{d}x}=\frac{\mathrm{d}y}{\mathrm{d}u}\cdot\frac{\mathrm{d}u}{\mathrm{d}v}\cdot\frac{\mathrm{d}v}{\mathrm{d}x},$$

即对复合函数求导时，应从外层向里层逐层求导，直到把所有中间变量的导数求完为止.

例 3-18 求下列函数的导数：

(1) $y=(x^3-x)^6$；　　　　(2) $y=\sin(2x-1)$；

(3) $y=3^{\sin x}$；　　　　(4) $y=\sin\dfrac{2}{1+x}$.

解 (1) 函数 $y=(x^3-x)^6$ 是由 $y=u^6, u=x^3-x$ 复合而成的，因此

$$\frac{dy}{dx}=\frac{dy}{du}\cdot\frac{du}{dx}=6u^5\cdot(3x^2-1)=6(x^3-x)^5(3x^2-1);$$

(2) 函数 $y=\sin(2x-1)$是由 $y=\sin u, u=2x-1$ 复合而成的，因此

$$\frac{dy}{dx}=\frac{dy}{du}\cdot\frac{du}{dx}=\cos u\cdot 2=2\cos(2x-1);$$

(3) 函数 $y=3^{\sin x}$是由 $y=3^u, u=\sin x$ 复合而成的，因此

$$\frac{dy}{dx}=\frac{dy}{du}\cdot\frac{du}{dx}=3^u\cdot\ln3\cdot\cos x=3^{\sin x}\cos x\ln3;$$

(4) 函数 $y=\sin\dfrac{2}{1+x}$是由 $y=\sin u, u=\dfrac{2}{1+x}$复合而成的，因此

$$\frac{dy}{dx}=\frac{dy}{du}\cdot\frac{du}{dx}=\cos u\cdot\frac{(2)'\cdot(1+x)-2\cdot(1+x)'}{(1+x)^2}$$

$$=\frac{-2}{(1+x)^2}\cos\frac{2}{1+x}.$$

当对复合函数的分解比较熟练之后，就不必再写出中间变量，而直接由复合函数的求导法则写出其导数.

例 3-19 求下列函数的导数.

(1) $y=e^{1+x^2}$；　　　　(2) $y=\tan(1-2x^2)$.

解 (1) $\dfrac{dy}{dx}=(e^{1+x^2})'=e^{1+x^2}\cdot 2x=2xe^{1+x^2}$；

(2) $$\frac{dy}{dx}=[\tan(1-2x^2)]'=\sec^2(1-2x^2)\cdot(1-2x^2)'$$

$$=-4x\cdot\sec^2(1-2x^2).$$

例 3-20 求下列函数的导数：

(1) $y=\sin\sqrt{1-x^2}$；　　　　(2) $y=\ln\cos\sqrt{x}$.

解 (1) $$\frac{dy}{dx}=(\sin\sqrt{1-x^2})'=\cos\sqrt{1-x^2}\cdot(\sqrt{1-x^2})'$$

$$=\cos\sqrt{1-x^2}\cdot\frac{1}{2}(1-x^2)^{-\frac{1}{2}}\cdot(1-x^2)'$$

$$=-\frac{x\cos\sqrt{1-x^2}}{\sqrt{1-x^2}};$$

(2) $$\frac{dy}{dx}=(\ln\cos\sqrt{x})'=\frac{1}{\cos\sqrt{x}}\cdot(\cos\sqrt{x})'=\frac{1}{\cos\sqrt{x}}\cdot(-\sin\sqrt{x})\cdot(\sqrt{x})'$$

$$=-\frac{\sin\sqrt{x}}{\cos\sqrt{x}}\cdot\frac{1}{2}\cdot\frac{1}{\sqrt{x}}=-\frac{\sin\sqrt{x}}{2\sqrt{x}\cos\sqrt{x}}.$$

3.2.4 隐函数的导数

前面讨论的函数都是由 $y=f(x)$ 表示的，如 $y=\cos(2x+1)$，$y=\sqrt{1-x^3}$ 等 y 都是用自变量 x 的一个(或分段为几个)表达式表示的，但有时给出 x,y 的某个方程式 $F(x,y)=0$，往往也能确定自变量 x 与因变量 y 之间的对应关系. 例如 $x+y^3-1=0$，任给 x 一个确定值，相应的有唯一确定的 y 值与之对应，故方程 $x+y^3-1=0$ 确定了 y 是 x 的函数. 我们可以由该方程解出 y，得到显函数 $y=\sqrt[3]{1-x}$.

一般的，如果变量 x 与 y 之间的函数关系是由某一个方程 $F(x,y)=0$ 所确定的，那么这种函数就称为由方程 $F(x,y)=0$ 所确定的隐函数.

把一个隐函数化成显函数有时很困难，甚至是不可能的. 例如，由方程 $e^{x+2y}=xy+1$ 所确定的隐函数就无法化成显函数. 但在实际问题中，有时需计算隐函数的导数，这种方法称为隐函数的求导法. 下面通过例题来说明这种方法.

例 3-21 求由方程 $y^3+3y=x$ 所确定的隐函数 $y=f(x)$ 的导数 $\frac{dy}{dx}$.

解 将方程 $y^3+3y=x$ 中的 y 认定是 x 的函数，两边对 x 求导，得

$$3y^2\cdot y'+3y'=1,$$

从中解得 $y'=\frac{1}{3y^2+3}$.

例 3-22 求曲线 $x^2y^2+x-y=1$ 在点 $A(1,1)$ 处的切线方程.

解 对方程 $x^2y^2+x-y=1$ 两边关于 x 求导，得

$$2xy^2+2x^2y\cdot y'+1-y'=0,$$

从中解得 $y'=\frac{1+2xy^2}{1-2x^2y}$，于是 $y'\big|_{(1,1)}=-3$，所以曲线上点 A 处的切线方程为

$$y-1=-3(x-1),\quad 即\quad 3x+y-4=0.$$

例 3-23 求由方程 $x-y+\sin y=3$ 所确定的隐函数 $y=y(x)$ 的导数 $\frac{dy}{dx}$.

解 方程两边对 x 求导，得

$$1-y'+y'\cdot\cos y=0,$$

解得 $y'=\frac{1}{1-\cos y}$.

从上面的例子可以看出，隐函数的求导法就是先将方程 $F(x,y)=0$ 两边同时对自变量 x 求导，此时因变量 y 的函数应看成以变量 y 为中间变量的复合函数，按复合函数法则求其导数，然后在求导式中解出 $\frac{dy}{dx}$.

3.2.5 取对数求导法

对由多次的乘、除、乘方和开方运算所构成的比较复杂的函数，如

$$y=\frac{\sqrt[3]{(x-1)(x-2)}}{\sqrt{x^3\cdot(x+4)}},$$

如果直接应用函数的求导法则或公式求其导数将导致运算非常复杂；而对于幂指函数$[u(x)]^{v(x)}$，由于它既非幂函数，又非指数函数，所以在对其求导数时，没有现成的求导法则和求导公式. 对于上述两类函数，我们通常先在等式 $y=f(x)$两边取对数，利用对数性质将其化简，然后根据隐函数的求导法求出它们的导数. 这种先取对数再求导数的方法称为对数求导法.

例 3-24 求 $y=(1+x^2)^{\sin x}$的导数.

解 等式两边取对数并化简，得

$$\ln y=\sin x\cdot\ln(1+x^2),$$

上式两边对 x 求导，得

$$\frac{1}{y}\cdot y'=\cos x\cdot\ln(1+x^2)+\sin x\cdot\frac{2x}{1+x^2},$$

于是

$$y'=y\cdot\left[\cos x\cdot\ln(1+x^2)+\frac{2x\sin x}{1+x^2}\right]$$

$$=(1+x^2)^{\sin x}\left[\cos x\cdot\ln(1+x^2)+\frac{2x\sin x}{1+x^2}\right].$$

例 3-25 求函数 $y=\sqrt{\frac{(x-2)(x-3)}{(x+4)(x+5)}}$的导数.

解 等式两边取对数并化简，得

$$\ln y=\frac{1}{2}[\ln(x-2)+\ln(x-3)-\ln(x+4)-\ln(x+5)],$$

上式两边对 x 求导，得

$$\frac{1}{y}\cdot y'=\frac{1}{2}\left(\frac{1}{x-2}+\frac{1}{x-3}-\frac{1}{x+4}-\frac{1}{x+5}\right),$$

于是

$$y'=\frac{y}{2}\left(\frac{1}{x-2}+\frac{1}{x-3}-\frac{1}{x+4}-\frac{1}{x+5}\right)$$

$$=\frac{1}{2}\sqrt{\frac{(x-2)(x-3)}{(x+4)(x+5)}}\left(\frac{1}{x-2}+\frac{1}{x-3}-\frac{1}{x+4}-\frac{1}{x+5}\right).$$

利用对数求导法，容易证明

$$(x^\alpha)'=\alpha x^{\alpha-1}\quad(\alpha\text{ 为任意常数}),$$

请读者自证.

3.2.6　由参数方程所确定的函数的导数

在有些问题中，因变量 y 与自变量 x 的函数关系不是直接用 y 与 x 的解析式来表达，而是通过一个参变量来表示.

若参数方程 $\begin{cases} x=\varphi(t), \\ y=\psi(t) \end{cases}$ 确定 y 是 x 的函数，则称此函数关系是由参数方程所确定的函数. 下列讨论由参数方程所表示的函数关系的导数.

设 $x=\varphi(t)$ 有连续反函数 $t=\varphi^{-1}(x)$，又 $\varphi'(t)$ 与 $\psi'(t)$ 存在，且 $\varphi'(t)\neq 0$，y 与 x 构成复合函数 $y=\psi(t)=\psi[\varphi^{-1}(x)]$，则利用反函数与复合函数的求导法则，有

$$\frac{\mathrm{d}y}{\mathrm{d}x}=\frac{\mathrm{d}y}{\mathrm{d}t}\cdot\frac{\mathrm{d}t}{\mathrm{d}x}=\frac{\dfrac{\mathrm{d}y}{\mathrm{d}t}}{\dfrac{\mathrm{d}x}{\mathrm{d}t}}=\frac{\psi'(t)}{\varphi'(t)}. \tag{3.22}$$

例 3-26　已知 $\begin{cases} x=\ln(1+t^2), \\ y=t-\arctan t, \end{cases}$ 求 $\dfrac{\mathrm{d}y}{\mathrm{d}x}$.

解　$$\frac{\mathrm{d}y}{\mathrm{d}x}=\frac{\dfrac{\mathrm{d}y}{\mathrm{d}t}}{\dfrac{\mathrm{d}x}{\mathrm{d}t}}=\frac{(t-\arctan t)'}{[\ln(1+t^2)]'}=\frac{1-\dfrac{1}{1+t^2}}{\dfrac{2t}{1+t^2}}=\frac{t}{2}.$$

例 3-27　已知 $\begin{cases} x=\mathrm{e}^t\sin t, \\ y=\mathrm{e}^t\cos t, \end{cases}$ 求 $\left.\dfrac{\mathrm{d}y}{\mathrm{d}x}\right|_{t=\frac{\pi}{4}}$.

解　因为

$$\frac{\mathrm{d}y}{\mathrm{d}x}=\frac{\dfrac{\mathrm{d}y}{\mathrm{d}t}}{\dfrac{\mathrm{d}x}{\mathrm{d}t}}=\frac{(\mathrm{e}^t\cos t)'}{(\mathrm{e}^t\sin t)'}=\frac{\mathrm{e}^t\cos t-\mathrm{e}^t\sin t}{\mathrm{e}^t\sin t+\mathrm{e}^t\cos t}=\frac{\cos t-\sin t}{\cos t+\sin t},$$

所以

$$\left.\frac{\mathrm{d}y}{\mathrm{d}x}\right|_{t=\frac{\pi}{4}}=\frac{\cos\dfrac{\pi}{4}-\sin\dfrac{\pi}{4}}{\cos\dfrac{\pi}{4}+\sin\dfrac{\pi}{4}}=0.$$

3.2.7　基本导数公式

前面我们介绍了导数的定义和各种求导法则，并在此基础上导出了基本初等函数的导数公式. 为查找方便，现将基本初等函数的导数公式和主要求导法则汇集如下.

(1) 基本初等函数的导数公式

① $C'=0$ (C 为常数);　　② $(x^{\alpha})'=\alpha x^{\alpha-1}$ (α 为常数);

③ $(a^x)'=a^x\ln a$ $(a>0,a\neq1)$,　$(\mathrm{e}^x)'=\mathrm{e}^x$;

④ $(\log_a x)'=\dfrac{1}{x\ln a}$ $(a>0,a\neq1)$,　$(\ln x)'=\dfrac{1}{x}$;

⑤ $(\sin x)'=\cos x$;　　⑥ $(\cos x)'=-\sin x$;

⑦ $(\tan x)'=\sec^2 x$;　　⑧ $(\cot x)'=-\csc^2 x$;

⑨ $(\sec x)'=\sec x\tan x$;　　⑩ $(\csc x)'=-\csc x\cot x$;

⑪ $(\arcsin x)'=\dfrac{1}{\sqrt{1-x^2}}$;　　⑫ $(\arccos x)'=-\dfrac{1}{\sqrt{1-x^2}}$;

⑬ $(\arctan x)'=\dfrac{1}{1+x^2}$;　　⑭ $(\operatorname{arccot} x)'=-\dfrac{1}{1+x^2}$.

(2) 基本求导法则

① $(u\pm v)'=u'\pm v'$;　　② $(uv)'=u'v+uv'$;

③ $\left(\dfrac{u}{v}\right)'=\dfrac{u'v-uv'}{v^2}$ $(v\neq0)$;　　④ $\{f[\varphi(x)]\}'=f'[\varphi(x)]\cdot\varphi'(x)$;

⑤ $[f^{-1}(y)]'=\dfrac{1}{f'(x)}$ $(f'(x)\neq0)$;　　⑥ $\begin{cases}x=\varphi(t),\\ y=\psi(t),\end{cases}$ $\dfrac{\mathrm{d}y}{\mathrm{d}x}=\dfrac{\frac{\mathrm{d}y}{\mathrm{d}t}}{\frac{\mathrm{d}x}{\mathrm{d}t}}=\dfrac{\psi'(t)}{\varphi'(t)}$.

3.3　高阶导数

在第 3.1 节我们讲过物体做变速直线运动的瞬时速度问题,如果物体的运动方程为 $s=s(t)$,则物体在时刻 t 的瞬时速度为路程 s 对时间 t 的导数,即 $v=s'(t)$.因此,速度 $v=s'(t)$也是时间 t 的函数,它对时间 t 的导数就是物体在时刻 t 的瞬时加速度 a,即 $a=v'=(s'(t))'$.

例如,自由落体的运动方程为 $s=\frac{1}{2}gt^2$,瞬时速度

$$v=s'=\left(\frac{1}{2}gt^2\right)'=gt,$$

瞬时加速度

$$a=v'=(s')'=(gt)'=g.$$

一般的,如果函数 $y=f(x)$的导数 $f'(x)$在点 x 处可导,则称 $f'(x)$在点 x 处的导数为函数 $f(x)$在点 x 处的二阶导数,记为

$$f''(x),\quad y''\quad 或\quad \frac{\mathrm{d}^2y}{\mathrm{d}x^2}.$$

类似的，函数 $y=f(x)$ 的二阶导数的导数称为函数 $y=f(x)$ 的三阶导数，三阶导数的导数称为四阶导数，而 $n-1$ 阶导数的导数称为 n 阶导数. 三阶导数、四阶导数及 n 阶导数分别记作

$$y''',\quad f'''(x)\quad 或\quad \frac{d^3y}{dx^3};$$

$$y^{(4)},\quad f^{(4)}(x)\quad 或\quad \frac{d^4y}{dx^4};$$

$$y^{(n)},\quad f^{(n)}(x)\quad 或\quad \frac{d^ny}{dx^n}.$$

二阶和二阶以上的导数统称为高阶导数. 函数 $f(x)$ 的各阶导数在 $x=x_0$ 处的值记为

$$f'(x_0),\quad f''(x_0),\quad \cdots,\quad f^{(n)}(x_0),$$

或

$$y'\big|_{x=x_0},\quad y''\big|_{x=x_0},\quad \cdots,\quad y^{(n)}\big|_{x=x_0}.$$

例 3-28 求 $y=4x^2$ 的各阶导数.

解 $y'=8x,\quad y''=8,\quad y'''=y^{(4)}=y^{(5)}=\cdots=0.$

例 3-29 求 $y=e^x$ 的 n 阶导数.

解 因为 $(e^x)'=e^x$，即函数求导后不变，所以

$$y^{(n)}=e^x.$$

例 3-30 求 $y=\sin x$ 的 n 阶导数.

解 $y'=\cos x=\sin\left(x+\frac{\pi}{2}\right),$

$$y''=\cos\left(x+\frac{\pi}{2}\right)=\sin\left(x+\frac{\pi}{2}+\frac{\pi}{2}\right)=\sin\left(x+2\cdot\frac{\pi}{2}\right),$$

$$y'''=\cos\left(x+2\cdot\frac{\pi}{2}\right)=\sin\left(x+2\cdot\frac{\pi}{2}+\frac{\pi}{2}\right)=\sin\left(x+3\cdot\frac{\pi}{2}\right),$$

$$y^{(4)}=\cos\left(x+3\cdot\frac{\pi}{2}\right)=\sin\left(x+3\cdot\frac{\pi}{2}+\frac{\pi}{2}\right)=\sin\left(x+4\cdot\frac{\pi}{2}\right),$$

$$\vdots$$

一般的，有

$$y^{(n)}=(\sin x)^{(n)}=\sin\left(x+n\cdot\frac{\pi}{2}\right). \tag{3.23}$$

同理可得

$$(\cos x)^{(n)}=\cos\left(x+n\cdot\frac{\pi}{2}\right). \tag{3.24}$$

例 3-31 求 $y=\ln(1+x)$ 的 n 阶导数.

解 $y'=[\ln(1+x)]'=\dfrac{1}{1+x}=(1+x)^{-1}$,

$y''=-(1+x)^{-2}$,

$y'''=(-1)\cdot(-2)(1+x)^{-3}=(-1)^2\cdot 2!(1+x)^{-3}$,

$\vdots$

一般的,有

$$y^{(n)}=[\ln(1+x)]^{(n)}=(-1)^{n-1}(n-1)!(1+x)^{-n},\quad n=1,2,\cdots.$$

例 3-32 设方程 $xy+e^y=0$ 确定函数 $y=y(x)$,求$\dfrac{d^2y}{dx^2}$.

解 方程两边关于 x 求导数,得

$$y+xy'+e^y\cdot y'=0, \tag{①}$$

由上式解得

$$y'=-\frac{y}{x+e^y}. \tag{②}$$

式①两边再对 x 求导,得

$$y'+y'+xy''+e^y\cdot y'\cdot y'+e^y\cdot y''=0,$$

再将式②代入上式,得

$$2\left(\frac{-y}{x+e^y}\right)+e^y\left(\frac{-y}{x+e^y}\right)^2+(x+e^y)y''=0,$$

由上式解得

$$y''=\frac{2xy-e^y(y^2-2y)}{(x+e^y)^3}.$$

注:也可在式②两边对 x 求导,从而算出 y''. 请读者自行练习.

例 3-33 求参数方程$\begin{cases}x=at+b,\\ y=at+bt^3\end{cases}$的二阶导数$\dfrac{d^2y}{dx^2}$.

解 $\dfrac{dy}{dx}=\dfrac{\frac{dy}{dt}}{\frac{dx}{dt}}=\dfrac{(at+bt^3)'}{(at+b)'}=\dfrac{a+3bt^2}{a}=1+3\cdot\dfrac{b}{a}t^2$,

$$\frac{d^2y}{dx^2}=\frac{d\left(\frac{dy}{dx}\right)}{dx}=\frac{d\left(\frac{dy}{dx}\right)\Big/dt}{dx/dt}=\frac{\left(1+3\cdot\frac{b}{a}t^2\right)'}{(at+b)'}$$

$$=\frac{6\cdot\frac{b}{a}t}{a}=\frac{6bt}{a^2}.$$

计算由参数方程确定的函数的二阶导数$\dfrac{d^2y}{dx^2}$应当注意:这里$\dfrac{d^2y}{dx^2}$是$\dfrac{dy}{dx}$关于 x 再求一次导数,而非对参数 t 再求一次导数. 由复合函数求导法则与反函数求导法

则,有

$$\frac{\mathrm{d}^2 y}{\mathrm{d}x^2}=\frac{\mathrm{d}}{\mathrm{d}x}\left(\frac{\mathrm{d}y}{\mathrm{d}x}\right)=\frac{\mathrm{d}}{\mathrm{d}t}\left(\frac{\mathrm{d}y}{\mathrm{d}x}\right)\cdot\frac{\mathrm{d}t}{\mathrm{d}x}=\frac{\frac{\mathrm{d}}{\mathrm{d}t}\left(\frac{\mathrm{d}y}{\mathrm{d}x}\right)}{\frac{\mathrm{d}x}{\mathrm{d}t}}=\frac{\frac{\mathrm{d}y'}{\mathrm{d}t}}{\frac{\mathrm{d}x}{\mathrm{d}t}}.$$

3.4 函数的微分

在第 3.1 节我们介绍了导数的概念,我们知道导数表示函数在点 x 处的变化率,它描述了函数在 x 处变化的快慢程度. 有时我们还需了解函数在某一点取得一个微小改变量时函数取得的相应改变量的大小,这就引进了微分的概念. 微分与导数密切相关又有本质区别.

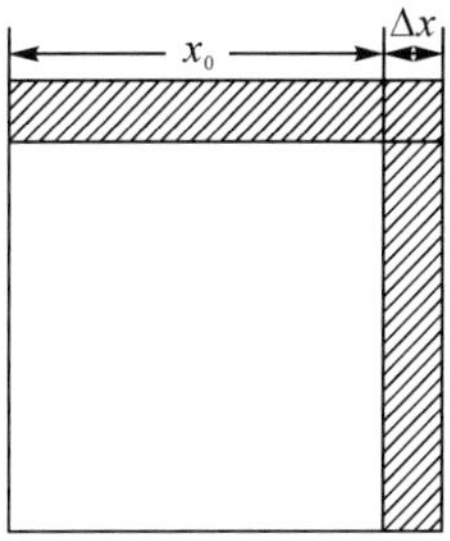

3.4.1 微分的概念

引例 设有一边长为 x_0 的正方形金属薄片,其面积用 S 表示,显然 $S=x_0^2$. 受温度变化的影响,其边长改变了 Δx(如图 3-3 所示),则其面积的改变量为

$$\Delta S=(x_0+\Delta x)^2-x_0^2=2x_0\Delta x+(\Delta x)^2.$$

图 3-3

从上式可以看出,ΔS 可分为两部分:一部分是 $2x_0\Delta x$,在图中表示两个长为 x_0,宽为 Δx 的长方形的面积,$2x_0\Delta x$ 是 Δx 的线性函数;另一部分是$(\Delta x)^2$,它是图中右上角边长为 Δx 的正方形的面积. 当 $\Delta x\to 0$ 时,$(\Delta x)^2$ 是比 Δx 高阶的无穷小,即$(\Delta x)^2=o(\Delta x)$,因此,当$|\Delta x|$很小时,我们可以用第一部分 $2x_0\Delta x$ 近似表示 ΔS,即面积的改变量大约为 $2x_0\Delta x$,记为 $\Delta S\approx 2x_0\Delta x$. 由此给出微分的定义.

定义 3.4 设函数 $y=f(x)$在点 x_0 的某邻域内有定义,且自变量在点 x_0 处的改变量 $x_0+\Delta x$ 也在此邻域内,如果函数的增量 $\Delta y=f(x_0+\Delta x)-f(x_0)$可以表示为

$$\Delta y=A\Delta x+o(\Delta x),$$

其中,A 是与 Δx 无关的常数,则称函数 $y=f(x)$在点 x_0 处可微,而 $A\Delta x$ 称为函数 $y=f(x)$在点 x_0 相应于自变量增量 Δx 的微分,记作 $\mathrm{d}y$,即

$$\mathrm{d}y\big|_{x=x_0}=A\Delta x,\quad 或\quad \mathrm{d}f(x)\big|_{x=x_0}=A\Delta x.$$

通常称函数微分为函数改变量的线性主部.

如果函数 $f(x)$在点 x_0 可微,那么如何求出函数 $f(x)$在点 x_0 处的微分? 下面讨论函数可微的条件.

定理 3.5 函数 $y=f(x)$在点 x_0 处可微的充要条件是函数 $y=f(x)$在点 x_0 处可导,且 $\mathrm{d}y\big|_{x=x_0}=f'(x_0)\Delta x$.

证　(必要性)设函数 $f(x)$在点 x_0 可微,由定义可知

$$\Delta y=A\Delta x+o(\Delta x),$$

上式两边同时除以 $\Delta x(\Delta x\neq 0)$,得

$$\frac{\Delta y}{\Delta x}=A+\frac{o(\Delta x)}{\Delta x},$$

于是,当 $\Delta x\to 0$ 时,由上式可得

$$f'(x_0)=\lim_{\Delta x\to 0}\frac{\Delta y}{\Delta x}=A,$$

因此,如果函数 $f(x)$在点 x_0 可微,则 $f(x)$在点 x_0 一定可导,且 $A=f'(x_0)$.

(充分性)如果 $f(x)$在点 x_0 可导,则

$$\lim_{\Delta x\to 0}\frac{\Delta y}{\Delta x}=f'(x_0)$$

存在.根据函数极限与无穷小的关系,有

$$\frac{\Delta y}{\Delta x}=f'(x_0)+\alpha(\Delta x),\quad \Delta x\to 0\text{ 时},$$

其中$\lim\limits_{\Delta x\to 0}\alpha(\Delta x)=0$.由上式可得

$$\Delta y=f'(x_0)\cdot\Delta x+\alpha(\Delta x)\cdot\Delta x,$$

若在上式中令 $A=f'(x_0)$,因 $\alpha(\Delta x)\cdot\Delta x=0(\Delta x\to 0$ 时$)$,可知函数 $f(x)$在点 x_0 可微.

定理 3.5 表明,函数 $y=f(x)$可微与可导是等价的,且有 $A=f'(x_0)$,因此

$$\mathrm{d}y\big|_{x=x_0}=\mathrm{d}f(x)\big|_{x=x_0}=f'(x_0)\Delta x.$$

函数 $y=f(x)$在任意点 x 的微分称为函数的微分,记作 $\mathrm{d}y$ 或 $\mathrm{d}f(x)$,于是

$$\mathrm{d}y=f'(x)\Delta x.$$

因为当 $y=x$ 时,$\mathrm{d}y=\mathrm{d}x=x'\cdot\Delta x=\Delta x$,所以通常将自变量 x 的增量 Δx 称为自变量的微分,记作 $\mathrm{d}x$,即 $\mathrm{d}x=\Delta x$,于是函数 $y=f(x)$的微分又可记作

$$\mathrm{d}y=f'(x)\mathrm{d}x,\tag{3.25}$$

由此得

$$\frac{\mathrm{d}y}{\mathrm{d}x}=f'(x).$$

此式表明:函数 $y=f(x)$的导数等于函数的微分与自变量的微分之商.所以,有时也称导数为微商.由于求微分的问题可归结为求导数的问题,因此求导数与求微分的方法统一叫做微分法.

例 3-34　求函数 $y=2x^3$ 当 x 由 1 改变到 1.002 时的微分.

解　函数的微分为

$$\mathrm{d}y=(2x^3)'\mathrm{d}x=6x^2\mathrm{d}x,$$

由于 $x=1,\mathrm{d}x=1.002-1=0.002$,所以

$$dy=6\times1^2\times0.002=0.012.$$

例 3-35　求函数 $y=\arctan x$ 的微分.

解　$dy=(\arctan x)'dx=\dfrac{1}{1+x^2}dx.$

设 $y=f(u)$ 是可微函数,若 u 是自变量,则有

$$dy=f'(u)du,$$

若 $u=u(x)$ 是可微函数,则有

$$dy=\{f[u(x)]\}'dx=f'[u(x)]u'(x)dx=f'(u)du.$$

由上述分析可知,若函数 $y=f(u)$ 可微,则不论 u 是自变量,还是自变量 x 的可微函数 $u=u(x)$,其微分形式 $dy=f'(u)du$ 保持不变,称微分的这一性质为一阶微分形式的不变性,简称为微分形式不变性. 微分形式不变性对微分计算有重要意义.

例 3-36　设 $y=\arctan e^x$,求 dy.

解法 1　利用 $dy=y'dx$ 得

$$dy=(\arctan e^x)'dx=\frac{1}{1+e^{2x}}\cdot(e^x)'dx$$

$$=\frac{e^x}{1+e^{2x}}dx.$$

解法 2　令 $u=e^x$,则 $y=\arctan u$,由微分形式的不变性得

$$dy=(\arctan u)'du=\frac{1}{1+u^2}du=\frac{1}{1+e^{2x}}d(e^x)$$

$$=\frac{e^x}{1+e^{2x}}dx.$$

例 3-37　设 $y=\cos(x^2+1)$,求 dy.

解　$dy=-\sin(x^2+1)d(x^2+1)$

$$=-2x\sin(x^2+1)dx.$$

3.4.2　微分的几何意义

设函数 $y=f(x)$ 的图形如图 3-4 所示. 在曲线上取相邻两点 $M(x,y)$,$M_1(x+\Delta x,y+\Delta y)$,过点 M 作曲线的切线 MT,设 MT 的倾角为 α,则

$$\tan\alpha=f'(x).$$

当自变量在点 x 处取得改变量 Δx 时,曲线的纵坐标得到增量 $\Delta y=M_1N$,同时切线 MT 的纵坐标相应取得增量

$$NT=MN\cdot\tan\alpha=\Delta x\cdot\tan\alpha=dy,$$

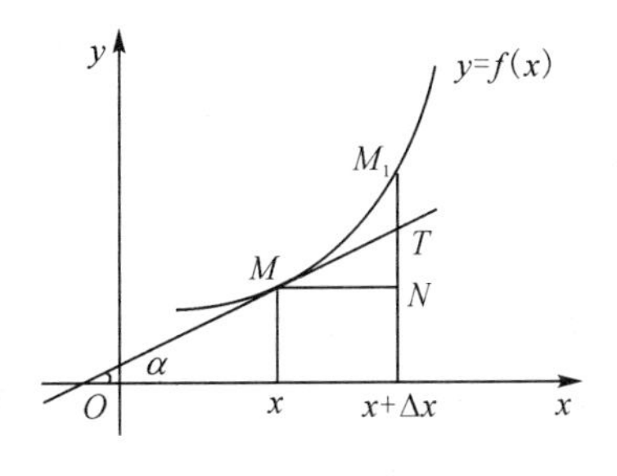

图 3-4

因此,函数 $y=f(x)$在点 x 处的微分就是曲线 $y=f(x)$在点 $M(x,y)$处的切线的纵坐标的改变量.

当$|\Delta x|$很小时,$|\Delta y-\mathrm{d}y|$比$|\Delta x|$小得多,于是有 $\Delta y\approx \mathrm{d}y$. 因此,在点 M 的附近,我们可以用切线段来近似代替曲线段.

3.4.3 微分法则

由函数微分的表达式可知,求微分 $\mathrm{d}y$ 只需求出导数 $f'(x)$即可. 因此利用导数基本公式与运算法则,可直接导出微分的基本公式与运算法则.

(1) 基本初等函数的微分公式

① $\mathrm{d}C=0$;

② $\mathrm{d}x^{\alpha}=\alpha x^{\alpha-1}\mathrm{d}x$;

③ $\mathrm{d}a^{x}=a^{x}\ln a\mathrm{d}x$, $\mathrm{d}e^{x}=e^{x}\mathrm{d}x$;

④ $\mathrm{d}\log_{a}x=\dfrac{1}{x\ln a}\mathrm{d}x$, $\mathrm{d}\ln x=\dfrac{1}{x}\mathrm{d}x$;

⑤ $\mathrm{d}\sin x=\cos x\mathrm{d}x$;

⑥ $\mathrm{d}\cos x=-\sin x\mathrm{d}x$;

⑦ $\mathrm{d}\tan x=\sec^{2}x\mathrm{d}x$;

⑧ $\mathrm{d}\cot x=-\csc^{2}x\mathrm{d}x$;

⑨ $\mathrm{d}\sec x=\sec x\tan x\mathrm{d}x$;

⑩ $\mathrm{d}\csc x=-\csc x\cot x\mathrm{d}x$;

⑪ $\mathrm{d}\arcsin x=\dfrac{1}{\sqrt{1-x^{2}}}\mathrm{d}x$;

⑫ $\mathrm{d}\arccos x=-\dfrac{1}{\sqrt{1-x^{2}}}\mathrm{d}x$;

⑬ $\mathrm{d}\arctan x=\dfrac{1}{1+x^{2}}\mathrm{d}x$;

⑭ $\mathrm{d}\mathrm{arccot}x=-\dfrac{1}{1+x^{2}}\mathrm{d}x$.

(2) 基本微分运算法则(设 $u=u(x)$,$v=v(x)$都可微)

① $\mathrm{d}(u\pm v)=\mathrm{d}u\pm \mathrm{d}v$;

② $\mathrm{d}(Cu)=C\mathrm{d}u$;

③ $\mathrm{d}(uv)=u\mathrm{d}v+v\mathrm{d}u$;

④ $\mathrm{d}\left(\dfrac{u}{v}\right)=\dfrac{v\mathrm{d}u-u\mathrm{d}v}{v^{2}}$ $(v\neq 0)$.

3.4.4 微分在近似计算中的应用

设 $y=f(x)$在点 x_0 可微,则由微分定义有近似公式

$$\Delta y=f(x_0+\Delta x)-f(x_0)\approx f'(x_0)\Delta x, \tag{3.26}$$

或

$$f(x_0+\Delta x)\approx f(x_0)+f'(x_0)\Delta x. \tag{3.27}$$

式(3.26)可用于计算 Δy 的近似值,常用于误差估计;式(3.27)常用于计算 $f(x_0+\Delta x)$的近似值.

例 3-38 已知一正方体的棱长 $x=10$ m,如果棱长增加 0.1 m,求此正方体体积增加的精确值与近似值.

解 正方体体积 $V=x^3$,则 $\mathrm{d}V=3x^2\mathrm{d}x$. 由于 $x=10$ m,$\mathrm{d}x=0.1$ m,所以体积增加的近似值为

$$\mathrm{d}V=3\cdot 10^2\cdot 0.1=30\ (\mathrm{m}^3),$$

准确值为

$$\Delta V = V(x+\Delta x)-V(x)=(10+0.1)^3-10^3 = 30.301\ (\mathrm{m}^3).$$

例 3-39　求 $e^{0.05}$的近似值.

解　令 $f(x)=e^x$,则 $f'(x)=e^x$. 又 $x_0=0,\Delta x=0.05$,则

$$f(0)=e^0=1,\quad f'(0)=e^0=1,$$

所以

$$e^{0.05}\approx f(0)+f'(0)\cdot 0.05=1+1\cdot 0.05=1.05.$$

本章小结

本章内容主要包括导数概念、微分概念及其几何意义、求导及微分公式和法则、高阶导数.要了解导数概念,熟练掌握基本初等函数的导数公式及导数的四则运算法则;了解可导与连续的关系,熟练掌握复合函数的链式求导法;掌握对数求导法与隐函数求导法;了解高阶导数概念,掌握求二阶、三阶导数及某些简单函数 n 阶导数的方法;了解微分的概念,掌握可导与可微的关系以及微分形式的不变性,熟练掌握求可微函数微分的方法.

阅读材料:数学之神——阿基米德

阿基米德(公元前 287—前 212)是古希腊伟大的数学家、物理学家.在阿基米德 11 岁时,他就来到当时希腊的文化中心——亚历山大城,并且成为欧几里得的学生埃拉托塞和卡农的门生.

阿基米德的主要成就是在纯几何方面.他运用穷竭法解决了几何图形的面积、体积、曲线长等大量计算问题.这种方法是微积分的先导,其结果也与微积分的结果相一致.在当时而言,阿基米德在数学上的成就可谓达到了登峰造极的程度,对后世的深远影响也是任何一位数学家无法比拟的.按照古罗马时代科学史家普利尼的评价,阿基米德是“数学之神”!

阿基米德也是一位伟大的物理学家.传说阿基米德在洗澡的时候发现了浮力原理,从而准确称量出希耶隆二世金王冠的重量;他还利用自己发现的杠杆原理,借助滑轮、滚木等器物,将希仑王命工匠制造的一艘富丽堂皇的游船抬进了大海.阿基米德也曾自豪地说:“只要给我立足之地,我能搬动地球!”

阿基米德还是一位运用科学知识抗击外敌入侵的爱国主义者.在第二次布匿战争时期,为了抵御罗马帝国的入侵,阿基米德制造了一批特殊机械,能向敌人投射滚滚巨石;设计出一种起重机,能把敌舰掀翻;架设了一巨型抛物面铜镜,通过聚

集太阳光焚烧了侵略者的战船.敌军统帅惊呼:“我们是在同数学家打仗,他比神话中的百手巨人还要厉害!”

习题 3

A 组

1. 已知 $f'(x_0)$存在,求下列极限:

(1) $\lim\limits_{\Delta x\to 0}\dfrac{f(x_0+3\Delta x)-f(x_0)}{\Delta x}$;　　(2) $\lim\limits_{\Delta x\to 0}\dfrac{f(x_0)-f(x_0-\Delta x)}{\Delta x}$;

(3) $\lim\limits_{h\to 0}\dfrac{f(x_0+2h)-f(x_0-h)}{h}$;　　(4) $\lim\limits_{x\to x_0}\dfrac{f(x)-f(x_0)}{x-x_0}$.

2. 用导数的定义求下列函数的导(函)数:

(1) $y=x^2-2x$;　　(2) $y=\sqrt[3]{x^2}$.

3. 已知物体的运动规律为 $s=t^3$(单位:m),求物体在 $t=2$(单位:s)时的速度.

4. 求曲线 $y=\sqrt{x}$在点(4,2)处的切线方程与法线方程.

5. 在曲线 $y=x^3$ 上求一点,使曲线在该点的切线斜率等于 12.

6. 自变量 x 取哪些值时曲线 $y=x^2$,$y=x^3$ 的切线平行?

7. 讨论函数 $y=x|x|$在点 $x=0$ 处的可导性.

8. 函数 $f(x)=\begin{cases}x^2\cdot\sin\dfrac{1}{x}, & x\neq 0,\\ 0, & x=0\end{cases}$在 $x=0$ 处是否连续?是否可导?

9. 已知函数 $f(x)=\begin{cases}\dfrac{\sqrt{1+x}-1}{x}, & x\neq 0,\\ 0, & x=0,\end{cases}$讨论 $f(x)$在点 $x=0$ 处的连续性与可导性.

10. 用导数定义求 $f(x)=\begin{cases}x, & x<0,\\ \ln(1+x), & x\geqslant 0\end{cases}$在点 $x=0$ 处的导数.

11. 求下列各函数的导数:

(1) $y=\dfrac{1}{5}x^5-\dfrac{1}{3}x^3+x-9$;　　(2) $y=2\sqrt{x}+\dfrac{1}{\sqrt{x}}-\ln 3$;

(3) $y=\dfrac{a-x^3}{\sqrt{x}}$;　　(4) $y=\dfrac{1}{2}x^2-\dfrac{2}{x^2}+\sqrt{x\sqrt{x}}$;

(5) $y=\left(x-\dfrac{1}{x}\right)\left(x^2-\dfrac{1}{x}\right)$;　　(6) $y=\dfrac{x^2+x-1}{x^2-x+1}$;

(7) $y=x^2\ln x$;　　(8) $y=(\sin x+\cos x)e^x$;

(9) $y=\dfrac{1-\sin x}{1+\cos x}$;　　(10) $y=\log_a\sqrt{x}$ ($a>0$ 且 $a\neq 1$);

(11) $y=3x-\frac{2x}{2-x}$；　　(12) $y=\frac{1-\ln x}{1+\ln x}$.

12. 在曲线 $y=\frac{1}{1+x^2}$ 上求一点，使通过该点的切线平行于 x 轴.

13. 求下列各函数的导数：

(1) $y=(x^5-x^3+1)^2$；　　(2) $y=\frac{x^3}{(1-x)^2}$；

(3) $y=\left(\frac{1-x}{1+x^2}\right)^3$；　　(4) $y=\ln\ln\ln x$；

(5) $y=\ln\frac{a+x}{a-x}$；　　(6) $y=\mathrm{e}^{-x^2}$；

(7) $y=3^{\ln x}$；　　(8) $y=\arctan\frac{1+x}{1-x}$；

(9) $y=\sqrt{x-x^2}+\arcsin\sqrt{x}$；　　(10) $y=\ln(1+x+\sqrt{2x+x^2})$；

(11) $y=\ln\sqrt{\frac{1-x}{1+x}}$；　　(12) $y=\arcsin \mathrm{e}^x$.

14. 求下列函数在指定点处的导数：

(1) $y=\frac{1}{2}\cos x+x\tan x$，求 $y'\Big|_{x=\frac{\pi}{4}}$；

(2) $y=\sin\frac{1}{x}$，求 $y'\Big|_{x=\frac{1}{\pi}}$；

(3) $y=\arccos\sqrt{x}$，求 $y'\Big|_{x=\frac{1}{2}}$.

15. 设 $f(x)$ 可导，求下列函数的导数 $\frac{\mathrm{d}y}{\mathrm{d}x}$：

(1) $y=f(\sin^2x)+f(\arcsin x)$；　　(2) $y=f(\mathrm{e}^x)\mathrm{e}^{f(x)}$.

16. 求由下列方程确定的隐函数 $y=y(x)$ 的导数：

(1) $\sqrt{y}+\sqrt{x}=\sqrt{a}\ (a>0)$；　　(2) $\frac{1}{3}y^3+y-x-\frac{1}{5}x^5=0$；

(3) $\sin(xy)=x$；　　(4) $\arctan\frac{y}{x}=\ln\sqrt{x^2+y^2}$.

17. 用对数求导法求下列函数的导数：

(1) $y=\sqrt{\frac{x-1}{(x+1)(x+2)}}$；　　(2) $y=x^x$；

(3) $y=\left(1+\frac{1}{x}\right)^x$；　　(4) $y=(\sin x)^{\cos x}$.

18. 方程 $y^{\sin x}=(\sin x)^y$ 确定 y 是 x 的函数，求 y'.

19. 求由下列方程所确定的隐函数 $y=y(x)$ 的导数$\dfrac{dy}{dx}$：

(1) $x^2-y^2=1$；　　(2) $\arcsin y=e^{x+y}$.

20. 求曲线 $e^y+xy=e$ 在点(0,1)处的切线方程和法线方程.

21. 求下列函数的导数：

(1) 已知$\begin{cases}x=1-t^2,\\y=t-t^3,\end{cases}$求$\dfrac{dy}{dx}$.　　(2) 已知$\begin{cases}x=e^t\sin t,\\y=e^t\cos t,\end{cases}$求$\left.\dfrac{dy}{dx}\right|_{t=\frac{\pi}{4}}$.

22. 求曲线$\begin{cases}x=\dfrac{3at}{1+t^2},\\y=\dfrac{3at^2}{1+t^2}\end{cases}$在 $t=2$ 所对应点处的切线方程和法线方程.

23. 设函数 $f(x)=\begin{cases}x+1, & x<0,\\k^2, & x=0,\\kxe^x+1, & x>0,\end{cases}$试问在点 $x=0$ 处，k 分别为何值时 $f(x)$ 有极限、连续、可导?

24. 设 $f(x)=\begin{cases}x^2-1, & x\leqslant 1,\\ax+b, & x>1\end{cases}$在点 $x=1$ 处可导，求 a,b 的值.

25. 求曲线 $x^y=x^2y$ 在点(1,1)处的切线方程与法线方程.

26. 求下列函数的二阶导数$\dfrac{d^2y}{dx^2}$：

(1) $y=x\cos x$；　　(2) $y=\dfrac{x}{\sqrt{1-x^2}}$；

(3) $y=\dfrac{\arcsin x}{\sqrt{1-x^2}}$；　　(4) $y=\dfrac{1}{1+\sqrt{x}}$.

27. 求下列各函数的 n 阶导数：

(1) $y=a^x$；　　(2) $y=\cos x$；

(3) $y=(1+x)^m$；　　(4) $y=xe^x$.

28. 验证函数 $y=e^x\cos x$ 满足 $y^{(4)}+4y=0$.

29. 求下列隐函数的二阶导数$\dfrac{d^2y}{dx^2}$：

(1) $xy^3=y+x$；　　(2) $y=1+xe^y$.

30. 已知函数 $y=f(u)$，$u=g(x)$二阶可导，试用 f,g,f',g',f'',g''表示$\dfrac{d^2y}{dx^2}$.

31. 在下列各等式的括弧里填上适当的函数：

(1) d(　　　　)$=\dfrac{dx}{1+x^2}$；　　(2) d(　　　　)$=\sqrt{x}\,dx$；

(3) d(　　　　) $=e^{-2x}dx$；　　　　(4) d(　　　　) $=\frac{dx}{\sqrt{x}}$；

(5) d(　　　　) $=\frac{dx}{2x^2}$；　　　　(6) d(　　　　) $=\sin 2x dx$.

32. 求下列函数在指定点的微分：

(1) $y=\arcsin\sqrt{x}$，在 $x=\frac{1}{2}$ 和 $x=\frac{a^2}{2}$ 处；

(2) $y=\frac{x}{1+x^2}$，在 $x=0$ 和 $x=1$ 处.

33. 求下列函数的微分：

(1) $y=(1+x-x^2)^3$；　　　　(2) $y=\frac{\cos x}{1-x^2}$；

(3) $y=x^{5x}$；　　　　(4) $y=\arctan e^x$.

34. 求下列各数的近似值：

(1) $\sqrt[3]{1.02}$；　　(2) lg11；　　(3) $\sin 29°$.

35. 当 $|x|$ 比较小时，证明下列近似公式：

(1) $\arctan x\approx x$；　　　　(2) $\ln(1+x)\approx x$.

36. 有一批半径为 1 cm 的钢球，为了提高球面的光洁度需要镀上一层铜，厚度为 0.01 cm，估计一下每只球需要铜多少克？（铜的密度为 8.9 g/cm^3）

B 组

37. 已知 $y=\sqrt{x-a}$ 与 $y=be^x$ 在 $x=1$ 处相切，求 a,b 的值.

38. 方程 $\ln(x^2+y^2)=\arctan\frac{y}{x}$ 确定 y 是 x 的函数，求 dy，$dy\Big|_{\substack{x=1\\y=0}}$ 及函数 y 在点(1,0)处的切线方程与法线方程.

39. 设 $f(x)=|x|\varphi(x)$，若 $\varphi(x)$ 在点 $x=0$ 处连续，且 $\varphi(0)\neq 0$，证明：无论 $\varphi(x)$ 在点 $x=0$ 处是否可导，$f(x)$ 在点 $x=0$ 处总不可导.

40. 已知 $f(x)$ 在 $x=a$ 连续，$\lim\limits_{x\to a}\frac{f(x)}{x-a}=A$，求 $f(a)$，$f'(a)$.

41. 设函数 $f(x)$ 对任意实数 x,y，有 $f(x+y)=f(x)f(y)$，且 $f'(0)=1$，试证明：$f'(x)=f(x)$.

42. 设函数 $f(x)=\begin{cases}x^2+4, & x\leqslant 0,\\ ax^3+bx^2+cx+d, & 0<x<1,\\ x^2-x, & x\geqslant 1\end{cases}$ 在 $(-\infty,+\infty)$ 内可导，求常数 a,b,c,d 的值.

43. 设 $y=f\left(\frac{3x-2}{3x+2}\right)$ 且 $f'(x)=\arctan x^2$，求 $\frac{dy}{dx}\Big|_{x=0}$.

44. 设函数 $f(x)$满足 $f(x)+2f\left(\frac{1}{x}\right)=\frac{3}{x}$,求 $f'(x)$.

45. 设 $y=\sqrt[7]{x}+\sqrt[x]{7}+\sqrt[7]{7}\,(x>0)$,求函数的微分 $\mathrm{d}y$.

46. 求下列函数的导数:

(1) $f(x)=\sqrt[3]{\dfrac{\mathrm{e}^x}{1+\cos x}}$;

(2) $f(x)=\dfrac{1}{2}\arctan\sqrt{1+x^2}+\dfrac{1}{4}\ln\dfrac{\sqrt{1+x^2}+1}{\sqrt{1+x^2}-1}$;

(3) $f(x)=\ln[\ln^2(\ln^3 x)]$; (4) $f(x)=\dfrac{x^2}{1-x}\sqrt[3]{\dfrac{2+x}{(2-x)^2}}$;

(5) $f(x)=(x-a_1)^{a_1}(x-a_2)^{a_2}\cdots(x-a_n)^{a_n}$.

47. 设 $f(x)=\lim\limits_{n\to\infty}\dfrac{x^2\mathrm{e}^{n(x-1)}+ax+b}{\mathrm{e}^{n(x-1)}+1}$,问 a,b 为何值时 $f(x)$可导?

48. 设函数 $y=y(x)$由参数方程$\begin{cases}x=\arctan t,\\2y-ty^2+\mathrm{e}^t=5\end{cases}$所确定,求$\dfrac{\mathrm{d}y}{\mathrm{d}x}$.

49. 求由下列方程所确定的隐函数 y 的导数$\dfrac{\mathrm{d}y}{\mathrm{d}x}$:

(1) $\sqrt[x]{y}=\sqrt[y]{x}\ (x>0,y>0)$; (2) $x=y^y$;

(3) $x\mathrm{e}^{f(y)}=\mathrm{e}^y$,其中 f 具有一阶导数,且 $f'(y)\neq1$.

50. 若 $f''(x),g''(x)$存在,求下列函数的二阶导数$\dfrac{\mathrm{d}^2y}{\mathrm{d}x^2}$:

(1) $y=f(x^2)$; (2) $y=f[g(x)]$;

(3) $y=[f(x)]^{g(x)}$; (4) $y=f(\ln x)\mathrm{e}^{f(x)}$.

51. 求下列函数的 n 阶导数:

(1) $y=\dfrac{1-x}{1+x}$;

(2) $y=f(ax+b)$,其中 f 具有 n 阶导数.

52. 设 $y=y(x),x=\mathrm{e}^t$,证明:$x^2y''_x+xy'_x=y''_t$.

53. 求由下列方程所确定的隐函数 y 的二阶导数$\dfrac{\mathrm{d}^2y}{\mathrm{d}x^2}$:

(1) $y=x+\arctan y$;

(2) $x\mathrm{e}^{f(y)}=\mathrm{e}^y$,其中 f 具有二阶导数,且 $f'(y)\neq1$.

54. 利用微分求 $\sin35^\circ$的近似值.

55. 证明:曲线$\sqrt{x}+\sqrt{y}=\sqrt{2}$上任一点的切线的横截距与纵截距之和等于 2.

56. 有一圆锥高为 15 cm,当底半径由 10 cm 减少为 9.9 cm 时,问圆锥的体积大约减少了多少?

4 微分中值定理与导数的应用

上一章讨论了函数的导数与微分的概念及其计算方法，本章以微分学基本定理——微分中值定理为基础，进一步介绍利用导数来研究函数以及曲线的某些性态，从而解决一些实际问题.

4.1 微分中值定理

下面介绍罗尔定理、拉格朗日定理、柯西定理，这几个定理统称为微分中值定理. 利用它们，就能通过导数研究函数的一些问题，因此它们在微积分的理论和应用中占有十分重要的地位.

4.1.1 罗尔定理

为了说明罗尔定理，下面我们先给出一个引理.

引理（费马定理） 设函数 $f(x)$ 在点 x_0 的某邻域 $U(x_0)$ 内有定义，并且在 x_0 处可导，若对任意的 $x\in U(x_0)$，有 $f(x)\leqslant f(x_0)$（或 $f(x)\geqslant f(x_0)$），则 $f'(x_0)=0$.

证 不妨设 $x\in U(x_0)$ 时 $f(x)\leqslant f(x_0)$，对于 $x_0+\Delta x\in U(x_0)$，有 $f(x_0+\Delta x)\leqslant f(x_0)$，故

$$\begin{cases} \dfrac{f(x_0+\Delta x)-f(x_0)}{\Delta x}\leqslant 0, & \Delta x>0, \\ \dfrac{f(x_0+\Delta x)-f(x_0)}{\Delta x}\geqslant 0, & \Delta x<0. \end{cases}$$

根据函数 $f(x)$ 在 x_0 可导的条件及极限的保号性得到

$$f'(x_0)=f'_+(x_0)=\lim_{\Delta x\to 0^+}\frac{f(x_0+\Delta x)-f(x_0)}{\Delta x}\leqslant 0,$$

$$f'(x_0)=f'_-(x_0)=\lim_{\Delta x\to 0^-}\frac{f(x_0+\Delta x)-f(x_0)}{\Delta x}\geqslant 0,$$

故 $f'(x_0)=0$.

定理 4.1（罗尔定理） 如果函数 $f(x)$ 满足：

(1) 在闭区间 $[a,b]$ 上连续；

(2) 在开区间 (a,b) 内可导；

(3) 在区间端点处函数值相等，即 $f(a)=f(b)$，

则在 (a,b) 内至少存在一点 ξ，使得 $f'(\xi)=0$.

证 由于 $f(x)$在闭区间$[a,b]$上连续，根据闭区间上连续函数的最大值最小值定理，$f(x)$在$[a,b]$上必能取到最小值 m 和最大值M.

如果 $m=M$，那么 $f(x)\equiv C$，于是$\forall x\in[a,b]$有，$f'(x)=0$.

否则，$M>m$，因 $f(a)=f(b)$，所以 m 和 M 中至少有一个不等于 $f(x)$在闭区间$[a,b]$的端点的函数值，即 $M\neq f(a)$或 $m\neq f(a)$至少有一个成立. 不妨设 $M\neq f(a)$（如果设 $m\neq f(a)$，证法完全类似），那么在开区间(a,b)内至少存在一个点 ξ，使得 $f(\xi)=M$. 因此$\forall x\in[a,b]$，有 $f(x)\leqslant f(\xi)$，那么由费马定理知 $f'(\xi)=0$.

罗尔定理的几何意义：如图 4-1 所示，若连续曲线 $y=f(x)$上每一点（端点除外）都有不垂直于 x 轴的切线，且曲线的端点 A 和 B 的纵坐标相等，则曲线上至少有一点处的切线平行于 x 轴.

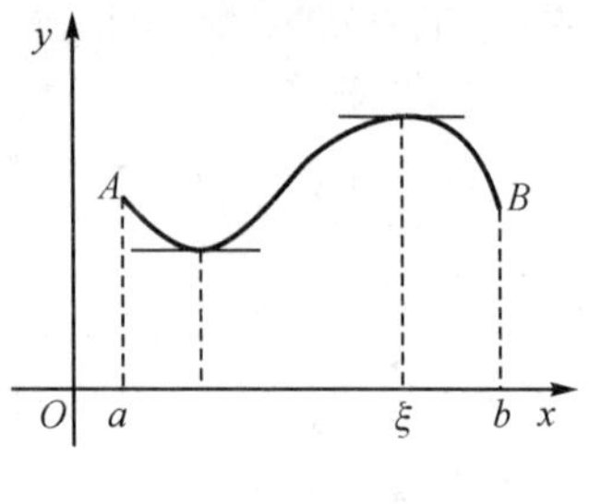

图 4-1

注：罗尔定理中的三个条件缺一不可，否则定理不一定成立，即指定理中的条件是充分的，但非必要.

例如，函数 $f(x)=x,x\in[0,1]$不满足条件(3)，故无水平切线（见图 4-2）；

函数 $f(x)=|x|,x\in[-1,1]$不满足条件(2)，故无水平切线（见图 4-3）；

函数 $f(x)=\begin{cases}x, & 0\leqslant x<1,\\ 0, & x=1\end{cases}$不满足条件(1)，故无水平切线（见图 4-4）.

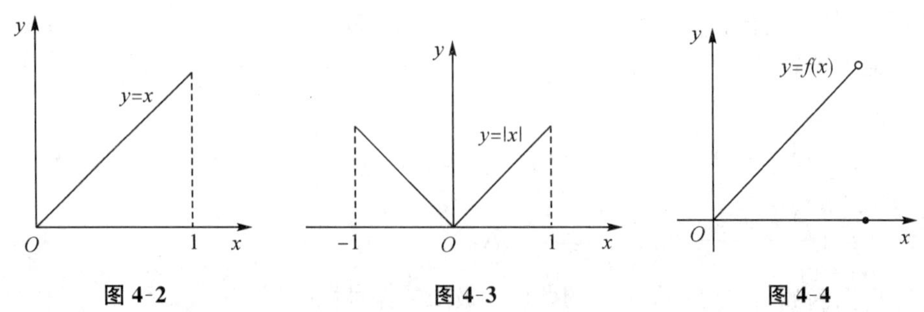

图 4-2　　图 4-3　　图 4-4

例 4-1 设函数 $f(x)=x^3-x$，对函数 $f(x)$在区间$[-1,1]$上验证罗尔定理的正确性.

解 显然函数 $f(x)$是多项式，由 $f(x)$在$[-1,1]$上连续，在$(-1,1)$内可导，且 $f(-1)=f(1)$，即 $f(x)$满足罗尔定理的条件. 又 $f'(x)=3x^2-1$，由 $f'(x)=0$，解得 $x=\pm\frac{\sqrt{3}}{3}\in(-1,1)$，因此可取 $\xi=-\frac{\sqrt{3}}{3}$或 $\xi=\frac{\sqrt{3}}{3}$，此时 $f'(\xi)=0$，即 $f(x)$在区间$[-1,1]$上罗尔定理的结论成立.

例 4-2 不求函数

$$f(x)=(x-1)(x-2)(x-3)$$

的导数，说明 $f'(x)=0$ 有几个实根，并指出它们所在的区间.

解　易见，$f(x)$在区间$[1,2]$，$[2,3]$上都满足罗尔定理的条件. 在区间$[1,2]$上，由罗尔定理，至少存在一点$\xi_1 \in (1,2)$，使得$f'(\xi_1)=0$，即ξ_1是方程$f'(x)=0$的一个实根；同理可得，至少存在一个点$\xi_2 \in (2,3)$，使得$f'(\xi_2)=0$，即ξ_2也是方程$f'(x)=0$的一个实根. 又因为$f'(x)=0$是一个一元二次方程，最多有两个实根，所以方程$f'(x)=0$只有两个实根，且分别在区间$(1,2)$和$(2,3)$内.

例 4-3　设函数$f(x)$在$[0,1]$上连续，在$(0,1)$内可导且$f(1)=0$，证明：方程

$$2f(x)+xf'(x)=0$$

在$(0,1)$内至少有一根.

证　设$F(x)=x^2 f(x)$，则$F(x)$在$[0,1]$上连续，在$(0,1)$内可导，且$F(0)=F(1)=0$. 由罗尔定理，至少存在一点$\xi \in (0,1)$，使得$F'(\xi)=0$，即

$$2\xi f(\xi)+\xi^2 f'(\xi)=0,$$

又因为$\xi \neq 0$，所以$2f(\xi)+\xi f'(\xi)=0$，即方程$2f(x)+xf'(x)=0$在$(0,1)$内至少有一根ξ.

4.1.2　拉格朗日定理

定理 4.2(拉格朗日定理)　如果函数$f(x)$满足：

(1) 在闭区间$[a,b]$上连续；

(2) 在开区间(a,b)内可导，

则在(a,b)内至少存在一点ξ，使得

$$f'(\xi)=\frac{f(b)-f(a)}{b-a}. \tag{4.1}$$

证　因为$\frac{f(b)-f(a)}{b-a}$为常数，不妨设它为k，即$k=\frac{f(b)-f(a)}{b-a}$，于是

$$f(b)-f(a)=kb-ka, \quad 即 \quad f(a)-ka=f(b)-kb,$$

上式两边恰好为函数$F(x)=f(x)-kx$在$x=a$和$x=b$处的函数值，为此我们作辅助函数

$$F(x)=f(x)-kx,$$

显然，$F(x)$在区间$[a,b]$上满足罗尔定理的条件，故至少存在一点$\xi \in (a,b)$，使得$F'(\xi)=0$，即$f'(\xi)-k=0$，由于$k=\frac{f(b)-f(a)}{b-a}$，所以

$$f'(\xi)=\frac{f(b)-f(a)}{b-a}.$$

显然，罗尔定理是拉格朗日定理当$f(a)=f(b)$时的特殊情形. 该定理给出了函数在一个区间上的增量与函数在区间内某点处的导数之间的关系.

拉格朗日定理几何意义：如图 4-5 所示，由于 AB 弦的斜率

$$k=\frac{f(b)-f(a)}{b-a},$$

因此，如果曲线 $y=f(x)$ 是 $[a,b]$ 上的一条连续曲线，曲线弧 $\overparen{AB}$ 上每一点（端点除外）都有不垂直于 x 轴的切线，则弧上至少存在一点 C，在这一点处的曲线的切线平行于 AB 弦.

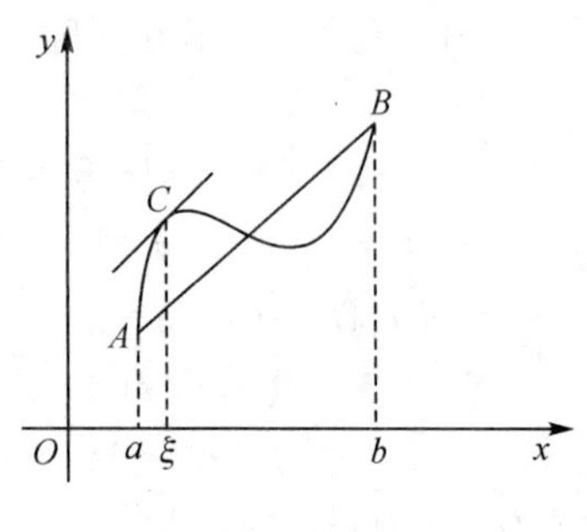

图 4-5

注：(1) 拉格朗日定理是罗尔定理的推广.

(2) 定理中的结论可以写成

$$f(b)-f(a)=f'(\xi)(b-a)\quad(a<\xi<b),$$

此式也称为拉格朗日公式，其中 ξ 可写成

$$\xi=a+\theta(b-a)\ (0<\theta<1)\Leftrightarrow f(b)-f(a)=f'(a+\theta(b-a))(b-a),$$

若令 $b=a+h$，则

$$f(a+h)-f(a)=f'(a+\theta h)h.$$

(3) 若 $a>b$，定理中的条件相应地改为 $f(x)$ 在 $[b,a]$ 上连续，在 (b,a) 内可导，则结论为

$$f(a)-f(b)=f'(\xi)(a-b),$$

也可写成

$$f(b)-f(a)=f'(\xi)(b-a),$$

可见，不论 a,b 哪个大，其拉格朗日公式总是一样的. 这时，ξ 为介于 a,b 之间的一个数.

(4) 设在点 x 处有一个增量 Δx，得到点 $x+\Delta x$，在以 x 和 $x+\Delta x$ 为端点的区间上应用拉格朗日中值定理，有

$$f(x+\Delta x)-f(x)=f'(x+\theta\Delta x)\cdot\Delta x\quad(0<\theta<1),$$

即

$$\Delta y=f'(x+\theta\Delta x)\cdot\Delta x,$$

这准确地表达了 Δy 和 Δx 这两个增量间的关系，故该定理又称为微分中值定理.

例 4-4 函数 $f(x)=x^3-3x$ 在区间 $[0,2]$ 上满足拉格朗日定理条件吗？如果满足，试写出其结论.

解 显然 $f(x)=x^3-3x$ 在 $[0,2]$ 上连续，在 $(0,2)$ 内可导，应用定理 4.2，得

$$\frac{f(2)-f(0)}{2-0}=f'(\xi)\quad(f'(x)=3x^2-3),$$

即 $\frac{2-0}{2-0}=3\xi^2-3$. 解方程 $3\xi^2=4$，得 $\xi=\frac{2\sqrt{3}}{3}\in(0,2)$.

例 4-5　若 $x>0$,证明:$\frac{x}{1+x}<\ln(1+x)<x$.

证　设 $f(x)=\ln(1+x)$,显然 $f(x)$ 在 $[0,x]$ 上满足拉格朗日定理的条件,有

$$f(x)-f(0)=f'(\xi)(x-0)\quad(0<\xi<x),$$

因为 $f(0)=0,f'(x)=\frac{1}{1+x}$,故上式为

$$\ln(1+x)=\frac{x}{1+\xi}\quad(0<\xi<x),$$

由于 $0<\xi<x$,所以 $\frac{x}{1+x}<\frac{x}{1+\xi}<x$,即 $\frac{x}{1+x}<\ln(1+x)<x$.

例 4-6　证明:当 $b\geqslant a>0$ 时,$\frac{b-a}{b}\leqslant\ln\frac{b}{a}\leqslant\frac{b-a}{a}$.

证　当 $b=a>0$ 时,显然有

$$\frac{b-a}{b}=\ln\frac{b}{a}=\frac{b-a}{a}=0.$$

当 $b>a>0$ 时,构造辅助函数 $f(x)=\ln x$,则 $f(x)$ 在闭区间 $[a,b]$ 上连续,在开区间 (a,b) 内可导,且 $f'(x)=\frac{1}{x}$. 由拉格朗日定理,存在 $\xi\in(a,b)$,使得

$$\ln b-\ln a=f'(\xi)(b-a),$$

即 $\ln\frac{b}{a}=\frac{b-a}{\xi}$. 由 $b>\xi>a>0$,有 $\frac{1}{b}<\frac{1}{\xi}<\frac{1}{a}$,故

$$\frac{b-a}{b}<\ln\frac{b}{a}<\frac{b-a}{a}.$$

因此,当 $b\geqslant a>0$ 时,有

$$\frac{b-a}{b}\leqslant\ln\frac{b}{a}\leqslant\frac{b-a}{a}.$$

利用拉格朗日定理证明不等式的一般步骤如下:

(1) 选取适当的函数 $f(x)$ 及相应的区间 $[a,b]$(关键步骤);

(2) 验证函数 $f(x)$ 满足拉格朗日定理的条件,并应用定理结论得等式

$$f(b)-f(a)=f'(\xi)(b-a)\quad(a<\xi<b);$$

(3) 对 $f'(\xi)$ 作相应的放大或缩小,得欲证不等式.

推论　如果函数 $f(x)$ 在区间 I 上的导数恒为零,则 $f(x)$ 在区间 I 上是一个常数.

证　任取两点 $x_1,x_2\in I$,不妨设 $x_1<x_2$. 由已知,$f(x)$ 在 $[x_1,x_2]$ 上连续,在 (x_1,x_2) 内可导,根据拉格朗日定理,存在 $\xi\in(x_1,x_2)$,使

$$f(x_2)-f(x_1)=f'(\xi)(x_2-x_1)=0,$$

即 $f(x_2)=f(x_1)$.

因 x_1,x_2 是区间上任意两点，因此 $f(x)$ 在区间 I 上是一个常数.

例 4-7 证明：$\arctan x+\operatorname{arccot} x=\frac{\pi}{2},x\in(-\infty,+\infty)$.

证 构造辅助函数 $f(x)=\arctan x+\operatorname{arccot} x$，因为

$$f'(x)=(\arctan x)'+(\operatorname{arccot} x)'=\frac{1}{1+x^2}-\frac{1}{1+x^2}=0,$$

所以

$$f(x)=\arctan x+\operatorname{arccot} x=C \quad (C\text{ 为常数}).$$

令 $x=1$，得

$$f(1)=\arctan 1+\operatorname{arccot} 1=\frac{\pi}{4}+\frac{\pi}{4}=\frac{\pi}{2},$$

再由推论，有

$$\arctan x+\operatorname{arccot} x=\frac{\pi}{2} \quad (-\infty<x<+\infty).$$

4.1.3 柯西定理

定理 4.3（柯西定理） 如果函数 $f(x)$ 和 $g(x)$ 满足：

(1) 在闭区间 $[a,b]$ 上连续；

(2) 在开区间 (a,b) 内可导；

(3) 在 (a,b) 内任何一点处 $g'(x)\neq 0$，

则至少存在一点 $\xi\in(a,b)$，使得

$$\frac{f(b)-f(a)}{g(b)-g(a)}=\frac{f'(\xi)}{g'(\xi)}. \tag{4.2}$$

证 显然有 $g(b)\neq g(a)$. 否则，由罗尔定理，$g'(x)\neq 0$ 不能在开区间 (a,b) 内恒成立. 构造辅助函数

$$F(x)=f(x)-\frac{f(b)-f(a)}{g(b)-g(a)}g(x),$$

则

$$F'(x)=f'(x)-\frac{f(b)-f(a)}{g(b)-g(a)}g'(x).$$

易验证函数 $F(x)$ 在 $[a,b]$ 上满足罗尔定理，于是至少存在一点 $\xi\in(a,b)$，使得

$$F'(\xi)=f'(\xi)-\frac{f(b)-f(a)}{g(b)-g(a)}g'(\xi)=0,$$

即

$$\frac{f'(\xi)}{g'(\xi)}=\frac{f(b)-f(a)}{g(b)-g(a)}.$$

容易看出，当 $g(x)=x$ 时，$g(b)-g(a)=b-a$，$g'(x)=1$，上式变为

$$f(b)-f(a)=f'(\xi)(b-a) \quad (a<\xi<b),$$

因而拉格朗日定理是柯西定理的特殊情形,所以柯西定理又称为广义中值定理.

4.2 洛必达法则

当 $x\to x_0$(或 $x\to\infty$)时,若函数 $f(x)$,$g(x)$都趋于零或无穷大,极限 $\lim\dfrac{f(x)}{g(x)}$ 可能存在也可能不存在.因此,通常把这种极限称为不定式,并分别简记为$\dfrac{0}{0}$和$\dfrac{\infty}{\infty}$型.在第 2 章中讨论过的极限$\lim\limits_{x\to 0}\dfrac{\sin x}{x}$就是$\dfrac{0}{0}$型的不定式,对这种不定式是不能用"商的极限等于极限的商"这一法则来计算的.为此,我们介绍一种求不定式极限的重要方法,这就是洛必达法则.

4.2.1 $\dfrac{0}{0}$型不定式

定理 4.4(洛必达法则 1) 设函数 $f(x)$,$g(x)$满足下列条件:

(1) $\lim\limits_{x\to x_0}f(x)=\lim\limits_{x\to x_0}g(x)=0$;

(2) $f(x)$,$g(x)$在 x_0 的某去心邻域内可导,且 $g'(x)\neq 0$;

(3) $\lim\limits_{x\to x_0}\dfrac{f'(x)}{g'(x)}=A$ (或无穷大),

则

$$\lim_{x\to x_0}\frac{f(x)}{g(x)}=\lim_{x\to x_0}\frac{f'(x)}{g'(x)}=A \quad (\text{或无穷大}).$$

证 显然 x_0 可以是 $f(x)$,$g(x)$的可去间断点,不妨设 $f(x_0)=0$,$g(x_0)=0$,则$f(x)$与 $g(x)$在 x_0 某个邻域内连续.设 x 是 x_0 附近任意一点,则 $f(x)$与 $g(x)$在$[x_0,x]$或$[x,x_0]$上满足柯西定理的条件,于是

$$\frac{f(x)-f(x_0)}{g(x)-g(x_0)}=\frac{f'(\xi)}{g'(\xi)}=\frac{f(x)}{g(x)} \quad (\xi\text{ 在 }x_0\text{ 与 }x\text{ 之间}),$$

当 $x\to x_0$ 时,显然有 $\xi\to x_0$,由条件(3) 得

$$\lim_{x\to x_0}\frac{f(x)}{g(x)}=\lim_{\xi\to x_0}\frac{f'(\xi)}{g'(\xi)}=\lim_{x\to x_0}\frac{f'(x)}{g'(x)}=A.$$

说明:(1) 对于 $x\to\infty$时的$\dfrac{0}{0}$型不定式,定理 4.4 仍然适用;

(2) 在求不定式极限的过程中,只要满足洛必达法则条件,就可以多次连续使用洛必达法则.

例 4-8 求$\lim\limits_{x\to 0}\dfrac{\sin x}{x}$.

解 这是$\frac{0}{0}$型不定式,应用洛必达法则,得

$$\lim_{x\to0}\frac{\sin x}{x}=\lim_{x\to0}\frac{\cos x}{1}=\lim_{x\to0}\cos x=1.$$

例 4-9 求$\lim\limits_{x\to0}\frac{e^x-1}{\sin x}$.

解 $\lim\limits_{x\to0}\frac{e^x-1}{\sin x}=\lim\limits_{x\to0}\frac{e^x}{\cos x}=1.$

例 4-10 求$\lim\limits_{x\to0}\frac{(1+x)^\mu-1}{x}$.

解 $\lim\limits_{x\to0}\frac{(1+x)^\mu-1}{x}=\lim\limits_{x\to0}\frac{\mu(1+x)^{\mu-1}}{1}=\mu.$

例 4-11 求$\lim\limits_{x\to-1}\frac{x^6-1}{x^4-1}$.

解 $\lim\limits_{x\to-1}\frac{x^6-1}{x^4-1}=\lim\limits_{x\to-1}\frac{6x^5}{4x^3}=\frac{3}{2}.$

例 4-12 求$\lim\limits_{x\to0}\frac{\sin^2x-x\sin x\cos x}{x^4}$.

分析 这是$\frac{0}{0}$型不定式,如果直接运用洛必达法则,分子的导数比较复杂,但如果利用极限运算法则进行适当化简,再用洛必达法则就简单多了.

解
$$\begin{aligned}\lim_{x\to0}\frac{\sin^2x-x\sin x\cos x}{x^4}&=\lim_{x\to0}\frac{\sin x-x\cos x}{x^3}\cdot\lim_{x\to0}\frac{\sin x}{x}=\lim_{x\to0}\frac{\sin x-x\cos x}{x^3}\\&=\lim_{x\to0}\frac{\cos x-\cos x+x\sin x}{3x^2}=\lim_{x\to0}\frac{\sin x}{3x}=\frac{1}{3}.\end{aligned}$$

4.2.2 $\frac{\infty}{\infty}$型不定式

定理 4.5(洛必达法则 2) 设函数 $f(x)$,$g(x)$满足下列条件:

(1) $\lim\limits_{x\to x_0}f(x)=\lim\limits_{x\to x_0}g(x)=\infty$;

(2) $f(x)$,$g(x)$在 x_0 的某去心邻域内可导,且 $g'(x)\neq0$;

(3) $\lim\limits_{x\to x_0}\frac{f'(x)}{g'(x)}=A$ (或无穷大),

则

$$\lim_{x\to x_0}\frac{f(x)}{g(x)}=\lim_{x\to x_0}\frac{f'(x)}{g'(x)}=A\ (\text{或无穷大}).$$

该定理证明略,关于应用过程中需要注意的问题与定理 4.4 完全类似.

例 4-13 求$\lim\limits_{x\to\frac{\pi}{2}}\frac{\tan x}{\tan3x}$.

解 $\lim\limits_{x\to\frac{\pi}{2}}\frac{\tan x}{\tan 3x}\overset{\frac{\infty}{\infty}}{=\!=}\lim\limits_{x\to\frac{\pi}{2}}\frac{\sec^2 x}{3\sec^2 3x}=\lim\limits_{x\to\frac{\pi}{2}}\frac{\cos^2 3x}{3\cos^2 x}\overset{\frac{0}{0}}{=\!=}\lim\limits_{x\to\frac{\pi}{2}}\frac{2\cos 3x(-3\sin 3x)}{6\cos x(-\sin x)}$

$$\overset{\frac{0}{0}}{=\!=}\lim_{x\to\frac{\pi}{2}}\frac{\sin 6x}{\sin 2x}\overset{\frac{0}{0}}{=\!=}\lim_{x\to\frac{\pi}{2}}\frac{6\cos 6x}{2\cos 2x}=3.$$

例 4-14　求 $\lim\limits_{x\to+\infty}\frac{x^n}{e^x}$.

解 $\lim\limits_{x\to+\infty}\frac{x^n}{e^x}\overset{\frac{\infty}{\infty}}{=\!=}\lim\limits_{x\to+\infty}\frac{nx^{n-1}}{e^x}\overset{\frac{\infty}{\infty}}{=\!=}\lim\limits_{x\to+\infty}\frac{n(n-1)x^{n-2}}{e^x}\overset{\frac{\infty}{\infty}}{=\!=}\cdots=\lim\limits_{x\to+\infty}\frac{n!}{e^x}=0.$

例 4-15　求 $\lim\limits_{x\to\infty}\frac{x-\cos x}{x+\cos x}$.

解　这虽是$\frac{\infty}{\infty}$型不定式，但因

$$\lim_{x\to\infty}\frac{(x-\cos x)'}{(x+\cos x)'}=\lim_{x\to\infty}\frac{1+\sin x}{1-\sin x}$$

不存在，故不能用洛必达法则求此极限. 但此极限是存在的，事实上，有

$$\lim_{x\to\infty}\frac{x-\cos x}{x+\cos x}=\lim_{x\to\infty}\frac{1-\frac{\cos x}{x}}{1+\frac{\cos x}{x}}=1.$$

4.2.3　其他类型的不定式

不定式除$\frac{0}{0}$和$\frac{\infty}{\infty}$型外，还有 $0\cdot\infty$，$\infty-\infty$，1^∞，∞^0，0^0 等类型. 一般的，对这些类型的不定式，通过变形总可以化为$\frac{0}{0}$或$\frac{\infty}{\infty}$型，再用洛必达法则求极限.

例 4-16　求 $\lim\limits_{x\to+\infty}xe^{-x}$.

解 $\lim\limits_{x\to+\infty}xe^{-x}\overset{0\cdot\infty}{=\!=}\lim\limits_{x\to+\infty}\frac{x}{e^x}\overset{\frac{\infty}{\infty}}{=\!=}\lim\limits_{x\to+\infty}\frac{1}{e^x}=0.$

例 4-17　求 $\lim\limits_{x\to0}\left(\frac{1}{\sin x}-\frac{1}{x}\right)$.

解 $\lim\limits_{x\to0}\left(\frac{1}{\sin x}-\frac{1}{x}\right)\overset{\infty-\infty}{=\!=}\lim\limits_{x\to0}\frac{x-\sin x}{x\sin x}=\lim\limits_{x\to0}\frac{x-\sin x}{x^2}\overset{\frac{0}{0}}{=\!=}\lim\limits_{x\to0}\frac{1-\cos x}{2x}$

$$\overset{\frac{0}{0}}{=\!=}\lim_{x\to0}\frac{\sin x}{2}=0.$$

例 4-18　求 $\lim\limits_{x\to0}(1-x)^{\frac{1}{x}}$.

解 $\lim\limits_{x\to 0}(1-x)^{\frac{1}{x}} \xlongequal{1^{\infty}} \lim\limits_{x\to 0}e^{\ln(1-x)^{\frac{1}{x}}} = \lim\limits_{x\to 0}e^{\frac{\ln(1-x)}{x}} = e^{\lim\limits_{x\to 0}\frac{\ln(1-x)}{x}} \xlongequal{\frac{0}{0}} e^{\lim\limits_{x\to 0}\frac{\frac{-1}{1-x}}{1}}$

$$= e^{\lim\limits_{x\to 0}\frac{1}{x-1}} = e^{-1}.$$

为了书写和排版方便，我们引入以 e 为底的指数函数的记号：$\exp(x)=e^x$. 这个记号在科技书中常见.

例 4-19 求 $\lim\limits_{x\to+\infty}(\ln x)^{\frac{1}{x}}$.

解 $\lim\limits_{x\to+\infty}(\ln x)^{\frac{1}{x}} \xlongequal{\infty^0} \lim\limits_{x\to+\infty}\exp[\ln(\ln x)^{\frac{1}{x}}] = \lim\limits_{x\to+\infty}\exp\left[\frac{\ln(\ln x)}{x}\right]$

$$=\exp\left[\lim_{x\to+\infty}\frac{\ln(\ln x)}{x}\right] \xlongequal{\frac{\infty}{\infty}} \exp\left(\lim_{x\to+\infty}\frac{1}{x\ln x}\right)=\exp(0)=1.$$

例 4-20 求 $\lim\limits_{x\to 0^+}x^{\sin 2x}$.

解 $\lim\limits_{x\to 0^+}x^{\sin 2x} \xlongequal{0^0} \lim\limits_{x\to 0^+}\exp(\ln x^{\sin 2x}) = \lim\limits_{x\to 0^+}\exp(\sin 2x\ln x) = \exp\left(\lim\limits_{x\to 0^+}\sin 2x\ln x\right)$

$$\xlongequal{0\cdot\infty}\exp\left(\lim_{x\to 0^+}\frac{\ln x}{\csc 2x}\right)\xlongequal{\frac{\infty}{\infty}}\exp\left(\lim_{x\to 0^+}\frac{1}{-2x\csc 2x\cot 2x}\right)$$

$$=\exp\left(\lim_{x\to 0^+}\frac{\sin 2x\cdot\sin 2x}{-2x\cos 2x}\right)=\exp\left(\lim_{x\to 0^+}(-\tan 2x)\right)$$

$$=\exp(0)=1.$$

最后指出，洛必达法则是求未定式的一种有效方法，但不是万能的. 我们要善于根据具体问题采取不同的方法求解，最好能与其他求极限的方法结合使用，例如能化简时应尽可能先化简，可以应用等价无穷小替代及重要极限时应尽可能应用，这样可以使运算简便.

4.3 函数单调性的判定和函数的极值

4.3.1 函数单调性的判定

我们在第 1 章已经给出函数单调性的定义. 一般用定义判定函数的单调性，对于许多复杂函数是不方便的. 现在，我们用导数来研究函数的单调性.

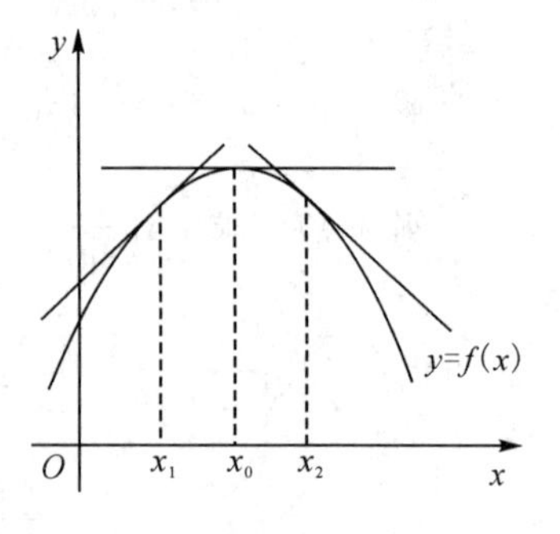

图 4-6

如图 4-6 所示，在 x_0 的左边，曲线 $y=f(x)$ 呈上升趋势，在任一点处的切线斜率为正；在 x_0 的右边，曲线 $y=f(x)$ 呈下降趋势，在任一点处的切线斜率为负. 根据导数的几何意义，曲线在某点处的切线斜率正好是函数在该点处的导数值. 所以，函数的单调性与导数的符号有关. 于是可以得到得到下述定理.

定理 4.6 设函数 $f(x)$在$[a,b]$上连续,在(a,b)内可导.

(1) 若 $f'(x)>0, x\in(a,b)$,则 $f(x)$在$[a,b]$上单调增加;

(2) 若 $f'(x)<0, x\in(a,b)$,则 $f(x)$在$[a,b]$上单调减少.

证 (1) 在区间$[a,b]$上任取两点 x_1,x_2,且 $x_1<x_2$,$f(x)$在$[x_1,x_2]$上连续,在(x_1,x_2)内可导,满足拉格朗日定理的条件,故在(x_1,x_2)内至少存在一点 ξ,使得

$$f(x_2)-f(x_1)=f'(\xi)(x_2-x_1) \quad (x_1<\xi<x_2).$$

对于(1),由 $f'(\xi)>0, x_2-x_1>0$ 和上式,可得 $f(x_2)-f(x_1)>0$,故 $f(x_1)<f(x_2)$,即 $f(x)$在$[a,b]$上单调增加;同理可证(2)成立.

若将定理 4.6 中的闭区间改为其他各种区间(包括无穷区间),结论也成立.

例 4-21 求函数 $f(x)=x^3-6x^2+9x-3$ 的单调区间.

解 $f(x)$的定义域为$(-\infty,+\infty)$,且

$$f'(x)=3x^2-12x+9=3(x-1)(x-3),$$

令 $f'(x)=0$,解方程得 $x_1=1, x_2=3$. x_1 和 x_2 把区间$(-\infty,+\infty)$分成三个子区间:$(-\infty,1]$,$[1,3]$,$[3,+\infty)$.

在区间$(-\infty,1)$内,$f'(x)>0$,因此 $f(x)$在区间$(-\infty,1]$内单调增加;

在区间$(1,3)$内,$f'(x)<0$,因此 $f(x)$在区间$[1,3]$上单调减少;

在区间$(3,+\infty)$内,$f'(x)>0$,因此 $f(x)$在区间$[3,+\infty)$内单调增加.

例 4-22 求函数 $f(x)=\sqrt[3]{(x-1)^2}$ 的单调区间.

解 $f(x)$的定义域为$(-\infty,+\infty)$,且 $f'(x)=\dfrac{2}{3\sqrt[3]{(x-1)}}$.

当 $x=1$ 时,$f'(x)$不存在.

在$(-\infty,1)$内 $f'(x)<0$,因此 $f(x)$在$(-\infty,1)$内单调减少;

在$(1,+\infty)$内 $f'(x)>0$,因此 $f(x)$在$(1,+\infty)$内单调增加.

从例 4-21 和例 4-22 可以看出,函数单调增减区间的分界点是导数为零的点或导数不存在的点.一般的,如果函数在定义域区间上连续,除去有限个导数不存在的点外导数存在,那么只要用 $f'(x)=0$ 的点及 $f'(x)$不存在的点来划分函数的定义域区间,在每一区间内判别导数的符号,便可求得函数的单调增减区间.

例 4-23 证明:当 $x>1$ 时,$e^x>ex$.

证 令 $f(x)=e^x-ex$,则 $f(x)$在$[1,+\infty)$内连续,且 $f(1)=0$.

在$(1,+\infty)$内,$f'(x)=e^x-e>0$,则由定理 4.6 知 $f(x)$在$[1,+\infty)$内单调增加.故 $x>1$ 时,$f(x)>f(1)$,即 $e^x-ex>0$,从而 $e^x>ex$.

例 4-24 证明:当 $x>0$ 时,$x>\ln(1+x)$.

证 令 $f(x)=x-\ln(1+x)$,则

$$f'(x)=1-\frac{1}{1+x}=\frac{x}{1+x},$$

所以，当 $x>0$ 时，$f'(x)>0$，即 $f(x)$ 为严格递增的，所以

$$f(x)>f(0)=0-\ln(1+0)=0,$$

所以 $x>\ln(1+x)$.

例 4-25 证明：方程 $x^5+x+1=0$ 在区间 $(-1,0)$ 内有且只有一个实根.

证 令 $f(x)=x^5+x+1$，因 $f(x)$ 在闭区间 $[-1,0]$ 上连续，且

$$f(-1)=-1<0,\quad f(0)=1>0,$$

根据零点定理，$f(x)$ 在 $(-1,0)$ 内至少有一个零点.

另一方面，对于任意实数 x，有 $f'(x)=5x^4+1>0$，所以 $f(x)$ 在 $(-\infty,+\infty)$ 内单调增加，因此曲线 $y=f(x)$ 与 x 轴至多只有一个交点.

综上所述，方程 $x^5+x+1=0$ 在区间 $(-1,0)$ 内有且只有一个实根.

4.3.2 函数的极值

定义 4.1 设函数 $f(x)$ 在点 x_0 的某邻域内有定义，若对该邻域内任一点 $x(x\neq x_0)$，均有

(1) $f(x)<f(x_0)$，则称 $f(x_0)$ 为函数 $f(x)$ 的极大值，称点 x_0 为 $f(x)$ 的极大值点；

(2) $f(x)>f(x_0)$，则称 $f(x_0)$ 为函数 $f(x)$ 的极小值，称点 x_0 为 $f(x)$ 的极小值点.

函数的极大值与极小值统称为函数的极值，极大值点和极小值点统称函数的极值点.

如图 4-7 所示，x_1，x_4 和 x_6 是 $f(x)$ 的极小值点，$f(x_1)$，$f(x_4)$ 和 $f(x_6)$ 为 $f(x)$ 的极小值；x_2 和 x_5 是 $f(x)$ 的极大值点，$f(x_2)$ 和 $f(x_5)$ 为 $f(x)$ 的极大值.

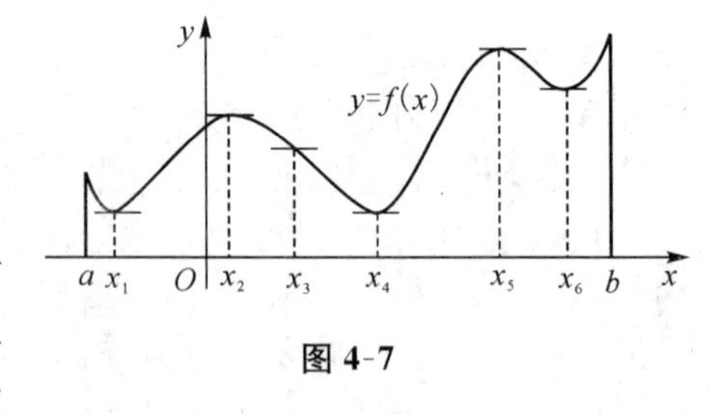

图 4-7

应当注意，极值是一个局部性概念，而不是整体性概念，因为可能出现函数的某一极大值小于另一极小值的情形. 如图 4-7 中，极大值 $f(x_2)$ 小于极小值 $f(x_6)$.

从图 4-7 还可得知，可导函数 $f(x)$ 的极值点处曲线的切线总是与 x 轴平行的，因此，在极值点处曲线的切线的斜率为零，即 $f'(x)=0$. 我们将满足方程 $f'(x)=0$ 的点称为驻点. 但是，有水平切线的点不一定是极值点（如点 x_3）. 另外，函数在不可导点处也可能有极值，例如，$f(x)=\sqrt[3]{x^2}$ 在 $x=0$ 处不可导，而 $x=0$ 是 $f(x)=\sqrt[3]{x^2}$ 的极小值点.

定理 4.7(必要条件)　设函数 $f(x)$ 在点 x_0 处可导，且在点 x_0 处取得极值，则 $f'(x_0)=0$.

定理 4.7 说明可导函数的极值点必然是驻点，但驻点不一定是极值点. 例如，点 $x_0=0$ 是函数 $f(x)=x^3$ 的驻点，但却不是 $f(x)$ 的极值点. 反过来，极值点也不一定是驻点. 例如，点 $x_0=0$ 是函数 $f(x)=|x|$ 的极值点，但却不是驻点，因为 $f'(0)$ 不存在. 不过，由定理 4.7 可以肯定，如果 x_0 是 $f(x)$ 的极值点，且 $f'(x_0)$ 存在，则 x_0 一定是驻点. 因此，函数 $f(x)$ 的驻点和导数不存在的点，都可能是它的极值点. 这样寻求极值点的范围就大大缩小了，只需对驻点和导数不存在的点逐个进行判断即可.

当我们求出函数的驻点或不可导点后，除了要判断这些点中哪些是极值点，还需进一步判断是极大值点还是极小值点. 为此介绍两个极值点存在的充分条件.

定理 4.8(第一充分条件)　设函数 $f(x)$ 在点 x_0 某邻域内连续且可导(但 $f'(x_0)$ 可以不存在).

(1) 如果在点 x_0 的左邻域内 $f'(x)>0$，在 x_0 的右邻域内 $f'(x)<0$，则 $f(x_0)$ 是 $f(x)$ 的极大值；

(2) 如果在点 x_0 的左邻域内 $f'(x)<0$，在 x_0 的右邻域内 $f'(x)>0$，则 $f(x_0)$ 是 $f(x)$ 的极小值；

(3) 如果在点 x_0 的邻域内(点 x_0 除外) $f'(x)$ 不变号，则 $f(x_0)$ 不是极值.

证　(1) 由题设条件，函数 $f(x)$ 在点 x_0 的左邻域内单调增加，所以 $f(x)<f(x_0)$；在点 x_0 的右邻域内单调减少，所以 $f(x)<f(x_0)$. 即对点 x_0 邻域内的所有 x 都有 $f(x)<f(x_0)$，所以 $f(x_0)$ 是 $f(x)$ 的极大值.

(2) 同理可证.

(3) 因为在点 x_0 的邻域内 $f'(x)$ 不变号，亦即恒有 $f'(x)>0$ 或 $f'(x)<0$，因此 $f(x)$ 在点 x_0 的左右两边都单调增加或单调减少，所以不可能在点 x_0 处取得极值.

例 4-26　求函数 $f(x)=x^3-3x^2-9x+5$ 的极值.

解　函数 $f(x)$ 的定义域为 $(-\infty,+\infty)$，且

$$f'(x)=3x^2-6x-9=3(x+1)(x-3),$$

令 $f'(x)=0$，得驻点 $x_1=-1$，$x_2=3$. 列表讨论如下：

x	$(-\infty,-1)$	-1	$(-1,3)$	3	$(3,+\infty)$
$f'(x)$	+	0	−	0	+
$f(x)$	↗	极大值 10	↘	极小值 −22	↗

例 4-27　求函数 $f(x)=x-\dfrac{3}{2}\sqrt[3]{x^2}$ 的极值.

解 函数 $f(x)$ 的定义域为 $(-\infty,+\infty)$，且

$$f'(x)=1-x^{-\frac{1}{3}}=\frac{\sqrt[3]{x}-1}{\sqrt[3]{x}},$$

令 $f'(x)=0$，得驻点 $x=1$；又当 $x=0$ 时 $f'(x)$ 不存在. 列表讨论如下：

x	$(-\infty,0)$	0	$(0,1)$	1	$(1,+\infty)$
$f'(x)$	$+$	不存在	$-$	0	$+$
$f(x)$	↗	极大值 0	↘	极小值 $-\frac{1}{2}$	↗

有时候，判别驻点是否为极值点，利用下面的定理更简便.

定理 4.9（第二充分条件） 设函数 $f(x)$ 在点 x_0 处有二阶导数，且 $f'(x_0)=0$，$f''(x_0)\neq 0$.

（1）如果 $f''(x_0)>0$，则 $f(x_0)$ 为 $f(x)$ 的极小值；

（2）如果 $f''(x_0)<0$，则 $f(x_0)$ 为 $f(x)$ 的极大值.

证 （1）由导数定义及 $f'(x_0)=0$ 和 $f''(x_0)>0$，得

$$f''(x_0)=\lim_{x\to x_0}\frac{f'(x)-f'(x_0)}{x-x_0}=\lim_{x\to x_0}\frac{f'(x)}{x-x_0}>0,$$

根据函数极限的局部保号性，当 x 在 x_0 的足够小的去心邻域内时 $\frac{f'(x)}{x-x_0}>0$，所以，当 $x<x_0$ 时 $f'(x)<0$，当 $x>x_0$ 时 $f'(x)>0$. 由定理 4.8 可知，$f(x_0)$ 为极小值.

（2）同理可证.

例 4-28 求函数 $f(x)=\frac{1}{3}x^3-x$ 的极值.

解 函数 $f(x)$ 的定义域为 $(-\infty,+\infty)$，$f'(x)=x^2-1$，令 $f'(x)=0$，得驻点 $x=\pm 1$. 又 $f''(x)=2x$，由于 $f'(-1)=0$ 且 $f''(-1)=-2<0$，因此 $f(x)$ 在 $x=-1$ 处取得极大值 $f(-1)=\frac{2}{3}$；由于 $f'(1)=0$ 且 $f''(1)=2>0$，因此 $f(x)$ 在 $x=1$ 处取得极小值 $f(1)=-\frac{2}{3}$.

例 4-29 求函数 $f(x)=x^4$ 的极值.

解 $f(x)$ 的定义域为 $(-\infty,+\infty)$，$f'(x)=4x^3$，令 $f'(x)=0$，得驻点 $x=0$. 又 $f''(x)=12x^2$，$f''(0)=0$，因此用第二充分条件无法判定 $f(x)$ 在 $x=0$ 处有无极值，故只能用第一充分条件去判定. 显然 $f(x)=x^4$ 在点 $x=0$ 的左侧为减函数，右侧为增函数，即 $f(x)$ 在 $x=0$ 处取得极小值 0.

例 4-29 说明第二充分条件不如第一充分条件应用广泛.

现将求函数 $f(x)$ 的极值的一般步骤归纳如下：

(1) 确定函数 $f(x)$ 的定义域；

(2) 求函数的导数，确定驻点和导数不存在的点；

(3) 用极值的第一充分条件或第二充分条件确定极值点；

(4) 把极值点代入 $f(x)$，求出极值并指明是极大值还是极小值.

4.4　函数的最大值与最小值

在工农业生产、科学技术研究、经营管理中，常常要求解决在一定条件下，怎样使“产量最多”“用料最省”“效率最高”以及“成本最低”等最优化问题，这些问题反映在数学上，有时就是求某一函数(通常称为目标函数)的最值问题.

4.4.1　函数的最值

定义 4.2　在闭区间 $[a,b]$ 上的连续函数 $f(x)$，如果在点 x_0 处的函数值 $f(x_0)$ 与区间上其余各点的函数值 $f(x)(x\neq x_0)$ 相比较，都有

(1) $f(x)\leqslant f(x_0)$ 成立，则称 $f(x_0)$ 为 $f(x)$ 在 $[a,b]$ 上的最大值，称点 x_0 为 $f(x)$ 在 $[a,b]$ 上的最大值点；

(2) $f(x)\geqslant f(x_0)$ 成立，则称 $f(x_0)$ 为 $f(x)$ 在 $[a,b]$ 上的最小值，称点 x_0 为 $f(x)$ 在 $[a,b]$ 上的最小值点.

最大值和最小值统称最值.

由极值与最值的定义可知，极值是局部性概念，而最值是整体性概念. 因此，如果函数 $f(x)$ 在 (a,b) 内的某点 x_0 处达到最值，那么这个最值一定是极值，而点 x_0 一定是 $f(x)$ 的极值点.

在闭区间 $[a,b]$ 上的连续函数 $f(x)$ 必有最大值与最小值. 如图 4-8 所示，函数 $f(x)$ 的最大值是 $f(b)$，最小值是 $f(x_3)$，这说明函数的最值可能在区间 (a,b) 内取得，也可能在区间的端点取得.

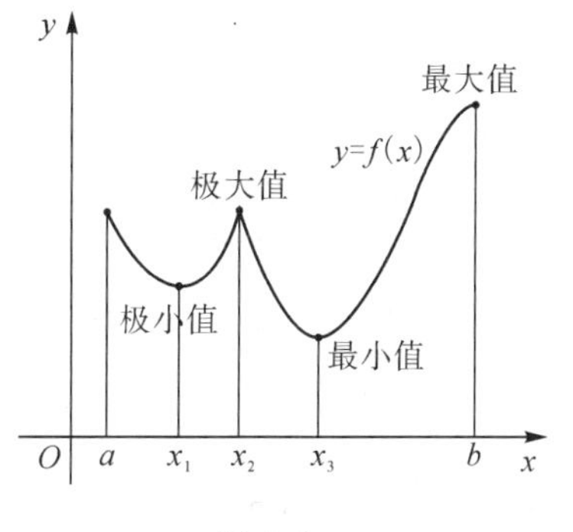

图 4-8

求函数 $f(x)$ 在 $[a,b]$ 上的最值的一般步骤如下：

(1) 求出 $f(x)$ 在 (a,b) 内的全部驻点和一阶不可导点；

(2) 求出两端点 $f(a)$，$f(b)$ 以及全部驻点和不可导点的函数值；

(3) 比较这些函数值大小，其中最大者为最大值，最小者为最小值.

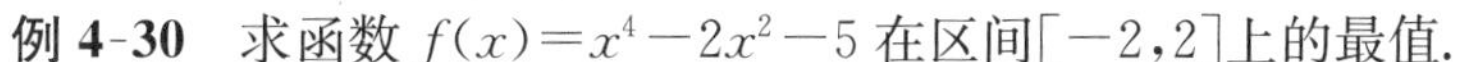

例 4-30　求函数 $f(x)=x^4-2x^2-5$ 在区间 $[-2,2]$ 上的最值.

解 $f'(x)=4x^3-4x=4x(x^2-1)$，令 $f'(x)=0$，得驻点 $x_1=-1, x_2=0, x_3=1$.

驻点处的函数值为 $f(-1)=f(1)=-6, f(0)=-5$，端点处的函数值为 $f(-2)=f(2)=3$. 因此在区间 $[-2,2]$ 上函数的最大值为 $f(\pm 2)=3$，最小值为 $f(\pm 1)=-6$.

在下面两种情形，求函数的最值更为简便：

(1) 如果连续函数 $f(x)$ 在 $[a,b]$ 上单调递增，则 $f(x)$ 的最大值与最小值分别为 $f(b), f(a)$；如果连续函数 $f(x)$ 在 $[a,b]$ 上单调递减，则 $f(x)$ 的最大值与最小值分别为 $f(a), f(b)$.

(2) 如果函数 $f(x)$ 在一个区间（有限或无限、开或闭）内可导且只有一个驻点 x_0，并且该驻点 x_0 为 $f(x)$ 的极值点. 当 $f(x_0)$ 是极小值时，则 $f(x_0)$ 为 $f(x)$ 在该区间上的最小值；当 $f(x_0)$ 是极大值时，则 $f(x_0)$ 为 $f(x)$ 在该区间上的最大值.

例 4-31 求函数 $f(x)=e^{-x^2}$ 在下列区间的最值：

(1) $[1,\sqrt{5}]$；　　　　(2) $(-\infty,+\infty)$.

解 (1) $f'(x)=-2xe^{-x^2}<0$，因此 $f(x)$ 在区间 $[1,\sqrt{5}]$ 上单调递减，所以 $f(x)$ 在 $[1,\sqrt{5}]$ 上的最大值为 $f(1)=e^{-1}$，最小值为 $f(\sqrt{5})=e^{-5}$.

(2) 由 $f'(x)=-2xe^{-x^2}=0$ 得驻点 $x=0$，又 $f''(x)=2(2x^2-1)e^{-x^2}$，$f''(0)<0$，因此 $f(x)$ 在 $x=0$ 处取得极大值 $f(0)=1$，即函数 $f(x)$ 在 $(-\infty,+\infty)$ 的最大值为 $f(0)=1$，且 $f(x)$ 无最小值.

4.4.2 函数最值应用举例

在用导数研究应用问题的最值时，如果所建立的函数 $f(x)$ 在区间 (a,b) 内是可导的，并且 $f(x)$ 在 (a,b) 内只有一个驻点 x_0，又根据问题本身的实际意义可判定在 (a,b) 内 $f(x)$ 必有最大（小）值，则 $f(x_0)$ 就是所求的最大（小）值，不必再进行数学判断.

例 4-32 用边长为 48 cm 的正方形铁皮做一个无盖的铁盒，在铁皮的四周各截去面积相等的小正方形，然后把四周折起，焊成铁盒. 问在四周截去多大的正方形，才能使所做的铁盒容积最大？

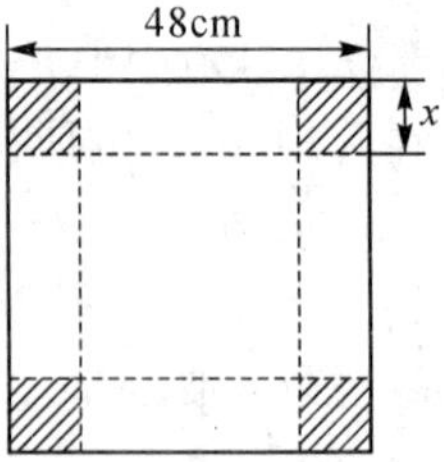

图 4-9

解 如图 4-9 所示，设截去的小正方形的边长为 x cm，铁盒容积为 V cm^3. 根据题意，得

$$V=x(48-2x)^2,\quad x\in(0,24),$$

问题归结为求 x 为何值时，函数 V 在区间 $(0,24)$ 内取得最大值. 又

$$V'=(48-2x)^2+2x(48-2x)(-2)=12(24-x)(8-x),$$

令 $V'=0$，求得在 $(0,24)$ 内的驻点 $x=8$. 由于函数在 $(0,24)$ 内只有一个驻点，因此，当 $x=8$ 时 V 取得最大值. 即当截去的正方形边长为 8 cm 时，铁盒容积最大.

例 4-33　已知生产一种产品，每件的成本为 200 元. 如果每件以 250 元出售，则每月可卖出 3600 件；如果每件加价 1 元，则每月少卖出 240 件；如果每件少卖 1 元，则每月可多卖出 240 件. 超过 1 元也依此类推. 问每件售价多少元，可使每月获利最大？

解　设每件售价 x 元时，每月获利润 y 元. 根据题意，有

每月利润＝每件利润×每月卖出件数，

每件利润 $=x-200$，　每月卖出件数 $=3600+240(250-x)$，

所以

$$y=(x-200)[3600+240\times(250-x)],$$

即

$$y=(x-200)(63600-240x)\quad (x\in[200,265]),$$

得

$$y'=63600-240x-240(x-200)=111600-480x,$$

令 $y'=0$，得 $x=\dfrac{111600}{480}=232.5$(元). 即当每件售价为 232.5 元时，每月获利润最大，最大利润为

$$y_{\max}=(232.5-200)(63600-240\times232.5)=253500(\text{元}).$$

例 4-34　设工厂 A 到铁路线的垂直距离为 20 km，垂足为 B，铁路线上距离 B 为 100 km 处有一原料供应站 C(见图 4-10). 现在要在铁路 BC 段 D 处修建一个原料中转车站，再由车站 D 向工厂修一条公路. 若已知每千米的铁路运费与公路运费之比为 3∶5，那么，D 应选在何处才能使原料供应站 C 运货到工厂 A 所需运费最省？

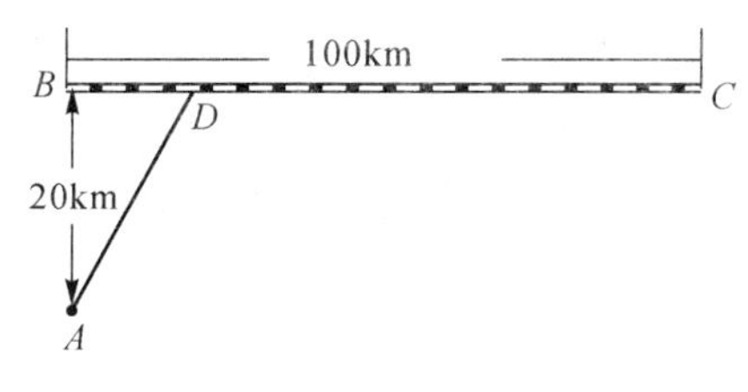

图 4-10

解　设 BD 之间的距离为 x(单位：km)，则 A,D 之间的距离和 C,D 之间的距离分别为

$$|AD|=\sqrt{x^2+20^2},\quad |CD|=100-x.$$

如果公路运费为 a 元/km，则铁路运费为 $\dfrac{3}{5}a$ 元/km，故从原料供应站 C 途径中转站 D 到工厂 A 所需总运费 y(目标函数)为

$$y=\frac{3}{5}a|CD|+a|AD|=\frac{3}{5}a(100-x)+a\sqrt{x^2+400}\quad (0\leqslant x\leqslant 100).$$

由

$$y'=-\frac{3}{5}a+\frac{ax}{\sqrt{x^2+400}}=\frac{a(5x-3\sqrt{x^2+400})}{5\sqrt{x^2+400}},$$

解方程 $y'=0$，即 $25x^2=9(x^2+400)$，得驻点

$$x_1=15,\quad x_2=-15(舍去),$$

因而 $x_1=15$ 是函数 y 在定义域内的唯一驻点. 由此知 $x_1=15$ 是函数 y 的极小值点，且是函数 y 的最小值点.

综上所述，车站 D 建于 B，C 之间且与 B 相距 15 km 处时运费最省.

4.5 曲线的凹凸性和拐点

如果仅知道函数的单调性、极值和最值，我们还不能完全把握函数曲线的变化形态，不能准确地描绘函数的图像. 例如，函数 $y=x^2$ 和 $y=\sqrt{x}$ 在 $[0,+\infty)$ 内都是单调增加的函数，但前者曲线弧是向下凹的，后者曲线弧是向上凸的(见图 4-11). 因此需要研究曲线的弯曲方向以及不同弯曲方向的分界点，即曲线的凹凸性与拐点.

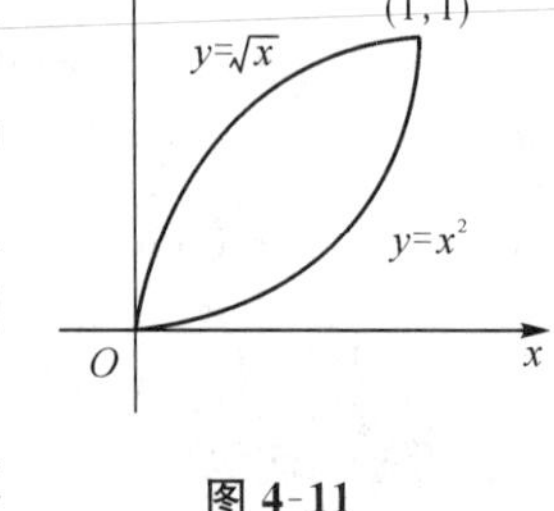

图 4-11

观察图 4-11，若沿着连续曲线上各点作切线，就会发现：有时曲线总在切线上方，有时曲线总在切线下方，有时切线穿过曲线. 这些现象的实质，就是曲线的凹凸性.

定义 4.3 设曲线在开区间 (a,b) 内各点都有切线.

(1) 若曲线弧都在切线的下方，则称曲线在区间 (a,b) 内是凸的，区间 (a,b) 为凸区间；

(2) 若曲线弧都在切线的上方，则称曲线在区间 (a,b) 内是凹的，区间 (a,b) 为凹区间.

如何用导数去判断曲线的凹凸性呢？观察图 4-11 会发现：随着 x 的增大，在凸弧上各点的切线的倾角逐渐变小，即 $f'(x)$ 是减函数，从而有 $f''(x)<0$；类似的在凹弧上，$f'(x)$ 是增函数，从而有 $f''(x)>0$. 因而，函数曲线在某个区间的凹凸性是与函数在这个区间内的二阶导数的符号有关的.

定理 4.10 设函数 $f(x)$ 在区间 (a,b) 内具有二阶导数.

(1) 若在 (a,b) 内 $f''(x)>0$，则曲线 $f(x)$ 在区间 (a,b) 内是凹的；

(2) 若在 (a,b) 内 $f''(x)<0$，则曲线 $f(x)$ 在区间 (a,b) 内是凸的.

该定理的证明略.

定义 4.4 曲线上凹与凸(或凸与凹)两段弧的分界点称为曲线的拐点.

判断曲线凹凸性与拐点的一般步骤如下：

(1) 求函数的二阶导数 $f''(x)$；

(2) 令 $f''(x)=0$，解出全部实根，并求出所有使二阶导数不存在的点；

(3) 对步骤(2)中求出的每一个点，检查其邻近左、右两侧 $f''(x)$ 的符号，确定曲线的凹凸区间和拐点.

例 4-35　求曲线 $y=x^4-2x^3+1$ 的拐点及凹凸区间.

解　题设函数的定义域为$(-\infty,+\infty)$，且

$$y'=4x^3-6x^2,\quad y''=12x^2-12x=12x(x-1).$$

令 $y''=0$，解得 $x_1=0$，$x_2=1$. 列表讨论如下：

x	$(-\infty,0)$	0	$(0,1)$	1	$(1,+\infty)$
$f''(x)$	+	0	−	0	+
$f(x)$	凹的	拐点$(0,1)$	凸的	拐点$(1,0)$	凹的

所以，曲线的凹区间为$(-\infty,0]$，$[1,+\infty)$，凸区间为$[0,1]$，拐点为$(0,1)$和$(1,0)$.

例 4-36　求曲线 $f(x)=(x-1)^2+\dfrac{2}{x-1}$的凹凸区间及拐点.

解　函数的定义域为$(-\infty,1)\cup(1,+\infty)$，且

$$f'(x)=2(x-1)-\frac{2}{(x-1)^2},$$

$$f''(x)=2+\frac{4}{(x-1)^3}=2\cdot\frac{(x-1)^3+2}{(x-1)^3}.$$

令 $f''(x)=0$，得实根 $x=1-\sqrt[3]{2}$. 列表讨论如下：

x	$(-\infty,1-\sqrt[3]{2})$	$1-\sqrt[3]{2}$	$(1-\sqrt[3]{2},1)$	$(1,+\infty)$
$f''(x)$	+	0	−	+
$f(x)$	◡	0	⌒	◡

注：表中符号◡表示曲线是凹的，符号⌒表示曲线是凸的.

因此，曲线的凹区间为$(-\infty,1-\sqrt[3]{2})$与$(1,+\infty)$，凸区间为$(1-\sqrt[3]{2},1)$；拐点为$(1-\sqrt[3]{2},0)$.

例 4-37　讨论曲线 $y=\sqrt[3]{x}$的凹凸性及拐点.

解　函数 $y=\sqrt[3]{x}$的定义域为$(-\infty,+\infty)$，且当 $x\neq0$ 时，有

$$y'=\frac{1}{3\sqrt[3]{x^2}},\quad y''=-\frac{2}{9x\sqrt[3]{x^2}}.$$

易见，当 $x=0$ 时 y'，y''都不存在，且 y''没有零点. $x=0$ 是 y''不存在的点，它把$(-\infty,+\infty)$分成两个区间，即$(-\infty,0)$和$(0,+\infty)$. 列表讨论如下：

x	$(-\infty,0)$	0	$(0,+\infty)$
$f''(x)$	+	不存在	−
$f(x)$	$\smile$	0	$\frown$

因此,曲线的凹区间为$(-\infty,0)$,凸区间为$(0,+\infty)$;点$(0,0)$为拐点.

例 4-37 说明 $f''(x)$不存在的点也可能是拐点.

例 4-38 试确定 a,b,c 的值,使三次曲线 $y=ax^3+bx^2+cx$ 有拐点$(1,2)$,并且在该点处切线的斜率为 1.

解 $y'=3ax^2+2bx+c$,$y''=6ax+2b$. 依题意,得方程组

$$\begin{cases}2=a+b+c,\\1=3a+2b+c,\\0=6a+2b,\end{cases}$$

解方程组,得 $a=1$,$b=-3$,$c=4$. 于是 $y''=6x-6=6(x-1)$,易见$(-\infty,1]$为凸区间,$[1,+\infty)$为凹区间.

因此,所求的 a,b,c 的值分别为

$$a=1,\quad b=-3,\quad c=4.$$

4.6 函数图像的描绘

在初等数学里,我们做函数的图像主要采取描点法,但描点法不易从整体上把握函数曲线的特征. 通过应用导数来研究函数,使我们预先对函数的图像有一个比较全面的了解,从而能较为精确地描绘出函数的图像.

4.6.1 曲线的渐近线

如果一条曲线在它无限延伸的过程中无限接近于一条直线,则称这条直线为该曲线的渐近线. 渐近线分水平渐近线、垂直渐近线和斜渐近线.

定义 4.5 (1) 如果函数 $f(x)$的定义域是无穷区间,且

$$\lim_{\substack{x\to+\infty\\(x\to-\infty)}} f(x)=c,$$

则称直线 $y=c$ 为曲线 $y=f(x)$的水平渐进线(如图 4-12 所示).

(2) 如果函数 $f(x)$在 x_0 处间断,且

$$\lim_{x\to x_0} f(x)=\infty \quad 或 \quad \lim_{\substack{x\to x_0^-\\(x\to x_0^+)}} f(x)=\infty,$$

则称直线 $x=x_0$ 为曲线 $y=f(x)$的垂直渐近线(如图 4-12 所示).

(3) 如果函数 $f(x)$的定义域是无穷区间,且

$$\lim_{\substack{x\to+\infty \\ (x\to-\infty)}} [f(x)-(ax+b)]=0,$$

则称直线 $y=ax+b(a\neq0)$ 为曲线 $y=f(x)$ 的斜渐近线(如图 4-13 所示),其中

$$a=\lim_{\substack{x\to+\infty \\ (x\to-\infty)}} \frac{f(x)}{x},\quad b=\lim_{\substack{x\to+\infty \\ (x\to-\infty)}} [f(x)-ax].$$

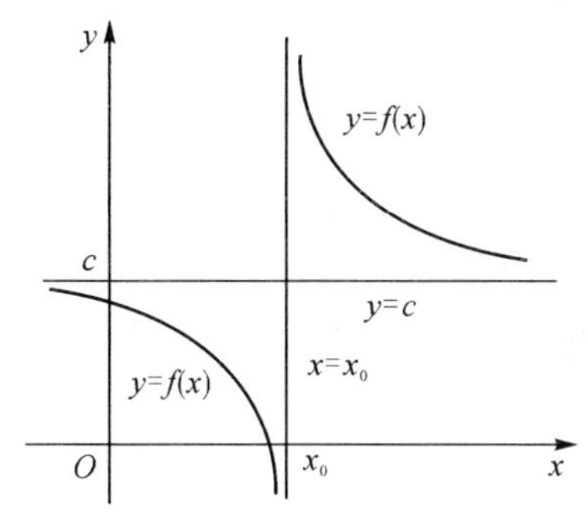

图 4-12

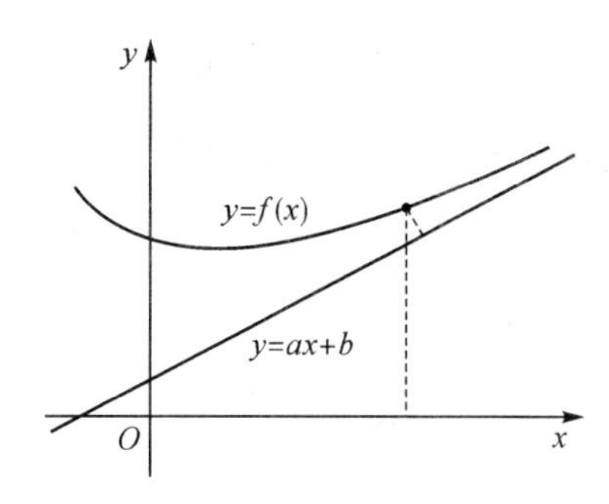

图 4-13

例 4-39 求下列曲线的渐近线:

(1) $y=\dfrac{4(x+1)}{x^2}-2$; (2) $y=\dfrac{1+x^3}{1+x^2}$.

解 (1) 由于函数 $y=\dfrac{4(x+1)}{x^2}-2$ 的定义域为 $(-\infty,0)\cup(0,+\infty)$,且

$$\lim_{x\to0}\left[\frac{4(x+1)}{x^2}-2\right]=+\infty,\quad \lim_{x\to\infty}\left[\frac{4(x+1)}{x^2}-2\right]=-2,$$

因此,直线 $x=0$ 和 $y=-2$ 分别为曲线 $y=\dfrac{4(x+1)}{x^2}-2$ 的垂直渐近线和水平渐近线.

(2) 因为

$$\lim_{x\to\infty}\frac{\frac{1+x^3}{1+x^2}}{x}=\lim_{x\to\infty}\frac{1+x^3}{x(1+x^2)}=1,$$

$$\lim_{x\to\infty}\left(\frac{1+x^3}{1+x^2}-x\right)=\lim_{x\to\infty}\frac{1+x^3-x(1+x^2)}{1+x^2}=\lim_{x\to\infty}\frac{1-x}{1+x^2}=0,$$

所以,$y=x$ 是曲线 $y=\dfrac{1+x^3}{1+x^2}$ 的斜渐近线.

例 4-40 求曲线 $y=\dfrac{x^2}{x+1}$ 的渐近线.

解 (1) 由

$$\lim_{x\to-1^-}\frac{x^2}{x+1}=-\infty,\quad \lim_{x\to-1^+}\frac{x^2}{x+1}=+\infty,$$

可知 $x=-1$ 是曲线的垂直渐近线.

(2) 由

$$a=\lim_{x\to\infty}\frac{f(x)}{x}=\lim_{x\to\infty}\frac{x}{x+1}=1,$$

$$b=\lim_{x\to\infty}[f(x)-ax]=\lim_{x\to\infty}\left(\frac{x^2}{x+1}-x\right)$$

$$=\lim_{x\to\infty}\frac{-x}{x+1}=-1,$$

可知 $y=x-1$ 是曲线的斜渐近线.

4.6.2 作出函数的图像

清楚了函数的单调性、极值、凹凸性、拐点和渐近线等曲线形态，结合函数的定义域、值域、奇偶性和周期性等函数特性，就可以较好地描绘函数的图像.

作函数 $y=f(x)$图像的一般步骤如下：

(1) 确定函数 $y=f(x)$的定义域、值域；

(2) 讨论函数的奇偶性、周期性；

(3) 讨论函数的单调性与极值、曲线的凹向与拐点，并列成表；

(4) 曲线有渐近线时求出其渐近线；

(5) 必要时补充一些满足 $y=f(x)$的辅助点，如曲线与坐标轴的交点等.

根据以上讨论，先准确地描出已求出的点，若有渐近线，需用虚线先作出来，再按曲线形态细心地作出函数的图像.

例 4-41 作函数 $y=x+\dfrac{1}{x}$图像.

解 $y=x+\dfrac{1}{x}$的定义域为$(-\infty,0)\cup(0,+\infty)$. 不难得知，函数无周期性且曲线关于原点对称. 又因为 $y'=1-\dfrac{1}{x^2}$，$y''=\dfrac{2}{x^3}$，令 $y'=0$ 得 $x=\pm1$，y''无零点.

综上所述，列表讨论如下：

x	$(-\infty,-1)$	-1	$(-1,0)$	$(0,1)$	1	$(1,+\infty)$
y'	$+$	0	$-$	$-$	0	$+$
y''	$-$		$-$	$+$		$+$
y	↗⌒	极大	↘⌒	↘◡	极小	↗◡

又

$$a=\lim_{x\to\infty}\frac{f(x)}{x}=\lim_{x\to\infty}\frac{x+\frac{1}{x}}{x}=1,$$

$$b=\lim_{x\to\infty}[f(x)-ax]=\lim_{x\to\infty}\left(x+\frac{1}{x}-x\right)=0,$$

$$\lim_{x\to 0}f(x)=\lim_{x\to 0}\left(x+\frac{1}{x}\right)=\infty,$$

所以 $y=x$ 是曲线 $y=x+\dfrac{1}{x}$ 的斜渐近线；$x=0$ 是曲线 $y=x+\dfrac{1}{x}$ 的垂直渐近线. 而 $x=0$ 时 y,y',y'' 都无意义，因此曲线无拐点. 所作图形如图 4-14 所示.

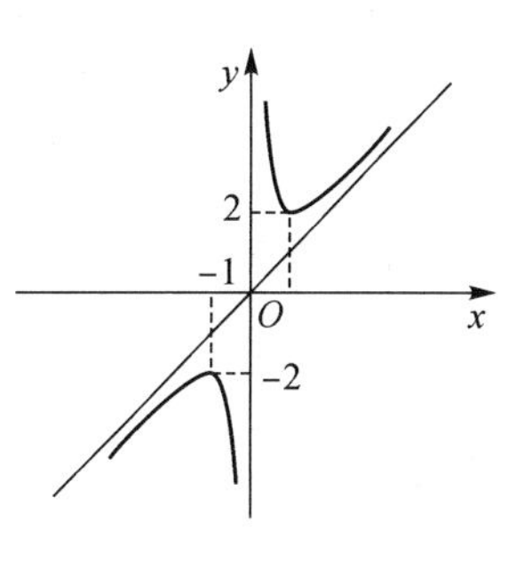

图 4-14

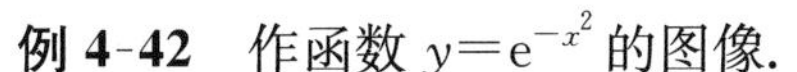

例 4-42 作函数 $y=\mathrm{e}^{-x^2}$ 的图像.

解 (1) 函数的定义域为 $(-\infty,+\infty)$；

(2) $f(x)$ 是偶函数，它的图像关于 y 轴对称；

(3) $y'=-2x\mathrm{e}^{-x^2}$，由 $y'=0$ 得驻点 $x=0$；

(4) $y''=2\mathrm{e}^{-x^2}(2x^2-1)$，由 $y''=0$ 得 $x=\pm\dfrac{\sqrt{2}}{2}$；

(5) 列表讨论如下：

x	$\left(-\infty,-\frac{\sqrt{2}}{2}\right)$	$-\frac{\sqrt{2}}{2}$	$\left(-\frac{\sqrt{2}}{2},0\right)$	0	$\left(0,\frac{\sqrt{2}}{2}\right)$	$\frac{\sqrt{2}}{2}$	$\left(\frac{\sqrt{2}}{2},+\infty\right)$
y'	+	+	+	0	−	−	−
y''	+	0	−	−	−	0	+
y	$\smile\nearrow$	$\left(-\frac{\sqrt{2}}{2},\mathrm{e}^{-\frac{1}{2}}\right)$ 拐点	$\frown\nearrow$	1 极大值	$\frown\searrow$	$\left(\frac{\sqrt{2}}{2},\mathrm{e}^{-\frac{1}{2}}\right)$ 拐点	$\smile\searrow$

(6) $y=0$（即 x 轴）为曲线的水平渐近线，且曲线在 x 轴上方.

根据以上讨论所作函数图像如图 4-15 所示.

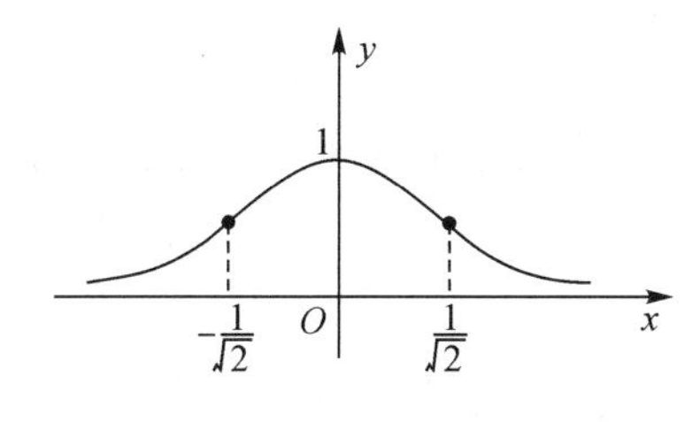

图 4-15

4.7 导数在经济学中的应用

本节讨论导数概念在经济学中的两个应用——边际分析和弹性分析.

4.7.1 边际分析

在经济学中，习惯上用平均和边际这两个概念来描述一个经济变量 y 对于另

一个经济变量 x 的变化. 平均概念表示 x 在某一范围内取值时 y 的变化；边际概念表示当 x 的改变量 Δx 趋于 0 时，y 的相应改变量 Δy 与 Δx 的比值的变化，即当 x 在某一给定值附近有微小变化时 y 的瞬时变化.

1) 边际函数

设函数 $y=f(x)$ 可导，函数值的增量与自变量增量的比值

$$\frac{\Delta y}{\Delta x}=\frac{f(x_0+\Delta x)-f(x_0)}{\Delta x}$$

表示 $f(x)$ 在 $(x_0,x_0+\Delta x)$ 或 $(x_0+\Delta x,x_0)$ 内的平均变化率(速度).

根据导数的定义，导数 $f'(x_0)$ 表示 $f(x)$ 在点 $x=x_0$ 处的变化率，在经济学中，称其为 $f(x)$ 在点 $x=x_0$ 处的边际函数值.

当函数的自变量 x 在 x_0 处改变 1 个单位(即 $\Delta x=1$)时，函数增量为 $f(x_0+1)-f(x_0)$，但当 x 改变的“单位”很小时，或 x 的“1 个单位”与 x_0 值相比很小时，则有近似式

$$f(x_0+1)-f(x_0)\approx f'(x_0).$$

它表明：当自变量在 x_0 处产生 1 个单位的改变时，函数 $f(x)$ 的改变量可近似地用 $f'(x_0)$ 来表示. 在经济学中，解释边际函数值的具体意义时，通常略去“近似”二字.

例如，设函数 $y=x^2$，则 $y'=2x$，$y=x^2$ 在点 $x=10$ 处的边际函数值为 $y'(10)=20$，它表示当 $x=10$ 时，x 改变 1 个单位，y(近似)改变 20 个单位.

2) 边际成本

成本函数 $C=C(x)$(x 是产量)的导数 $C'(x)$ 称为边际成本函数. 图 4-16 是一个典型的成本函数的图像，注意到在前一段区间上曲线呈凸型，因而切线的斜率也即边际成本函数在此区间上单调下降，这反映了生产规模的效益；接着曲线上有一拐点，曲线随之变成凹型，边际成本函数呈递增势态. 引起这种变化的原因可能是由于超时工作带来的高成本，或者是生产规模过大带来的低效性.

定义每单位产品所承担的成本费用为平均成本，平均成本函数为

$$\overline{C}(x)=\frac{C(x)}{x}\quad(x\text{ 是产量}).$$

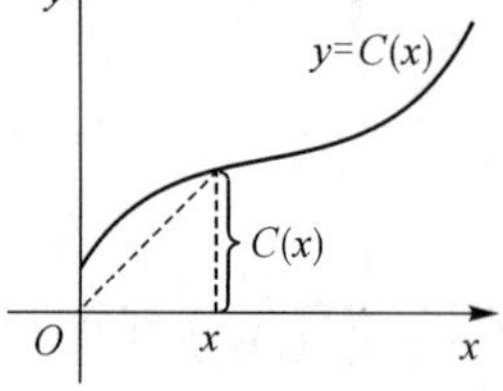

图 4-16

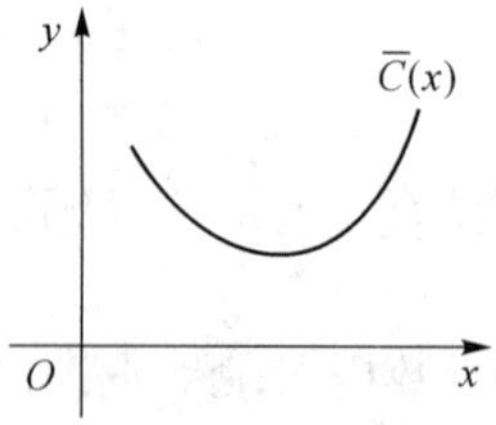

图 4-17

注意到 $\frac{C(x)}{x}$ 正是图 4-16 所示曲线的纵坐标与横坐标之比，即曲线上一点与

原点连线的斜率，据此可作出 $\overline{C}(x)$ 的图像(见图 4-17). 易见 $\overline{C}(x)$ 在 $x=0$ 处无定义，说明生产数量为零时不能讨论平均成本. 整个曲线是凹的，故有唯一的极小值. 又由

$$\overline{C}'(x)=\frac{xC'(x)-C(x)}{x^2}=0 \quad 得 \quad C'(x)=\frac{C(x)}{x},$$

则当边际成本等于平均成本时，平均成本达到最小.

例 4-43 设每月产量为 x 吨时，总成本函数为

$$C(x)=\frac{1}{4}x^2+8x+4900(元),$$

求最低平均成本和相应产量的边际成本.

解 平均成本为

$$\overline{C}(x)=\frac{C(x)}{x}=\frac{1}{4}x+8+\frac{4900}{x},$$

令 $\overline{C}'(x)=\dfrac{1}{4}-\dfrac{4900}{x^2}=0$，解得唯一驻点 $x=140$.

又 $\overline{C}''(140)=\dfrac{9800}{x^3}>0$，故 $x=140$ 是 $\overline{C}(x)$ 的极小值点，也是最小值点. 因此，每月产量为 140 t 时平均成本最低，其最低平均成本为

$$\overline{C}(140)=\frac{1}{4}\times 140+8+\frac{4900}{140}=78(元).$$

边际成本函数为

$$C'(x)=\frac{1}{2}x+8,$$

故当产量为 140 t 时，边际成本为 $C'(140)=78$(元).

3) 边际收入与边际利润

在估计产品销售量 x 时，给产品所定的价格 $P(x)$ 称为价格函数，且 $P(x)$ 应是 x 的递减函数. 于是，得

收入函数 $R(x)=xP(x)$；

利润函数 $L(x)=R(x)-C(x)$ ($C(x)$ 是成本函数).

收入函数的导数 $R'(x)$ 称为边际收入函数，利润函数的导数 $L'(x)$ 称为边际利润函数.

例 4-44 设某种产品的需求函数为 $x=1000-100P$，求需求量 $x=300$ 时的总收入、平均收入和边际收入.

解 销售 x 件价格为 P 的产品收入为 $R(x)=P\cdot x$，将需求函数 $x=1000-100P$，即 $P=10-0.01x$ 代入，得总收入函数

$$R(x)=(10-0.01x)\cdot x=10x-0.01x^2.$$

平均收入函数为

$$\overline{R}(x)=\frac{R(x)}{x}=10-0.01x,$$

边际收入函数为

$$R'(x)=(10x-0.01x^2)'=10-0.02x.$$

$x=300$ 时的总收入为

$$R(300)=10\times300-0.01\times300^2=2100,$$

平均收入为

$$\overline{R}(300)=10-0.01\times300=7,$$

边际收入为

$$R'(300)=10-0.02\times300=4.$$

例 4-45 设某厂在一个计算期内产品的产量 x 与其成本 C 的关系为

$$C=C(x)=1000+6x-0.003x^2+0.000001x^3(\text{元}),$$

根据市场调研得知，每单位该种产品的价格为 6 元，且全部能够卖出去，试求使利润最大的产量.

解 总收入函数为 $R(x)=6x$，总利润函数为

$$\begin{aligned}L(x)&=R(x)-C(x)=6x-(1000+6x-0.003x^2+0.000001x^3)\\&=-1000+0.003x^2-0.000001x^3\quad(x>0),\end{aligned}$$

且

$$L'(x)=0.006x-0.000003x^2,\quad L''(x)=0.006-0.000006x.$$

令 $L'(x)=0$，解得 $x=2000$. 又 $L''(2000)=-0.006<0$，所以 $x=2000$ 为 $L(x)$ 的极大值点，也是最大值点.

因此，产量为 2000 单位时获取利润最大，最大利润为

$$L(2000)=3000(\text{元}).$$

注：$x=0$(不生产)无利可谈，而 $x<0$ 没有实际意义.

4.7.2 函数弹性

1) 函数弹性的概念

在边际分析中所研究的是函数的绝对改变量与绝对变化率，而经济学中常需研究一个变量对另一个变量的相对变化情况，为此引入下面的定义.

定义 4.6 设函数 $y=f(x)$ 可导，函数的相对改变量

$$\frac{\Delta y}{y}=\frac{f(x+\Delta x)-f(x)}{f(x)}$$

与自变量的相对改变量 $\frac{\Delta x}{x}$ 之比 $\frac{\Delta y/y}{\Delta x/x}$，称为函数 $f(x)$ 在 x 与 $x+\Delta x$ 两点间的弹

性(或相对变化率). 而极限$\lim\limits_{\Delta x\to 0}\dfrac{\Delta y/y}{\Delta x/x}$称为函数 $f(x)$在点 x 处的弹性(或相对变化率),记为

$$\frac{E}{Ex}f(x)=\frac{Ey}{Ex}=\lim_{\Delta x\to 0}\frac{\Delta y/y}{\Delta x/x}=\lim_{\Delta x\to 0}\frac{\Delta y}{\Delta x}\cdot\frac{x}{y}=y'\frac{x}{y}.$$

注:函数 $f(x)$在点 x 处的弹性$\dfrac{Ey}{Ex}$反映随 x 的变化 $f(x)$变化幅度的大小,即 $f(x)$对 x 变化反应的强烈程度或灵敏度. 数值上,$\dfrac{E}{Ex}f(x)$表示 $f(x)$在点 x 处,当 x 发生 1%的改变时,函数 $f(x)$近似地改变$\dfrac{E}{Ex}f(x)\%$. 在应用问题中解释弹性的具体意义时,通常略去“近似”二字.

例如,求函数 $y=3+2x$ 在 $x=3$ 处的弹性,由 $y'=2$,得

$$\frac{Ey}{Ex}=y'\frac{x}{y}=\frac{2x}{3+2x},\quad \left.\frac{Ey}{Ex}\right|_{x=3}=\frac{2\times 3}{3+2\times 3}=\frac{6}{9}=\frac{2}{3}\approx 0.67.$$

2) 需求弹性

设需求函数 $Q=f(P)$,这里 P 表示产品的价格. 于是,可具体定义该产品在价格为 P 时的需求弹性如下:

$$\eta=\eta(P)=\lim_{\Delta P\to 0}\frac{\Delta Q/Q}{\Delta P/P}=\lim_{\Delta P\to 0}\frac{\Delta Q}{\Delta P}\cdot\frac{P}{Q}=P\cdot\frac{f'(P)}{f(P)}.$$

当 ΔP 很小时,有

$$\eta=P\cdot\frac{f'(P)}{f(P)}\approx\frac{P}{f(P)}\cdot\frac{\Delta Q}{\Delta P},$$

故需求弹性 η 近似表示价格为 P 时,价格变动 1%,需求量将变化 $\eta\%$.

注:一般的,需求函数是单调减少函数,需求量随价格的提高而减少(当 $\Delta P>0$ 时,$\Delta Q<0$),故需求弹性一般是负值,它反映产品需求量对价格变动反应的强烈程度(灵敏度).

例 4-46 设某种商品的需求量 Q 与价格 P 的关系为

$$Q(P)=1600\left(\frac{1}{4}\right)^{P}.$$

(1) 求需求弹性 $\eta(P)$;

(2) 当商品的价格 $P=1$(元)时,再提高 1%,求该商品需求量的变化情况.

解 (1) 需求弹性为

$$\eta(P)=P\cdot\frac{Q'(P)}{Q(P)}=P\cdot\frac{\left[1600\left(\frac{1}{4}\right)^{P}\right]'}{1600\left(\frac{1}{4}\right)^{P}}=P\cdot\frac{1600\left(\frac{1}{4}\right)^{P}\ln\frac{1}{4}}{1600\left(\frac{1}{4}\right)^{P}}$$

$$\approx -1.39P.$$

需求弹性为负，说明商品价格 P 提高 1%时，商品需求量 Q 将减少 1.39%P.

(2) 当商品价格 $P=1$(元)时，有

$$\eta(10)\approx-1.39\times1=-1.39,$$

这表示价格 $P=1$(元)时，价格再提高 1%，商品的需求量将减少 1.39%. 若价格降低 1%，商品的需求量将增加 1.39%.

3) 用需求弹性分析总收益的变化

总收益 R 是商品价格 P 与销售量 Q 的乘积，即

$$R=P\cdot Q=P\cdot f(P),$$

由

$$R'=f(P)+Pf'(P)=f(P)\left(1+f'(P)\frac{P}{f(P)}\right)=f(P)(1+\eta)$$

可知：

(1) 若 $|\eta|<1$，即需求变动的幅度小于价格变动的幅度，$R'>0$，R 递增. 即价格上涨，总收益增加；价格下跌，总收益减少.

(2) 若 $|\eta|>1$，即需求变动的幅度大于价格变动的幅度，$R'<0$，R 递减. 即价格上涨，总收益减少；价格下跌，总收益增加.

(3) 若 $|\eta|=1$，即需求变动的幅度等于价格变动的幅度，$R'=0$，这时 R 取得最大值.

综上所述，总收益的变化受需求弹性的制约，随商品需求弹性的变化而变化，其关系如图 4-18 所示.

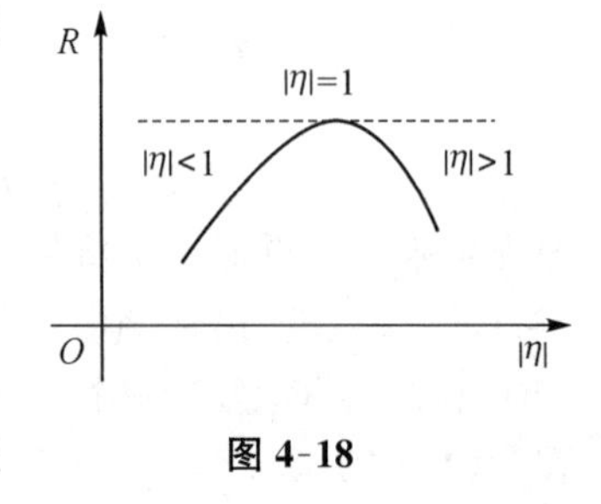

图 4-18

例 4-47 某商品的需求函数为

$$Q=75-P^2 \quad (Q\text{ 为需求量}, P\text{ 为价格}).$$

(1) 求 $P=4$ 时的边际需求，并说明其经济意义.

(2) 求 $P=4$ 时的需求弹性，并说明其经济意义.

(3) 当 $P=4$ 时，若价格 P 上涨 1%，总收益将变化百分之几？是增加还是减少？

(4) 当 $P=6$ 时，若价格 P 上涨 1%，总收益将变化百分之几？是增加还是减少？

解 设 $Q=f(P)=75-P^2$，需求弹性($P=P_0$)

$$\eta\big|_{P=P_0}=f'(P_0)\cdot\frac{P_0}{f(P_0)},$$

η 刻画了商品价格变动时需求变动的强弱程度.

(1) 当 $P=4$ 时的边际需求

$$f'(4)=-2P\big|_{P=4}=-8,$$

它说明价格为 P 为 4 个单位时，再上涨一个单位，需求量将下降 8 个单位.

(2) 当 $P=4$ 时的需求弹性

$$\eta(4)=f'(4)\cdot\frac{4}{75-4^2}=(-8)\cdot\frac{4}{75-4^2}\approx-0.54,$$

它说明当 $P=4$ 时,价格再上涨 1%,需求将减少 0.54%.

(3) 求总收益 R 增长的百分比,即求 R 的弹性. 总收益 R 是商品价格 P 与销售量 Q 的乘积,即 $R=P\cdot Q=P\cdot f(P)$,于是

$$R'=f(P)+Pf'(P)=f(P)\cdot\left[1+f'(P)\cdot\frac{P}{f(P)}\right]=f(P)\cdot(1+\eta),$$

$$R'(4)=f(4)\cdot\left(1-\frac{32}{59}\right)=27.$$

由 $R=PQ=75P-P^3$,$R(4)=236$,得

$$\left.\frac{ER}{EP}\right|_{P=4}=R'(4)\cdot\frac{4}{R(4)}=27\cdot\frac{4}{236}\approx0.46,$$

所以当 $P=4$ 时,价格上涨 1%,总收益将增加 0.46%.

(4) 因为 $R'(6)=-33$,$R(6)=234$,得

$$\left.\frac{ER}{EP}\right|_{P=6}=R'(6)\cdot\frac{6}{R(6)}=(-33)\cdot\frac{6}{234}\approx-0.85,$$

所以当 $P=6$ 时,价格上涨 1%,总收益将减少 0.85%.

本章小结

本章介绍了微分中值定理和导数在极限运算、函数单调性和极值、函数作图及经济问题方面的应用. 要求会利用罗尔定理、拉格朗日定理、柯西定理证明一些简单的证明题;熟练掌握用洛必达法则求各种未定式极限的方法;熟练掌握函数单调性的判别法和求函数极值与最值的方法;了解函数极值与最值的关系与区别,会求解某些简单的经济应用问题;熟练掌握曲线凹凸性判别法,会求曲线拐点与渐近线;掌握函数作图的基本步骤和方法,会作某些简单函数的图形.

阅读材料:数学领域里的一座高耸的金字塔——拉格朗日

拉格朗日(1736—1813)是法国著名的数学家,被拿破仑称赞为"一座高耸在数学世界的金字塔".

在 17 岁时,拉格朗日就攻读了当时迅速发展的数学分析著作. 19 岁时,他给出了求变分极值问题的纯分析方法. 这篇论文是拉格朗日所发表的第一篇有意义的论文,对变分法的创立作出了很大贡献. 1764 年,他的关于月球天平动的论文获得法国科学院颁发的奖金,此后又多次获奖. 1766 年,在欧拉推荐之下,拉格朗日

来到德国担任柏林科学院主席，直到1787年卸任后才移居巴黎.

拉格朗日一生著作很多，涉及代数、数论、微分方程、变分法、概率论、力学、天文学等多个领域.1776年，他发表的论文《关于方程的代数解的想法》开辟了代数发展的新时期；1797年，他在《解析函数论》一书中试图摆脱无穷小和极限思想，而以代数的方法重建微积分的理论基础，尽管没有成功，但对函数的抽象处理可以说是实变函数论的起点.

拉格朗日最精心之作当推《天体力学》.他投注37年心血完成的这部著作，用数学语言把宇宙描绘成一个优美和谐的力学体系，被哈密顿誉为“科学诗”.

拉格朗日取得了许多有价值的科学成果，同时他的科学思想方法也给后人留下了深远影响.例如拉格朗日常数变易法，其实质就是矛盾转化法；又如在探求微分方程解的过程中，他巧妙地运用了高阶与低阶、常量与变量、线性与非线性、齐次与非齐次等各种转化方法.拉格朗日解决数学问题的精妙之处就在于他能洞察到数学对象之间的深层次联系，从而创造条件，使问题迎刃而解.而这也是他解决问题的一个突出特点.

习题 4

A 组

1. 函数 $f(x)=2x^2-x-3$ 在 $[-1,1.5]$ 上是否满足罗尔定理的条件？如果满足，求出定理结论中的 ξ 值.

2. 验证下列各函数是否满足拉格朗日定理的条件；如果满足，求出符合定理结论中各 ξ 值.

(1) $f(x)=\frac{1}{3}x^3-x$, $[-\sqrt{3},\sqrt{3}]$;

(2) $f(x)=\ln x$, $[1,\mathrm{e}]$.

3. 证明：如果 $f'(x)\equiv k$（k 为常数），则 $f(x)\equiv kx+b$.

4. 如果函数 $f(x)$ 在 (a,b) 内有二阶导数，且 $f(x_1)=f(x_2)=f(x_3)$，其中 $a<x_1<x_2<x_3<b$，证明：存在 $\xi\in(a,b)$，使得 $f''(\xi)=0$.

5. 已知函数 $f(x)$ 在 $[a,b]$ 上连续，在 (a,b) 内可导，且 $f(a)=f(b)=0$，试证：在 (a,b) 内至少存在一点 ξ，使得 $f(\xi)+\xi f'(\xi)=0$，$\xi\in(a,b)$.

6. 证明恒等式：

(1) $\arcsin x+\arccos x=\frac{\pi}{2}$;

(2) $2\arctan x+\arcsin\frac{2x}{1+x^2}=\pi\ (x\geqslant 1)$.

7. 利用拉格朗日定理证明下列不等式：

（1）当 $x>1$ 时，$e^x>ex$；

（2）当 $x>0$ 时，$e^x>1+x$；

8. 应用洛必达法则求下列各极限：

（1）$\lim\limits_{x\to 0}\dfrac{\sin 3x}{\tan 5x}$；　　（2）$\lim\limits_{x\to 0}\dfrac{\ln\tan 7x}{\ln\tan 2x}$；

（3）$\lim\limits_{x\to 0}\dfrac{a^x-b^x}{x}$；　　（4）$\lim\limits_{x\to 0}\dfrac{\arctan 3x}{3x}$；

（5）$\lim\limits_{x\to 0}\left(\dfrac{1}{x}-\dfrac{1}{e^x-1}\right)$；　　（6）$\lim\limits_{x\to\left(\frac{\pi}{2}\right)^+}(\sec x-\tan x)$；

（7）$\lim\limits_{x\to 0^+}\ln x\ln(1+x)$；　　（8）$\lim\limits_{x\to 1}(1-x)\tan\dfrac{\pi}{2}x$；

（9）$\lim\limits_{x\to 0}\dfrac{e^x-e^{\sin x}}{x-\sin x}$；　　（10）$\lim\limits_{x\to+\infty}\dfrac{\sqrt{1+x^2}}{x}$；

（11）$\lim\limits_{x\to 0^+}x^{\tan x}$；　　（12）$\lim\limits_{x\to\frac{\pi}{4}}(\tan x)^{\tan 2x}$；

（13）$\lim\limits_{x\to a}\dfrac{x^m-a^m}{x^n-a^n}$ $(a\neq 0)$；　　（14）$\lim\limits_{x\to 0}\dfrac{\cos\alpha x-\cos\beta x}{x^2}$ $(\alpha\beta\neq 0)$；

（15）$\lim\limits_{x\to 0}(1-\sin x)^{\cot x}$.

9. 设 $f(x)$ 二阶可导，求 $\lim\limits_{h\to 0}\dfrac{f(x+h)-2f(x)+f(x-h)}{h^2}$.

10. 验证 $\lim\limits_{x\to 0}\dfrac{x^2\sin\dfrac{1}{x}}{\sin x}$ 极限存在，但不能用洛必达法则得出.

11. 求下列函数的单调区间：

（1）$f(x)=\ln x$；　　（2）$f(x)=2x^3-6x^2-18x-7$；

（3）$f(x)=2x^2-\ln x$；　　（4）$f(x)=x-e^x$；

（5）$f(x)=x-2\sin x$ $(0\leqslant x\leqslant 2\pi)$；　　（6）$f(x)=\sqrt{2x-x^2}$.

12. 求下列函数的极值：

（1）$f(x)=4x^3-3x^2-6x+2$；　　（2）$f(x)=\dfrac{3x}{1+x^2}$；

（3）$f(x)=x-\ln(1+x)$；　　（4）$f(x)=\dfrac{x}{\ln x}$.

13. 求下列函数的单调区间和极值：

（1）$f(x)=(x-1)^2(x+1)^3$；　　（2）$f(x)=(x^2-1)^2-1$；

（3）$f(x)=x+\tan x$；　　（4）$f(x)=5-2(x+1)^{\frac{1}{3}}$.

14. 用函数单调性证明下列不等式：

(1) 当 $x>0$ 时，$x>\arctan x$；

(2) 当 $x>0$ 时，$x>\ln(1+x)$；

(3) 当 $x>1$ 时，$\ln x>\dfrac{2(x-1)}{x+1}$.

15. 求下列函数的最值：

(1) $y=x+2\sqrt{x}$，$x\in[0,4]$；

(2) $y=\sqrt[3]{(x^2-2x)^2}$，$x\in[0,3]$；

(3) $y=\arctan\dfrac{1-x}{1+x}$，$x\in[0,1]$；

(4) $y=x^2+\dfrac{16}{x}$，$x\in[1,3]$.

16. 某企业生产每批某种产品 x 单位的成本 $C(x)=3+x$(万元)，得到的收入 $R(x)=6x-x^2$(万元). 为提高经济效益，每批生产产品多少个单位可使利润最大？

17. 某厂生产一种自行车，每月固定成本为 3 万元，并且每生产 1 千辆要增加成本 5 万元. 又当大批量生产时可节约部分开支，如每月生产 x 千辆时可以节省成本 $\left(\dfrac{7}{40}x^2-\dfrac{1}{600}x^3\right)$万元. 问 $x(30<x<100)$ 为多大时，每月成本最低？

18. 已知某厂生产某种商品，其年销售量为 100 万件，每批生产需生产准备费 1000元，且每件库存费为 0.05 元. 若年销售是均匀的(此时商品年库存数为批量的一半)，问应分几批生产且每批生产多少件时可使生产准备费及库存费之和最少？

19. 求函数的凹凸区间和拐点：

(1) $y=x^3-3x^2+1$；

(2) $y=x^4+2x^2-5$；

(3) $y=x^2+\dfrac{1}{x}$；

(4) $y=\ln(1+x^2)$；

(5) $y=x\sqrt[3]{x^2}$；

(6) $y=\dfrac{8a^3}{x^2+4a^2}\ (a>0)$.

20. 已知曲线 $y=x^3+ax^2-9x+4$ 在 $x=1$ 处有拐点，确定系数 a，并且求出曲线的拐点和凹凸区间.

21. 当 a,b 为何值时，点(1,3)为曲线 $y=ax^3+bx^2$ 的拐点？

22. 试证明：曲线 $y=\dfrac{x-1}{x^2+1}$有 3 个拐点且位于同一条直线上.（提示：证明任意两个拐点的连线的斜率相等）

23. 求下列曲线的渐近线：

(1) $y=\dfrac{1}{x^2-4x-5}$；

(2) $y=\dfrac{x}{1-x^2}$；

(3) $y=e^{-\frac{1}{x}}$.

24. 作出下列函数的图像：

(1) $y=\dfrac{1}{3}x^3-\dfrac{1}{2}x^2-2x$；

(2) $y=\ln(x^2+1)$；

(3) $y=\frac{x}{x^2-1}$；　　(4) $y=\frac{8}{(x-3)^2}+\frac{1}{x^2}$；

(5) $y=e^{-(x-1)^2}$；　　(6) $y=xe^{-x}$.

25. 某产品生产 x 个单位的总成本 $C=C(x)=1100+\frac{1}{1200}x^2$，求：

(1) 生产 900 个单位时的总成本和平均单位成本；

(2) 生产 900 到 1000 个单位时总成本的平均变化率；

(3) 生产 900 个单位和 1000 个单位时的边际成本，并说明其经济意义.

26. 设某产品生产 x 单位的总收益 R 为 x 的函数，即

$$R=R(x)=200x-0.01x^2,$$

求生产 50 单位该产品时的总收益及平均单位产品的收益和边际收益.

27. 某商品的价格 P 与需求量 Q 的关系为 $P=10-\frac{Q}{5}$.

(1) 求需求量为 20 及 30 时的总收益 R、平均收益 $\overline{R}$ 及边际收益 R'；

(2) Q 为多少时总收益最大？

28. 一个公司已估算出产品的成本函数为 $C(x)=2600+2x+0.001x^2$.

(1) 求出产量分别为 1000，2000，3000 时的成本、边际成本和平均成本.

(2) 产量多大时平均成本能达到最低？求出最低平均成本.

29. 某工厂生产某产品，日总成本为 C 元，其中固定成本为 200 元，每多生产 1 单位产品，成本增加 10 元. 已知该商品的需求函数为 $Q=50-2P$，求 Q 为多少时工厂日总利润 L 最大？

30. 设某商品的需求函数 $Q=6000-1000P$，利用需求弹性求使总收益达到最大时的 P_0 和 Q_0.

31. 某商店以每台 350 元的价格每周可能售出 CD 唱机 200 台，市场调查指出，当价格每降低 10 元时，一周的销售量可增加 20 台，试求出价格函数和销售额函数. 商店若要达到最大销售额，应把价格降低多少元？

32. 已知需求函数为 $Q=Q(P)=16-4P$（其中 Q 是需求量，P 是价格），求 $P=3$ 时的需求弹性，并说明其经济意义.

B 组

33. 设 $f(x)$ 在 $[0,a]$ 上二次可导且 $f(0)=0$，$f''(x)<0$，求证：$\frac{f(x)}{x}$ 在 $[0,a]$ 上单调下降.

34. 设 $y=y(x)$ 是由方程 $2y^3-2y^2+2xy-x^2=1$ 确定的，求 $y=y(x)$ 的驻点，并判定其驻点是否是极值点.

35. 设点(2,4)是曲线 $y=ax^3+bx^2$ 的拐点,求常数 a,b 值.

36. 设 $b>a\geqslant \mathrm{e}$,证明:$a^b>b^a$.

37. 设 $x\in\left(0,\frac{\pi}{2}\right)$,证明:$\sin x>\frac{2}{\pi}x$.

38. 已知函数 $f(x)$ 在区间[0,1]上连续、非负,且 $f(0)=f(1)=0$,试证明:对任意 $a(0<a<1)$,必有 $x_0\in[0,1)$,使 $f(x_0+a)=f(x_0)$.

39. 设 $f(x)$ 在[0,1]上二阶可导,且 $f(0)=f(1)$,试证明:存在 $\xi\in(0,1)$,使 $2f'(\xi)+\xi f''(\xi)=0$.

40. 求曲线 $y=\frac{x+4\sin x}{5x-2\cos x}$ 的水平渐近线的方程.

41. 设三次曲线 $y=x^3+3ax^2+3bx+c$ 在 $x=-1$ 处取极大值,点(0,3)是拐点,求 a,b,c 的值.

42. 设 $\lim\limits_{x\to 0}\frac{f(x)}{x}=1$,$f''(x)>0$,证明:$f(x)>x$.

43. 求曲线 $f(x)=-\frac{x^2}{2}-2x+\frac{3}{2}(x+1)\ln|x+1|+\frac{1}{2}(x-1)\ln|x-1|$ 的拐点.

44. 求曲线 $y=\frac{9}{14}x^{\frac{1}{3}}(x^2-7)\ (-\infty<x<+\infty)$ 的拐点.

45. 求函数 $y=\frac{2x^2}{(1-x)^2}$ 的单调区间、极值点、凹凸性区间与拐点.

46. 证明:方程

$x=a\sin x+b$ ($a>0,b>0$ 为常数)

至少有一个正根不超过 $a+b$.

47. 求证:$\mathrm{e}^x+\mathrm{e}^{-x}+2\cos x=5$ 恰有两个根.

48. 讨论曲线 $y=2\ln x$ 与 $y=2x+\ln^2 x+k$ 在 $(0,+\infty)$ 内的交点个数(其中 k 为常数).

49. 求函数 $f(x)=\sqrt{x^2+1}-\frac{1}{2}x\,(x\in(-\infty,+\infty))$ 的最小值.

5 不定积分

在微分学中,我们研究了如何求一个函数的导数和微分.但是,在科学、技术和经济的许多问题中常常需要讨论与它相反的问题,即要由一个函数的已知导数(或微分)求出这个函数.这种由函数的已知导数(或微分)去求原来的函数问题,是积分学的基本问题之一——求不定积分.本章主要学习不定积分的概念、性质和几种基本积分法.

5.1 不定积分的概念与性质

5.1.1 原函数

先看3个实例.

例5-1 如果某曲线的方程为 $y=f(x)$,则曲线在点 (x,y) 处的切线斜率为 y 对 x 的导数.反过来,如果已知曲线在点 (x,y) 处切线的斜率 $y'=f'(x)$,求该曲线的方程.显然,这是一个与微分学中求导运算相反的问题.

例5-2 如果某个做直线运动的物体的路程 s 是时间 t 的函数,即 $s=s(t)$,则该物体在任意时刻 t 的运动速度 v 为 s 对 t 的导数.反过来,如果已知某物体在任意时刻 t 的运动速度 $v=s'(t)$,求该物体的路程 $s=s(t)$.这也是一个与求导运算相反的问题.

例5-3 如果某产品的产量 q 是时间 t 的函数,即 $q=q(t)$,则产量的变化率是产量对时间 t 的导数,即 $q'=q'(t)$.反过来,如果已知某产品的产量关于时间 t 的导数 $q'(t)$,要求该产品产量关于 t 的函数 $q(t)$.这也是一个与求导运算相反的问题.

上述3个问题,抽去其几何意义、物理意义和经济意义,它们都是已知某函数的导数(或微分),求这个函数.为研究这类问题,我们给出下面的定义.

定义5.1 设 $f(x)$ 是定义在某区间上的已知函数,如果存在一个函数 $F(x)$,使得在该区间上的任一点 x,都有

$$F'(x)=f(x) \quad 或 \quad dF(x)=f(x)dx,$$

则称 $F(x)$ 为已知函数 $f(x)$ 在该区间上的一个原函数.

例如,在区间 $(-\infty,+\infty)$ 内,已知函数 $f(x)=x$.由于 $F(x)=\frac{x^2}{2}$ 满足 $F'(x)=\left(\frac{x^2}{2}\right)'=x$,所以 $F(x)=\frac{x^2}{2}$ 是 $f(x)=x$ 的一个原函数.同理,$\left(\frac{1}{2}x^2-1\right)'=x$,

$\left(\frac{1}{2}x^2-\sqrt{3}\right)'=x$，且

$$\left(\frac{1}{2}x^2+C\right)'=x \quad (C\text{为任意常数}),$$

所以$\frac{1}{2}x^2-1$，$\frac{1}{2}x^2-\sqrt{3}$，$\frac{1}{2}x^2+C$都是x的原函数.

由此可知，一个函数如果有原函数，它的原函数就不止一个，问题是它的原函数到底有多少？同一函数的两个原函数之间有什么关系？下面的定理回答了上述问题.

定理 5.1(原函数族定理)　如果函数在某区间内有一个原函数，它就有无限多个原函数，并且其中任意两个原函数之间相差一个常数.

证　(1) 先证$f(x)$有一个原函数，那么它的原函数有无限多个.

设函数$f(x)$在某一区间内有一个原函数$F(x)$，即$F'(x)=f(x)$，并设C为任意常数，由于$[F(x)+C]'=F'(x)=f(x)$，所以$F(x)+C$也是$f(x)$的原函数. 又因为C为任意常数，即C可以取无限多个值，因此$f(x)$有无限多个原函数.

(2) 再证$f(x)$的任意两个原函数的差是常数.

设$F(x)$和$G(x)$都是$f(x)$的原函数，根据原函数的定义，有

$$F'(x)=f(x), \quad G'(x)=f(x).$$

令$H(x)=G(x)-F(x)$，于是有

$$H'(x)=[G(x)-F(x)]'=G'(x)-F'(x)=f(x)-f(x)=0,$$

根据第4.1节中的推论可知$H(x)=C$(C为常数)，即

$$G(x)-F(x)=C, \quad G(x)=F(x)+C.$$

事实上，还可以证明：若$F(x)$是$f(x)$的一个原函数，则$F(x)+C$包含了$f(x)$所有原函数. 至于一个函数是否一定有原函数，有下面的定理.

定理 5.2(原函数存在定理)　如果函数$f(x)$在区间I上连续，那么在区间I上存在可导函数$F(x)$，使对任意$x\in I$，都有$F'(x)=f(x)$.

简单地说，就是连续函数一定存在原函数.

由于初等函数在其定义区间上都是连续的，所以初等函数在其定义区间上都有原函数.

5.1.2　不定积分的概念

定义 5.2　如果函数$F(x)$是函数$f(x)$的一个原函数，则称$f(x)$的全体原函数$F(x)+C$(C为任意常数)为$f(x)$的不定积分，记为$\int f(x)\mathrm{d}x$，即

$$\int f(x)\mathrm{d}x = F(x)+C, \tag{5.1}$$

其中,“$\int$”称为积分号,$f(x)$ 称为被积函数,$f(x)\mathrm{d}x$ 称为被积表达式,x 称为积分变量,任意常数 C 称为积分常数.

由定义可知,求已知函数 $f(x)$ 的不定积分,只需求出 $f(x)$ 的一个原函数,然后再加上任意常数 C 即可.

例 5-4 求下列不定积分:

(1) $\int \mathrm{e}^x \mathrm{d}x$; (2) $\int x^2 \mathrm{d}x$; (3) $\int \sin x \mathrm{d}x$.

解 (1) 由于$(\mathrm{e}^x)' = \mathrm{e}^x$,即 e^x 是 e^x 的一个原函数,所以$\int \mathrm{e}^x \mathrm{d}x = \mathrm{e}^x + C$;

(2) 由于$\left(\frac{1}{3}x^3\right)' = x^2$,即$\frac{1}{3}x^3$ 是 x^2 的一个原函数,所以$\int x^2 \mathrm{d}x = \frac{1}{3}x^3 + C$;

(3) 因为$(-\cos x)' = \sin x$,所以 $-\cos x$ 是 $\sin x$ 的一个原函数,因此

$$\int \sin x \mathrm{d}x = -\cos x + C.$$

5.1.3 不定积分的几何意义

设 $F(x)$ 是 $f(x)$ 的一个原函数,$y = F(x)$ 所表示的曲线称为 $f(x)$ 的一条积分曲线. 由于 $f(x)$ 的不定积分 $\int f(x)\mathrm{d}x$ 所表示的原函数是无穷多个,它们所表示的曲线为一簇曲线,即 $y = F(x) + C$. 如图 5-1 所示,这簇曲线可以由其中任何一条经过上、下平移而得到;且在横坐标相同的点 x_0 处,它们的切线有相同的斜率 $f(x_0)$,即它们的切线彼此平行. C 取不同的常数就表示不同的积分曲线,这就是不定积分的几何意义.

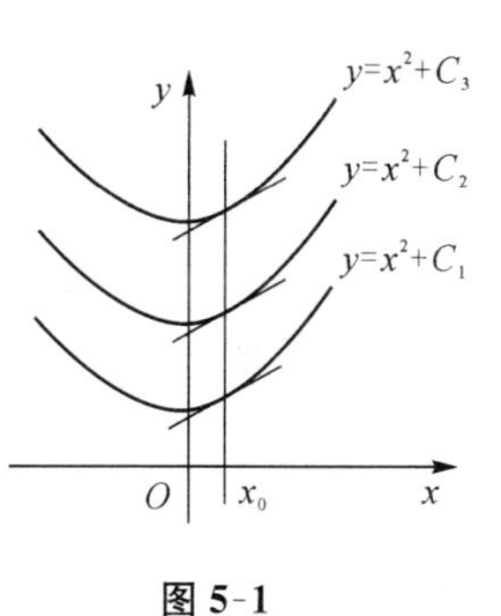

图 5-1

例 5-5 已知一条曲线在点 $M(x,y)$ 处的切线斜率为 $2x$,且曲线过原点,求这条曲线的方程.

解 依题意,得

$$y = \int 2x \mathrm{d}x,$$

因为$(x^2)' = 2x$,所以

$$y = \int 2x \mathrm{d}x = x^2 + C,$$

又因曲线过原点,将 $x = 0$,$y = 0$ 代入上式,得 $0 = 0^2 + C$,即 $C = 0$. 因此,所求曲线的方程为 $y = x^2$.

5.1.4 不定积分的基本性质

由不定积分的定义，容易推出

(1) $\left(\int f(x)\mathrm{d}x\right)' = f(x)$, $\qquad$ (5.2)

或

$$\mathrm{d}\int f(x)\mathrm{d}x = f(x)\mathrm{d}x; \tag{5.2'}$$

(2) $\int F'(x)\mathrm{d}x = F(x) + C$, $\qquad$ (5.3)

或

$$\int \mathrm{d}F(x) = F(x) + C. \tag{5.3'}$$

上式表明，先积分后微分，则两者的作用相互抵消；反过来，先微分后积分，则在二者作用抵消后，加上任意常数 C. 它们表达了积分与微分的互逆关系. 另外，也说明了可以利用微分运算检验积分的结果是否正确.

例 5-6 验证 $\int \frac{1}{x^2}\mathrm{d}x = -\frac{1}{x} + C$ 是否正确.

解 因为 $\left(-\frac{1}{x} + C\right)' = (-x^{-1})' = x^{-2} = \frac{1}{x^2}$，所以 $\int \frac{1}{x^2}\mathrm{d}x = -\frac{1}{x} + C$.

根据不定积分的定义，可以推得它的如下两个性质.

性质 5.1 被积函数中不为零的参数因子可以提到积分号前面，即当 k 为不等于零的常数时，有

$$\int kf(x)\mathrm{d}x = k\int f(x)\mathrm{d}x. \tag{5.4}$$

证 对等式右端求导，得

$$\left(k\int f(x)\mathrm{d}x\right)' = k\left(\int f(x)\mathrm{d}x\right)' = kf(x),$$

这说明 $k\int f(x)\mathrm{d}x$ 是 $kf(x)$ 的一个原函数. 又因为 $k\int f(x)\mathrm{d}x$ 有积分记号，表示它含有任意常数，由不定积分的定义，得

$$\int kf(x)\mathrm{d}x = k\int f(x)\mathrm{d}x.$$

例如，有

$$\int 5\cos x\mathrm{d}x = 5\int \cos x\mathrm{d}x = 5(\sin x + C_1) = 5\sin x + C \quad (C = 5C_1).$$

性质 5.2 两个函数的代数和的不定积分等于这两个函数的不定积分的代数和，即

$$\int[f(x)\pm g(x)]\mathrm{d}x=\int f(x)\mathrm{d}x\pm\int g(x)\mathrm{d}x. \tag{5.5}$$

证　对等式右端求导，得

$$\left[\int f(x)\mathrm{d}x\pm\int g(x)\mathrm{d}x\right]'=\left[\int f(x)\mathrm{d}x\right]'\pm\left[\int g(x)\mathrm{d}x\right]'=f(x)\pm g(x),$$

这说明$\int f(x)\mathrm{d}x\pm\int g(x)\mathrm{d}x$是$f(x)\pm g(x)$的原函数. 又因为$\int f(x)\mathrm{d}x\pm\int g(x)\mathrm{d}x$有积分符号，表示它含有任意常数，由不定积分的定义，得

$$\int[f(x)\pm g(x)]\mathrm{d}x=\int f(x)\mathrm{d}x\pm\int g(x)\mathrm{d}x.$$

对于有限个函数的情况，性质 5.2 也是成立的，即

$$\int[f_1(x)\pm\cdots\pm f_n(x)]\mathrm{d}x=\int f_1(x)\mathrm{d}x\pm\cdots\pm\int f_n(x)\mathrm{d}x.$$

例如，有

$$\int(2x^3+1-\cos x)\mathrm{d}x=2\int x^3\mathrm{d}x+\int\mathrm{d}x-\int\cos x\mathrm{d}x=\frac{x^4}{2}+x-\sin x+C.$$

应当指出，在各项积分后，每一项的不定积分都会有一个任意常数，因为几个任意常数的和仍然是任意常数，所以最后只要写出一个任意常数 C 就行了.

例 5-7　$\int(x^2-1)^2\mathrm{d}x=\int(x^4-2x^2+1)\mathrm{d}x=\int x^4\mathrm{d}x-\int 2x^2\mathrm{d}x+\int 1\mathrm{d}x$

$$=\frac{x^5}{5}-\frac{2x^3}{3}+x+C.$$

5.1.5　不定积分的基本公式

积分是微分的逆运算，如果 $F'(x)=f(x)$，则

$$\int f(x)\mathrm{d}x=F(x)+C.$$

这样，由初等函数的求导公式，不难得到相应的不定积分的基本公式. 现将基本积分公式罗列如下，这些公式是求不定积分的基础，必须熟记.

(1) $\int 0\cdot\mathrm{d}x=C$；　　(2) $\int x^\alpha\mathrm{d}x=\frac{x^{\alpha+1}}{\alpha+1}+C\ (\alpha\neq-1)$；

(3) $\int k\mathrm{d}x=kx+C$；　　(4) $\int\frac{1}{x}\mathrm{d}x=\ln|x|+C$；

(5) $\int a^x\mathrm{d}x=\frac{a^x}{\ln a}+C$；　　(6) $\int\mathrm{e}^x\mathrm{d}x=\mathrm{e}^x+C$；

(7) $\int\cos x\mathrm{d}x=\sin x+C$；　　(8) $\int\sin x\mathrm{d}x=-\cos x+C$；

(9) $\int\frac{1}{\cos^2x}\mathrm{d}x=\int\sec^2x\mathrm{d}x=\tan x+C$；

(10) $\int \frac{1}{\sin^2 x}\mathrm{d}x = \int \csc^2 x\mathrm{d}x = -\cot x + C$;

(11) $\int \sec x\tan x\mathrm{d}x = \sec x + C$;　　(12) $\int \csc x\cot x\mathrm{d}x = -\csc x + C$;

(13) $\int \frac{\mathrm{d}x}{\sqrt{1-x^2}} = \arcsin x + C$;　　(14) $\int \frac{\mathrm{d}x}{1+x^2} = \arctan x + C$.

例 5-8　求不定积分 $\int x^2\sqrt{x}\mathrm{d}x$.

解　根据积分公式(2),得

$$\int x^2\sqrt{x}\mathrm{d}x = \int x^{\frac{5}{2}}\mathrm{d}x = \frac{1}{\frac{5}{2}+1}x^{\frac{5}{2}+1} + C = \frac{2}{7}x^{\frac{7}{2}} + C.$$

例 5-9　求 $\int \frac{\mathrm{d}x}{x\sqrt[3]{x}}$.

解　$\int \frac{\mathrm{d}x}{x\sqrt[3]{x}} = \int x^{-\frac{4}{3}}\mathrm{d}x = \frac{x^{-\frac{4}{3}+1}}{-\frac{4}{3}+1} + C = -\frac{3\sqrt[3]{x^2}}{x} + C.$

例 5-10　求 $\int 10^x \cdot e^x\mathrm{d}x$.

解　根据积分公式(5),得

$$\int 10^x \cdot e^x\mathrm{d}x = \int (10e)^x\mathrm{d}x = \frac{(10e)^x}{\ln(10e)} + C = \frac{10^x \cdot e^x}{1+\ln 10} + C.$$

5.1.6　直接积分法

在求积分问题中,有的直接用积分的两个性质和基本公式就能求出结果;有的被积函数需经过简单的恒等变形(包括代数和三角的恒等变形),再利用不定积分的两个性质及基本公式就可求出结果.这种求不定积分的方法称为直接积分法.

例 5-11　求 $\int \left(\cos x - a^x + \frac{1}{\cos^2 x}\right)\mathrm{d}x$.

解　$\int \left(\cos x - a^x + \frac{1}{\cos^2 x}\right)\mathrm{d}x = \int \cos x\mathrm{d}x - \int a^x\mathrm{d}x + \int \sec^2 x\mathrm{d}x$

$$= \sin x - \frac{a^x}{\ln a} + \tan x + C.$$

例 5-12　求 $\int \frac{x^3 - 3x^2 + 2x + 4}{x^2}\mathrm{d}x$.

解　$\int \frac{x^3 - 3x^2 + 2x + 4}{x^2}\mathrm{d}x = \int x\mathrm{d}x - 3\int \mathrm{d}x + 2\int \frac{1}{x}\mathrm{d}x + 4\int x^{-2}\mathrm{d}x$

$$= \frac{1}{2}x^2 - 3x + 2\ln|x| - \frac{4}{x} + C.$$

例 5-13 求$\int \frac{2x^2+1}{x^2(x^2+1)}\mathrm{d}x$.

解 将分子 $2x^2+1$ 拆成$(x^2+1)+x^2$,即将分式分成两个分式的代数和,然后再积分. 于是

$$\begin{aligned}\int \frac{2x^2+1}{x^2(x^2+1)}\mathrm{d}x &= \int \frac{(x^2+1)+x^2}{x^2(x^2+1)}\mathrm{d}x \\ &= \int \frac{x^2+1}{x^2(x^2+1)}\mathrm{d}x + \int \frac{x^2}{x^2(x^2+1)}\mathrm{d}x \\ &= \int \frac{\mathrm{d}x}{x^2} + \int \frac{\mathrm{d}x}{x^2+1} = -\frac{1}{x} + \arctan x + C.\end{aligned}$$

例 5-14 求$\int \frac{x^4}{x^2+1}\mathrm{d}x$.

解 将分子减一项、加一项变形后再进行积分,即

$$\begin{aligned}\int \frac{x^4}{x^2+1}\mathrm{d}x &= \int \frac{x^4-1+1}{x^2+1}\mathrm{d}x = \int \frac{(x^2-1)(x^2+1)}{x^2+1}\mathrm{d}x + \int \frac{1}{x^2+1}\mathrm{d}x \\ &= \int (x^2-1)\mathrm{d}x + \int \frac{\mathrm{d}x}{x^2+1} = \frac{x^3}{3} - x + \arctan x + C.\end{aligned}$$

例 5-15 求$\int \cos^2 \frac{x}{2}\mathrm{d}x$.

解 先进行三角恒等变换,然后再积分,即

$$\int \cos^2 \frac{x}{2}\mathrm{d}x = \int \frac{1+\cos x}{2}\mathrm{d}x = \frac{1}{2}\int (1+\cos x)\mathrm{d}x = \frac{1}{2}(x+\sin x) + C.$$

例 5-16 求$\int \frac{1}{\sin^2 x\cos^2 x}\mathrm{d}x$.

解 由于 $\sin^2 x + \cos^2 x = 1$,将被积函数变形,得

$$\begin{aligned}\int \frac{1}{\sin^2 x\cos^2 x}\mathrm{d}x &= \int \frac{\sin^2 x + \cos^2 x}{\sin^2 x\cos^2 x}\mathrm{d}x = \int \frac{1}{\cos^2 x}\mathrm{d}x + \int \frac{1}{\sin^2 x}\mathrm{d}x \\ &= \int \sec^2 x\mathrm{d}x + \int \csc^2 x\mathrm{d}x = \tan x - \cot x + C.\end{aligned}$$

5.2 换元积分法

利用基本积分表与不定积分的性质,所能计算的不定积分是非常有限的. 因此,有必要进一步来研究不定积分的求法. 把复合函数的微分法反过来求不定积分,利用中间变量的代换得到复合函数的积分法称为换元积分法,简称换元法.

我们先看一个例子.

例 5-17 求$\int \mathrm{e}^{2x}\mathrm{d}x$.

解 在基本公式里虽有$\int e^x dx = e^x + C$的公式，但这里我们不能直接应用，因为被积函数是一个复合函数. 为了能应用这个积分公式，我们把被积式先作如下变形：

$$e^{2x} dx = \frac{1}{2} e^{2x} d(2x),$$

从而得

$$\int e^{2x} dx = \frac{1}{2} \int e^{2x} d(2x).$$

令$2x = u$，于是$du = 2dx$，$e^{2x} dx = \frac{1}{2} e^u du$，然后再进行计算. 即

$$\int e^{2x} dx = \frac{1}{2} e^u + C \xlongequal{u=2x} \frac{1}{2} e^{2x} + C.$$

由于$\left(\frac{1}{2} e^{2x} + C\right)' = e^{2x}$，可见$\frac{1}{2} e^{2x} + C$确实是$e^{2x}$的不定积分.

例5-17解法的特点是引入新的变量$u = 2x$，把原来积分变量为x的积分化为积分变量为u的积分，再利用基本公式

$$\int e^x dx = e^x + C, \quad 得 \quad \int e^u du = e^u + C,$$

最后再回代$u = 2x$而得出其积分.

一般的，若$\int f(x) dx = F(x) + C$成立，则对于x的任一可导函数$u = \varphi(x)$，仍有

$$\int f(u) du = F(u) + C.$$

例5-18 求$\int (2x-1)^{10} dx$.

解 $$\int (2x-1)^{10} dx = \frac{1}{2} \int (2x-1)^{10} d(2x-1) \xlongequal{令 2x-1=u} \frac{1}{2} \int u^{10} du$$

$$= \frac{1}{22} u^{11} + C \xlongequal{回代 u=2x-1} \frac{1}{22} (2x-1)^{11} + C.$$

分析上面两个不定积分的求解过程，可以看出它们都是先把被积表达式"凑"成某一函数的微分，然后作变量代换，化为推广了的基本积分公式表中的形式进行积分，最后回代原变量而求得结果. 这种积分法称为第一类换元积分法，又称为凑微分法.

5.2.1 第一类换元积分法

一般的，定义积分$\int g(x) dx$，如果它能凑成以下形式：

$$\int f[\varphi(x)]\varphi'(x)\mathrm{d}x \quad \text{或} \quad \int f[\varphi(x)]\mathrm{d}\varphi(x),$$

此时，令 $\varphi(x)=u$，则上式就可变为$\int f(u)\mathrm{d}u$，如果这个积分可利用基本积分公式求得，即

$$\int f(u)\mathrm{d}u = F(u)+C,$$

那么，用关系式 $u=\varphi(x)$ 将变量 u 代换即得

$$\int g(x)\mathrm{d}x = F(\varphi(x))+C.$$

上述用凑微分法求不定积分的过程，可表示为

$$\int g(x)\mathrm{d}x \xlongequal{\text{凑微分}} \int f[\varphi(x)]\mathrm{d}\varphi(x) \xlongequal{\text{换元，令}\varphi(x)=u} \int f(u)\mathrm{d}u$$

$$= F(u)+C \xlongequal{\text{回代 } u=\varphi(x)} F[\varphi(x)]+C.$$

以下是常用凑微分等式，熟记这些等式有助于提高求不定积分的能力.

(1) $\mathrm{d}x=\frac{1}{a}\mathrm{d}(ax+b)$；

(2) $x\mathrm{d}x=\frac{1}{2}\mathrm{d}x^2$；

(3) $\frac{\mathrm{d}x}{\sqrt{x}}=2\mathrm{d}\sqrt{x}$；

(4) $\mathrm{e}^x\mathrm{d}x=\mathrm{d}\mathrm{e}^x$；

(5) $\frac{\mathrm{d}x}{x}=\mathrm{d}\ln|x|$；

(6) $\frac{\mathrm{d}x}{x^2}=-\mathrm{d}\frac{1}{x}$；

(7) $\sin x\mathrm{d}x=-\mathrm{d}\cos x$；

(8) $\cos x\mathrm{d}x=\mathrm{d}\sin x$；

(9) $\frac{1}{\cos^2 x}\mathrm{d}x=\mathrm{d}\tan x$；

(10) $\frac{1}{\sin^2 x}\mathrm{d}x=-\mathrm{d}\cot x$；

(11) $\frac{1}{\sqrt{1-x^2}}\mathrm{d}x=\mathrm{d}\arcsin x$；

(12) $\frac{1}{1+x^2}\mathrm{d}x=\mathrm{d}\arctan x$.

例 5-19　求$\int\frac{\mathrm{d}x}{ax+b}$.

解　因为 $\mathrm{d}x=\frac{1}{a}\mathrm{d}(ax+b)$，所以

$$\int\frac{\mathrm{d}x}{ax+b} \xlongequal{\text{凑微分}} \frac{1}{a}\int\frac{1}{ax+b}\mathrm{d}(ax+b) \xlongequal{\text{换元，令}u=ax+b} \frac{1}{a}\int\frac{1}{u}\mathrm{d}u$$

$$=\frac{1}{a}\ln|u|+C \xlongequal{\text{回代}u=ax+b} \frac{1}{a}\ln|ax+b|+C.$$

例 5-20　求$\int\frac{\mathrm{d}x}{a^2+x^2}$.

解　$$\int\frac{\mathrm{d}x}{a^2+x^2}=\int\frac{1}{a^2}\cdot\frac{\mathrm{d}x}{1+\frac{x^2}{a^2}}=\frac{1}{a}\int\frac{\mathrm{d}\left(\frac{x}{a}\right)}{1+\left(\frac{x}{a}\right)^2} \xlongequal{\text{令}u=\frac{x}{a}} \frac{1}{a}\int\frac{\mathrm{d}u}{1+u^2}$$

$$= \frac{1}{a}\arctan u + C = \frac{1}{a}\arctan\frac{x}{a} + C.$$

同理可求得

$$\int \frac{\mathrm{d}x}{\sqrt{a^2 - x^2}} = \arcsin\frac{x}{a} + C.$$

例 5-21 求$\int x\sqrt{x^2+3}\,\mathrm{d}x$.

解 $\int x\sqrt{x^2+3}\,\mathrm{d}x = \frac{1}{2}\int\sqrt{x^2+3}\,\mathrm{d}(x^2+3) \xlongequal{令x^2+3=u} \frac{1}{2}\int\sqrt{u}\,\mathrm{d}u$

$$= \frac{1}{3}u^{\frac{3}{2}} + C = \frac{1}{3}(x^2+3)^{\frac{3}{2}} + C.$$

归纳起来,利用凑微分法求不定积分的步骤是"凑→换元→积分→回代",关键是"凑"这一步,而中间变量 u 替换这一步在运算熟练后可以省略不写.

例 5-22 求$\int \frac{\ln x}{x}\mathrm{d}x$.

解 $\int \frac{\ln x}{x}\mathrm{d}x = \int \ln x\,\mathrm{d}\ln x = \frac{1}{2}(\ln x)^2 + C.$

例 5-23 求$\int \frac{\sin(\sqrt{x}+1)}{\sqrt{x}}\mathrm{d}x$.

解 $\int \frac{\sin(\sqrt{x}+1)}{\sqrt{x}}\mathrm{d}x = 2\int\sin(\sqrt{x}+1)\,\mathrm{d}(\sqrt{x}+1) = -2\cos(\sqrt{x}+1) + C.$

例 5-24 求$\int \frac{1-x}{1+3x^2}\mathrm{d}x$.

解 $\int \frac{1-x}{1+3x^2}\mathrm{d}x = \int \frac{\mathrm{d}x}{1+3x^2} - \frac{1}{6}\int\frac{\mathrm{d}(1+3x^2)}{1+3x^2}$

$$= \frac{1}{\sqrt{3}}\arctan\sqrt{3}x - \frac{1}{6}\ln(1+3x^2) + C.$$

例 5-25 求$\int \frac{x+1}{x^2+2x+3}\mathrm{d}x$.

解 因为$(x^2+2x+3)' = 2(x+1)$,$(x+1)\mathrm{d}x = \frac{1}{2}\mathrm{d}(x^2+2x+3)$,所以

$$\int \frac{x+1}{x^2+2x+3}\mathrm{d}x = \frac{1}{2}\int\frac{\mathrm{d}(x^2+2x+3)}{x^2+2x+3} = \frac{1}{2}\ln|x^2+2x+3| + C.$$

例 5-26 求$\int \frac{\mathrm{d}x}{(x-a)(x-b)}$.

解 因为$\frac{1}{(x-a)(x-b)} = \frac{1}{a-b}\left(\frac{1}{x-a} - \frac{1}{x-b}\right)$,所以

$$\int \frac{\mathrm{d}x}{(x-a)(x-b)} = \frac{1}{a-b}\int\left(\frac{1}{x-a} - \frac{1}{x-b}\right)\mathrm{d}x$$

$$= \frac{1}{a-b}(\ln|x-a|-\ln|x-b|)+C$$

$$= \frac{1}{a-b}\ln\left|\frac{x-a}{x-b}\right|+C.$$

特别的，有

$$\int \frac{dx}{x^2-a^2} = \frac{1}{2a}\ln\left|\frac{x-a}{x+a}\right|+C.$$

例 5-27 求$\int \tan x dx$.

解 $\int \tan x dx = \int \frac{\sin x}{\cos x}dx = -\int \frac{d\cos x}{\cos x} = -\ln|\cos x|+C.$

类似可得

$$\int \cot x dx = \ln|\sin x|+C.$$

例 5-28 求$\int \frac{dx}{\sin x}$.

解 $\int \frac{dx}{\sin x} = \int \frac{\sin^2\frac{x}{2}+\cos^2\frac{x}{2}}{2\sin\frac{x}{2}\cos\frac{x}{2}}dx = \int\left(\tan\frac{x}{2}+\cot\frac{x}{2}\right)d\left(\frac{x}{2}\right)$

$$= -\ln\left|\cos\frac{x}{2}\right|+\ln\left|\sin\frac{x}{2}\right|+C = \ln\left|\tan\frac{x}{2}\right|+C.$$

又因为

$$\tan\frac{x}{2} = \frac{\sin\frac{x}{2}}{\cos\frac{x}{2}} = \frac{2\sin^2\frac{x}{2}}{2\sin\frac{x}{2}\cos\frac{x}{2}} = \frac{1-\cos x}{\sin x} = \csc x-\cot x,$$

所以

$$\int \frac{dx}{\sin x} = \ln|\csc x-\cot|+C.$$

例 5-29 求$\int \frac{dx}{\cos x}$.

解 利用上例结果有

$$\int \frac{dx}{\cos x} = \int \frac{d\left(\frac{\pi}{2}+x\right)}{\sin\left(\frac{\pi}{2}+x\right)} = \ln\left|\csc\left(\frac{\pi}{2}+x\right)-\cot\left(\frac{\pi}{2}+x\right)\right|+C$$

$$= \ln|\sec x+\tan x|+C.$$

例 5-30 求$\int \frac{\arctan x}{1+x^2}dx$.

解 $\int \frac{\arctan x}{1+x^2}dx = \int \arctan x d(\arctan x) = \frac{1}{2}(\arctan x)^2 + C.$

例 5-31 求$\int \sin^2 x \cdot \cos^5 x dx.$

解
$$\begin{aligned}\int \sin^2 x \cdot \cos^5 x dx &= \int \sin^2 x \cdot \cos^4 x d(\sin x)\\ &= \int \sin^2 x \cdot (1-\sin^2 x)^2 d(\sin x)\\ &= \int (\sin^2 x - 2\sin^4 x + \sin^6 x) d(\sin x)\\ &= \frac{1}{3}\sin^3 x - \frac{2}{5}\sin^5 x + \frac{1}{7}\sin^7 x + C.\end{aligned}$$

注:当被积函数是三角函数的乘积形式时,拆开奇次项去凑微分;当被积函数为三角函数的偶数次幂形式时,常用半角公式通过降低幂次的方法来计算.

例 5-32 求$\int \tan x \sec^3 x dx.$

解 $\int \tan x \sec^3 x dx = \int \sec^2 x d\sec x = \frac{1}{3}\sec^3 x + C.$

同一积分可以有几种不同的解法,其结果形式上可能不同,但实际上它们最多相差一个积分常数,要验证只需将其结果求导,若等于被积函数就是正确的(如下例).

例 5-33 求$\int \cos x \sin x dx.$

解法 1
$$\begin{aligned}\int \cos x \sin x dx &= \frac{1}{2}\int 2\sin x \cos x dx = \frac{1}{2}\cdot\frac{1}{2}\int \sin 2x d(2x)\\ &= -\frac{1}{4}\cos 2x + C;\end{aligned}$$

解法 2 $\int \cos x \sin x dx = \int \sin x d\sin x = \frac{1}{2}\sin^2 x + C;$

解法 3 $\int \cos x \sin x dx = -\int \cos x d\cos x = -\frac{1}{2}\cos^2 x + C.$

容易验证:

$$\left(-\frac{1}{4}\cos 2x + C\right)' = \left(\frac{1}{2}\sin^2 x + C\right)' = \left(-\frac{1}{2}\cos^2 x + C\right)' = \cos x \sin x.$$

5.2.2 第二类换元积分法

第一类换元积分法是通过选择新积分变量 u,用 $u=\varphi(x)$ 进行换元,从而使 $\int f[\varphi(x)]\varphi'(x)dx$ 化成$\int f(u)du$,使之可用基本积分公式求出. 而有些积分需要做相反方式的换元，即令 $x=\psi(t)$，才能比较顺利的求出结果.

例 5-34 求 $\int\frac{\mathrm{d}x}{1+\sqrt{x}}$.

解 求这个积分的主要困难是分式中的分母出现根式，它很难用凑微分法求出，因此先作代换，把根式消去.

令 $\sqrt{x}=t$，则 $x=t^2$，$\mathrm{d}x=2t\mathrm{d}t$. 于是

$$\int\frac{\mathrm{d}x}{1+\sqrt{x}}=\int\frac{2t}{1+t}\mathrm{d}t=2\int\left(1-\frac{1}{1+t}\right)\mathrm{d}t=2(t-\ln|1+t|)+C$$

$$\xlongequal{\text{代回原变量}}2(\sqrt{x}-\ln(1+\sqrt{x}))+C.$$

从上例可以看出，在某些不定积分 $\int f(x)\mathrm{d}x$ 中，若令 $x=\psi(t)$，且 $x=\psi(t)$ 单调、可导，又 $\psi'(t)\neq 0$，于是将 $\int f(x)\mathrm{d}x$ 化为 $\int f[\psi(t)]\psi'(t)\mathrm{d}t=\int g(t)\mathrm{d}t$. 如果积分 $\int g(t)\mathrm{d}t$ 能够积出，即

$$\int g(t)\mathrm{d}t=G(t)+C,$$

再代回原来的变量，即得

$$\int f(x)\mathrm{d}x=G[\psi^{-1}(x)]+C,$$

其中 $t=\psi^{-1}(x)$ 是代换 $x=\psi(t)$ 的反函数. 这种换元积分法称为第二类换元积分法.

上述用第二类换元积分法求积分的过程，可表示为

$$\int f(x)\mathrm{d}x\xlongequal{\text{换元，令}x=\psi(t)}\int f[\psi(t)]\psi'(t)\mathrm{d}t=\int g(t)\mathrm{d}t$$

$$=G(t)+C\xlongequal{\text{回代 }t=\psi^{-1}(x)}G[\psi^{-1}(x)]+C.$$

例 5-35 求 $\int\frac{\sqrt{x-1}}{x}\mathrm{d}x$.

解 为消去根式，令 $\sqrt{x-1}=t$，则 $x=t^2+1$，$\mathrm{d}x=2t\mathrm{d}t$，于是

$$\int\frac{\sqrt{x-1}}{x}\mathrm{d}x=2\int\frac{t^2}{1+t^2}\mathrm{d}t=2\int\frac{(1+t^2)-1}{1+t^2}\mathrm{d}t=2\int\left(1-\frac{1}{1+t^2}\right)\mathrm{d}t$$

$$=2(t-\arctan t)+C=2(\sqrt{x-1}-\arctan\sqrt{x-1})+C.$$

例 5-36 求 $\int\sqrt{\mathrm{e}^x+1}\,\mathrm{d}x$.

解 令 $\sqrt{\mathrm{e}^x+1}=t$，则 $\mathrm{e}^x=t^2-1$，得

$$x=\ln(t^2-1),\quad \mathrm{d}x=\frac{2t}{t^2-1}\mathrm{d}t,$$

则

$$原式=\int t\cdot\frac{2t}{t^2-1}\mathrm{d}t=2\int\left(1+\frac{1}{t^2-1}\right)\mathrm{d}t=2t+\ln\frac{t-1}{t+1}+C$$

$$=2\sqrt{\mathrm{e}^x+1}+\ln(\sqrt{\mathrm{e}^x+1}-1)-\ln(\sqrt{\mathrm{e}^x+1}+1)+C.$$

例 5-37 求$\int\sqrt{a^2-x^2}\,\mathrm{d}x\ (a>0)$.

解 令 $x=a\sin t\left(-\frac{\pi}{2}\leqslant t\leqslant\frac{\pi}{2}\right)$,则

$$\sqrt{a^2-x^2}=\sqrt{a^2-a^2\sin^2t}=a\sqrt{1-\sin^2t}=a\cos t,\quad \mathrm{d}x=a\cos t\mathrm{d}t,$$

即作三角代换 $x=a\sin t$ 可以消去根号,于是

$$\int\sqrt{a^2-x^2}\,\mathrm{d}x=\int a\cos t\cdot a\cos t\mathrm{d}t=a^2\int\cos^2t\mathrm{d}t$$

$$=\frac{a^2}{2}\int(1+\cos 2t)\mathrm{d}t=\frac{a^2}{2}\left(t+\frac{1}{2}\sin 2t\right)+C.$$

由于 $x=a\sin t$,从而 $t=\arcsin\frac{x}{a}$. 由如图 5-2 所示的辅助三角形,知

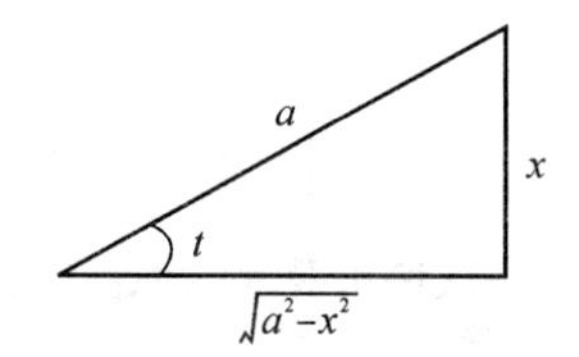

图 5-2

$$\cos t=\frac{\sqrt{a^2-x^2}}{a},$$

$$\sin 2t=2\sin t\cos t=2\cdot\frac{x}{a}\cdot\frac{\sqrt{a^2-x^2}}{a}$$

$$=\frac{2x}{a^2}\sqrt{a^2-x^2},$$

因此

$$\int\sqrt{a^2-x^2}\,\mathrm{d}x=\frac{a^2}{2}\arcsin\frac{x}{a}+\frac{x}{2}\sqrt{a^2-x^2}+C.$$

例 5-38 求$\int\frac{\mathrm{d}x}{\sqrt{x^2+a^2}}\ (a>0)$.

解 由于被积函数$\frac{1}{\sqrt{x^2+a^2}}$的定义域为$(-\infty,+\infty)$,因此设

$$x=a\tan t\quad\left(-\frac{\pi}{2}<t<\frac{\pi}{2}\right),$$

便可消去根式,即

$$\sqrt{a^2+x^2}=\sqrt{a^2\tan^2t+a^2}=a\sqrt{1+\tan^2t}=a\sec t,\quad \mathrm{d}x=a\sec^2t\mathrm{d}t,$$

于是

$$\int\frac{\mathrm{d}x}{\sqrt{x^2+a^2}}=\int\frac{a\sec^2t}{a\sec t}\mathrm{d}t=\int\sec t\mathrm{d}t,$$

由例 5-29 的结果，得

$$\int \frac{\mathrm{d}x}{\sqrt{x^2+a^2}} = \int \sec t\mathrm{d}t = \ln|\sec t + \tan t| + C_1.$$

根据 $\tan t = \frac{x}{a}$ 作辅助三角形（见图 5-3），于是有 $\sec t = \frac{\sqrt{x^2+a^2}}{a}$. 因此

$$\begin{aligned}\int \frac{\mathrm{d}x}{\sqrt{x^2+a^2}} &= \ln\left|\frac{\sqrt{x^2+a^2}}{a} + \frac{x}{a}\right| + C_1\\ &= \ln\left|\frac{x+\sqrt{x^2+a^2}}{a}\right| + C_1\\ &= \ln|x+\sqrt{x^2+a^2}| + C,\end{aligned}$$

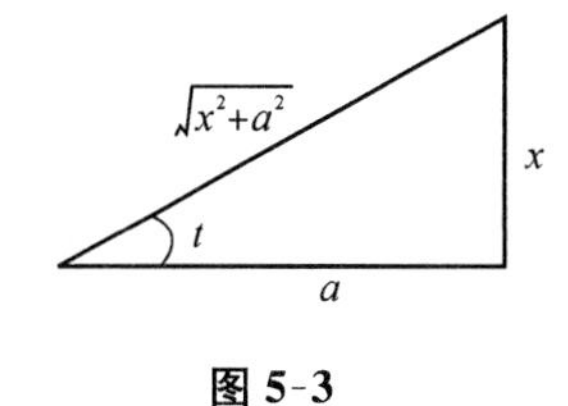

图 5-3

其中，$C = C_1 - \ln a$.

类似的，令 $x = a\sec t\left(0 < t < \frac{\pi}{2} \text{ 或 } \pi < t < \frac{3}{2}\pi\right)$，可得

$$\int \frac{\mathrm{d}x}{\sqrt{x^2-a^2}} = \ln|x+\sqrt{x^2-a^2}| + C \quad (a>0),$$

于是

$$\int \frac{\mathrm{d}x}{\sqrt{x^2 \pm a^2}} = \ln|x+\sqrt{x^2 \pm a^2}| + C \quad (a>0).$$

这样的代换通常称为三角代换. 对于一个积分什么时候作上面代换，要具体问题具体分析. 当被积函数含有 $\sqrt{a^2-x^2}$ 或 $\sqrt{x^2 \pm a^2}$ 时，通常采用如下的三角代换以消去根号：

(1) 含有 $\sqrt{a^2-x^2}$ 时，可设 $x = a\sin t$；

(2) 含有 $\sqrt{a^2+x^2}$ 时，可设 $x = a\tan t$；

(3) 含有 $\sqrt{x^2-a^2}$ 时，可设 $x = a\sec t$.

在本节例题中有些积分可作为公式，还有一些常用公式，现归纳如下：

(1) $\int \tan x\mathrm{d}x = -\ln|\cos x| + C$；

(2) $\int \cot x\mathrm{d}x = \ln|\sin x| + C$；

(3) $\int \sec x\mathrm{d}x = \ln|\sec x + \tan x| + C$；

(4) $\int \csc x\mathrm{d}x = \ln|\csc x - \cot x| + C$；

(5) $\int \frac{\mathrm{d}x}{x^2-a^2} = \frac{1}{2a}\ln\left|\frac{x-a}{x+a}\right| + C$；

(6) $\int \frac{\mathrm{d}x}{x^2+a^2} = \frac{1}{a}\arctan\frac{x}{a} + C$；

(7) $\int \frac{dx}{\sqrt{a^2-x^2}}=\arcsin\frac{x}{a}+C\ (a>0)$；

(8) $\int \sqrt{a^2-x^2}\,dx=\frac{a^2}{2}\arcsin\frac{x}{a}+\frac{x}{2}\sqrt{a^2-x^2}+C\ (a>0)$；

(9) $\int \frac{dx}{\sqrt{x^2\pm a^2}}=\ln\left|x+\sqrt{x^2\pm a^2}\right|+C\ (a>0)$.

例 5-39 用两种换元法求积分$\int \frac{x}{\sqrt{x+3}}dx$.

解法 1 用第二换元法，令$\sqrt{x+3}=t$，则$x=t^2-3$，$dx=2tdt$，于是有

$$\int \frac{x}{\sqrt{x+3}}dx=\int \frac{t^2-3}{t}2tdt=2\int (t^2-3)dt=2\left(\frac{t^3}{3}-3t\right)+C$$

$$=\frac{2}{3}\sqrt{(x+3)^3}-6\sqrt{x+3}+C.$$

解法 2 用第一换元法，有

$$\int \frac{x}{\sqrt{x+3}}dx=\int \frac{(x+3)-3}{\sqrt{x+3}}dx$$

$$=\int \sqrt{x+3}\,d(x+3)-\int \frac{3}{\sqrt{x+3}}d(x+3)$$

$$=\frac{2}{3}\sqrt{(x+3)^3}-6\sqrt{x+3}+C.$$

当被积函数含有$\frac{1}{x^n}$时，常用一种很有用的代换——倒代换：$x=\frac{1}{t}$，利用它常可消去被积函数分母中的变量因子x，化简被积表达式. 特别当分母的次数高于分子的次数时，可首先考虑用倒代换.

例 5-40 求$\int \frac{\sqrt{a^2-x^2}}{x^4}dx$.

解 令$x=\frac{1}{t}$，得$dx=\frac{-1}{t^2}dt$，则

$$\text{原式}=\int \frac{\sqrt{a^2-\frac{1}{t^2}}}{\frac{1}{t^4}}\cdot\frac{-1}{t^2}dt=-\int (a^2t^2-1)^{\frac{1}{2}}\,|t|\,dt.$$

当$x>0$时，有

$$\text{原式}=-\frac{1}{2a^2}\int (a^2t^2-1)^{\frac{1}{2}}d(a^2t^2-1)=-\frac{(a^2t^2-1)^{\frac{3}{2}}}{3a^2}+C$$

$$=-\frac{(a^2-x^2)^{\frac{3}{2}}}{3a^2x^3}+C.$$

当 $x<0$ 时，类似可得同样结果.

例 5-40 也可采用三角代换去掉根号，但是采用倒代换 $\left(x=\frac{1}{t}\right)$ 更为方便. 因此我们在解题时，需要根据被积函数的具体情况选择更简捷的代换，而不是局限于三角代换. 但是要注意的是，只有当分母的最高次幂减去分子的最高次幂大于 1 时，使用倒代换才可能奏效.

5.3　分部积分法

换元积分法是一种重要的积分法，但它不能解决下面一类函数的不定积分问题，例如 $\int x\sin x\mathrm{d}x$，$\int x\mathrm{e}^x\mathrm{d}x$，$\int \mathrm{e}^x\sin x\mathrm{d}x$ 等. 本节将从函数乘积的微分公式出发，导出另一种基本积分法 —— 分部积分法.

设函数 $u=u(x)$，$v=v(x)$ 具有连续导数，根据函数乘积的微分运算法则，有

$$\mathrm{d}(uv)=u\mathrm{d}v+v\mathrm{d}u,$$

移项，得

$$u\mathrm{d}v=\mathrm{d}(uv)-v\mathrm{d}u,$$

对上式两边分别积分，得

$$\int u\mathrm{d}v=uv-\int v\mathrm{d}u, \tag{5.6}$$

或

$$\int uv'\mathrm{d}x=uv-\int vu'\mathrm{d}x. \tag{5.6$'$}$$

上式称为不定积分的分部积分公式. 这个公式的作用在于把左边的不定积分 $\int u\mathrm{d}v$ 转化为右边的不定积分 $\int v\mathrm{d}u$，这两个积分的区别是 u 和 v 换了位置. 如果 $\int u\mathrm{d}v$ 不易计算，而 $\int v\mathrm{d}u$ 容易计算，那么这个公式就起到化难为易的作用. 应用这个公式求不定积分的方法称为分部积分法.

下面通过例子说明如何运用这个重要的公式.

例 5-41　求 $\int x\cos x\mathrm{d}x$.

解　设 $u=x$，$\mathrm{d}v=\cos x\mathrm{d}x=\mathrm{d}\sin x$，则 $\mathrm{d}u=\mathrm{d}x$，$v=\sin x$. 代入分部积分公式，得

$$\int x\cos x\mathrm{d}x=\int x\mathrm{d}\sin x=x\sin x-\int \sin x\mathrm{d}x=x\sin x+\cos x+C.$$

需要说明的是，如果改设 $u=\cos x$，$\mathrm{d}v=x\mathrm{d}x=\mathrm{d}\left(\frac{1}{2}x^2\right)$，则 $\mathrm{d}u=-\sin x\mathrm{d}x$，

$v=\frac{1}{2}x^2$. 代入分部积分公式，得

$$\int x\cos x\mathrm{d}x=\int\cos x\mathrm{d}\left(\frac{1}{2}x^2\right)=\frac{1}{2}x^2\cos x-\frac{1}{2}\int x^2\mathrm{d}\cos x$$
$$=\frac{1}{2}x^2\cos x+\frac{1}{2}\int x^2\sin x\mathrm{d}x,$$

转换出来的积分$\int x^2\sin x$ 比原来的积分$\int x\cos x\mathrm{d}x$ 更为复杂，没有起到化难为易的作用.

由此可见，正确运用分部积分法，关键在于如何恰当选择 u 与 $\mathrm{d}v$. 选择 u 与 $\mathrm{d}v$ 时，一般要考虑到两点：

(1) v 要容易求得；

(2) 要使$\int v\mathrm{d}u$ 比$\int u\mathrm{d}v$ 容易积出.

在解题比较熟练后，就不必写出 u 与 $\mathrm{d}v$，可直接写成公式的形式然后积分. 有些函数的积分需要连续多次应用分部积分法.

例 5-42 求$\int x^2\sin x\mathrm{d}x$.

解 $$\int x^2\sin x\mathrm{d}x=\int x^2\mathrm{d}(-\cos x)=-x^2\cos x+\int\cos x\mathrm{d}(x^2)$$
$$=-x^2\cos x+2\int x\cos x\mathrm{d}x$$
$$=-x^2\cos x+2x\sin x+2\cos x+C.$$

例 5-43 求$\int xe^x\mathrm{d}x$.

解 $$\int xe^x\mathrm{d}x=xe^x-\int e^x\mathrm{d}x=xe^x-e^x+C.$$

从上面 3 个例子可以看出，对于形如$\int x^nf(x)\mathrm{d}x$ 型的不定积分(n 是正整数，$f(x)$ 为正(余) 弦函数或指数函数)，可用分部积分法积分. 此时应令 $u=x^n$，$\mathrm{d}v=f(x)\mathrm{d}x$，这样用一次分部积分法就使 x^n 降为 x^{n-1}.

例 5-44 求$\int x^2\ln x\mathrm{d}x$.

解 $$\int x^2\ln x\mathrm{d}x=\int\ln x\mathrm{d}\left(\frac{1}{3}x^3\right)=\frac{1}{3}x^3\ln x-\frac{1}{3}\int x^3\mathrm{d}\ln x$$
$$=\frac{1}{3}x^3\ln x-\frac{1}{9}x^3+C.$$

例 5-45 求$\int\arcsin x\mathrm{d}x$.

解 $\int \arcsin x\mathrm{d}x = x\arcsin x - \int x\mathrm{d}\arcsin x = x\arcsin x - \int \frac{x}{\sqrt{1-x^2}}\mathrm{d}x$

$= x\arcsin x + \sqrt{1-x^2} + C.$

例 5-46 求$\int x\arctan x\mathrm{d}x$.

解 $\int x\arctan x\mathrm{d}x = \int \arctan x\mathrm{d}\left(\frac{x^2}{2}\right) = \frac{x^2}{2}\arctan x - \int \frac{x^2}{2}\cdot\frac{\mathrm{d}x}{1+x^2}$

$= \frac{x^2}{2}\arctan x - \frac{1}{2}\int \frac{x^2+1-1}{1+x^2}\mathrm{d}x$

$= \frac{x^2}{2}\arctan x - \frac{1}{2}(x - \arctan x) + C.$

从上面 3 个例子可以看出，对于形如$\int x^m g(x)\mathrm{d}x$ 型的不定积分（m 为自然数，$g(x)$ 为对数函数或反三角函数），可用分部积分法积分. 此时，应令 $u = g(x)$，$\mathrm{d}v = x^m\mathrm{d}x$，即 $v = \frac{x^{m+1}}{m+1}$.

例 5-47 求$\int \mathrm{e}^x\cos 2x\mathrm{d}x$.

解 因为

$$\int \mathrm{e}^x\cos 2x\mathrm{d}x = \int \cos 2x\mathrm{d}\mathrm{e}^x = \mathrm{e}^x\cos 2x + 2\int \mathrm{e}^x\sin 2x\mathrm{d}x$$

$$= \mathrm{e}^x\cos 2x + 2\mathrm{e}^x\sin 2x - 4\int \mathrm{e}^x\cos 2x\mathrm{d}x,$$

移项，得

$$\int \mathrm{e}^x\cos 2x\mathrm{d}x = \frac{1}{5}\mathrm{e}^x(\cos 2x + 2\sin 2x) + C.$$

注：若被积函数是指数函数与正（余）弦函数的乘积形式，则 u 和 $\mathrm{d}v$ 可随意选取，但在两次分部积分中，必须选用同类型的 u，以便经过两次分部积分后产生循环式，从而解得所求积分.

例 5-48 求$\int \sec^3 x\mathrm{d}x$.

解 因为

$$\int \sec^3 x\mathrm{d}x = \int \sec x\sec^2 x\mathrm{d}x = \int \sec x\mathrm{d}(\tan x) = \sec x\tan x - \int \tan^2 x\sec x\mathrm{d}x$$

$$= \sec x\tan x - \int (\sec^2 x - 1)\sec x\mathrm{d}x$$

$$= \sec x\tan x - \int \sec^3 x\mathrm{d}x + \int \sec x\mathrm{d}x$$

$$= \sec x\tan x - \int \sec^3 x\mathrm{d}x + \ln|\sec x + \tan x|,$$

所以

$$\int \sec^3 x\mathrm{d}x = \frac{1}{2}(\sec x\tan x + \ln|\sec x + \tan x|) + C.$$

对于形如$\int \mathrm{e}^{ax}\sin bx\mathrm{d}x$，$\int \mathrm{e}^{ax}\cos bx\mathrm{d}x$，$\int \sec^{2n+1}x\mathrm{d}x$，$\int \csc^{2n+1}x\mathrm{d}x$ 型的不定积分，采用例 5-47 和例 5-48 所示的方法才能求出积分，即经过一次或多次分部积分，直到出现原来的积分式，然后将积分看成未知数，解方程便可求出结果.

在计算不定积分时，有时还需同时使用换元法和分部积分法才能积出.

例 5-49 求$\int \arctan\sqrt{x}\mathrm{d}x$.

解 先换元，再用分部积分法. 令$\sqrt{x} = t(t > 0)$，即 $x = t^2$，$\mathrm{d}x = 2t\mathrm{d}t$，则

$$\begin{aligned}\int \arctan\sqrt{x}\mathrm{d}x &= \int \arctan t\mathrm{d}(t^2) = t^2\arctan t - \int t^2\mathrm{d}(\arctan t)\\ &= t^2\arctan t - \int \frac{t^2}{1+t^2}\mathrm{d}t = t^2\arctan t - \int\left(1 - \frac{1}{1+t^2}\right)\mathrm{d}t\\ &= t^2\arctan t - t + \arctan t + C\\ &= (x+1)\arctan\sqrt{x} - \sqrt{x} + C.\end{aligned}$$

例 5-50 已知 $f(x)$ 的一个原函数是 e^{-x^2}，求$\int xf'(x)\mathrm{d}x$.

解 利用分部积分公式，得

$$\int xf'(x)\mathrm{d}x = \int x\mathrm{d}f(x) = xf(x) - \int f(x)\mathrm{d}x,$$

根据题意知

$$\int f(x)\mathrm{d}x = \mathrm{e}^{-x^2} + C_1,$$

上式两边同时对 x 求导，得 $f(x) = -2x\mathrm{e}^{-x^2}$，所以

$$\int xf'(x)\mathrm{d}x = xf(x) - \int f(x)\mathrm{d}x = -2x^2\mathrm{e}^{-x^2} - \mathrm{e}^{-x^2} + C \quad (C = -C_1).$$

5.4 几种特殊类型函数的积分

前面已经介绍了换元积分法和分部积分法两个求不定积分的基本方法，下面简单介绍有理函数的积分和可化为有理函数的积分.

5.4.1 有理函数的积分

有理函数是指由两个多项式的商所表示的函数，即具有如下形式的函数：

$$\frac{P(x)}{Q(x)} = \frac{a_0x^n + a_1x^{n-1} + \cdots + a_{n-1}x + a_n}{b_0x^m + b_1x^{m-1} + \cdots + b_{m-1}x + b_m},$$

当 $n < m$ 时，称该有理函数是真分式；而当 $n \geqslant m$ 时，称该有理函数是假分式.

利用多项式除法，假分式总可以化成一个多项式与一个真分式之和的形式.例如

$$\frac{x^3+x+1}{x^2+1}=\frac{x(x^2+1)+1}{x^2+1}=x+\frac{1}{x^2+1}.$$

根据代数理论，对于真分式$\frac{P(x)}{Q(x)}$，如果分母可以分解为两个多项式的乘积形式，即 $Q(x)=Q_1(x)Q_2(x)$，且 $Q_1(x)$ 和 $Q_2(x)$ 没有公因式，则该真分式可拆分成两个真分式之和，即

$$\frac{P(x)}{Q(x)}=\frac{P_1(x)}{Q_1(x)}+\frac{P_2(x)}{Q_2(x)}.$$

如果 $Q_1(x)$ 或 $Q_2(x)$ 还能继续分解，那么还可以将其再拆分成更简单的部分分式.最后在有理函数的分解式中只有多项式及$\frac{A}{(x-a)^k}$，$\frac{Mx+N}{(x^2+px+q)^k}$ 三类函数，而这三类函数的积分都比较容易求得.

下面举几个例子进行说明.

例 5-51　求$\int\frac{x+3}{x^2-5x+6}\mathrm{d}x$.

解　被积函数可分解为

$$\frac{x+3}{(x-2)(x-3)}=\frac{A}{x-3}+\frac{B}{x-2},$$

对上式右端进行通分，有$\frac{(A+B)x+(-2A-3B)}{(x-2)(x-3)}$，即 $A+B=1$，$-2A-3B=3$，解得 $A=6$，$B=-5$. 于是

$$\int\frac{x+3}{x^2-5x+6}\mathrm{d}x=\int\left(\frac{6}{x-3}-\frac{5}{x-2}\right)\mathrm{d}x=\int\frac{6}{x-3}\mathrm{d}x-\int\frac{5}{x-2}\mathrm{d}x$$
$$=6\ln|x-3|-5\ln|x-2|+C.$$

例 5-52　求$\int\frac{1}{x(x-1)^2}\mathrm{d}x$.

解　因为

$$\frac{1}{x(x-1)^2}=\frac{1-x+x}{x(x-1)^2}=-\frac{1}{x(x-1)}+\frac{1}{(x-1)^2}$$
$$=-\frac{1-x+x}{x(x-1)}+\frac{1}{(x-1)^2}=\frac{1}{x}-\frac{1}{x-1}+\frac{1}{(x-1)^2},$$

所以

$$\int\frac{1}{x(x-1)^2}\mathrm{d}x=\int\left[\frac{1}{x}-\frac{1}{x-1}+\frac{1}{(x-1)^2}\right]\mathrm{d}x$$

$$= \int \frac{1}{x} \mathrm{d}x - \int \frac{1}{x-1} \mathrm{d}x + \int \frac{1}{(x-1)^2} \mathrm{d}x$$

$$= \ln|x| - \ln|x-1| - \frac{1}{x-1} + C.$$

通过上面二例可以看出此方法虽然可行,但是计算过程却比较繁琐.当分母次数较高时,要灵活选择适当方法,尽量让计算简便.

例 5-53 求 $I = \int \frac{2x^3 + 2x^2 + 5x + 5}{x^4 + 5x^2 + 4} \mathrm{d}x$.

解 $I = \int \frac{2x^3 + 5x}{x^4 + 5x^2 + 4} \mathrm{d}x + \int \frac{2x^2 + 5}{x^4 + 5x^2 + 4} \mathrm{d}x$

$$= \frac{1}{2} \int \frac{\mathrm{d}(x^4 + 5x^2 + 4)}{x^4 + 5x^2 + 4} + \int \frac{(x^2+1) + (x^2+4)}{(x^2+1)(x^2+4)} \mathrm{d}x$$

$$= \frac{1}{2} \ln|x^4 + 5x^2 + 4| + \frac{1}{2} \arctan \frac{x}{2} + \arctan x + C.$$

*5.4.2 三角函数有理式的积分

三角函数有理式是指由三角函数和常数经过有限次四则运算所构成的函数.由于各种三角函数都可以用 $\sin x$ 和 $\cos x$ 表示,所以三角函数有理式也就是 $\sin x$ 和 $\cos x$ 的有理式.对于这类函数,总可以通过万能代换 $u = \tan \frac{x}{2}$ 化为关于变量 u 的有理函数.

实际上,设 $u = \tan \frac{x}{2}$,则

$$\sin x = 2\sin \frac{x}{2} \cos \frac{x}{2} = \frac{2\tan \frac{x}{2}}{\sec^2 \frac{x}{2}} = \frac{2\tan \frac{x}{2}}{1 + \tan^2 \frac{x}{2}} = \frac{2u}{1+u^2},$$

$$\cos x = \cos^2 \frac{x}{2} - \sin^2 \frac{x}{2} = \frac{1 - \tan^2 \frac{x}{2}}{\sec^2 \frac{x}{2}} = \frac{1-u^2}{1+u^2}.$$

又由 $x = 2\arctan u$,得 $\mathrm{d}x = \frac{2}{1+u^2} \mathrm{d}u$.

例 5-54 求 $\int \frac{1 + \sin x}{\sin x(1 + \cos x)} \mathrm{d}x$.

解 令 $u = \tan \frac{x}{2}$,则

$$\int \frac{1 + \sin x}{\sin x(1 + \cos x)} \mathrm{d}x = \int \frac{\left(1 + \frac{2u}{1+u^2}\right)}{\frac{2u}{1+u^2}\left(1 + \frac{1-u^2}{1+u^2}\right)} \cdot \frac{2}{1+u^2} \mathrm{d}u$$

$$=\frac{1}{2}\int\left(u+2+\frac{1}{u}\right)\mathrm{d}u=\frac{1}{2}\left(\frac{u^2}{2}+2u+\ln|u|\right)+C$$

$$=\frac{1}{4}\tan^2\frac{x}{2}+\tan\frac{x}{2}+\frac{1}{2}\ln\left|\tan\frac{x}{2}\right|+C.$$

并非所有的三角函数有理式的积分都要通过上述代换化为有理函数的积分，因为这种代换不一定是最简捷的代换. 请看如下积分：

$$\int\frac{\cos x}{1+\sin x}\mathrm{d}x=\int\frac{1}{1+\sin x}\mathrm{d}(1+\sin x)=\ln(1+\sin x)+C.$$

5.4.3 简单无理函数的积分

无理函数的积分一般采用第二类换元法把根号消去,下面举例说明.

例 5-55 求$\int\frac{\sqrt{1+x}}{x+2}\mathrm{d}x$.

解 设$\sqrt{x+1}=u$,即 $x=u^2-1$,则

$$\int\frac{\sqrt{1+x}}{x+2}\mathrm{d}x=\int\frac{u}{u^2+1}\cdot 2u\mathrm{d}u=2\int\frac{u^2}{u^2+1}\mathrm{d}u$$

$$=2\int\left(1-\frac{1}{1+u^2}\right)\mathrm{d}u=2(u-\arctan u)+C$$

$$=2(\sqrt{x+1}-\arctan\sqrt{x+1})+C.$$

例 5-56 $\int\frac{\mathrm{d}x}{1+\sqrt[3]{x+2}}$.

解 设$\sqrt[3]{x+2}=u$,$\mathrm{d}x=3u^2\mathrm{d}u$,则

$$\int\frac{\mathrm{d}x}{1+\sqrt[3]{x+2}}=\int\frac{3u^2\mathrm{d}u}{1+u}=3\int\frac{u(u+1)-u-1+1}{1+u}\mathrm{d}u$$

$$=3\int\left(u-1+\frac{1}{1+u}\right)\mathrm{d}u=\frac{3}{2}u^2-3u+3\ln(1+u)+C$$

$$=\frac{3}{2}(x+2)^{\frac{2}{3}}-3(x+2)^{\frac{1}{3}}+3\ln(1+(x+2)^{\frac{1}{3}})+C.$$

本章小结

本章介绍了不定积分的概念、性质以及不定积分的计算方法. 要求了解原函数与不定积分的概念,掌握不定积分的基本性质,熟悉基本积分表,重点是掌握计算不定积分的方法,归纳起来就是“拆、凑、换、分”四大类方法;熟练掌握两类换元积分法和分部积分法,在使用分部积分公式计算时,要求会判别被积函数中哪一个设为 $u(x)$.

阅读材料:科学巨擘——牛顿

牛顿(1642—1727) 出生于英国林肯郡一个普通农民家庭,死后安葬在威斯敏斯特大教堂内,与英国的英雄们安息在一起.他的墓志铭的最后一句是"他是人类的真正骄傲".法国大文豪伏尔泰曾不胜感慨地评论说,英国纪念一位科学家就像其他国家纪念国王一样隆重.

牛顿是世界著名的数学家、物理学家、天文学家,单就数学方面所取得的成就,就足以使他与古希腊的阿基米德、德国的"数学王子"高斯一起,并称为世界三大数学家.

在牛顿27岁时,他就完成了人生第一部重要著作——《运用无穷多项方程的分析学》,首次披露了流数术和反流数术(即后来所称的微分和积分).他的导师巴罗教授从牛顿的手稿中看到数学的新纪元,毅然举荐牛顿接替了由他担任的"卢卡斯教授"职位.1687年,牛顿发表了他的不朽之作——《自然哲学的数学原理》.1703年,牛顿当选为英国皇家学会会长,直至逝世.莱布尼茨说:"在从世界开始到牛顿生活的年代的全部数学中,牛顿的工作超过一半."

牛顿登上了科学的巅峰,并开辟了此后科学发展的道路.而他所具有的惊人的毅力、超凡的献身精神、实事求是的科学态度、殚精竭虑的缜密思考以及谦虚的美德等优秀品质,是他成功的决定性因素.

他曾说:"我的成果当归于精心的思索";"没有大胆的猜想就做不出伟大的发现";"我之所以比笛卡儿等人看得远些,是因为我站在巨人的肩膀上".在临终时,牛顿留下了这样一段遗言:"我不知道世上人会怎样看我.对我而言,我只像一个在海滨玩耍的孩子,一会儿捡起块比较光滑的卵石,一会儿找到个美丽些的贝壳,而在我面前,真理的大海还完全没有发现."

牛顿是对人类作出卓绝贡献的科学巨擘,得到世人的尊敬和仰慕.英国诗人蒲柏曾这样赋诗赞誉(杨振宁译):

自然与自然规律为黑暗隐蔽,
上帝说,让牛顿来!
一切遂臻光明.

习题 5

A 组

1. 在下列各括号内填入适当地函数:

(1) ($\qquad$)$'=x^2$;　　(2) ($\qquad$)$'=\mathrm{e}^x$;

(3) (   )$'=7$； (4) (   )$'=\sec^2 x$；

(5) (   )$'=\cos x+3$； (6) (   )$'=\dfrac{2}{x}+x\ (x>0)$.

2. 试证：函数 $y_1=\ln x$ 和 $y_2=\ln ax$ 是同一函数的原函数.

3. 若曲线 $y=f(x)$ 在任一点 x 处的切线斜率为k(k为常数)，求曲线的方程.

4. 已知函数 $y=f(x)$ 的导数等于 $x+2$，且 $x=2$ 时 $y=5$，试求这个函数.

5. 求下列不定积分：

(1) $\int 3x^5\mathrm{d}x$； (2) $\int(6^x+1)\mathrm{d}x$；

(3) $\int a^x\mathrm{e}^x\mathrm{d}x$； (4) $\int(ax^2+bx+c)\mathrm{d}x$；

(5) $\int\dfrac{2+x}{x^3}\mathrm{d}x$； (6) $\int\dfrac{\sqrt{2}\,\mathrm{d}x}{x^2\sqrt{x}}$；

(7) $\int(\tan^2 x+x)\mathrm{d}x$； (8) $\int\dfrac{6x^3-2x^2+3x+5}{x^3}\mathrm{d}x$；

(9) $\int\left(\dfrac{x+2}{x}\right)^3\mathrm{d}x$； (10) $\int\dfrac{x-4}{\sqrt{x}+2}\mathrm{d}x$；

(11) $\int\left(\dfrac{1}{x}+3^x-\dfrac{4}{\cos^2 x}-7\mathrm{e}^x\right)\mathrm{d}x$； (12) $\int\dfrac{(x+1)^2}{x(x^2+1)}\mathrm{d}x$；

(13) $\int\dfrac{\sin 2x}{\cos x}\mathrm{d}x$； (14) $\int\dfrac{3+2\sqrt{1-x^2}}{\sqrt{1-x^2}}\mathrm{d}x$；

(15) $\int\dfrac{\cos 2x}{\cos^2 x}\mathrm{d}x$； (16) $\int\dfrac{\cos 2x}{\cos^2 x\sin^2 x}\mathrm{d}x$；

(17) $\int\sin^2\dfrac{x}{2}\mathrm{d}x$； (18) $\int\dfrac{3}{1+\cos 2x}\mathrm{d}x$；

(19) $\int\dfrac{\mathrm{e}^{2x}-1}{\mathrm{e}^x+1}\mathrm{d}x$； (20) $\int\sec x(\sec x-\tan x)\mathrm{d}x$.

6. 已知某曲线经过点(0,1)，并且曲线上横坐标为 x 的点处的曲线的斜率为 $2x-1$，求此曲线的方程.

7. 在下列各式的括号内填入适当的常数，使等式成立(a,b,ω,φ为常数，且$a\neq 0$)：

(1) $\mathrm{d}x=$(   )$\mathrm{d}(ax)$； (2) $\mathrm{d}x=$(   )$\mathrm{d}(ax+b)$；

(3) $x\mathrm{d}x=$(   )$\mathrm{d}(x^2+b)$； (4) $x\mathrm{d}x=$(   )$\mathrm{d}(ax^2+b)$；

(5) $\cos(\omega x+\varphi)\mathrm{d}x=$(   )$\mathrm{d}\sin(\omega x+\varphi)$；

(6) $\dfrac{\mathrm{d}x}{x}=$(   )$\mathrm{d}(b+a\ln x)$； (7) $\dfrac{\mathrm{d}x}{1+4x^2}=$(   )$\mathrm{d}\arctan 2x$；

(8) $\dfrac{\mathrm{d}x}{\sqrt{1-9x^2}}=$(   )$\mathrm{d}\arcsin(3x)$；

(9) $x\sin x^2\mathrm{d}x=(\qquad)\mathrm{d}\cos x^2$;

(10) $\dfrac{x\mathrm{d}x}{\sqrt{a^2+x^2}}=(\qquad)\mathrm{d}(\sqrt{a^2+x^2})$.

8. 使用第一类换元积分法求下列不定积分：

(1) $\int(3-2x)^3\mathrm{d}x$;

(2) $\int\dfrac{\mathrm{d}x}{\sqrt[3]{2-3x}}$;

(3) $\int\dfrac{\sin\sqrt{t}}{\sqrt{t}}\mathrm{d}t$;

(4) $\int\dfrac{\mathrm{d}x}{x\ln x\ln(\ln x)}$;

(5) $\int \mathrm{e}^{\mathrm{e}^x+x}\mathrm{d}x$;

(6) $\int\dfrac{\sqrt{1-\sqrt{x}}}{\sqrt{x}}\mathrm{d}x$;

(7) $\int\dfrac{\mathrm{d}x}{\cos x\sin x}$;

(8) $\int\dfrac{\mathrm{d}x}{\mathrm{e}^x+\mathrm{e}^{-x}}$;

(9) $\int x\cos(x^2)\mathrm{d}x$;

(10) $\int\dfrac{3x^3}{1-x^4}\mathrm{d}x$;

(11) $\int\dfrac{\sin x}{\cos^3x}\mathrm{d}x$;

(12) $\int\dfrac{1-x}{\sqrt{9-4x^2}}\mathrm{d}x$;

(13) $\int\dfrac{\mathrm{d}x}{2x^2-1}$;

(14) $\int\cos^3x\mathrm{d}x$;

(15) $\int\sin 2x\cos 3x\mathrm{d}x$;

(16) $\int\tan^3x\sec x\mathrm{d}x$;

(17) $\int\dfrac{x}{9+x^2}\mathrm{d}x$;

(18) $\int\dfrac{1}{3\cos^2x+4\sin^2x}\mathrm{d}x$;

(19) $\int\dfrac{10^{2\arccos x}}{\sqrt{1-x^2}}\mathrm{d}x$;

(20) $\int\dfrac{\arctan\sqrt{x}}{\sqrt{x}(1+x)}\mathrm{d}x$;

(21) $\int\dfrac{\sin x+\cos x}{\sqrt[3]{\sin x-\cos x}}\mathrm{d}x$;

(22) $\int\dfrac{1+\ln x}{(x\ln x)^2}\mathrm{d}x$;

(23) $\int\dfrac{1}{x\sqrt{x^2-1}}\mathrm{d}x$;

(24) $\int\dfrac{\ln\tan x\cdot\sec^2x}{\tan x}\mathrm{d}x$;

9. 使用第二类换元积分法求下列不定积分：

(1) $\int\dfrac{1}{x\sqrt{1+x^2}}\mathrm{d}x$;

(2) $\int\dfrac{\sqrt{x^2-4}}{x}\mathrm{d}x$;

(3) $\int\dfrac{x^2}{\sqrt{a^2-x^2}}\mathrm{d}x\ (a>0)$;

(4) $\int\dfrac{\mathrm{d}x}{\sqrt{(x^2+1)^3}}$;

(5) $\int\dfrac{\mathrm{d}x}{x+\sqrt{1-x^2}}$;

(6) $\int\dfrac{\mathrm{d}x}{1+\sqrt{1-x^2}}$;

(7) $\int\dfrac{2\mathrm{d}x}{1+\sqrt[3]{x+1}}$;

(8) $\int\dfrac{\mathrm{d}x}{x\sqrt{x+1}}$;

(9) $\int \frac{2x^2}{\sqrt{9-x^2}}\mathrm{d}x$；　　(10) $\int \frac{\sqrt[3]{x}\,\mathrm{d}x}{x(\sqrt{x}+\sqrt[3]{x})}$；

(11) $\int \frac{\mathrm{d}x}{x^2\sqrt{x^2-4}}$.

10. 用分部积分法求下列不定积分：

(1) $\int x\sin 2x\mathrm{d}x$；　　(2) $\int \ln x\mathrm{d}x$；

(3) $\int \arccos x\mathrm{d}x$；　　(4) $\int x\mathrm{e}^{-x}\mathrm{d}x$；

(5) $\int x^3\ln x\mathrm{d}x$；　　(6) $\int x\cos\frac{x}{2}\mathrm{d}x$；

(7) $\int \ln(1+x^2)\mathrm{d}x$；　　(8) $\int x\tan^2 x\mathrm{d}x$；

(9) $\int \frac{\ln x}{2\sqrt{x}}\mathrm{d}x$；　　(10) $\int x^3\sin x^2\mathrm{d}x$；

(11) $\int \mathrm{e}^{3x}\cos 2x\mathrm{d}x$；　　(12) $\int \mathrm{e}^{-x}\sin 2x\mathrm{d}x$；

(13) $\int (\ln x)^2\mathrm{d}x$；　　(14) $\int x\sin x\cos x\mathrm{d}x$；

(15) $\int x\,\mathrm{arccot}\,x\mathrm{d}x$；　　(16) $\int \mathrm{e}^{\sqrt{x}}\mathrm{d}x$；

(17) $\int \csc^3 x\mathrm{d}x$；　　(18) $\int \sin(\ln x)\mathrm{d}x$.

11. 已知 $f(x)$ 的一个原函数为$\frac{\cos x}{x}$，求$\int xf'(x)\mathrm{d}x$.

12. 已知 $f(x)$ 的一个原函数为$(\ln x)^2$，求$\int xf''(x)\mathrm{d}x$.

13. 求下列有理函数的积分：

(1) $\int \frac{1}{x(x^2+1)}\mathrm{d}x$；　　(2) $\int \frac{2x+3}{x^2+3x-8}\mathrm{d}x$；

(3) $\int \frac{x^3}{x+3}\mathrm{d}x$；　　(4) $\int \frac{x^5+x^4-8}{x^3-x}\mathrm{d}x$.

14. 求下列三角函数的积分：

(1) $\int \frac{\mathrm{d}x}{1+\sin x+\cos x}$；　　(2) $\int \frac{\sin x}{1+\sin x}\mathrm{d}x$；

(3) $\int \sin^4 x\cos^5 x\mathrm{d}x$；　　(4) $\int \frac{\sin^2 x}{\cos^3 x}\mathrm{d}x$.

15. 求下列简单无理函数的积分：

(1) $\int \frac{\sqrt{x+1}-1}{\sqrt{x+1}+1}\mathrm{d}x$；　　(2) $\int \frac{1}{\sqrt{x}+\sqrt[3]{x}}\mathrm{d}x$；

(3) $\int\sqrt{\frac{1-x}{1+x}}\mathrm{d}x$；　　(4) $\int\frac{1}{\sqrt[3]{(x+1)^2(x-1)^4}}\mathrm{d}x$.

16. 已知$\int f'(x^3)\mathrm{d}x=x^3+C$,求 $f(x)$.

B 组

17. 求下列不定积分：

(1) $\int\frac{x^{2n-1}}{1+x^n}\mathrm{d}x\ (n\neq 0)$；　　(2) $\int \mathrm{e}^{2x}(\tan x+1)^2\mathrm{d}x$；

(3) $\int\frac{x\mathrm{e}^x}{(1+x)^2}\mathrm{d}x$；　　(4) $\int\frac{x\mathrm{e}^x}{(\mathrm{e}^x-1)^2}\mathrm{d}x$；

(5) $\int\frac{2x+1}{x^3-2x^2+x}\mathrm{d}x$.

18. 已知 $f'(\mathrm{e}^x)=x\mathrm{e}^{-x}$,且 $f(1)=0$,求 $f(x)$.

19. 已知 $f(x)=\frac{1}{x}\mathrm{e}^x$,求$\int xf''(x)\mathrm{d}x$.

20. 已知$\frac{\sin x}{x}$是 $f(x)$ 的一个原函数,求$\int x^3 f'(x)\mathrm{d}x$.

21. 设 $f''(x)$ 连续,$f'(x)\neq 0$,求$\int\left[\frac{f(x)}{f'(x)}-\frac{f^2(x)f''(x)}{(f'(x))^3}\right]\mathrm{d}x$.

22. 已知 $f(x)=\begin{cases}x+1, & x\leqslant 1,\\ 2x, & x>1,\end{cases}$求$\int f(x)\mathrm{d}x$.

23. 已知 $f(\ln x)=\frac{\ln(1+x)}{x}$,求$\int f(x)\mathrm{d}x$.

24. 已知 $f(\sin^2 x)=\frac{x}{\sin x}$,求$\int\frac{\sqrt{x}}{\sqrt{1-x}}f(x)\mathrm{d}x$.

25. 设 $F(x)$ 为 $f(x)$ 的原函数,且当 $x\geqslant 0$ 时有

$$f(x)F(x)=\frac{x\mathrm{e}^x}{2(1+x)^2},$$

已知 $F(0)=1,F(x)>0$,试求 $f(x)$.

6 定积分及其应用

不定积分是微分法逆运算的一个侧面，本章要介绍的定积分则是它的另一个侧面. 定积分起源于求图形的面积和体积等实际问题. 古希腊的阿基米德用“穷竭法”，我国的刘徽用“割圆术”，都曾计算过一些几何体的面积和体积，这些方法均为定积分法的雏形. 直到 17 世纪下半叶，牛顿和莱布尼茨先后提出了积分的概念，并发现了积分与微分之间的内在联系，给出了计算定积分的一般方法，从而才使定积分成为解决有关实际问题的有力工具，并使原本各自独立的微分学与积分学联系在一起，构成完整的理论体系 —— 微积分学.

本章先由两个引例给出定积分的定义，然后讨论定积分的性质、计算方法及其在几何、物理和经济方面的应用.

6.1 定积分的概念

6.1.1 引例

1）曲边梯形的面积

在中学我们学过求矩形、三角形等以直线为边的图形的面积. 但在实际应用中，往往需要求以曲边为边的图形的面积.

设 $y = f(x)$ 在区间 $[a,b]$ 上非负、连续. 在直角坐标系中，由直线 $x = a$，$x = b$，x 轴及曲线 $y = f(x)$ 所围成的图形称为曲边梯形（如图 6-1 所示）.

如何求曲边梯形的面积呢？我们知道矩形的面积 = 底 × 高，而曲边梯形在底边上各点处的高 $f(x)$ 在区间 $[a,b]$ 上是变动的，因此不能按照已有的矩形面积公式来计算. 但是曲边梯形的高 $f(x)$ 在 $[a,b]$ 上是连续变化的，在很小一段区间上 $f(x)$ 的变化很小，近似不变. 如果把区间 $[a,b]$ 划分成很多小区间，在每个小区间上用某一点的高度近似代替该区间上小曲边梯形的高，那么每个小曲边梯形就可看成一个小矩形，从而所有小矩形的面积之和就可作为曲边梯形面积的近似值. 当把区间 $[a,b]$ 无限细分下去，使得每个小区间长度都趋于零，这时所有小矩形的面积之和的极限值就可定义为曲边梯形的面

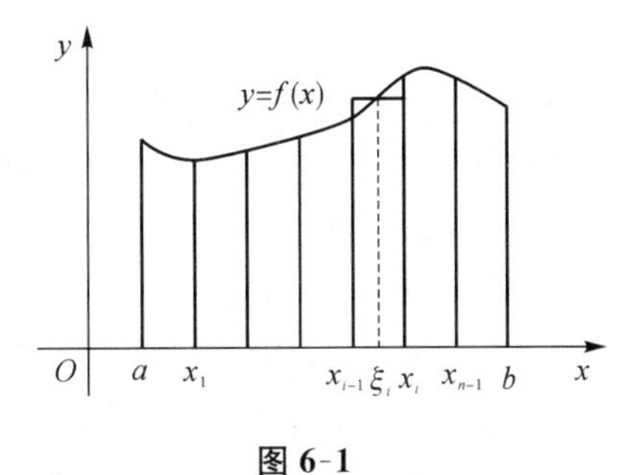

图 6-1

积. 具体做法详述于下.

(1) 分割:任意插入若干个分点

$$a=x_0<x_1<\cdots<x_{i-1}<x_i<\cdots<x_{n-1}<x_n=b,$$

把区间$[a,b]$分成n个小区间:

$$[x_0,x_1],\quad [x_1,x_2],\quad \cdots,\quad [x_{i-1},x_i],\quad \cdots,\quad [x_{n-1},x_n],$$

相应的,曲边梯形被分成n个小曲边梯形,它们的面积分别记为$\Delta A_1,\Delta A_2,\cdots,\Delta A_i,\cdots,\Delta A_n$.

(2) 近似:在每一个小区间$[x_{i-1},x_i]$上任取一点$\xi_i(i=1,2,\cdots,n)$,以$f(\xi_i)$为高,Δx_i(其中$\Delta x_i=x_i-x_{i-1}$)为底的小矩形的面积作为同底的小曲边梯形的面积的近似值,即

$$\Delta A_i\approx f(\xi_i)\Delta x_i\quad (i=1,2,\cdots,n).$$

(3) 求和:用小矩形面积的和A_n近似代替整个曲边梯形的面积A,即

$$A\approx A_n=f(\xi_1)\Delta x_1+f(\xi_2)\Delta x_2+\cdots+f(\xi_n)\Delta x_n=\sum_{i=1}^{n}f(\xi_i)\Delta x_i.$$

(4) 取极限:记$\lambda=\max\limits_{1\leqslant i\leqslant n}\{\Delta x_i\mid i=1,2,\cdots,n\}$,当$\lambda\to 0$时,每个小矩形的面积就越来越接近相应的小曲边梯形的面积,从而和式$A_n=\sum\limits_{i=1}^{n}f(\xi_i)\Delta x_i$就越来越接近曲边梯形的面积$A$. 即

$$A=\lim_{\lambda\to 0}A_n=\lim_{\lambda\to 0}\sum_{i=1}^{n}f(\xi_i)\Delta x_i.$$

2) 变速直线运动的路程

设一物体做变速直线运动,已知速度$v=v(t)$是时间间隔$[T_0,T]$上t的连续函数,且$v(t)\geqslant 0$,求该物体在这段时间内所经过的路程s.

对于匀速直线运动有公式

$$路程=速度\times时间,$$

但现在速度是变量,因此所求路程s不能按匀速直线运动路程公式计算,必须解决速度“变”与“不变”的矛盾. 考虑到物体运动的速度函数$v=v(t)$是连续变化的,在很短时间内速度变化很小,近似于匀速,因此可设想把时间间隔$[T_0,T]$分成若干小的时间间隔,当时间间隔很短时,以“不变”的速度代替“变”的速度,即在每个小的时间间隔内,用任一时刻的速度作为这一小的时间间隔内的速度,也就是用匀速直线运动的路程近似表示这段时间内变速直线运动的路程. 然后把所得到的每一个时间间隔路程的近似值累加起来,就得到整个时间间隔$[T_0,T]$上路程的近似值,再通过对该近似值取极限,从而得到路程的精确值. 具体做法如下.

(1) 分割:任取分点

$$T_0=t_0<t_1<t_2<\cdots<t_{i-1}<t_i<\cdots<t_{n-1}<t_n=T,$$

把时间间隔$[T_0,T]$分成n个小区间：

$$[t_0,t_1],\quad [t_1,t_2],\quad \cdots,\quad [t_{i-1},t_i],\quad \cdots,\quad [t_{n-1},t_n],$$

把第i个小区间$[t_{i-1},t_i]$的长度记为$\Delta t_i = t_i - t_{i-1}(i=1,2,\cdots,n)$，物体在第$i$段时间$[t_{i-1},t_i]$内所经过的路程记为$\Delta s_i(i=1,2,\cdots,n)$.

(2) 近似：在每个小区间$[t_{i-1},t_i]$上用其中任一时刻ξ_i的速度$v(\xi_i)(t_{i-1}\leqslant \xi_i \leqslant t_i)$来近似代替这个小区间上变化的速度$v(t)$，从而得到$\Delta s_i$的近似值，即

$$\Delta s_i \approx v(\xi_i)\Delta t_i \quad (i=1,2,\cdots,n).$$

(3) 求和：把n段时间上的路程近似值相加就得到总路程s的近似值，即

$$s=\sum_{i=1}^{n}\Delta s_i \approx \sum_{i=1}^{n} v(\xi_i)\Delta t_i.$$

(4) 取极限：记$\lambda = \max\limits_{1\leqslant i\leqslant n}\{\Delta t_i \mid i=1,2,\cdots,n\}$，当$\lambda\to 0$时即得变速直线运动的路程$s$，即

$$s=\lim_{\lambda\to 0}\sum_{i=1}^{n} v(\xi_i)\Delta t_i.$$

从上面两个实例可以看出，虽然问题不同，但是解决问题的思想方法、计算步骤以及表达这些量的数学形式都是相同的. 于是，我们就引出数学上的定积分概念.

6.1.2 定积分的定义

定义 6.1 设函数$f(x)$在区间$[a,b]$上有界，用任意一组数$a=x_0<x_1<\cdots<x_{i-1}<x_i<\cdots<x_n=b$把区间$[a,b]$分成$n$个小区间$[x_{i-1},x_i]$ $(i=1,2,\cdots,n)$，在每个小区间$[x_{i-1},x_i]$上任意取一点$\xi_i(x_{i-1}\leqslant \xi_i \leqslant x_i)$，求函数值$f(\xi_i)$，并与该区间的长度$\Delta x_i = x_i - x_{i-1}$相乘，然后作和式：$\sum\limits_{i=1}^{n} f(\xi_i)\Delta x_i$. 如果$\lambda\to 0(\lambda = \max\limits_{1\leqslant i\leqslant n}\{\|\Delta x_i\| \mid i=1,2,\cdots,n\})$时，和式的极限存在，则称此极限为函数$f(x)$在区间$[a,b]$上的定积分(简称积分)，记为$\int_a^b f(x)\mathrm{d}x$，即

$$\int_a^b f(x)\mathrm{d}x = \lim_{\lambda\to 0}\sum_{i=1}^{n} f(\xi_i)\Delta x_i,$$

其中，$f(x)$称为被积函数，$f(x)\mathrm{d}x$称为被积表达式，变量x称为积分变量，a称为积分下限，b称为积分上限，区间$[a,b]$称为积分区间，并把$\int_a^b f(x)\mathrm{d}x$读作“$f(x)$从a到b的定积分”.

按定积分的定义，前面的两个实例可分别表述如下：

(1) 曲边梯形的面积A是曲线$y=f(x)(f(x)\geqslant 0)$在区间$[a,b]$上的定积分，即

$$A=\int_a^b f(x)\mathrm{d}x;$$

(2) 做变速直线运动的物体所经过的路程 s 等于速度 $v=v(t)$ 在区间$[T_0,T]$上的定积分,即

$$s=\int_{T_0}^{\mathrm{T}} v(t)\mathrm{d}t.$$

从定义可知,定积分是一个特殊的和式的极限值,因此是一个常量,它只与被积函数 $f(x)$、积分区间$[a,b]$有关,而与积分变量用什么字母表示无关. 即

$$\int_a^b f(x)\mathrm{d}x=\int_a^b f(t)\mathrm{d}t=\int_a^b f(u)\mathrm{d}u.$$

关于定积分,有这样一个重要的问题:函数 $f(x)$ 在区间$[a,b]$上满足怎样的条件,$f(x)$ 在区间$[a,b]$上一定可积?这个问题我们不作深入讨论,仅给出下面两个充分条件.

定理 6.1 如果函数 $f(x)$ 在区间$[a,b]$上连续,则 $f(x)$ 在$[a,b]$上可积.

定理 6.2 如果函数 $f(x)$ 在区间$[a,b]$上有界,并且只有有限个间断点,则 $f(x)$ 在$[a,b]$上可积.

6.1.3 定积分的几何意义

设 $f(x)$ 在$[a,b]$上连续,其定积分可分为以下三种情形:

(1) 若在$[a,b]$上,$f(x)\geqslant 0$,则定积分$\int_a^b f(x)\mathrm{d}x$ 在几何上表示由曲线 $y=f(x)$,直线 $x=a,x=b,y=0$ 所围成的曲边梯形的面积 A(见图 6-2),即

$$\int_a^b f(x)\mathrm{d}x=\text{曲边梯形面积 } A.$$

(2) 若在$[a,b]$上,$f(x)\leqslant 0$,则定积分$\int_a^b f(x)\mathrm{d}x$ 在几何上表示由曲线 $y=f(x)$,直线 $x=a,x=b,y=0$ 所围成的曲边梯形的面积 A 的相反数(见图 6-3),即

$$\int_a^b f(x)\mathrm{d}x=-(\text{曲边梯形面积 } A).$$

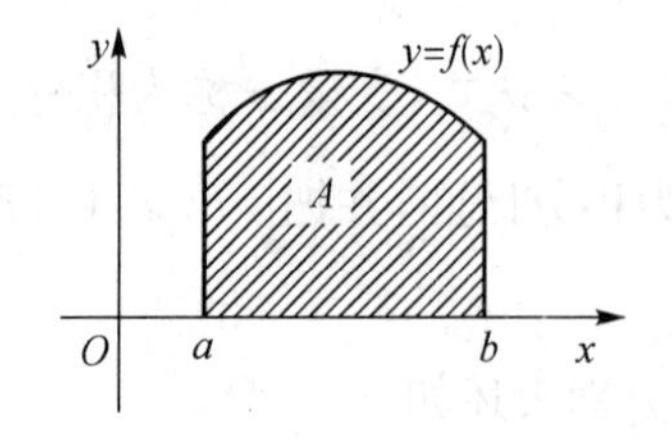

图 6-2

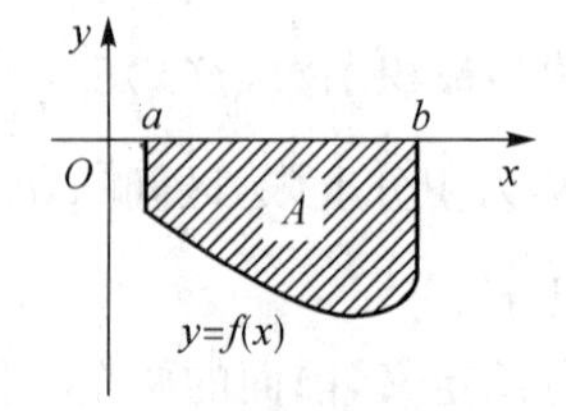

图 6-3

(3) 若在$[a,b]$上 $f(x)$ 有正也有负,即 $f(x)$ 的图形某些部分在 x 轴上方,某

些部分在 x 轴下方，这时定积分$\int_a^b f(x)\mathrm{d}x$ 在几何上表示 x 轴上方图形的面积与 x 轴下方图形的面积之差（见图 6-4），即

$$\int_a^b f(x)\mathrm{d}x = A_1 - A_2 + A_3.$$

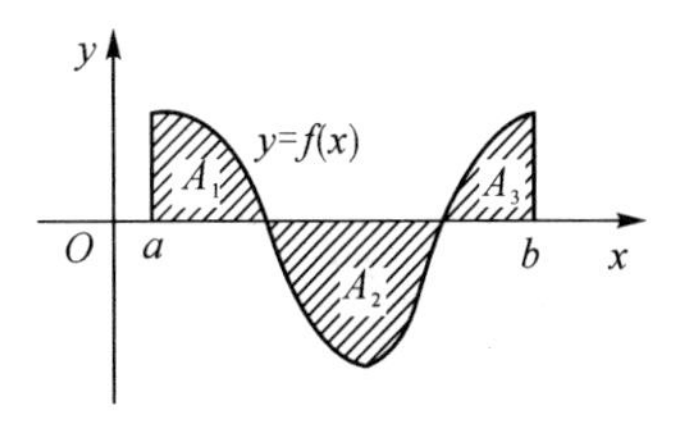

图 6-4

上面的叙述表明：尽管定积分$\int_a^b f(x)\mathrm{d}x$ 在各种实际问题中所代表的意义不同，但它的值在几何上都可以用曲边梯形的面积来表示.

例 6-1　利用定积分定义计算$\int_0^1 x^2\mathrm{d}x$.

解　被积函数 $y = x^2$ 在区间$[0,1]$上连续，故定积分存在. 而定积分的值与区间$[0,1]$的分法及 ξ_i 的取法无关，不妨将$[0,1]$进行 n 等分，分点为

$$x_i = \frac{i}{n} \quad (i = 1,2,\cdots,n-1),$$

即

$$0 < \frac{1}{n} < \frac{2}{n} < \cdots < \frac{i-1}{n} < \frac{i}{n} < \cdots < \frac{n-1}{n} < 1,$$

每个小区间长度为

$$\left[0,\frac{1}{n}\right],\quad \left[\frac{1}{n},\frac{2}{n}\right],\quad \cdots,\quad \left[\frac{i-1}{n},\frac{i}{n}\right],\quad \cdots,\quad \left[\frac{n-1}{n},1\right],$$

则 $\Delta x_i = \frac{1}{n}(i = 1,2,\cdots,n)$. 为了计算方便，不妨取区间$\left[\frac{i-1}{n},\frac{i}{n}\right]$的右端点作为 ξ_i，即 $\xi_1 = \frac{1}{n}, \xi_2 = \frac{2}{n},\cdots,\xi_i = \frac{i}{n},\cdots,\xi_n = \frac{n}{n} = 1$. 于是

$$\sum_{i=1}^n f(\xi_i)\Delta x_i = \sum_{i=1}^n \xi_i^2 \Delta x_i = \sum_{i=1}^n \left(\frac{i}{n}\right)^2 \cdot \frac{1}{n} = \frac{1}{n^3}(1^2 + 2^2 + \cdots + n^2),$$

故

$$\lim_{n\to\infty}\sum_{i=1}^n f(\xi_i)\Delta x_i = \lim_{n\to\infty}\frac{(n+1)(2n+1)}{6n^2} = \frac{1}{3},$$

即$\int_0^1 x^2\mathrm{d}x = \frac{1}{3}$.

例 6-2　利用定积分的几何意义判断下列定积分的值是正还是负：

(1) $\int_0^2 \mathrm{e}^x\mathrm{d}x$；　　　　(2) $\int_{-\frac{\pi}{2}}^0 \sin x\mathrm{d}x$.

解　(1) 由于 $x \in [0,2]$ 时，$\mathrm{e}^x > 0$，因此以 $y = \mathrm{e}^x$ 为曲边的曲边梯形在 x 轴上方，从而$\int_0^2 \mathrm{e}^x\mathrm{d}x > 0$；

(2) 由于 $x \in \left[-\frac{\pi}{2}, 0\right]$ 时，$\sin x \leqslant 0$，因此 $\int_{-\frac{\pi}{2}}^{0} \sin x \mathrm{d}x < 0$.

6.2 定积分的性质

为了进一步讨论定积分的理论与计算，本节我们要介绍定积分的一些性质. 在下面的讨论中假定被积函数是可积的. 同时为了以后计算及应用方便，对定积分作两点补充规定：

(1) 当 $a = b$ 时，有

$$\int_{a}^{b} f(x) \mathrm{d}x = 0; \tag{6.1}$$

(2) 当 $a > b$ 时，有

$$\int_{a}^{b} f(x) \mathrm{d}x = -\int_{b}^{a} f(x) \mathrm{d}x. \tag{6.2}$$

下列各性质中积分上下限的大小，如不特别说明，均不加限制，并假定各性质中所列出的定积分都是存在的.

性质 6.1 被积函数中的常数因子可提到积分号外，即

$$\int_{a}^{b} kf(x) \mathrm{d}x = k\int_{a}^{b} f(x) \mathrm{d}x. \tag{6.3}$$

证 $\int_{a}^{b} kf(x) \mathrm{d}x = \lim\limits_{\lambda \to 0} \sum\limits_{i=1}^{n} kf(\xi_i) \Delta x_i = k \lim\limits_{\lambda \to 0} \sum\limits_{i=1}^{n} f(\xi_i) \Delta x_i = k\int_{a}^{b} f(x) \mathrm{d}x.$

性质 6.2 两个函数的代数和的积分等于它们的积分的代数和，即

$$\int_{a}^{b} [f_1(x) \pm f_2(x)] \mathrm{d}x = \int_{a}^{b} f_1(x) \mathrm{d}x \pm \int_{a}^{b} f_2(x) \mathrm{d}x. \tag{6.4}$$

证

$$\begin{aligned} \int_{a}^{b} [f_1(x) \pm f_2(x)] \mathrm{d}x &= \lim_{\lambda \to 0} \sum_{i=1}^{n} [f_1(\xi_i) \pm f_2(\xi_i)] \Delta x_i \\ &= \lim_{\lambda \to 0} \sum_{i=1}^{n} f_1(\xi_i) \Delta x_i \pm \lim_{\lambda \to 0} \sum_{i=1}^{n} f_2(\xi_i) \Delta x_i \\ &= \int_{a}^{b} f_1(x) \mathrm{d}x \pm \int_{a}^{b} f_2(x) \mathrm{d}x. \end{aligned}$$

性质 6.2 对任意有限个函数都是成立的，即

$$\begin{aligned} &\int_{a}^{b} [f_1(x) \pm f_2(x) \pm \cdots \pm f_n(x)] \mathrm{d}x \\ = &\int_{a}^{b} f_1(x) \mathrm{d}x \pm \int_{a}^{b} f_2(x) \mathrm{d}x \pm \cdots \pm \int_{a}^{b} f_n(x) \mathrm{d}x. \end{aligned}$$

性质 6.3 对于任意三个数 a, b, c，有

$$\int_{a}^{b} f(x) \mathrm{d}x = \int_{a}^{c} f(x) \mathrm{d}x + \int_{c}^{b} f(x) \mathrm{d}x. \tag{6.5}$$

这个性质表明定积分对于积分区间具有可加性. 该性质本书不作证明，只用几何图形加以说明. 若 c 介于 a，b 之间，由图 6-5 可以看出：曲边梯形 $AabB$ 的面积 = 曲边梯形 $AacC$ 的面积 + 曲边梯形 $CcbB$ 的面积.

当 c 不介于 a，b 之间，式(6.5)仍成立. 读者可自行画图解决.

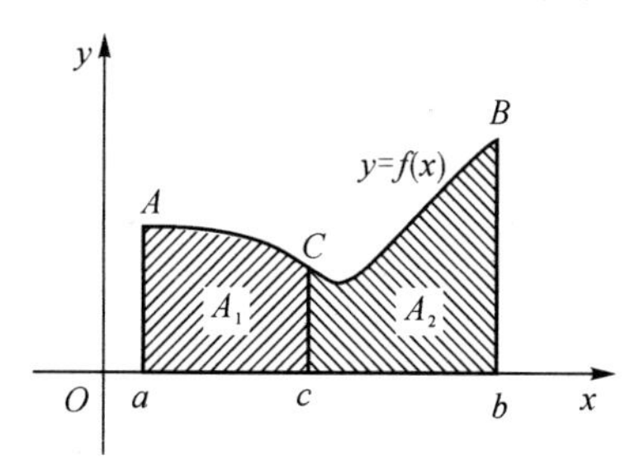

图 6-5

性质 6.4 $\int_a^b 1 \cdot \mathrm{d}x = \int_a^b \mathrm{d}x = b - a.$ (6.6)

该性质的证明留给读者自己完成.

性质 6.5 如果在区间 $[a,b]$ 上有 $f(x) \leqslant g(x)$，则有

$$\int_a^b f(x)\mathrm{d}x \leqslant \int_a^b g(x)\mathrm{d}x. \tag{6.7}$$

证 设 $F(x) = f(x) - g(x)$，由于 $f(x) \leqslant g(x)$，则有 $F(x) \leqslant 0$，由定积分的几何定义知

$$\int_a^b [f(x) - g(x)]\mathrm{d}x \leqslant 0,$$

即 $\int_a^b f(x)\,\mathrm{d}x - \int_a^b g(x)\mathrm{d}x \leqslant 0$，所以

$$\int_a^b f(x)\mathrm{d}x \leqslant \int_a^b g(x)\mathrm{d}x.$$

推论 6.1 如果在区间 $[a,b]$ 上有 $f(x) \geqslant 0$，则有

$$\int_a^b f(x)\mathrm{d}x \geqslant 0 \quad (a < b). \tag{6.8}$$

证 因为 $f(x) \geqslant 0$，所以

$$f(\xi_i) \geqslant 0 \quad (i = 1,2,\cdots,n),$$

又由于 $\Delta x_i \geqslant 0 (i = 1,2,\cdots,n)$，故 $\sum_{i=1}^{n} f(\xi_i)\Delta x_i \geqslant 0$.

令 $\lambda = \max_{1 \leqslant i \leqslant n}\{\Delta x_i \mid i = 1,2,\cdots,n\}$，当 $\lambda \to 0$ 可得

$$\int_a^b f(x)\mathrm{d}x = \lim_{\lambda \to 0}\sum_{i=1}^{n} f(\xi_i)\Delta x_i \geqslant 0.$$

推论 6.2 $\left|\int_a^b f(x)\mathrm{d}x\right| \leqslant \int_a^b |f(x)|\,\mathrm{d}x \quad (a < b).$ (6.9)

证　在区间$[a,b]$上，恒有

$$-|f(x)|\leqslant f(x)\leqslant|f(x)|,$$

则

$$-\int_a^b|f(x)|\,dx\leqslant\int_a^b f(x)dx\leqslant\int_a^b|f(x)|\,dx,$$

从而

$$\left|\int_a^b f(x)dx\right|\leqslant\int_a^b|f(x)|\,dx.$$

例 6-3　比较下列定积分值的大小：

(1) $\int_1^2 x\mathrm{d}x$ 与 $\int_1^2 x^2\mathrm{d}x$；　　(2) $\int_1^e \ln x\mathrm{d}x$ 与 $\int_1^e \ln^2 x\mathrm{d}x$.

解　(1) 因为当$1\leqslant x\leqslant 2$时，有$x\leqslant x^2$，由性质 6.5，得

$$\int_1^2 x\mathrm{d}x<\int_1^2 x^2\mathrm{d}x.$$

(2) 因为当$1\leqslant x\leqslant \mathrm{e}$时，有$0\leqslant \ln x\leqslant 1$，从而$\ln x>\ln^2 x$，由性质 6.5，得

$$\int_1^e \ln x\mathrm{d}x>\int_1^e \ln^2 x\mathrm{d}x.$$

性质 6.6　设$f(x)$在$[a,b]$上的最小值和最大值分别为m和M，则有

$$m(b-a)\leqslant\int_a^b f(x)\mathrm{d}x\leqslant M(b-a). \tag{6.10}$$

这个性质说明，由被积函数在积分区间上的最大值和最小值可估计积分值的大致范围. 该性质又称为估值定理，其证明由性质 6.5 不难得到.

例 6-4　估计$\int_0^2 \mathrm{e}^x\mathrm{d}x$的值.

解　因为当$0\leqslant x\leqslant 2$时，有$1\leqslant \mathrm{e}^x\leqslant \mathrm{e}^2$，由性质 6.6，得

$$1\cdot(2-0)\leqslant\int_0^2 \mathrm{e}^x\mathrm{d}x\leqslant \mathrm{e}^2(2-0),\quad 即\quad 2\leqslant\int_0^2 \mathrm{e}^x\mathrm{d}x\leqslant 2\mathrm{e}^2.$$

性质 6.7(积分中值定理)　若函数$f(x)$在区间$[a,b]$上连续，则在区间$[a,b]$上至少存在一点ξ，使得

$$\int_a^b f(x)\mathrm{d}x=f(\xi)(b-a)\quad(a\leqslant\xi\leqslant b). \tag{6.11}$$

这个公式也叫积分中值公式.

证　因为函数$f(x)$在区间$[a,b]$上连续，则一定可以取得最小值和最大值. 由性质 6.6 得

$$m\leqslant\frac{\int_a^b f(x)\mathrm{d}x}{b-a}\leqslant M,$$

根据闭区间上连续函数的介值定理，在区间$[a,b]$上至少存在一点ξ，使得

$$\frac{\int_a^b f(x)\mathrm{d}x}{b-a}=f(\xi),$$

上式等号两边同时乘以 $b-a$，即得

$$\int_a^b f(x)\mathrm{d}x=f(\xi)(b-a).$$

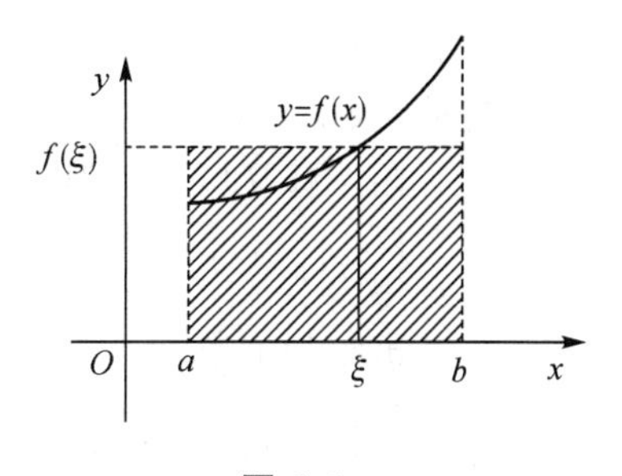

图 6-6

性质 6.7 具有明显的几何意义：从图 6-6 可以看出，在区间 $[a,b]$ 上总存在一点 $\xi(\xi\in(a,b))$，使得以 $f(\xi)$ 为高、$b-a$ 为底的矩形面积恰好等于以区间 $[a,b]$ 为底边、曲线 $f(x)$ 为曲边的曲边梯形的面积.

按照积分中值公式得

$$f(\xi)=\frac{1}{b-a}\int_a^b f(x)\mathrm{d}x,$$

它是曲线 $y=f(x)$ 在区间 $[a,b]$ 上的平均高度，又叫函数 $f(x)$ 在 $[a,b]$ 上的平均值.

例 6-5 计算函数 $y=\sqrt{1-x^2}$ 在 $[0,1]$ 上的平均值.

解 记平均值为 $\bar{y}$，则

$$\bar{y}=\frac{1}{b-a}\int_a^b f(x)\mathrm{d}x=\frac{1}{1-0}\int_0^1\sqrt{1-x^2}\,\mathrm{d}x=\int_0^1\sqrt{1-x^2}\,\mathrm{d}x.$$

由于以 $y=\sqrt{1-x^2}$ 为曲边的曲边梯形的面积就是单位圆在第一象限部分的面积，因此

$$\int_0^1\sqrt{1-x^2}\,\mathrm{d}x=\frac{\pi\cdot 1^2}{4}=\frac{\pi}{4},$$

从而 $\bar{y}=\frac{\pi}{4}$.

6.3 微积分基本定理

定积分是一个重要的概念，有着广泛的应用，怎样计算定积分呢？如果直接从定积分的定义来计算，在各种实际问题中所得到的和式形式复杂，它们的极限往往不易计算，有时甚至无法计算，所以必须寻求计算定积分的简便方法，找出定积分的计算公式.

下面先看一个简单的实际问题.

设一物体做变速直线运动，t 时刻物体的位移为 $s(t)$，速度为 $v(t)$ $(v(t)\geqslant 0)$. 下面计算该物体在时间间隔 $[T_1,T_2]$ 内经过的位移.

一方面，已知物体的位移函数 $s(t)$，则在 $[T_1,T_2]$ 内位移可表示为

$$s(T_2)-s(T_1);$$

另一方面，根据第 6.1 节的内容，物体做变速直线运动，已知速度函数 $v(t)$，则在 $[T_1,T_2]$ 内位移又可表示为

$$\int_{T_1}^{T_2} v(t)\mathrm{d}t.$$

由此可得如下关系：

$$\int_{T_1}^{T_2} v(t)\mathrm{d}t = s(T_2)-s(T_1).$$

又因为 $s'(t)=v(t)$，上式的含义即为速度函数 $v(t)$ 在区间 $[T_1,T_2]$ 上的定积分等于 $v(t)$ 的原函数 $s(t)$ 在区间 $[T_1,T_2]$ 上的增量.

从这一特殊问题得出来的关系在一定条件下具有普遍性，下面进行说明.

6.3.1 积分上限函数及其导数

设函数 $f(x)$ 在区间 $[a,b]$ 上连续，x 为 $[a,b]$ 上任意一点，则定积分 $\int_a^x f(x)\mathrm{d}x$ 存在，且当 x 在 $[a,b]$ 上变化时，积分 $\int_a^x f(x)\mathrm{d}x$ 也跟着变化，当 x 在 $[a,b]$ 上每取一个确定的值，定积分 $\int_a^x f(x)\mathrm{d}x$ 就有唯一确定的值与之对应. 因此，积分 $\int_a^x f(x)\mathrm{d}x$ 是上限 x 的函数，称为积分上限函数. 如果将这个函数用 $\Phi(x)$ 表示，则有

$$\Phi(x)=\int_a^x f(x)\mathrm{d}x.$$

这里，字母 x 既表示积分变量，又表示积分的上限，为避免混淆，把积分变量改成字母 t，于是

$$\Phi(x)=\int_a^x f(t)\mathrm{d}t.$$

关于积分上限函数，有如下重要定理.

定理 6.3(原函数存在定理)　如果函数 $f(x)$ 在区间 $[a,b]$ 上连续，则积分上限函数

$$\Phi(x)=\int_a^x f(t)\mathrm{d}t$$

是 $f(x)$ 在 $[a,b]$ 上的一个原函数，即

$$\Phi'(x)=\left[\int_a^x f(t)\mathrm{d}t\right]'=f(x). \tag{6.12}$$

证　给 x 以增量 Δx，且 $x+\Delta x\in(a,b)$，则函数 $\Phi(x)$ 的增量 $\Delta\Phi(x)$ 为

$$\begin{aligned}\Delta\Phi(x)&=\Phi(x+\Delta x)-\Phi(x)=\int_a^{x+\Delta x} f(t)\mathrm{d}t-\int_a^x f(t)\mathrm{d}t\\&=\int_a^x f(t)\mathrm{d}t+\int_x^{x+\Delta x} f(t)\mathrm{d}t-\int_a^x f(t)\mathrm{d}t=\int_x^{x+\Delta x} f(t)\mathrm{d}t.\end{aligned}$$

由积分中值定理，有

$$\Delta\Phi(x)=\int_x^{x+\Delta x}f(t)\mathrm{d}t=f(\xi)\Delta x,$$

其中，ξ 介于 x 与 $x+\Delta x$ 之间. 上式两端同除以 Δx，并令 $\Delta x\to 0$，得

$$\lim_{\Delta x\to 0}\frac{\Delta\Phi(x)}{\Delta x}=\lim_{\Delta x\to 0}\frac{f(\xi)\Delta x}{\Delta x}=\lim_{\Delta x\to 0}f(\xi).$$

由于 $\Delta x\to 0$ 时，有 $\xi\to x$，又 $f(x)$ 在 x 处连续，因此

$$\lim_{\Delta x\to 0}f(\xi)=\lim_{\xi\to x}f(\xi)=f(x),$$

即

$$\Phi'(x)=\lim_{\Delta x\to 0}\frac{\Delta\Phi(x)}{\Delta x}=\frac{\mathrm{d}}{\mathrm{d}x}\int_a^x f(t)\mathrm{d}t=f(x).$$

这个定理的重要意义在于，一方面肯定了连续函数的原函数一定存在，另一方面初步揭示了定积分与原函数之间的联系.

例 6-6　求下列函数的导数：

(1) $\int_x^0(\cos t+1)\mathrm{d}t$；　　　　(2) $\int_0^{x^2}\sin t\mathrm{d}t$.

解　(1) 因为 $\int_x^0(\cos t+1)\mathrm{d}t=-\int_0^x(\cos t+1)\mathrm{d}t$，所以

$$\frac{\mathrm{d}}{\mathrm{d}x}\left[\int_x^0(\cos t+1)\mathrm{d}t\right]=-\cos x-1;$$

(2) 设 $x^2=u$，则 $\int_0^{x^2}\sin t\mathrm{d}t=\int_0^u\sin t\mathrm{d}t=\Phi(u)$，它是 x 的复合函数. 由复合函数求导法则，得

$$\frac{\mathrm{d}}{\mathrm{d}x}\int_0^{x^2}\sin t\mathrm{d}t=\Phi'(u)u'_x=\frac{\mathrm{d}}{\mathrm{d}u}\int_0^u\sin t\mathrm{d}t\cdot(x^2)'_x=2x\sin u=2x\sin x^2.$$

例 6-7　求极限 $\lim\limits_{x\to 0}\dfrac{\int_0^x\sin t\mathrm{d}t}{x^2}$.

分析　当 $x\to 0$ 时，$\int_0^x\sin t\mathrm{d}t\to 0$，$x^2\to 0$，故可使用洛必达法则.

解　$$\lim_{x\to 0}\frac{\int_0^x\sin t\mathrm{d}t}{x^2}=\lim_{x\to 0}\frac{\frac{\mathrm{d}}{\mathrm{d}x}\int_0^x\sin t\mathrm{d}t}{(x^2)'}=\lim_{x\to 0}\frac{\sin x}{2x}=\frac{1}{2}\lim_{x\to 0}\frac{\sin x}{x}=\frac{1}{2}.$$

6.3.2　牛顿-莱布尼茨公式

定理 6.4（牛顿-莱布尼茨公式）　若函数 $F(x)$ 是连续函数 $f(x)$ 在区间 $[a,b]$ 上的任一原函数，则

$$\int_a^b f(x)\mathrm{d}x=F(b)-F(a).\tag{6.13}$$

证 因 $F(x)$ 是 $f(x)$ 的任一原函数，又由定理 6.3 知 $\Phi(x)=\int_a^x f(t)\mathrm{d}t$ 也是 $f(x)$ 的一个原函数，因此，这两个原函数只相差一个常数，即

$$\Phi(x)=F(x)+C.$$

令 $x=a$，得 $\Phi(a)=F(a)+C$. 由上一节的补充规定知 $\Phi(a)=\int_a^a f(t)\mathrm{d}t=0$，于是 $C=-F(a)$. 故 $\Phi(x)=\int_a^x f(t)\mathrm{d}t=F(x)-F(a)$，再令 $x=b$，得 $\Phi(b)=\int_a^b f(t)\mathrm{d}t=F(b)-F(a)$，即

$$\int_a^b f(x)\mathrm{d}x=F(b)-F(a).$$

为方便起见，通常将 $F(b)-F(a)$ 写成 $F(x)\Big|_a^b$（或$[F(x)]_a^b$），因此上式还可以写成

$$\int_a^b f(x)\mathrm{d}x=F(x)\Big|_a^b=F(b)-F(a).$$

这个公式称为牛顿-莱布尼茨公式，而定理 6.4 也称为微积分基本定理. 它进一步指出了定积分与不定积分（或原函数）之间的关系，使我们可以借助于求原函数在积分区间$[a,b]$上的增量来计算定积分，提供了计算定积分的一个有效而简便的方法.

例 6-8 计算定积分$\int_0^1 x^2\mathrm{d}x$.

解 $\int_0^1 x^2\mathrm{d}x=\left[\frac{x^3}{3}\right]_0^1=\frac{1}{3}$.

例 6-9 求$\int_1^2\left(2x+\frac{1}{x}\right)\mathrm{d}x$.

解 $$\int_1^2\left(2x+\frac{1}{x}\right)\mathrm{d}x=\int_1^2 2x\mathrm{d}x+\int_1^2\frac{1}{x}\mathrm{d}x=2\int_1^2 x\mathrm{d}x+[\ln|x|]_1^2$$
$$=x^2\Big|_1^2+\ln 2=3+\ln 2.$$

例 6-10 求$\int_{-1}^1\frac{x^2-1}{1+x^2}\mathrm{d}x$.

解 $$\int_{-1}^1\frac{x^2-1}{1+x^2}\mathrm{d}x=\int_{-1}^1\left(1-\frac{2}{1+x^2}\right)\mathrm{d}x=(x-2\arctan x)\Big|_{-1}^1$$
$$=\left(1-\frac{\pi}{2}\right)-\left(-1+\frac{\pi}{2}\right)=2-\pi.$$

例 6-11 求正弦曲线 $y=\sin x$ 在$[0,\pi]$上与 x 轴所围成的平面图形的面积.

解 $A=\int_0^\pi \sin x\mathrm{d}x=[-\cos x]_0^\pi=2$.

例 6-12 设 $f(x)=\begin{cases}x+1, & x\leqslant 1,\\ 2x^2, & x>1,\end{cases}$ 求 $\int_0^2 f(x)\mathrm{d}x$.

解 因 $f(x)$ 在 $(-\infty,+\infty)$ 上连续,故 $f(x)$ 在 $[0,2]$ 上连续.因此

$$\int_0^2 f(x)\mathrm{d}x=\int_0^1 f(x)\mathrm{d}x+\int_1^2 f(x)\mathrm{d}x=\int_0^1 (x+1)\mathrm{d}x+\int_1^2 2x^2\mathrm{d}x$$

$$=\left(\frac{x^2}{2}+x\right)\Big|_0^1+\frac{2}{3}x^3\Big|_1^2=\frac{37}{6}.$$

注意:在使用牛顿-莱布尼茨公式时,要注意 $f(x)$ 在 $[a,b]$ 上连续或只有有限个第一类间断点这个条件,否则就可能导致错误.

例如,$\int_{-1}^2\frac{\mathrm{d}x}{x}=\ln|x|\Big|_{-1}^2=\ln2-\ln1=\ln2$,而这个结果是不正确的,原因是函数 $f(x)=\frac{1}{x}$ 在区间 $[-1,2]$ 上不连续,$x=0$ 点是它的第二类间断点,故不能用牛顿-莱布尼茨公式.事实上,这个积分是本章第 6.5 节将要介绍的反常积分.

例 6-13 证明:若 $f(x)$ 连续,$\varphi(x)$ 和 $\psi(x)$ 可导,则

$$\frac{\mathrm{d}}{\mathrm{d}x}\int_{\psi(x)}^{\varphi(x)} f(t)\mathrm{d}t=f[\varphi(x)]\varphi'(x)-f[\psi(x)]\psi'(x).$$

证 设 $F(x)$ 是 $f(x)$ 的一个原函数,即 $F'(x)=f(x)$,根据定理 6.4,有

$$\int_{\psi(x)}^{\varphi(x)} f(t)\mathrm{d}t=F(\varphi(x))-F(\psi(x)),$$

对上式两边求导有

$$\frac{\mathrm{d}}{\mathrm{d}x}\int_{\psi(x)}^{\varphi(x)} f(t)\mathrm{d}t=[F(\varphi(x))-F(\psi(x))]'$$

$$=F'(\varphi(x))\varphi'(x)-F'(\psi(x))\psi'(x).$$

6.4 定积分的换元积分法和分部积分法

由上节知道,在用牛顿-莱布尼茨公式计算定积分时是先求出被积函数的一个原函数,再把它转化为求原函数的增量.求原函数即求不定积分,因此求不定积分的换元法和分部积分法对定积分仍然适用.

6.4.1 定积分的换元积分法

先看一个例子:计算椭圆 $\frac{x^2}{a^2}+\frac{y^2}{b^2}=1(a>b>0)$ 的面积 A.

解 显然,椭圆面积 A 等于其第一象限部分面积的 4 倍,即

$$A=4\int_0^a\frac{b}{a}\sqrt{a^2-x^2}\,\mathrm{d}x=\frac{4b}{a}\int_0^a\sqrt{a^2-x^2}\,\mathrm{d}x.$$

利用不定积分换元法，令 $x = a\sin u\left(-\frac{\pi}{2} < u < \frac{\pi}{2}\right)$，则

$$\int \sqrt{a^2 - x^2}\,\mathrm{d}x = \int a\cos u \cdot a\cos u\,\mathrm{d}u = a^2\int \cos^2 u\,\mathrm{d}u$$
$$= a^2\int \frac{1+\cos 2u}{2}\mathrm{d}u = \frac{a^2}{2}\left(u + \frac{1}{2}\sin 2u\right) + C$$
$$= \frac{a^2}{2}u + \frac{a^2}{2}\sin u\cos u + C$$
$$= \frac{a^2}{2}\arcsin\frac{x}{a} + \frac{1}{2}x\sqrt{a^2 - x^2} + C,$$

再把上、下限代入计算可得 $A = \pi ab$.

这样做虽然可以求出这个定积分的值，但比较麻烦. 现在我们在定积分中直接运用换元法，仍作代换 $x = a\sin u$，被积式 $\sqrt{a^2 - x^2}\,\mathrm{d}x$ 变为 $a^2\cos^2 u\mathrm{d}u$. 此时还需注意，要相应地改变积分的上下限. 由于当 $x = 0$ 时相应的 $u = 0$，而当 $x = a$ 时相应的 $u = \frac{\pi}{2}$，因此对 x 而言，积分区间是 $[0, a]$，经过代换后，对新变量 u 而言，积分区间则应是 $\left[0, \frac{\pi}{2}\right]$. 于是有

$$A = \frac{4b}{a}\int_0^a \sqrt{a^2 - x^2}\,\mathrm{d}x \xlongequal{\text{令}x=\sin u} \frac{4b}{a}\int_0^{\frac{\pi}{2}} a^2\cos^2 u\,\mathrm{d}u = 4ab\int_0^{\frac{\pi}{2}} \frac{1+\cos 2u}{2}\mathrm{d}u$$
$$= 2ab\left[u + \frac{\sin 2u}{2}\right]_0^{\frac{\pi}{2}} = 2ab\left(\frac{\pi}{2} - 0\right) = \pi ab.$$

比较上面两种方法，可见后一种方法要简单些，因为中间省去把新变量 u 换回到原来变量 x 这个步骤.

定理 6.5 若函数 $f(x)$ 在 $[a, b]$ 上连续，函数 $x = \varphi(t)$ 满足以下条件：

(1) $\varphi(t)$ 在 $[\alpha, \beta]$ 上具有连续的导数 $\varphi'(t)$；

(2) 当 t 从 α 变到 β 时，$\varphi(t)$ 从 $\varphi(\alpha) = a$ 单调地变到 $\varphi(\beta) = b$，

则有

$$\int_a^b f(x)\mathrm{d}x = \int_\alpha^\beta f[\varphi(t)]\varphi'(t)\mathrm{d}t. \tag{6.14}$$

上式称为定积分换元积分公式.

证 如果 $\int f(x)\mathrm{d}x = F(x) + C$，则由不定积分的换元公式有

$$\int f[\varphi(t)]\varphi'(t)\mathrm{d}t = F[\varphi(t)] + C,$$

于是有

$$\int_a^b f(x)\mathrm{d}x = F(x)\Big|_a^b = F(b) - F(a) = F[\varphi(\beta)] - F[\varphi(\alpha)]$$

$$=\int_{\alpha}^{\beta}f[\varphi(t)]\varphi'(t)\mathrm{d}t.$$

例 6-14 求$\int_{0}^{\frac{\pi}{2}}\cos^3 x\sin x\mathrm{d}x$.

解 设 $u=\cos x$,则 $\mathrm{d}u=-\sin x\mathrm{d}x$. 当 $x=0$ 时 $u=1$,当 $x=\frac{\pi}{2}$ 时 $u=0$,则

$$\int_{0}^{\frac{\pi}{2}}\cos^3 x\sin x\mathrm{d}x=-\int_{1}^{0}u^3\mathrm{d}u=\int_{0}^{1}u^3\mathrm{d}u=\frac{u^4}{4}\Big|_{0}^{1}=\frac{1}{4}.$$

例 6-15 求$\int_{0}^{4}\frac{(x+2)}{\sqrt{2x+1}}\mathrm{d}x$.

解 令 $u=\sqrt{2x+1}$,则 $x=\frac{u^2-1}{2}$,$\mathrm{d}x=u\mathrm{d}u$,且当 x 从 0 变到 4 时,相应的 u 从 1 变到 3. 于是

$$\int_{0}^{4}\frac{(x+2)}{\sqrt{2x+1}}\mathrm{d}x=\int_{1}^{3}\frac{\frac{1}{2}(u^2-1)+2}{u}u\mathrm{d}u=\int_{1}^{3}\frac{u^2+3}{2}\mathrm{d}u$$

$$=\left(\frac{u^3}{6}+\frac{3}{2}u\right)\Big|_{1}^{3}=\left(\frac{27}{6}+\frac{9}{2}\right)-\left(\frac{1}{6}+\frac{3}{2}\right)=\frac{22}{3}.$$

在用换元积分法求积分时,要注意换元时必须换限,新上限对应原上限,新下限对应原下限.

例 6-16 证明:

(1) 若 $f(x)$ 在$[-a,a]$上为连续偶函数,则$\int_{-a}^{a}f(x)\mathrm{d}x=2\int_{0}^{a}f(x)\mathrm{d}x$;

(2) 若 $f(x)$ 在$[-a,a]$上为连续奇函数,则$\int_{-a}^{a}f(x)\mathrm{d}x=0$.

证 因为

$$\int_{-a}^{a}f(x)\mathrm{d}x=\int_{-a}^{0}f(x)\mathrm{d}x+\int_{0}^{a}f(x)\mathrm{d}x,$$

对积分$\int_{-a}^{0}f(x)\mathrm{d}x$ 作代换 $x=-t$,则

$$\int_{-a}^{0}f(x)\mathrm{d}x=-\int_{a}^{0}f(-t)\mathrm{d}t=\int_{0}^{a}f(-t)\mathrm{d}t=\int_{0}^{a}f(-x)\mathrm{d}x.$$

于是

$$\int_{-a}^{a}f(x)\mathrm{d}x=\int_{0}^{a}f(x)\mathrm{d}x+\int_{0}^{a}f(-x)\mathrm{d}x=\int_{0}^{a}(f(x)+f(-x))\mathrm{d}x.$$

(1) 若 $f(x)$ 偶函数,即 $f(-x)=f(x)$,则 $f(x)+f(-x)=2f(x)$,从而

$$\int_{-a}^{a}f(x)\mathrm{d}x=2\int_{0}^{a}f(x)\mathrm{d}x.$$

(2) 若 $f(x)$ 奇函数,即 $f(-x)=-f(x)$,则 $f(x)+f(-x)=0$,从而

$$\int_{-a}^{a} f(x)\mathrm{d}x = 0.$$

例 6-16 具有明显的几何意义，其中，第(1) 问对应于图 6-7(a)，第(2) 问对应于图 6-7(b).

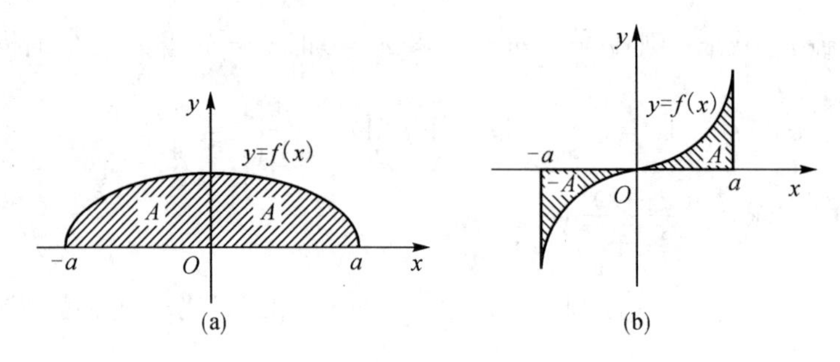

图 6-7

例 6-17　设 $f(x)$ 为连续函数，且 $f(x) = \sin x + \int_0^{\pi} f(x)\mathrm{d}x$，求 $f(x)$.

解　设 $\int_0^{\pi} f(x)\mathrm{d}x = A$，则 $f(x) = \sin x + A$，两边积分，有

$$\int_0^{\pi} f(x)\mathrm{d}x = \int_0^{\pi} (\sin x + A)\mathrm{d}x,$$

所以

$$A = -\cos x\Big|_0^{\pi} + Ax\Big|_0^{\pi}, \quad 即 \quad A = \frac{2}{1-\pi},$$

所以 $f(x) = \sin x + \dfrac{2}{1-\pi}$.

6.4.2　定积分的分部积分法

如果函数 $u(x)$ 和 $v(x)$ 在区间 $[a,b]$ 上具有连续导数 $u'(x)$ 和 $v'(x)$，则有

$$(uv)' = u'v + uv',$$

对等式两边分别在区间 $[a,b]$ 上求定积分，并应用牛顿-莱布尼茨公式，得

$$\int_a^b (uv)'\mathrm{d}x = \int_a^b vu'\mathrm{d}x + \int_a^b uv'\mathrm{d}x,$$

即有 $[uv]_a^b = \int_a^b vu'\mathrm{d}x + \int_a^b uv'\mathrm{d}x$，移项得

$$\int_a^b uv'\mathrm{d}x = [uv]_a^b - \int_a^b vu'\mathrm{d}x, \tag{6.15}$$

或

$$\int_a^b u\mathrm{d}v = [uv]_a^b - \int_a^b v\mathrm{d}u. \tag{6.15$'$}$$

上面两式就是定积分的分部积分公式.

例 6-18 求$\int_0^{\pi} x\cos x\mathrm{d}x$.

解 设 $u=x,\mathrm{d}v=\cos x\mathrm{d}x$,则 $\mathrm{d}u=\mathrm{d}x,v=\sin x$. 代入公式(6.15)得

$$\int_0^{\pi} x\cos x\mathrm{d}x=[x\sin x]_0^{\pi}-\int_0^{\pi}\sin x\mathrm{d}x=0-\int_0^{\pi}\sin x\mathrm{d}x$$

$$=[\cos x]_0^{\pi}=-2.$$

例 6-19 求$\int_0^{\mathrm{e}-1} x\ln(x+1)\mathrm{d}x$.

解
$$\int_0^{\mathrm{e}-1} x\ln(x+1)\mathrm{d}x=\left[\frac{x^2}{2}\ln(1+x)\right]_0^{\mathrm{e}-1}-\frac{1}{2}\int_0^{\mathrm{e}-1} x^2\mathrm{d}\ln(1+x)$$

$$=\frac{1}{2}(\mathrm{e}-1)^2-\frac{1}{2}\int_0^{\mathrm{e}-1}\frac{x^2}{1+x}\mathrm{d}x$$

$$=\frac{1}{2}(\mathrm{e}-1)^2-\frac{1}{2}\int_0^{\mathrm{e}-1}\left(x-1+\frac{1}{1+x}\right)\mathrm{d}x$$

$$=\frac{1}{2}(\mathrm{e}-1)^2-\frac{1}{2}\left[\frac{x^2}{2}-x+\ln(1+x)\right]_0^{\mathrm{e}-1}=\frac{\mathrm{e}^2-3}{4}.$$

例 6-20 求$\int_0^{2\pi}\mathrm{e}^x\cos x\mathrm{d}x$.

解 设 $I=\int_0^{2\pi}\mathrm{e}^x\cos x\mathrm{d}x$,则

$$I=\int_0^{2\pi}\mathrm{e}^x\mathrm{d}\sin x=[\mathrm{e}^x\sin x]_0^{2\pi}-\int_0^{2\pi}\sin x\mathrm{d}\mathrm{e}^x=-\int_0^{2\pi}\mathrm{e}^x\sin x\mathrm{d}x$$

$$=\int_0^{2\pi}\mathrm{e}^x\mathrm{d}\cos x=[\mathrm{e}^x\cos x]_0^{2\pi}-\int_0^{2\pi}\mathrm{e}^x\cos x\mathrm{d}x=(\mathrm{e}^{2\pi}-1)-I,$$

于是 $I=\frac{1}{2}(\mathrm{e}^{2\pi}-1)$,即

$$\int_0^{2\pi}\mathrm{e}^x\cos x\mathrm{d}x=\frac{1}{2}(\mathrm{e}^{2\pi}-1).$$

6.5 反常积分

在定积分中,积分区间$[a,b]$是有限的,且被积函数 $f(x)$ 在区间$[a,b]$上是连续的,即被积函数是区间$[a,b]$上的有界函数. 这种积分称为通常意义下的积分,简称常义积分. 但在实际问题中,还会遇到积分区间为无限的,或者积分区间虽有限,而被积函数是无界的情况,它们都不属于常义积分的范围,这两类积分被称为反常积分.

6.5.1 无穷区间上的反常积分

定义 6.2 设函数 $f(x)$ 在$[a,+\infty)$上连续,取 $b>a$,若极限 $\lim\limits_{b\to+\infty}\int_a^b f(x)\mathrm{d}x$ 存

在，就称函数 $f(x)$ 在 $[a,+\infty)$ 上的反常积分存在或收敛，并称这个极限值为反常积分的值；如果上述极限不存在，就称函数 $f(x)$ 在 $[a,+\infty)$ 的反常积分不存在或发散. 无论收敛或发散，都用 $\int_a^{+\infty} f(x)\mathrm{d}x$ 表示函数 $f(x)$ 在区间 $[a,+\infty)$ 的反常积分，即

$$\int_a^{+\infty} f(x)\mathrm{d}x = \lim_{b\to+\infty}\int_a^b f(x)\mathrm{d}x. \tag{6.16}$$

类似的，可以定义在区间 $(-\infty,b]$ 的连续函数 $f(x)$ 的反常积分为

$$\int_{-\infty}^b f(x)\mathrm{d}x = \lim_{a\to-\infty}\int_a^b f(x)\mathrm{d}x, \tag{6.17}$$

当上式右端的极限存在时，称反常积分收敛，否则称反常积分发散.

对于在 $(-\infty,+\infty)$ 内的连续函数 $f(x)$ 的反常积分，定义为

$$\begin{aligned}\int_{-\infty}^{+\infty} f(x)\mathrm{d}x &= \int_{-\infty}^{c} f(x)\mathrm{d}x + \int_c^{+\infty} f(x)\mathrm{d}x\\ &= \lim_{a\to-\infty}\int_a^c f(x)\mathrm{d}x + \lim_{b\to+\infty}\int_c^b f(x)\mathrm{d}x,\end{aligned} \tag{6.18}$$

其中，c 为任意实数，且仅当下面等号右端两个极限都存在时，该反常积分才收敛，否则是发散的.

例 6-21 求下列反常积分：

(1) $\int_0^{+\infty} \mathrm{e}^{-x}\mathrm{d}x$. (2) $\int_{-\infty}^{+\infty} \frac{1}{1+x^2}\mathrm{d}x$.

解 (1) $\int_0^{+\infty} \mathrm{e}^{-x}\mathrm{d}x = \lim_{b\to+\infty}\int_0^b \mathrm{e}^{-x}\mathrm{d}x = \lim_{b\to+\infty}(-\mathrm{e}^{-x})\Big|_0^b = \lim_{b\to+\infty}(-\mathrm{e}^{-b}+1) = 1.$

$$\begin{aligned}(2)\ \int_{-\infty}^{+\infty} \frac{1}{1+x^2}\mathrm{d}x &= \lim_{a\to-\infty}\int_a^0 \frac{\mathrm{d}x}{1+x^2} + \lim_{b\to+\infty}\int_0^b \frac{\mathrm{d}x}{1+x^2}\\ &= \lim_{a\to-\infty}\arctan x\Big|_a^0 + \lim_{b\to+\infty}\arctan x\Big|_0^b\\ &= -\lim_{a\to-\infty}\arctan a + \lim_{b\to+\infty}\arctan b = -\left(-\frac{\pi}{2}\right)+\frac{\pi}{2} = \pi.\end{aligned}$$

例 6-22 计算反常积分 $\int_{-\infty}^0 \sin x\mathrm{d}x$ 以及 $\int_{-\infty}^{+\infty} \sin x\mathrm{d}x$

解 因为 $\int_{-\infty}^0 \sin x\mathrm{d}x = -\cos x\Big|_{-\infty}^0 = -\left(1-\lim_{a\to-\infty}\cos a\right)$，显然发散；

同理，$\int_{-\infty}^{+\infty} \sin x\mathrm{d}x = \int_{-\infty}^0 \sin x\mathrm{d}x + \int_0^{+\infty} \sin x\mathrm{d}x$ 也发散.

例 6-23 证明：$\int_1^{+\infty} \frac{\mathrm{d}x}{x^p}$，当 $p>1$ 时收敛，$p\leqslant 1$ 时发散.

证 当 $p=1$ 时，$\lim_{b\to+\infty}\int_1^b \frac{\mathrm{d}x}{x} = \lim_{b\to+\infty}\ln x\Big|_1^b$，即

$$\int_1^{+\infty}\frac{\mathrm{d}x}{x}=\lim_{b\to+\infty}\ln b=+\infty;$$

当 $p\neq 1$ 时,有

$$\int_1^{+\infty}\frac{\mathrm{d}x}{x^p}=\lim_{b\to+\infty}\int_1^b\frac{\mathrm{d}x}{x^p}=\frac{1}{1-p}\lim_{b\to+\infty}x^{1-p}\Big|_1^b$$

$$=\frac{1}{1-p}\left(\lim_{b\to+\infty}b^{1-p}-1\right)=\begin{cases}+\infty, & \text{当 } p<1 \text{ 时},\\ \dfrac{1}{p-1}, & \text{当 } p>1 \text{ 时}.\end{cases}$$

所以,当 $p>1$ 时,该反常积分收敛,其值为 $\frac{1}{p-1}$;当 $p\leqslant 1$ 时,该反常积分发散.

6.5.2 无界函数的反常积分

定义 6.3 设函数 $f(x)$ 在 $(a,b]$ 上连续,且 $\lim\limits_{x\to a^+}f(x)=\infty$,若 $\lim\limits_{\varepsilon\to 0^+}\int_{a+\varepsilon}^b f(x)\mathrm{d}x$ 存在,则称无界函数 $f(x)$ 在 $(a,b]$ 的反常积分存在或收敛,并称这个极限值为反常积分的值;如上述极限不存在,则称无界函数 $f(x)$ 在 $(a,b]$ 的反常积分不存在或发散. 无论收敛或发散,都用 $\int_a^b f(x)\mathrm{d}x$ 表示这个反常积分,即

$$\int_a^b f(x)\mathrm{d}x=\lim_{\varepsilon\to 0^+}\int_{a+\varepsilon}^b f(x)\mathrm{d}x. \tag{6.19}$$

类似的,可定义在 $x=b$ 附近无界函数(右端点为无穷间断点)$f(x)$ 的反常积分为

$$\int_a^b f(x)\mathrm{d}x=\lim_{\varepsilon\to 0^+}\int_a^{b-\varepsilon} f(x)\mathrm{d}x. \tag{6.20}$$

对于在 $[a,b]$ 内某点 $x=c(a<c<b)$ 附近的无界函数(无穷间断点在区间内)$f(x)$ 的反常积分,定义为

$$\int_a^b f(x)\mathrm{d}x=\lim_{\varepsilon\to 0^+}\int_a^{c-\varepsilon} f(x)\mathrm{d}x+\lim_{\eta\to 0^+}\int_{c+\eta}^b f(x)\mathrm{d}x, \tag{6.21}$$

其中,ε,η 各自独立地趋向于零. 仅当右端两个极限都存在时,该反常积分才收敛,否则是发散的.

无界函数的反常积分又称为瑕积分,定义中函数 $f(x)$ 的无穷间断点称为瑕点.

例 6-24 求 $\int_0^a\frac{\mathrm{d}x}{\sqrt{a^2-x^2}}\ (a>0)$.

解 因为 $\lim\limits_{x\to a^-}\frac{1}{\sqrt{a^2-x^2}}=+\infty$,所以积分是反常积分,于是

$$\int_0^a \frac{dx}{\sqrt{a^2-x^2}} = \lim_{\varepsilon\to 0^+}\int_0^{a-\varepsilon} \frac{dx}{\sqrt{a^2-x^2}} = \lim_{\varepsilon\to 0^+}\arcsin\frac{x}{a}\Big|_0^{a-\varepsilon}$$
$$= \lim_{\varepsilon\to 0^+}\left(\arcsin\frac{a-\varepsilon}{a}-0\right) = \frac{\pi}{2}.$$

例 6-25 求$\int_0^1 \ln x\,dx$

解 因为$\lim\limits_{x\to 0^+}\ln x=-\infty$,所以该积分为反常积分,于是

$$\int_0^1 \ln x\,dx = \lim_{\varepsilon\to 0^+}\int_\varepsilon^1 \ln x\,dx = \lim_{\varepsilon\to 0^+}\left(x\ln x\Big|_\varepsilon^1 - \int_\varepsilon^1 x\,d\ln x\right)$$
$$= 0 - \lim_{\varepsilon\to 0^+}\varepsilon\ln\varepsilon - \lim_{\varepsilon\to 0^+}(1-\varepsilon) = -1.$$

注意:

$$\lim_{x\to 0^+}x\ln x = \lim_{x\to 0^+}\frac{\ln x}{\frac{1}{x}} = \lim_{x\to 0^+} = \frac{\frac{1}{x}}{-\frac{1}{x^2}} = \lim_{x\to 0^+}(-x) = 0.$$

例 6-26 讨论$\int_{-1}^1 \frac{dx}{x^2}$的收敛性.

解 因为$\lim\limits_{x\to 0}\frac{1}{x^2}=+\infty$,所以该积分为反常积分,于是

$$\int_{-1}^1 \frac{dx}{x^2} = \lim_{\varepsilon\to 0^+}\int_{-1}^{0-\varepsilon}\frac{dx}{x^2} + \lim_{\eta\to 0^+}\int_{0+\eta}^1 \frac{dx}{x^2} = \lim_{\varepsilon\to 0^+}\left(-\frac{1}{x}\right)\Big|_{-1}^{0-\varepsilon} + \lim_{\eta\to 0^+}\left(-\frac{1}{x}\right)\Big|_{0+\eta}^1$$
$$= \lim_{\varepsilon\to 0^+}\left(\frac{1}{\varepsilon}-1\right) + \lim_{\eta\to 0^+}\left(\frac{1}{\eta}-1\right),$$

因为$\lim\limits_{\varepsilon\to 0^+}\left(\frac{1}{\varepsilon}-1\right)=+\infty$,所以反常积分$\int_{-1}^1 \frac{dx}{x^2}$是发散的.

注:如果不注意被积函数$\frac{1}{x^2}$在$x=0$处的情况,直接按定积分计算,就会得出错误结果,即

$$\int_{-1}^1 \frac{dx}{x^2} = -\frac{1}{x}\Big|_{-1}^1 = -2.$$

例 6-27 证明:反常积分$\int_0^1 \frac{dx}{x^p}$,当$0<p<1$时收敛,当$p\geqslant 1$时发散.

证 当$p=1$时,有

$$\int_0^1 \frac{dx}{x^p} = \lim_{\varepsilon\to 0^+}\int_\varepsilon^1 \frac{dx}{x} = \lim_{\varepsilon\to 0^+}\left(\ln x\Big|_\varepsilon^1\right) = \lim_{\varepsilon\to 0^+}(-\ln\varepsilon) = +\infty;$$

当$p>0$且$p\neq 1$时,有

$$\int_0^1 \frac{dx}{x^p} = \lim_{\varepsilon\to 0^+}\int_\varepsilon^1 \frac{dx}{x^p} = \lim_{\varepsilon\to 0^+}\left(\frac{x^{1-p}}{1-p}\Big|_\varepsilon^1\right) = \lim_{\varepsilon\to 0^+}\frac{1-\varepsilon^{1-p}}{1-p}$$

$$=\begin{cases}+\infty, & p>1,\\ \dfrac{1}{1-p}, & 0<p<1.\end{cases}$$

所以，当$0<p<1$时，反常积分$\int_0^1 \frac{\mathrm{d}x}{x^p}$收敛；当$p\geqslant 1$时，反常积分$\int_0^1 \frac{\mathrm{d}x}{x^p}$发散.

6.5.3 Γ函数

定义 6.4 积分$\Gamma(r)=\int_0^{+\infty} x^{r-1}\mathrm{e}^{-x}\mathrm{d}x\ (r>0)$是参变量$r$的函数，称为Γ函数.

可以证明这个积分是收敛的.

Γ函数有一个重要性质，即

$$\Gamma(r+1)=r\Gamma(r)\quad (r>0). \tag{6.22}$$

这是因为

$$\Gamma(r+1)=\int_0^{+\infty} x^r\mathrm{e}^{-x}\mathrm{d}x=-x^r\mathrm{e}^{-x}\Big|_0^{+\infty}+r\int_0^{+\infty} x^{r-1}\mathrm{e}^{-x}\mathrm{d}x$$
$$=r\int_0^{+\infty} x^{r-1}\mathrm{e}^{-x}\mathrm{d}x=r\Gamma(r).$$

这是一个递推公式. 利用此公式，计算Γ函数的任意一个函数值都可化为求Γ函数在[0,1]上的函数值. 例如

$$\Gamma(3.4)=\Gamma(2.4+1)=2.4\times\Gamma(2.4)=2.4\times\Gamma(1.4+1)$$
$$=2.4\times 1.4\times\Gamma(1.4)=2.4\times 1.4\times\Gamma(0.4+1)$$
$$=2.4\times 1.4\times 0.4\times\Gamma(0.4).$$

特别的，当r为正整数时可得

$$\Gamma(n+1)=n!.$$

这是因为

$$\Gamma(n+1)=n\Gamma(n)=n\cdot(n-1)\Gamma(n-1)=\cdots=n!\,\Gamma(1),$$

又

$$\Gamma(1)=\int_0^{+\infty}\mathrm{e}^{-x}\mathrm{d}x=1,$$

所以

$$\Gamma(n+1)=n!.$$

例 6-28 计算下列各值：

(1) $\dfrac{\Gamma(6)}{2\Gamma(3)}$； (2) $\dfrac{\Gamma\left(\frac{5}{2}\right)}{\Gamma\left(\frac{1}{2}\right)}$.

解 (1) $\frac{\Gamma(6)}{2\Gamma(3)}=\frac{5!}{2\cdot 2!}=\frac{5\cdot 4\cdot 3\cdot 2}{2\cdot 2}=30$;

(2) $\frac{\Gamma\left(\frac{5}{2}\right)}{\Gamma\left(\frac{1}{2}\right)}=\frac{\frac{3}{2}\Gamma\left(\frac{3}{2}\right)}{\Gamma\left(\frac{1}{2}\right)}=\frac{\frac{3}{2}\cdot\frac{1}{2}\Gamma\left(\frac{1}{2}\right)}{\Gamma\left(\frac{1}{2}\right)}=\frac{3}{4}$.

例 6-29 计算下列积分：

(1) $\int_0^{+\infty}x^3\mathrm{e}^{-x}\mathrm{d}x$;　　(2) $\int_0^{+\infty}x^{r-1}\mathrm{e}^{-\lambda x}\mathrm{d}x$.

解 (1) $\int_0^{+\infty}x^3\mathrm{e}^{-x}\mathrm{d}x=\Gamma(4)=3!=6$.

(2) 令 $\lambda x=t$,则 $\lambda\mathrm{d}x=\mathrm{d}t$,于是

$$\int_0^{+\infty}x^{r-1}\mathrm{e}^{-\lambda x}\mathrm{d}x=\frac{1}{\lambda}\int_0^{+\infty}\left(\frac{t}{\lambda}\right)^{r-1}\mathrm{e}^{-t}\mathrm{d}t=\frac{1}{\lambda^r}\int_0^{+\infty}t^{r-1}\mathrm{e}^{-t}\mathrm{d}t$$
$$=\frac{\Gamma(r)}{\lambda^r}.$$

Γ 函数还可写成另一形式. 例如,设 Γ 函数中 $x=t^2$,则有

$$\Gamma(r)=2\int_0^{+\infty}t^{2r-1}\mathrm{e}^{-t^2}\mathrm{d}t,$$

当 $r=\frac{1}{2}$ 时,有

$$\Gamma\left(\frac{1}{2}\right)=2\int_0^{+\infty}\mathrm{e}^{-t^2}\mathrm{d}t.$$

可以证明积分 $\int_0^{+\infty}\mathrm{e}^{-t^2}\mathrm{d}t$ 存在而且等于 $\frac{\sqrt{\pi}}{2}$(见第 8.2 节例 8-9),因此

$$\Gamma\left(\frac{1}{2}\right)=2\int_0^{+\infty}\mathrm{e}^{-t^2}\mathrm{d}t=\sqrt{\pi}. \tag{6.23}$$

这里,反常积分 $\int_0^{+\infty}\mathrm{e}^{-t^2}\mathrm{d}t=\frac{\sqrt{\pi}}{2}$ 就是概率论中常用的泊松积分.

6.6 定积分的应用

本节我们将利用前面所学的定积分理论来分析和解决一些几何、物理中的问题. 通过这些例子,不仅在于建立计算这些几何、物理量的公式,更重要的是介绍运用元素法将所求量表达成定积分的分析方法.

6.6.1 定积分的元素法

在定积分定义中,我们先把整体量进行分割;然后在局部范围内“以直代曲”,

求出局部量在局部范围内的近似值；再把所有这些近似值加起来，得到整体量的近似值；最后当分割无限加密时取极限得定积分(即整体量). 在这四个步骤中，关键的是第二步局部量取近似. 事实上，许多几何量和物理量都可以用这种方法计算. 为应用方便，我们在区间$[a,b]$上将某个待求量A通过以下两步表示成定积分.

(1) 由分割写出微元：根据具体问题选取一个积分变量，例如以x为积分变量，并确定它的变化区间$[a,b]$，任取一个微小区间$[x,x+\mathrm{d}x]$，然后写出该小区间上所对应的“待求量A”的部分量ΔA的近似值$\mathrm{d}A$，即求出所求总量A的微元

$$\mathrm{d}A = f(x)\mathrm{d}x.$$

(2) 由微元写出积分：将微元$\mathrm{d}A = f(x)\mathrm{d}x$在区间$[a,b]$上积分，即得

$$A = \int_a^b \mathrm{d}A = \int_a^b f(x)\mathrm{d}x.$$

这种方法称为定积分的元素法，也叫微元法. 下面我们用元素法讨论定积分在几何、经济中的应用.

6.6.2　平面图形的面积

1) 直角坐标情形

(1) 平面图形由连续曲线$y = f_1(x)$，$y = f_2(x)$ $[f_1(x) \geqslant f_2(x)]$以及直线$x = a$，$x = b(b > a)$所围成(见图 6-8)

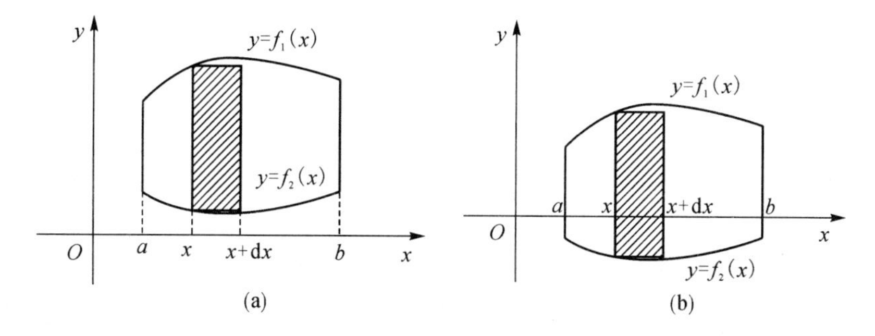

图 6-8

取x为积分变量，则积分区间为$[a,b]$，在$[a,b]$上任取一小区间$[x,x+\mathrm{d}x]$，则$[x,x+\mathrm{d}x]$上面积元素为$\mathrm{d}A = [f_1(x) - f_2(x)]\mathrm{d}x$. 于是所求平面图形的面积为

$$A = \int_a^b [f_1(x) - f_2(x)]\mathrm{d}x. \tag{6.24}$$

例 6-30　试计算由两条抛物线$y = x^2$和$x^2 = 2 - y$所围成图形的面积A.

解　先画出草图如图 6-9 所示，由方程组$\begin{cases} y = x^2, \\ x^2 = 2 - y \end{cases}$解得两抛物线的交点为$(-1,1)$，$(1,1)$. 取$x$为积分变量，则积分区间为$[-1,1]$，并且在$[-1,1]$上显然有

$2-x^2 \geqslant x^2$（由 $x^2=2-y$ 解得函数 $y=2-x^2$）. 于是

$$A=\int_{-1}^{1}[f_1(x)-f_2(x)]\mathrm{d}x=\int_{-1}^{1}[(2-x^2)-x^2]\mathrm{d}x$$

$$=4\int_{0}^{1}(1-x^2)\mathrm{d}x=\frac{8}{3}.$$

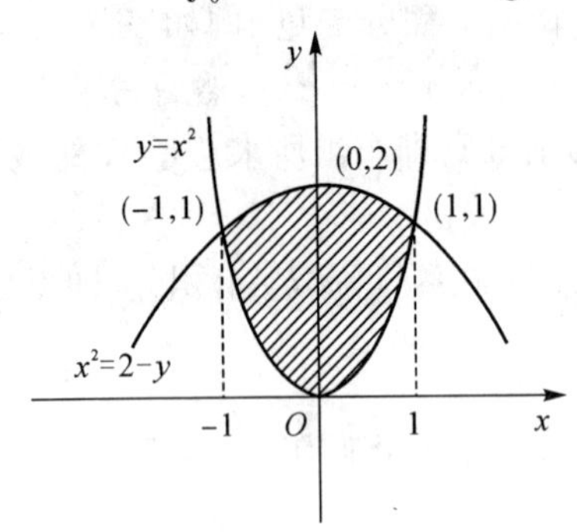

图 6-9

图 6-10

例 6-31 计算由两条抛物线 $y^2=x, y=x^2$ 所围成图形的面积 A.

解 先画出草图如图 6-10 所示，由方程组 $\begin{cases} y=x^2, \\ y^2=x \end{cases}$ 解出交点为(0,0)，(1,1). 取 x 为积分变量，则积分区间为[0,1]，并且在[0,1]上有 $\sqrt{x} \geqslant x^2$. 于是

$$A=\int_{0}^{1}[f_1(x)-f_2(x)]\mathrm{d}x=\int_{0}^{1}(\sqrt{x}-x^2)\mathrm{d}x$$

$$=\left[\frac{2}{3}x^{\frac{3}{2}}-\frac{1}{3}x^3\right]_0^1=\frac{1}{3}.$$

(2) 平面图形由曲线 $x=\varphi_1(y), x=\varphi_2(y)[\varphi_1(y) \geqslant \varphi_2(y)]$ 以及直线 $y=c$，$y=d(c<d)$ 所围成(见图 6-11)

仿(1) 得图形的面积 A 为

$$A=\int_{c}^{d}[\varphi_1(y)-\varphi_2(y)]\mathrm{d}y. \tag{6.25}$$

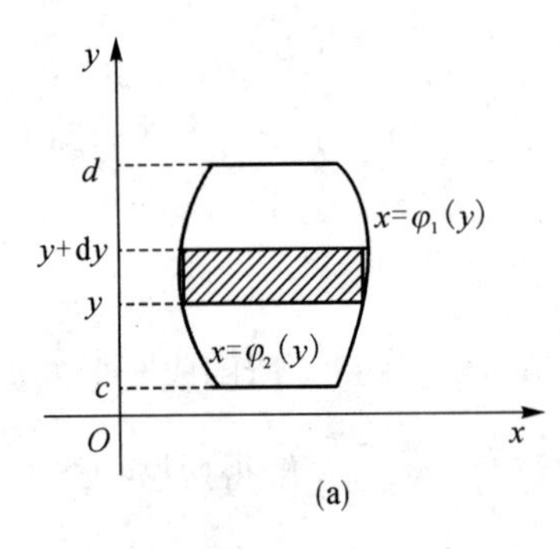

(a)

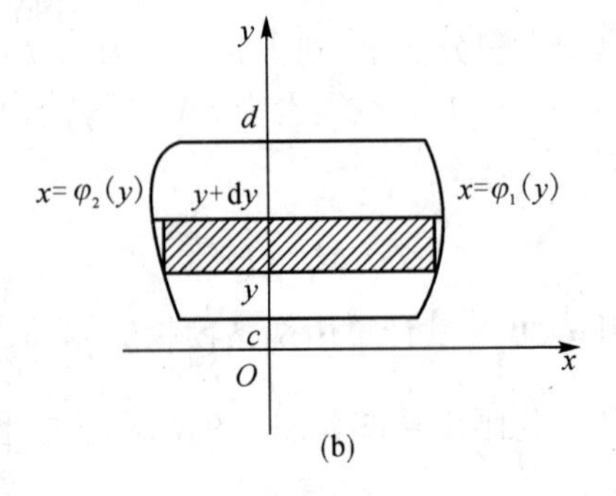

(b)

图 6-11

例 6-32　求抛物线 $y^2=2x$ 与直线 $2x+y-2=0$ 所围成图形的面积 A.

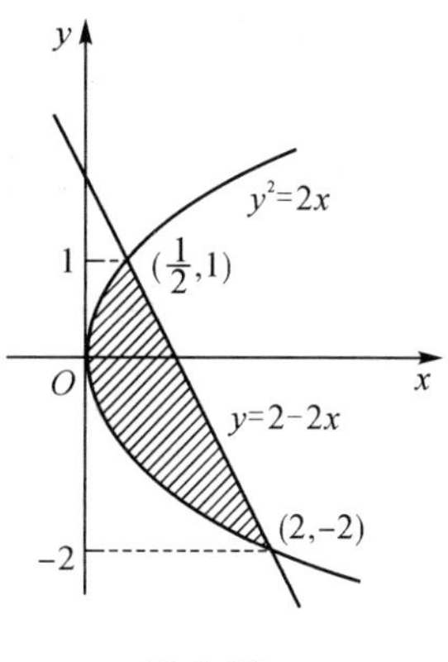

图 6-12

解　首先我们画出如图 6-12 所示的草图,然后由方程组 $\begin{cases} y^2=2x, \\ 2x+y-2=0 \end{cases}$ 解得交点为 $\left(\dfrac{1}{2},1\right)$,$(2,-2)$. 为方便起见,这里取 y 为积分变量,则积分区间为 $[-2,1]$,并且在 $[-2,1]$ 上显然有 $1-\dfrac{y}{2}\geqslant\dfrac{1}{2}y^2$. 于是

$$A=\int_{-2}^{1}\left[\left(1-\frac{y}{2}\right)-\left(\frac{y^2}{2}\right)\right]\mathrm{d}y$$
$$=\left[y-\frac{1}{4}y^2-\frac{1}{6}y^3\right]_{-2}^{1}=\frac{9}{4}$$

注意:若取 x 为积分变量,则必须将区间 $[0,2]$ 分成两个区间 $\left[0,\dfrac{1}{2}\right]$,$\left[\dfrac{1}{2},2\right]$. 此时

$$A=\int_{0}^{\frac{1}{2}}[\sqrt{2x}-(-\sqrt{2x})]\mathrm{d}x+\int_{\frac{1}{2}}^{2}[(2-2x)-(-\sqrt{2x})]\mathrm{d}x,$$

显然,此解法比前一种解法要复杂些.

*2) 极坐标情形

在极坐标系中,由曲线 $\rho=\rho(\theta)$ 及射线 $\theta=\alpha$,$\theta=\beta$ 所围成的图形称为曲边扇形(见图 6-13). 用积分元素法,取极角 θ 为积分变量,积分区间为 $[\alpha,\beta]$. 在任意小区间 $[\theta,\theta+\mathrm{d}\theta]$ 上,曲边扇形面积的部分量可用 θ 处的极径 $\rho(\theta)$ 为半径,以 $\mathrm{d}\theta$ 为圆心角的圆扇形来近似代替,即面积元素

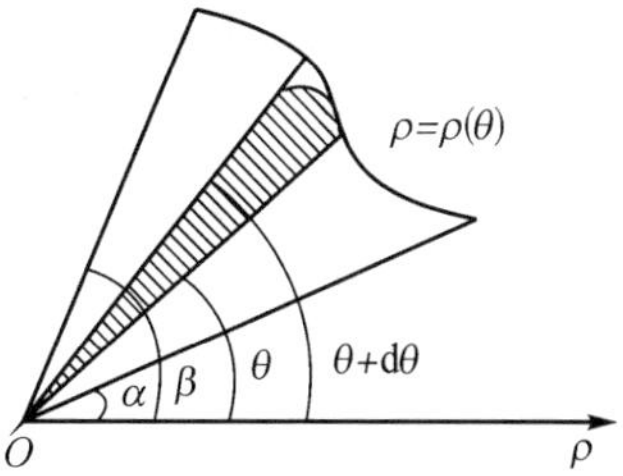

图 6-13

$$\mathrm{d}A=\frac{1}{2}[\rho(\theta)]^2\mathrm{d}\theta,$$

在 $[\alpha,\beta]$ 上积分,得曲边扇形面积

$$A=\int_{\alpha}^{\beta}\frac{1}{2}[\rho(\theta)]^2\mathrm{d}\theta. \tag{6.26}$$

例 6-33　计算阿基米德螺线 $\rho=a\theta(a>0)$ 上,相应于 θ 从 0 到 2π 的一段弧与极轴所围成的图形的面积(见图 6-14).

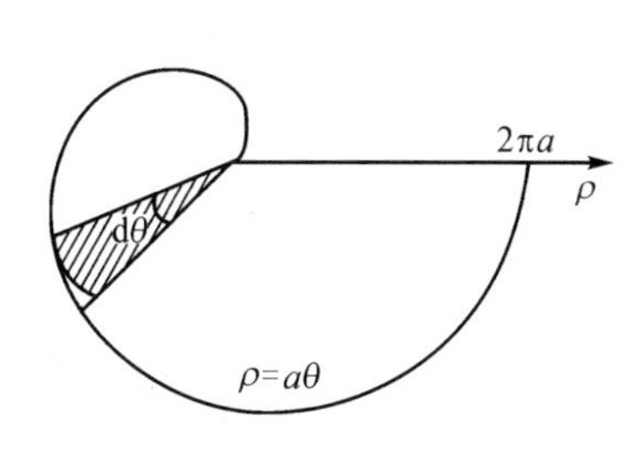

图 6-14

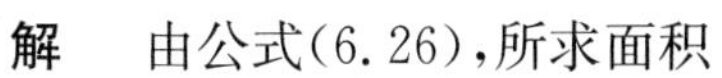

解　由公式(6.26),所求面积

$$A=\int_{0}^{2\pi}\frac{1}{2}(a\theta)^2\mathrm{d}\theta=\frac{a^2}{2}\left[\frac{1}{3}\theta^3\right]_{0}^{2\pi}=\frac{4}{3}a^2\pi^3.$$

例 6-34 试计算心形线 $\rho = a(1+\cos\theta)(a>0)$ 所围成的图形的面积(见图 6-15).

解 由于图形对称于极轴,只要算出极轴上方部分的面积 A_1,再乘以 2 即得所求面积 A.

由公式(6.26),所求面积为

$$A = 2\int_0^{\pi} \frac{1}{2}a^2(1+\cos\theta)^2 \mathrm{d}\theta$$

$$= a^2\int_0^{\pi}(1+2\cos\theta+\cos^2\theta)\mathrm{d}\theta$$

$$= a^2\int_0^{\pi}\left(\frac{3}{2}+2\cos\theta+\frac{\cos 2\theta}{2}\right)\mathrm{d}\theta$$

$$= a^2\left[\frac{3}{2}\theta+2\sin\theta+\frac{\sin 2\theta}{4}\right]_0^{\pi} = \frac{3}{2}\pi a^2.$$

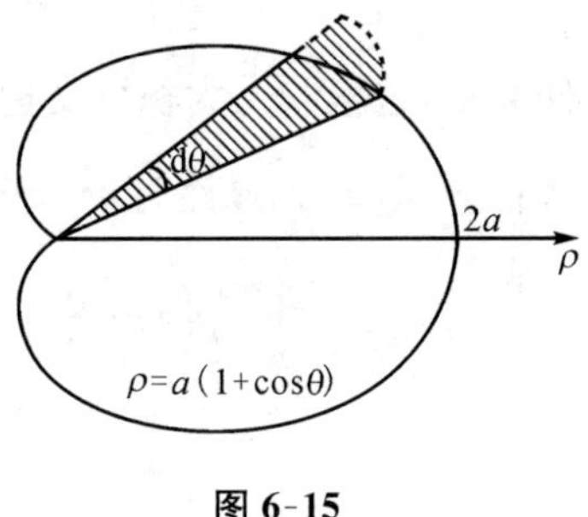

图 6-15

6.6.3 旋转体的体积

一平面图形绕平面内一直线旋转一周而成的立体称为旋转体,这条直线称为旋转轴.

现在求由曲线 $y=f(x)$,直线 $x=a$,$x=b$ 及 x 轴所围成的曲边梯形绕 x 轴旋转一周而成旋转体的体积(见图 6-16). 这个旋转体可以看成区间 $[a,b]$ 上各小区间上对应的窄曲边梯形绕 x 轴旋转的小旋转体之和. 取 x 为积分变量,积分区间为 $[a,b]$,在任取小区间 $[x,x+\mathrm{d}x]$ 上,其小薄片旋转体体积近似于以 $f(x)$ 为底半径、$\mathrm{d}x$ 为高的小圆柱体体积. 于是得体积元素

$$\mathrm{d}V = \pi[f(x)]^2\mathrm{d}x,$$

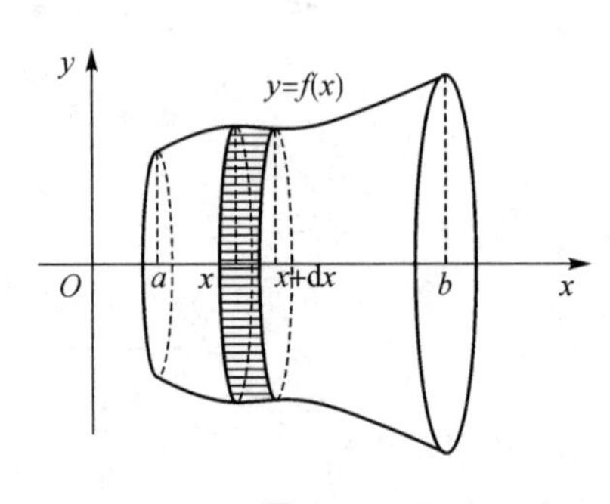

图 6-16

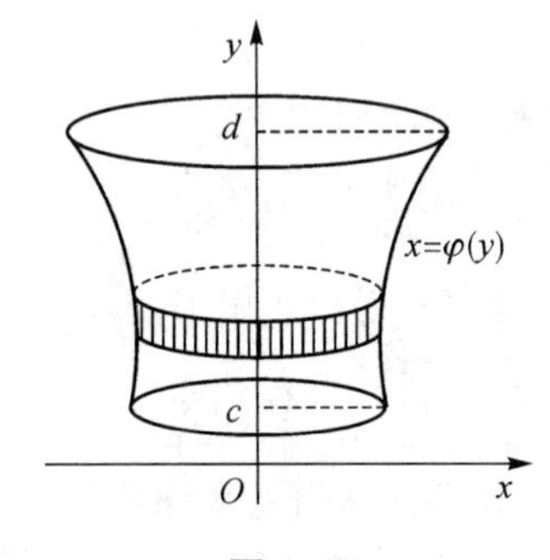

图 6-17

因此,所求旋转体的体积为

$$V = \int_a^b \pi[f(x)]^2\mathrm{d}x. \tag{6.27}$$

用类似的方法,可以求得由曲线 $x=\varphi(y)$,直线 $y=c$,$y=d(c<d)$ 及 y 轴所围成的曲边梯形绕 y 轴旋转一周而成的旋转体的体积(见图 6-17)

$$V=\int_{c}^{d}\pi[\varphi(y)]^{2}\mathrm{d}y. \tag{6.28}$$

例 6-35　求由椭圆 $\dfrac{x^2}{a^2}+\dfrac{y^2}{b^2}=1$ 所围成的图形绕 x 轴旋转一周而成的旋转体(称为旋转椭球体)的体积 V_x.

解　由 $\dfrac{x^2}{a^2}+\dfrac{y^2}{b^2}=1$,得 $y=\pm\dfrac{b}{a}\sqrt{a^2-x^2}$. 因为上半椭圆绕 x 轴与下半椭圆绕 x 轴旋转所得的结果相等,所以

$$V_x=\int_{-a}^{a}\pi y^2\mathrm{d}x=\pi\int_{-a}^{a}\frac{b^2}{a^2}(a^2-x^2)\mathrm{d}x=\frac{2b^2\pi}{a^2}\left(a^2x-\frac{x^3}{3}\right)\bigg|_0^a=\frac{4}{3}\pi ab^2.$$

如果 $a=b=R$,由上式即得球的体积 $V=\dfrac{4}{3}\pi R^3$.

例 6-36　求由 $x^2+y^2=2$ 和 $y=x^2$ 所围成的较小部分图形绕 x 轴旋转所得旋转体的体积.

解　先求两曲线的交点以确定图形所在范围,解方程组 $\begin{cases}x^2+y^2=2,\\ y=x^2\end{cases}$ 得交点为 $(-1,1)$,$(1,1)$. 取 x 为积分变量,则积分区间为 $[-1,1]$,在 $[-1,1]$ 上任取一小区间 $[x,x+\mathrm{d}x]$,与它对应的薄片的体积可看成是一个高为 $\mathrm{d}x$、底半径为 $y=\sqrt{2-x^2}$ 的较大圆柱中挖去底半径为 $y=x^2$ 的较小圆柱而得到的,即该体积近似于 $[\pi(2-x^2)\mathrm{d}x-\pi x^4\mathrm{d}x]$,从而得体积元素

$$\mathrm{d}V=\pi[(2-x^2)-x^4]\mathrm{d}x=\pi(2-x^2-x^4)\mathrm{d}x,$$

因此,所求旋转体的体积

$$V=\int_{-1}^{1}\pi(2-x^2-x^4)\mathrm{d}x=\pi\left[\left(2x-\frac{1}{3}x^3-\frac{1}{5}x^5\right)\right]_{-1}^{1}=\frac{44}{15}\pi.$$

6.6.4　函数的平均值

在实际问题中,常常用一组数据的算术平均值来描述这组数据的概貌. 例如,用一个球队里各个队员的身高的算术平均值来描述该球队球员身高的概貌;又例如对某零件的长度进行 n 次测量,测得的值为 $y_1,y_2,y_3,\cdots,y_n$,这时用 $y_1,y_2,y_3,\cdots,y_n$ 的算术平均值 $\bar{y}=\dfrac{y_1+y_2+y_3+\cdots+y_n}{n}$ 作为该零件长度的近似值.

除了需要计算一组数据的算术平均值,有时还需要计算一个连续函数在某一区间上的平均值. 例如,求气温在一昼夜间的平均温度、求物体在某时间间隔内的平均速度. 由第 6.2 节知,连续函数 $y=f(x)$ 在区间 $[a,b]$ 上的平均值

$$\bar{y}=\frac{1}{b-a}\int_{a}^{b}f(x)\mathrm{d}x,$$

这就是说,连续函数 $y=f(x)$ 在区间 $[a,b]$ 上的平均值等于函数 $y=f(x)$ 在区间

$[a,b]$ 上的定积分除以区间 $[a,b]$ 的长度 $b-a$.

例 6-37 求函数 $f(x)=2x^2+3x+3$ 在区间 $[1,4]$ 上的平均值.

解 因 $f(x)=2x^2+3x+3$ 在区间 $[1,4]$ 上连续,所以平均值

$$\bar{y}=\frac{1}{4-1}\int_1^4(2x^2+3x+3)\mathrm{d}x=\frac{1}{3}\left(\frac{2x^3}{3}+\frac{3}{2}x^2+3x\right)\Big|_1^4$$

$$=\frac{1}{3}\left(\frac{2}{3}\times 64+\frac{3}{2}\times 16+3\times 4-\frac{2}{3}-\frac{3}{2}-3\right)$$

$$=\frac{1}{3}\times\frac{147}{2}=24.5.$$

6.6.5 定积分在经济上的应用

在经济学中经常会遇到已知变化率求总量的问题,如已知边际成本求总成本、已知边际利润求总利润等,这些问题都是通过求定积分来解决的.

例 6-38 已知生产某产品的边际成本和边际收入分别为

$$C'(x)=3+\frac{1}{3}x(\text{万元}/\text{百台}),$$

$$R'(x)=7-x(\text{万元}/\text{百台}),$$

其中,$C(x)$ 和 $R(x)$ 分别是总成本函数和总收入函数.

(1) 若固定成本 $C(0)=1$ 万元,求总成本函数、总收入函数和总利润函数.

(2) 产量为多少时总利润最大?最大总利润是多少?

解 (1) 总成本为固定成本与可变成本之和,即

$$C(x)=C(0)+\int_0^x\left(3+\frac{1}{3}x\right)\mathrm{d}x,$$

这里 x 既是积分限,又是积分变量,为区别起见,故改写为

$$C(x)=C(0)+\int_0^x\left(3+\frac{1}{3}t\right)\mathrm{d}t$$

$$=1+3x+\frac{1}{6}x^2.$$

总收入函数为

$$R(x)=R(0)+\int_0^x(7-t)\mathrm{d}t$$

$$=7x-\frac{1}{2}x^2\quad(\text{产量为零时收入为零,故 }R(0)=0).$$

总利润为总收入与总成本之差,故总利润 L 为

$$L(x)=R(x)-C(x)=\left(7x-\frac{1}{2}x^2\right)-\left(1+3x+\frac{1}{6}x^2\right)$$

$$=-1+4x-\frac{2}{3}x^2.$$

(2) 由 $L'(x)=4-\frac{4}{3}x$，令 $4-\frac{4}{3}x=0$，得唯一驻点 $x=3$，即当 $x=3$ 百台时 $L(x)$ 有最大值，即最大利润为

$$L(3)=-1+4\times 3-\frac{2}{3}\times 3^2=5(\text{万元}).$$

例 6-39 已知生产某商品 x 单位时，边际收益函数为 $R'(x)=200-\frac{x}{50}$(元/单位)，试求生产该产品 x 单位时的总收益 $R(x)$ 和平均单位收益 $\bar{R}(x)$，以及生产这种产品 2000 单位时的总收益和平均单位收益.

解 因为总收益是边际收益函数在 $[0,x]$ 上的定积分，所以生产 x 单位时的总收益为

$$R(x)=\int_0^x\left(200-\frac{t}{50}\right)\mathrm{d}t=\left(200t-\frac{t^2}{100}\right)\Big|_0^x=200x-\frac{x^2}{100},$$

平均单位收益为

$$\bar{R}(x)=\frac{R(x)}{x}=200-\frac{x}{100}.$$

当生产 2000 单位时，总收益为

$$R(2000)=400000-\frac{(2000)^2}{100}=360000(\text{元}),$$

平均单位收益为

$$\bar{R}(2000)=200-\frac{2000}{100}=180(\text{元}).$$

本章小结

本章主要介绍了定积分的概念和计算方法、反常积分以及定积分的应用. 要求了解定积分的概念和基本性质，掌握积分中值定理，并熟练掌握牛顿-莱布尼茨公式，会求变上限积分的导数；重点是定积分的计算，要熟练掌握定积分的换元积分公式和分部积分公式，注意不定积分与定积分换元积分公式之间的相似性与区别；会用定积分计算平面图形的面积和旋转体体积，以及求解一些简单的经济应用题；了解反常积分收敛与发散的概念，掌握计算收敛反常积分的方法；知道 Γ 函数的概念.

阅读材料：符号大师 —— 莱布尼茨

莱布尼茨(1646—1716) 是德国著名的数学家、物理学家和哲学家，出生于莱

比锡的一个书香门第,其父是莱比锡大学哲学教授.莱布尼茨自幼聪慧好学,童年时代便自学家中藏书,15岁考入莱比锡大学学习法学,同时钻研数学和哲学,18岁获得哲学硕士学位,20岁在阿尔特道夫大学获得博士学位.

1672年,莱布尼茨以外交官身份出访巴黎,在那里他结识了惠更斯以及其他杰出的学者,更加激发了自己对数学的兴趣.在惠更斯地指导下,莱布尼茨系统研究了笛卡儿、费马、巴斯加等著名数学家的著作.1673年在伦敦短暂停留期间,他又结识了巴罗等名流,从而以惊人的理解力、洞察力和创造力进入数学研究的前沿.莱布尼茨曾历任英国皇家学会会员、巴黎科学院院士,创建柏林科学院并担任第一任院长.

莱布尼茨研究兴趣极为广泛,涉猎数学、力学、光学、机械学、生物学、海洋学、地质学、法学、语言学、逻辑学、历史学、神学及外交等40多个领域,并且在每一个领域都有杰出成就,特别突出的一项成就是发表了《一种求极大值与极小值和切线的新方法,它也适用于分式和无理量,以及这种新方法的奇妙类型的计算》这篇论文.他与同时代的牛顿分处不同的国家,各自独立地创建了微积分学,阐明了求导数和积分是互逆的两种运算,并发明了至今仍在沿用的比牛顿所发明的符号优越的微积分符号,奠定了微积分学的基础,从而为变量数学的兴起和发展作出了奠基性、开创性贡献.莱布尼茨与牛顿也被学术界一起誉为微积分学的奠基人,显赫地载入数学史册.

莱布尼茨还是数理逻辑的鼻祖.他认为"普遍数学就好比是想象的逻辑",于是将代数方法应用到逻辑推理上,用代数符号表示概念,用代数运算表示推理,发明了一套逻辑符号,并把数学方法用于研究一般推理和命题证明,从而开创了数理逻辑.莱布尼茨还致力于把代数运算机械化、自动化.1672年,他把帕斯卡发明的能作加减运算的计算机改进为能作加减乘除和开平方运算的新型手摇计算机.他还通过研究我国的《周易》提出了二进位制思想,为20世纪电子计算机的发明奠定了基础.为了表示对《周易》的推崇,他还特意复制了一台机械计算机赠送给我国当时的康熙皇帝.

习题 6

A 组

1. 用定积分表示由曲线 $y = x^3 + 1$,x 轴及直线 $x = 1$,$x = 2$ 所围成的曲边梯形的面积 A.

2. 一物体以速度 $v = 3t + 1$(km/h) 做直线运动,试用定积分表示该物体在实际间隔[0,4](单位:h) 内所经过的路程 s(单位:km).

3. 利用定积分的几何意义判断下列定积分的符号：

(1) $\int_{-1}^{2} x^2 \mathrm{d}x$；　　(2) $\int_{-5}^{-1} \cos x \mathrm{d}x$；

(3) $\int_{\frac{\pi}{2}}^{\pi} \cos x \mathrm{d}x$；　　(4) $\int_{1}^{\mathrm{e}} \ln x \mathrm{d}x$.

4. 直接应用定积分定义计算定积分$\int_{1}^{2} x \mathrm{d}x$.

5. 利用定积分的几何意义求下列定积分：

(1) $\int_{0}^{1} \sqrt{1-x^2} \mathrm{d}x$；　　(2) $\int_{-2}^{1} |x| \mathrm{d}x$；

(3) $\int_{0}^{2} (2x+1) \mathrm{d}x$.

6. 已知$\int_{0}^{1} x^3 \mathrm{d}x = \frac{1}{4}$，$\int_{0}^{1} x^2 \mathrm{d}x = \frac{1}{3}$，$\int_{0}^{1} x \mathrm{d}x = \frac{1}{2}$，求：

(1) $\int_{0}^{1} (4x^3+2x+1) \mathrm{d}x$；　　(2) $\int_{0}^{1} (x+2)^2 \mathrm{d}x$；

(3) $\int_{0}^{1} \left(3x+\frac{1}{3}\right) \mathrm{d}x$；　　(4) $\int_{0}^{1} (x+1)^3 \mathrm{d}x$.

7. 利用定积分的性质判别下列定积分的大小：

(1) $\int_{3}^{4} \ln x \mathrm{d}x$ 与$\int_{3}^{4} (\ln x)^2 \mathrm{d}x$；　　(2) $\int_{0}^{\frac{\pi}{2}} x \mathrm{d}x$ 与$\int_{0}^{\frac{\pi}{2}} \sin^2 x \mathrm{d}x$；

(3) $\int_{0}^{1} \sin x \mathrm{d}x$ 与$\int_{0}^{1} \sin^2 x \mathrm{d}x$.

8. 利用定积分的性质估计下列积分的值：

(1) $\int_{0}^{2} \frac{\mathrm{d}x}{1+x^2}$；　　(2) $\int_{-1}^{1} x^2 \mathrm{e}^{x^2} \mathrm{d}x$.

9. 设 $f(x)$ 在区间$[a,b]$上单调减少，证明：

$$f(b)(b-a) \leqslant \int_{a}^{b} f(x) \mathrm{d}x \leqslant f(a)(b-a).$$

10. 求下列函数的导数：

(1) $\int_{0}^{x} \sqrt{\sin t+1} \mathrm{d}t$；　　(2) $\int_{x}^{0} \sin^2 t \mathrm{d}t$；

(3) $\int_{0}^{x^2} (\tan t+1) \mathrm{d}t$；　　(4) $\int_{\sin x}^{\cos x} \cos(\pi t^2) \mathrm{d}t$.

11. 求下列极限：

(1) $\lim\limits_{x \to 0} \frac{\int_{0}^{x} \arcsin t \mathrm{d}t}{x^2}$；　　(2) $\lim\limits_{x \to +\infty} \frac{\int_{0}^{x} (\arctan t)^2 \mathrm{d}t}{\sqrt{x^2+1}}$.

12. 计算下列定积分：

(1) $\int_{1}^{a+1}\left(3x^{2}-x+\frac{1}{x}\right)\mathrm{d}x\ (a>0)$；

(2) $\int_{1}^{2}\left(x^{2}+\frac{1}{x^{4}}\right)\mathrm{d}x$；

(3) $\int_{4}^{9}\sqrt{x}(1+\sqrt{x})\mathrm{d}x$；

(4) $\int_{-\frac{1}{2}}^{\frac{1}{2}}\frac{\mathrm{d}x}{\sqrt{1-x^{2}}}$；

(5) $\int_{0}^{\sqrt{3}a}\frac{\mathrm{d}x}{a^{2}+x^{2}}\ (a>0)$；

(6) $\int_{2}^{4}\frac{\mathrm{d}x}{x^{2}-1}$；

(7) $\int_{-1}^{1}\frac{3x^{4}+3x+1}{x^{2}+1}\mathrm{d}x$；

(8) $\int_{0}^{2\pi}|\sin x|\,\mathrm{d}x$；

(9) $\int_{0}^{\pi}(2\sin x+3\cos x)\mathrm{d}x$；

(10) $\int_{0}^{\frac{\pi}{4}}\tan^{2}x\mathrm{d}x$；

(11) $\int_{1}^{2}\frac{3x^{2}+2x+1}{\sqrt{x}}\mathrm{d}x$；

(12) $\int_{0}^{\pi}\left(\mathrm{e}^{x}+\cos^{2}\frac{x}{2}\right)\mathrm{d}x$.

13. 设 $f(x)=\begin{cases}x^{2}, & x\leqslant 1,\\ 2x-1, & x>1,\end{cases}$ 求 $\int_{0}^{2}f(x)\mathrm{d}x$.

14. 当 x 为何值时，函数 $f(x)=\int_{0}^{x}t\mathrm{e}^{-t^{2}}\mathrm{d}t$ 有极值和拐点？

15. 设 k 为正整数，证明：

(1) $\int_{-\pi}^{\pi}\sin kx\,\mathrm{d}x=0$；

(2) $\int_{-\pi}^{\pi}\cos kx\,\mathrm{d}x=0$.

16. 设 $f(x)$ 在 $[0,+\infty)$ 内连续，且 $f(x)>0$，证明：函数

$$F(x)=\frac{\int_{0}^{x}tf(t)\mathrm{d}t}{\int_{0}^{x}f(t)\mathrm{d}t}$$

在 $(0,+\infty)$ 内单调递增.

17. 计算下列定积分：

(1) $\int_{0}^{2}\frac{\mathrm{d}t}{4+t^{2}}$；

(2) $\int_{0}^{1}\frac{x^{3}}{1+x^{4}}\mathrm{d}x$；

(3) $\int_{1}^{2}\frac{\sqrt{t-1}}{t}\mathrm{d}t$；

(4) $\int_{1}^{\mathrm{e}^{3}}\frac{\mathrm{d}x}{x\sqrt{1+\ln x}}$；

(5) $\int_{\frac{1}{\pi}}^{\frac{2}{\pi}}\frac{1}{t^{2}}\cos\frac{1}{t}\mathrm{d}t$；

(6) $\int_{0}^{\frac{\pi}{2}}\sin^{3}x\cos x\mathrm{d}x$；

(7) $\int_{0}^{2}\frac{x\mathrm{d}x}{(1+x^{2})^{2}}$；

(8) $\int_{0}^{1}\sqrt{1-x^{2}}\,\mathrm{d}x$；

(9) $\int_{0}^{\frac{a}{2}}\frac{\mathrm{d}x}{\sqrt{a^{2}-x^{2}}}\ (a>0)$.

18. 计算下列定积分：

(1) $\int_0^1 x e^{-x} dx$；　　(2) $\int_0^\pi t^2 \sin t dt$；

(3) $\int_0^{\frac{1}{2}} \arcsin x dx$；　　(4) $\int_0^1 x \arctan x dx$；

(5) $\int_0^{\frac{\pi}{2}} e^{2x} \cos x dx$；　　(6) $\int_0^{\frac{\pi}{4}} x \sec^2 x dx$.

19. 已知 $f(x)$ 在$[0,1]$上连续，试证：

(1) $\int_0^{\frac{\pi}{2}} f(\sin x) dx = \int_0^{\frac{\pi}{2}} f(\cos x) dx$；

(2) $\int_0^\pi x f(\sin x) dx = \frac{\pi}{2}\int_0^\pi f(\sin x) dx$.

20. 证明：$\int_x^1 \frac{dx}{1+x^2} = \int_1^{\frac{1}{x}} \frac{dx}{1+x^2}\ (x>0)$.

21. 证明：$\int_0^a x^3 f(x^2) dx = \frac{1}{2}\int_0^{a^2} x f(x) dx$.

22. 已知 $f(1) = \frac{1}{2}, f'(1) = 0, \int_0^1 f(x) dx = 1$，求$\int_0^1 x^2 f''(x) dx$.

23. 计算下列反常积分：

(1) $\int_1^{+\infty} \frac{dx}{x^4}$；　　(2) $\int_0^{+\infty} e^{-ax} dx\ (a>0)$；

(3) $\int_a^{+\infty} \frac{\ln x}{x} dx\ (a>0)$；　　(4) $\int_{-\infty}^{+\infty} \frac{dx}{x^2+2x+2}$；

(5) $\int_0^1 \frac{x dx}{\sqrt{1-x^2}}$；　　(6) $\int_1^e \frac{dx}{x\sqrt{1-(\ln x)^2}}$；

(7) $\int_0^{+\infty} e^{-x} \sin x dx$；　　(8) $\int_{\frac{\pi}{4}}^{\frac{\pi}{2}} \frac{dx}{\cos^2 x}$.

24. 当 k 为何值时，反常积分$\int_2^{+\infty} \frac{dx}{x(\ln x)^k}$ 收敛？当 k 为何值时，这个反常积分发散？

25. 计算下列积分：

(1) $\frac{\Gamma(7)}{2\Gamma(4)\Gamma(3)}$；　　(2) $\frac{\Gamma(3)\Gamma\left(\frac{3}{2}\right)}{\Gamma\left(\frac{9}{2}\right)}$；

(3) $\int_0^{+\infty} x^4 e^{-x} dx$；　　(4) $\int_0^{+\infty} x^2 e^{-2x^2} dx$.

26. 将图 6-18(1) ~ (4) 中阴影部分的面积分别用定积分表示出来：

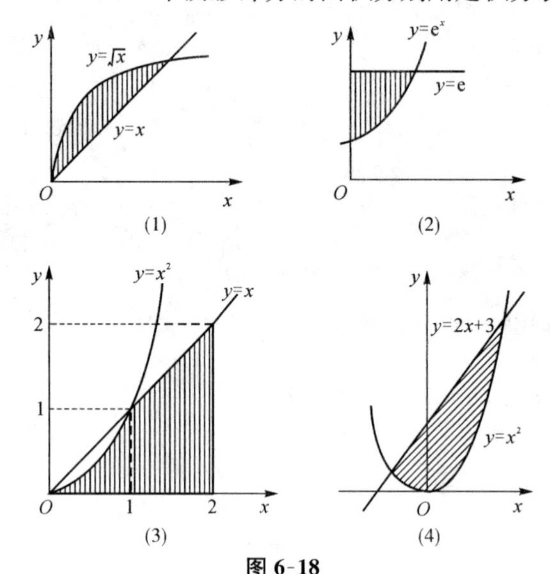

图 6-18

27. 求由下列曲线围成图形的面积：

(1) $y=\dfrac{1}{x}$ 与直线 $y=x$ 及 $x=2$；　　(2) $y=\mathrm{e}^x, y=\mathrm{e}^{-x}$ 与直线 $x=1$；

(3) $y=\ln x, y=\ln 2, y=\ln 7, x=0$；　(4) $y^2=2x, x+y=4$；

(5) $y=x^2$ 与直线 $y=x$ 及 $y=2x$.

28. 求由下列曲线围成图形的面积：

(1) $\rho=2\cos\theta, \theta=0, \theta=\dfrac{\pi}{6}$；　　(2) $\rho=2a(1+\cos\theta), \theta=0, \theta=2\pi$.

29. 求下列曲线围成的图形绕指定轴旋转所得旋转体的体积：

(1) $2x-y+4=0, x=0$ 及 $y=0$,绕 x 轴；

(2) $y=x^2-4, y=0$,绕 x 轴；

(3) $y^2=x, x^2=y$,绕 y 轴；

(4) $y=\sin x, y=\cos x$ 及 x 轴上的线段$\left[0,\dfrac{\pi}{2}\right]$,绕 x 轴.

30. 已知某产品生产 x 个单位时,总收益 R 的变化率(边际收益) 为

$$R'=R'(x)=200-\frac{x}{100}\quad(x\geqslant 0).$$

(1) 求生产了 50 个单位时的总收益；

(2) 如果已经生产了 100 个单位,求再生产 100 个单位时的总收益.

31. 某产品的总成本 C(万元) 的变化率(边际成本)$C'=1$,总收益 R(万元) 的变化率(边际收益) 为产量 x(百台) 的函数,即

$$R'=R'(x)=5-x.$$

(1) 当产量为多少时总利润 $L=R-C$ 最大?

(2) 达到利润最大的产量后又生产了1百台,总利润减少了多少?

B组

32. 估计定积分 $\int_0^2 e^{x^2-x}dx$ 的值.

33. 比较定积分 $\int_0^{\pi}\frac{\sin x}{2\sqrt{x}}dx$ 与 $\int_{\pi}^{2\pi}\frac{-\sin x}{2\sqrt{x}}dx$ 的大小.

34. 求 $I=\lim\limits_{x\to 0}\frac{\int_0^x\left(\int_0^{\tan^2 y}\frac{\sin t}{t}dt\right)dy}{x^3}$.

35. 设 $f'(x)=\arcsin(x-1)^2$, $f(0)=0$,求 $\int_0^1 f(x)dx$.

36. 设 $f(x)=\begin{cases}\frac{1}{1+x}, & x\geqslant 0,\\ \frac{1}{1+e^x}, & x<0,\end{cases}$ 求 $\int_0^2 f(x-1)dx$.

37. 已知 $f(x)$ 在 $[0,2]$ 上二阶可导,且 $f(2)=1$, $f'(2)=0$,及 $\int_0^2 f(x)dx=4$,求 $\int_0^1 x^2 f''(2x)dx$.

38. 设 $\int_0^{\pi}[f(x)+f''(x)]\sin x dx=5$, $f(\pi)=2$,求 $f(0)$ 的值.

39. 设 $f(x)=\int_{\frac{\pi}{2}}^{x}\frac{\sin t}{t}dt$,求 $\int_0^{\frac{\pi}{2}}f(x)dx$.

40. 设函数 $f(x)=\begin{cases}\frac{1}{x^3}\int_0^x\sin t^2 dt, & x\neq 0,\\ a, & x=0\end{cases}$ 在 $x=0$ 处连续,求 a 的值.

41. 已知 $f(x)$ 连续, $\int_0^x tf(x-t)dt=1-\cos x$,求 $\int_0^{\frac{\pi}{2}}f(x)dx$ 的值.

42. 设函数 $f(x)$, $g(x)$ 满足 $f'(x)=g(x)$, $g'(x)=2e^x-f(x)$,且 $f(0)=0$, $g(0)=2$,求 $\int_0^{\pi}\left[\frac{g(x)}{1+x}-\frac{f(x)}{(1+x)^2}\right]dx$.

43. 设 $f(x)$ 在 $[a,b]$ 上有二阶连续导数,求证:

$$\int_a^b f(x)dx=\frac{1}{2}(b-a)[f(a)+f(b)]+\frac{1}{2}\int_a^b f''(x)(x-a)(x-b)dx.$$

44. 已知函数 $f(x)$ 在区间 $[a,b]$ 上连续, $f(x)\geqslant 0$,且 $\int_a^b f(x)dx=0$,求证:在 $[a,b]$ 上, $f(x)\equiv 0$.

45. 求抛物线 $y^2=2x$ 与其在点 $M\left(\frac{1}{2},1\right)$ 处的法线所围成的图形的面积.

7　多元函数微分法及其应用

前面几章我们所讨论的函数都只有一个自变量，称为一元函数．然而客观世界是复杂的，反映到数学上就是一个变量(因变量)与另外多个变量(自变量)的相互依赖关系，由此引入多元函数．本章将在一元函数微分学的基础上讨论多元函数的微分法及其应用，为了直观的描述多元函数的微分法，首先介绍空间解析几何的基本知识．

7.1　空间直角坐标系及常见曲面方程

7.1.1　空间直角坐标系

为了沟通空间图形与数的研究，我们需要建立空间的点与有序数组之间的联系，为此我们通过引进空间直角坐标系来实现．

在空间取一定点 O，过点 O 作三条互相垂直的数轴，且一般取相同的长度单位，这三条数轴分别称为 x 轴、y 轴、z 轴，并统称为坐标轴．通常把 x 轴和 y 轴放置在水平面上，z 轴则是铅直线；x 轴、y 轴、z 轴的正向符合右手规则，即以右手握住 z 轴，当右手的四个手指从 x 轴正向以 $\frac{\pi}{2}$ 的角度转向 y 轴正向时，大拇指的指向就是 z 轴的正向(见图 7-1)．这三条坐标轴组成一个空间直角坐标系，点 O 称为坐标原点．

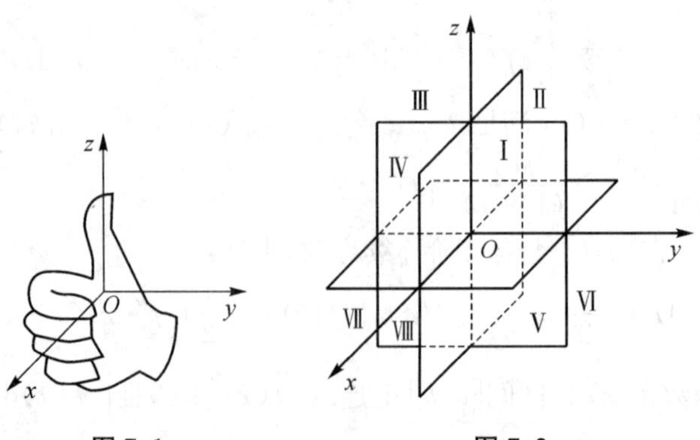

图 7-1　　　　图 7-2

空间直角坐标系中任意两条坐标轴都可以确定一个平面，称为坐标平面．例如，由 x 轴和 y 轴所确定的平面称为 xOy 平面；由 y 轴和 z 轴所确定的平面称为 yOz

平面;由 x 轴和 z 轴所确定的平面称为 xOz 平面.三个坐标平面把整个空间分成八个部分,依次称为Ⅰ,Ⅱ,Ⅲ,Ⅳ,Ⅴ,Ⅵ,Ⅶ,Ⅷ卦限(见图7-2),坐标平面不属于任何卦限.其中,$x>0,y>0,z>0$ 部分为第Ⅰ卦限,第Ⅱ,Ⅲ,Ⅳ卦限在 xOy 平面的上方,按逆时针方向来确定;第Ⅴ,Ⅵ,Ⅶ,Ⅷ卦限在 xOy 平面的下方,由第Ⅰ卦限正下方的第Ⅴ卦限按逆时针方向来确定.

取定了空间直角坐标系后,就可以建立起空间的点与有序实数组 (x,y,z) 之间的对应关系.

设 M 为空间中的一点,过点 M 分别作一个垂直于 x 轴、y 轴和 z 轴的平面,它们与坐标轴的交点 P,Q,R 对应的三个实数依次为 x,y,z(见图7-3),于是点 M 唯一地确定了一个有序实数组 (x,y,z).反之,如果给定了一个有序实数组 (x,y,z),我们依次在 x 轴、y 轴、z 轴上取与 x,y,z 相应的点 P,Q,R,然后过 P,Q,R 分别作垂直于 x 轴、y 轴、z 轴的三个平面,这三个平面则交于空间一点 M.因此,有序实数组 (x,y,z) 与空间一点 M 一一对应,并依次称 x,y,z 为点 M 的横坐标、纵坐标和竖坐标.坐标为 (x,y,z) 的点 M 记为 $M(x,y,z)$.

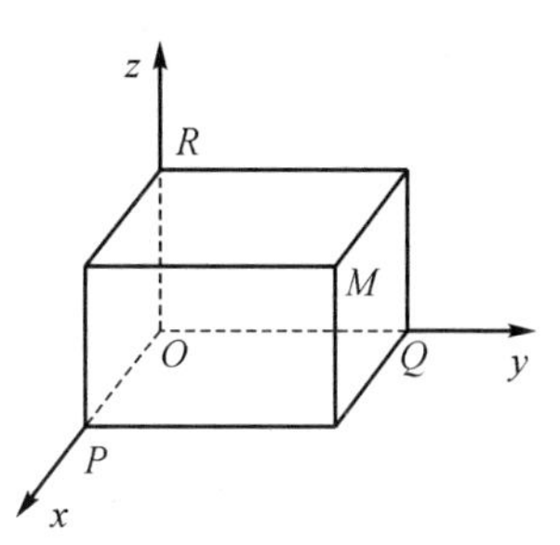

图 7-3

7.1.2　空间两点间的距离

设 $M_1(x_1,y_1,z_1)$,$M_2(x_2,y_2,z_2)$ 为空间两点,我们可用这两个点的坐标来表示它们之间的距离 d.假设线段 $\overline{M_1M_2}$ 在 xOy 坐标面上的投影是 $\overline{AB}$.如图7-4所示,过点 M_1 在平面 M_1M_2BA 内作 $M_1N//AB$,得直角三角形 M_1NM_2,由勾股定理,有

$$|M_1M_2|^2=|M_1N|^2+|NM_2|^2,$$

又由图示关系可得

$$|M_1N|^2=|AB|^2=(x_2-x_1)^2+(y_2-y_1)^2,$$

及

$$|NM_2|^2=(z_2-z_1)^2,$$

即

$$|M_1M_2|^2=(x_2-x_1)^2+(y_2-y_1)^2+(z_2-z_1)^2,$$

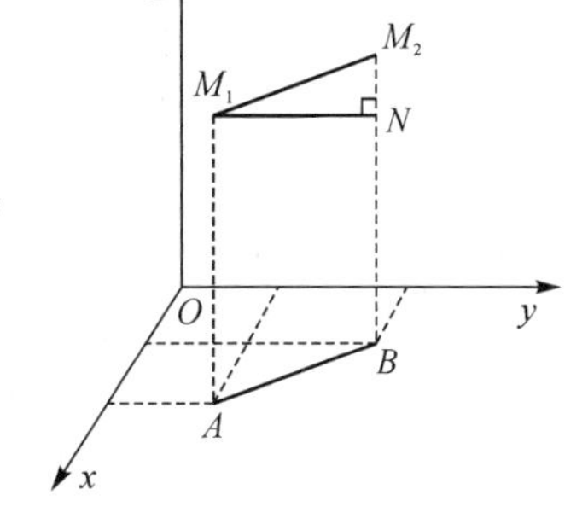

图 7-4

所以

$$d=\sqrt{(x_2-x_1)^2+(y_2-y_1)^2+(z_2-z_1)^2}.\tag{7.1}$$

式(7.1)即为空间两点间的距离公式.

特别的,点 $M(x,y,z)$ 到原点 $O(0,0,0)$ 的距离为

$$d = |OM| = \sqrt{x^2 + y^2 + z^2}.$$

例 7-1 在 z 轴上求与两点 $A(-1,2,3)$ 和 $B(2,6,-2)$ 等距离的点.

解 由于所求的点 P 在 z 轴上,设该点的坐标为$(0,0,z)$,依题意有 $|PA| = |PB|$,由两点间的距离公式,得

$$\sqrt{(0+1)^2+(0-2)^2+(z-3)^2} = \sqrt{(0-2)^2+(0-6)^2+(z+2)^2},$$

解方程,得 $z=-3$,所以所求的点为 $P(0,0,-3)$.

7.1.3 曲面及其方程

在日常生活中常常会遇到各种曲面,例如反光镜面、汽车车灯的镜面、圆柱体的外表面以及锥面等.下面我们讨论曲面方程的概念.

1) 曲面方程的概念

像在平面解析几何中把平面曲线当作动点的轨迹一样,在空间解析几何中我们也把曲面当作动点 M 按照一定的规律(或条件)运动而产生的轨迹.由于动点 M 可以用坐标(x,y,z)来表示,所以 M 所满足的规律(或条件)通常可用三个变量 x,y,z 的方程 $F(x,y,z)=0$ 来表示.

定义 7.1 如果曲面 S 上任一点的坐标都满足 $F(x,y,z)=0$,而不在曲面 S 上的点的坐标都不满足方程 $F(x,y,z)=0$,则方程 $F(x,y,z)=0$ 称为曲面 S 的方程,曲面 S 称为方程 $F(x,y,z)=0$ 的图形(见图 7-5).

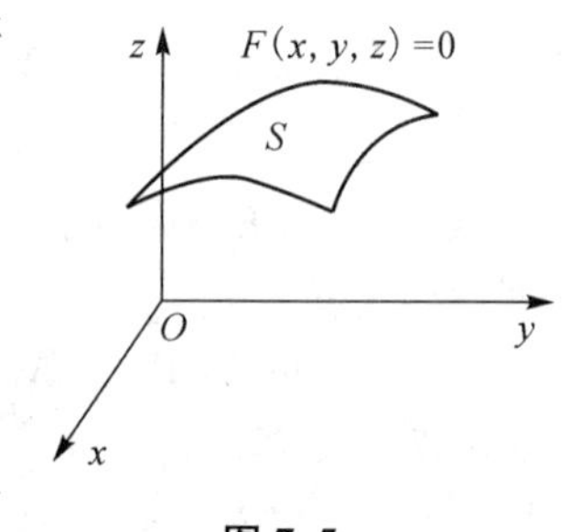

图 7-5

建立了空间曲面与其方程的联系后,关于曲面的研究大致有以下两种类型的问题:

(1) 将一已知曲面看成动点的轨迹,建立该曲面的方程;

(2) 已知曲面的方程,作出此方程所对应的图形.

对于第一类问题,我们可以先建立适当的空间直角坐标系,然后设曲面上动点坐标为 $M(x,y,z)$,再将已给条件改写成关于(x,y,z)的方程就行了.对于第二类问题,如果所给的方程形式比较简单或比较熟悉,则可以直接画出已给方程的图形或是用语言来描述所给方程的图形.此外,还常常采用“平面截割法”来对所给的问题进行分析和推断.所谓平面截割法,就是用一组互相平行的平面截割一个曲面,从所截出的一组曲线的形状来想象这个曲面的大致形状.通常用这种方法往往是很有成效的.

如果从曲面方程 $F(x,y,z)=0$ 中解出 z 来,则可得到形如 $z=f(x,y)$ 的曲面方程.

例 7-2 求以点 $M_0(x_0,y_0,z_0)$ 为球心,R 为半径的球面的方程.

解 设 $M(x,y,z)$ 为球面上任意一点，依题意，有

$$|MM_0|=R.$$

由空间两点间距离公式，有

$$\sqrt{(x-x_0)^2+(y-y_0)^2+(z-z_0)^2}=R,$$

或

$$(x-x_0)^2+(y-y_0)^2+(z-z_0)^2=R^2,$$

此即为所求之球面方程，其图形如图 7-6 所示.

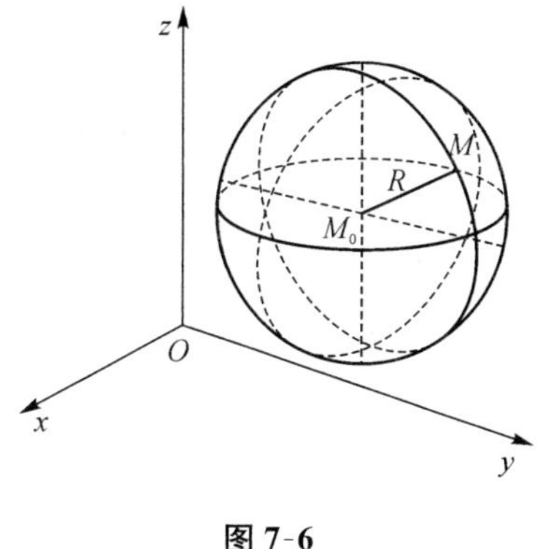

图 7-6

特别的，如果球心就是坐标原点，则球面方程为

$$x^2+y^2+z^2=R^2.$$

2) 平面

平面是曲面中最简单的一种. 下面我们来建立平面的方程，先看一例.

例 7-3 已知一动点与两定点 $A(2,-3,2)$ 及 $B(1,4,-2)$ 的距离相等，求该动点轨迹的方程.

解 设动点 M 的坐标为(x,y,z)，依题意，此点运动时应满足条件

$$|MA|=|MB|,$$

由两点间距离公式，有

$$\sqrt{(x-2)^2+(y+3)^2+(z-2)^2}=\sqrt{(x-1)^2+(y-4)^2+(z+2)^2},$$

两边平方并化简，得

$$x-7y+4z+2=0.$$

由几何学可知此动点的轨迹为线段 AB 的垂直平分面.

可以证明，平面都可以用三元一次方程来表示；反之，三元一次方程的图形都是平面. 我们称三元一次方程

$$Ax+By+Cz+D=0$$

为平面的一般式方程.

在平面的一般式方程中，如果某些常数为 0，则对应的平面坐标在坐标系中就有特殊位置：

(1) 如果 $D=0$，平面通过原点.

(2) 如果 A,B,C 中有一个为零，例如 $C=0$，原方程变为 $Ax+By+D=0$，这时平面平行于 z 轴；此时若 $D=0$，则 $Ax+By=0$ 表示通过 z 轴的平面.

(3) 如果 A,B,C 中有两个为零，例如 $A=B=0$，原方程变为 $Cz+D=0$，它表示平行于 xOy 面的平面；类似的，方程 $Ax+D=0$，$By+D=0$ 分别表示平行于 yOz 面和 zOx 面的平面. 特别的，若 $D=0$，即 $z=0$，$x=0$ 和 $y=0$ 分别表示 xOy

面、yOz 面和 xOz 面的方程.

例 7-4 指出下列平面的位置特点，并作出草图：

(1) $2x-y+z=0$； (2) $x+z=1$；

(3) $2x-y=0$； (4) $z-2=0$.

解 (1) 方程 $D=0$，平面过坐标原点，其图像如图 7-7(a) 所示；

(2) 方程 $B=0$，平面平行于 y 轴，其图像如图 7-7(b) 所示；

(3) 方程 $C=D=0$，平面通过于 z 轴，其图像如图 7-7(c) 所示；

(4) 方程 $A=B=0$，平面平行于 xOy 面，其图像如图 7-7(d) 所示.

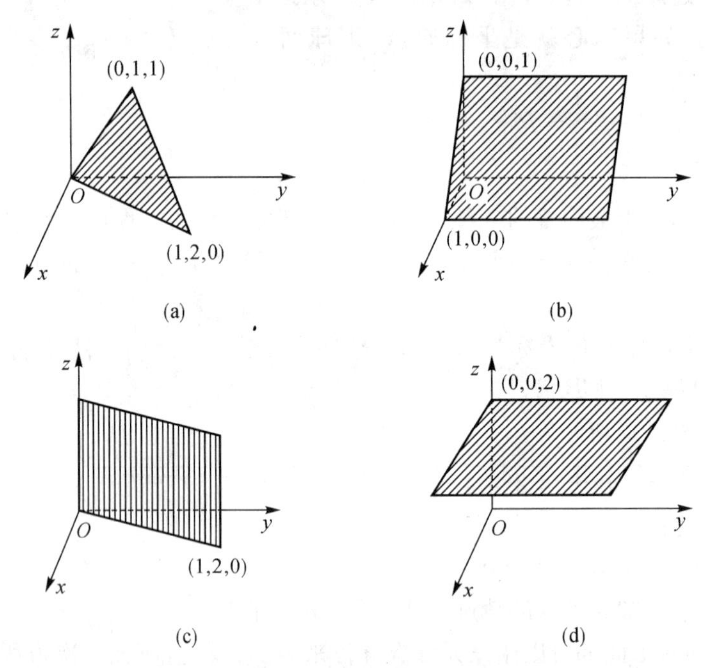

图 7-7

例 7-5 求与三个坐标轴分别交于 $(a,0,0)$，$(0,b,0)$，$(0,0,c)$ 三点的平面的方程，其中 a,b,c 都不为零.

解 设要求的平面方程为

$$Ax+By+Cz+D=0,$$

因为 $(a,0,0)$，$(0,b,0)$，$(0,0,c)$ 三点在该平面上，所以有

$$\begin{cases}Aa+D=0,\\Bb+D=0,\\Cc+D=0,\end{cases}$$

解方程组，得

$$A = -\frac{D}{a},\quad B = -\frac{D}{b},\quad C = -\frac{D}{c},$$

再代入所设方程并除以 $D(D \neq 0)$，即得所求的平面方程为

$$\frac{x}{a} + \frac{y}{b} + \frac{z}{c} = 1.$$

上式称为平面的截距式方程，a,b,c 依次称为平面在 x,y,z 三轴上的截距(见图 7-8).

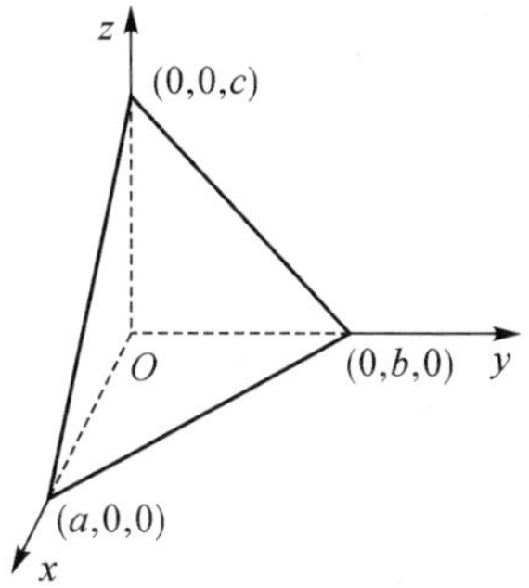

图 7-8

3) 柱面

设有一动直线 l 沿一定曲线 c 移动，移动时始终保持与定直线 l' 平行，则由 l 形成的曲面称为柱面，而动直线 l 称为该柱面的母线，定曲线 c 称为该柱面的准线.

现在来建立母线平行于 z 轴的柱面方程. 设柱面的准线 c 是 xOy 面上的曲线，其方程为

$$F(x,y) = 0.$$

设 $M(x,y,z)$ 为柱面上任意一点，过点 M 作柱面的一条母线 MM'，该母线上的全部点在 xOy 面上的投影都是准线 c 上的点 M' (如图 7-9 所示). 所以柱面上点的竖坐标是任意的，而 x,y 坐标则满足准线方程 $F(x,y) = 0$，从而点 M 的坐标 x,y,z 也满足准线方程 $F(x,y) = 0$.

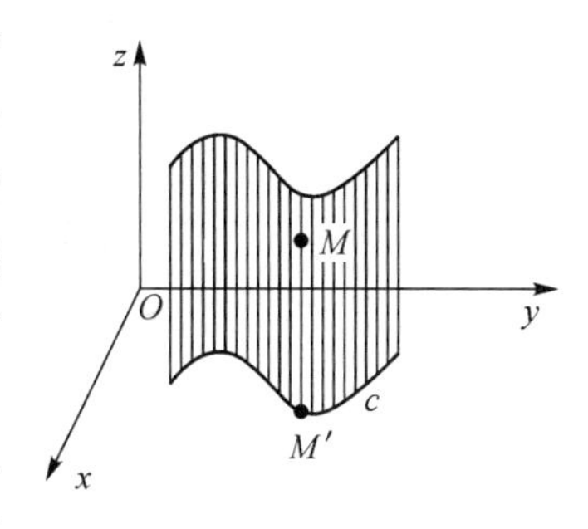

图 7-9

以 xOy 面上的曲线 $F(x,y) = 0$ 为准线，母线平行于 z 轴的柱面方程，就是不含变量 z 的准线方程 $F(x,y) = 0$. 也就是说，在空间直角坐标系中，不含 z 的方程 $F(x,y) = 0$ 表示母线平行于 z 轴的柱面.

同理，在空间直角坐标系中，缺 y(或缺 x) 的方程 $G(x,z) = 0$(或 $H(y,z) = 0$) 表示母线平行于 y 轴(或 x 轴) 的柱面.

下面写出几个母线平行于 z 轴的柱面方程：

(1) 圆柱面方程：$x^2 + y^2 = a^2$；

(2) 椭圆柱面方程：$\frac{x^2}{a^2} + \frac{y^2}{b^2} = 1$(见图 7-10)；

(3) 抛物柱面方程：$y^2 = 2px$，$p > 0$(见图 7-11)；

(4) 双曲柱面方程：$\frac{x^2}{a^2} - \frac{y^2}{b^2} = 1$(见图 7-12).

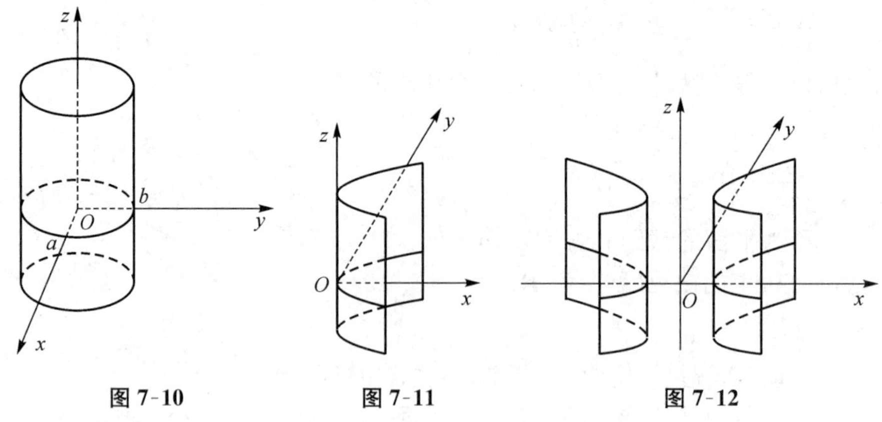

图 7-10　　图 7-11　　图 7-12

4）旋转曲面

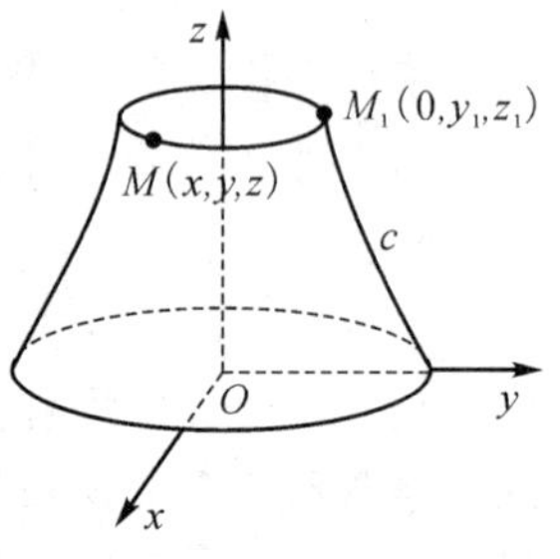

图 7-13

一条平面曲线 c 绕着同一平面内的一条直线 l 旋转一周所形成的曲面称为旋转曲面. 曲线 c 称为旋转面的母线,直线 l 称为旋转面的轴.

设平面 $x=0$ 上的曲线 c:$f(y,z)=0$ 绕 z 轴旋转一周,现在来建立这个旋转面(见图 7-13) 的方程.

在旋转面上任取一点 $M(x,y,z)$,设 M 可由曲线 c 上的点 $M_1(0,y_1,z_1)$ 绕 z 轴旋转而得到. 容易看出,点 M 与点 M_1 具有相同的竖坐标,点 M 与点 M_1 与转轴等距离(同在一个圆周上),即

$$\begin{cases} y_1=\pm\sqrt{x^2+y^2}, \\ z_1=z. \end{cases}$$

已知母线 c 在 yOz 面上的方程为 $f(y,z)=0$,点 M_1 在曲线 c 上,将上式代入 $f(y,z)=0$,得

$$f(\pm\sqrt{x^2+y^2},z)=0.$$

由此可见,要求平面 $x=0$ 上的曲线 $f(y,z)=0$ 绕 z 轴旋转所成的旋转面的方程,只需在母线方程中把 y 换成 $\pm\sqrt{x^2+y^2}$ 即可.

同理,平面 $x=0$ 上的曲线 $f(y,z)=0$ 绕 y 轴旋转所成的旋转面的方程为

$$f(y,\pm\sqrt{x^2+z^2})=0.$$

例 7-6　求 yOz 面上的直线 $z=ky$ 分别绕 z 轴和 y 轴旋转而成的图形(圆锥面) 的方程.

解　在方程 $z=ky$ 中,把 y 换成 $\pm\sqrt{x^2+y^2}$,便得以 z 轴为旋转轴的圆锥面(见图 7-14(a)) 的方程 $z=\pm k\sqrt{x^2+y^2}$,即

$$z^2-k^2(x^2+y^2)=0.$$

在方程 $z=ky$ 中，把 z 换成 $\pm\sqrt{x^2+z^2}$，便得以 y 轴为旋转轴的圆锥面(见图 7-14(b)) 的方程 $\pm\sqrt{x^2+z^2}=ky$，即

$$y^2-k_1^2(x^2+z^2)=0\quad\left(k_1=\frac{1}{k}\right).$$

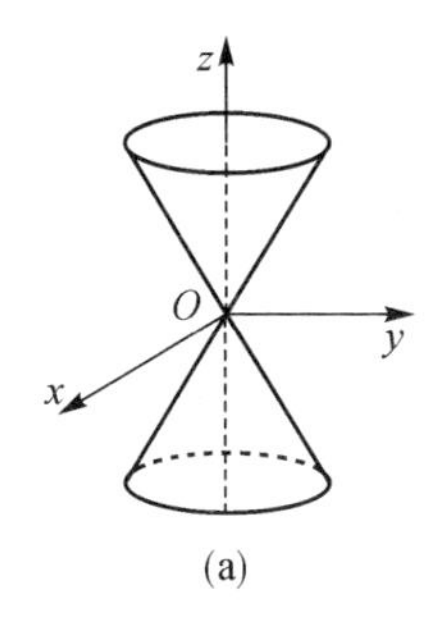

(a)

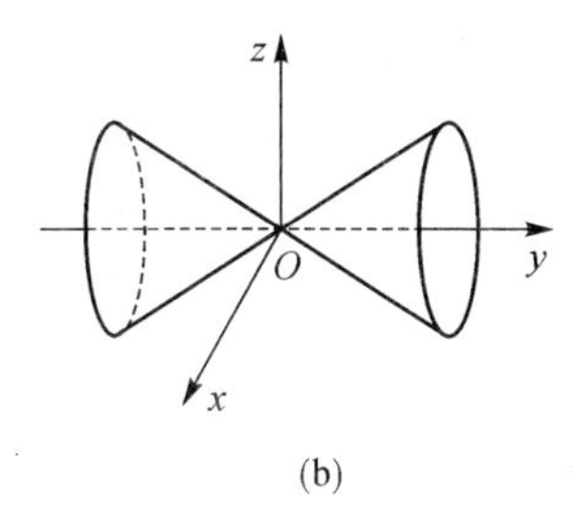

(b)

图 7-14

例 7-7　xOy 面内的直线 $y=a(a>0)$ 绕 x 轴旋转一周所成的曲面方程是 $y^2+z^2=a^2$. 这是以 x 轴为对称轴，半径为 a 的直圆柱面方程.

例 7-8　抛物线 $y^2=2pz(p>0)$ 绕 z 轴旋转一周所成的曲面方程是 $x^2+y^2=2pz(p>0)$. 这种曲面称为旋转抛物面(见图 7-15).

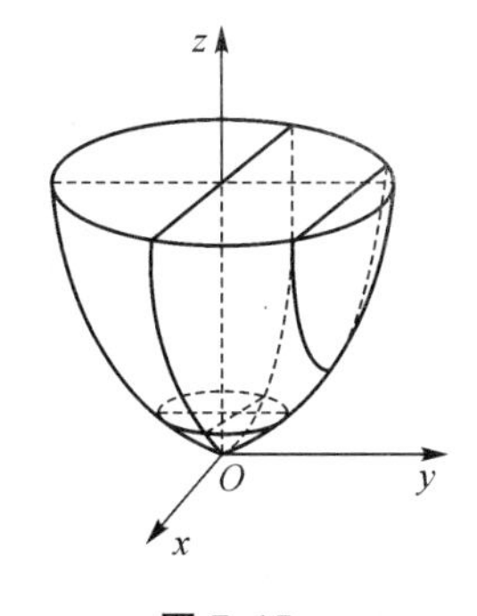

图 7-15

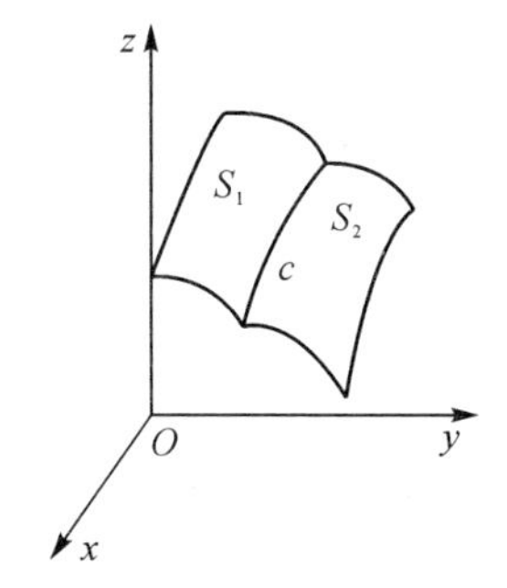

图 7-16

7.1.4　空间曲线

空间直线可看成两平面的交线，那么，空间曲线(直线为曲线的特例) 可以看作两个曲面的交线. 设两个相交曲面 S_1 和 S_2 的方程分别为

$$F(x,y,z)=0\quad 和\quad G(x,y,z)=0,$$

它们的交线为 c(见图 7-16)，则曲线 c 由下面方程组确定：

$$\begin{cases}F(x,y,z)=0,\\ G(x,y,z)=0.\end{cases}$$

上式称为空间曲线 c 的一般方程.

例 7-9 方程组$\begin{cases} z=\sqrt{a^2-x^2-y^2}, \\ \left(x-\dfrac{a}{2}\right)^2+y^2=\left(\dfrac{a}{2}\right)^2 \end{cases}$表示怎样的曲线?

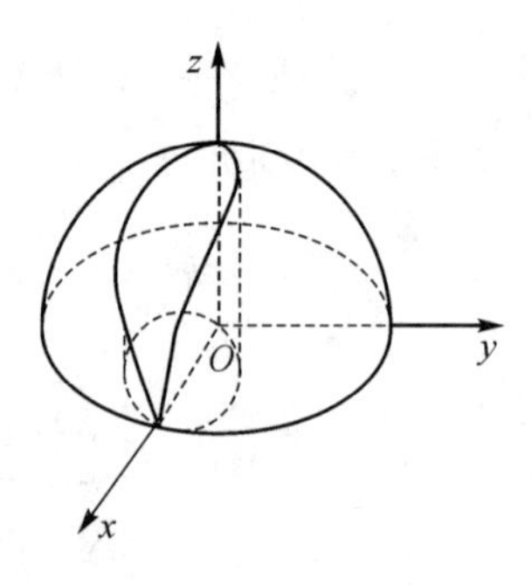

图 7-17

解 方程组中第一个方程表示球心为原点 O,半径为 a 的上半球面;第二个方程表示母线平行于 z 轴的圆柱面,而它的准线为 xOy 平面上以点$\left(\dfrac{a}{2},0\right)$为圆心、半径为$\dfrac{a}{2}$ 的圆. 所以方程组表示的曲线就是半球面与圆柱面的交线(见图 7-17).

例 7-10 求球面 $x^2+y^2+z^2=3$ 与旋转抛物面 $x^2+y^2=2z$ 的交线在 xOy 面上的投影.

解 为了求所给两曲面的交线在 xOy 面上的投影,先求通过该交线且母线平行于 z 轴的柱面. 为此,在两曲面的方程中消去变量 z,即将两曲面方程相减,得

$$z^2+2z-3=0,$$

解方程,得 $z=1, z=-3$(舍去).

再将 $z=1$ 代入两曲面方程中的任意一个方程,得所求柱面方程为

$$x^2+y^2=2.$$

于是,所给球面与旋转抛物面的交线在 xOy 面上的投影曲线的方程为

$$\begin{cases} x^2+y^2=2, \\ z=0, \end{cases}$$

它是 xOy 面上的圆(见图 7-18).

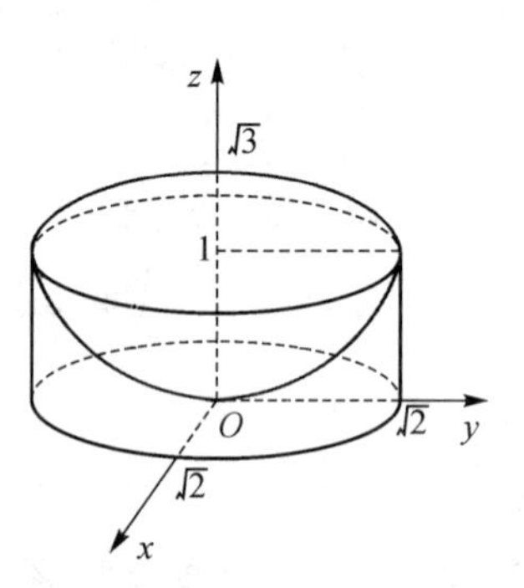

图 7-18

一般的,由空间曲线 c 的一般方程消去 z,得到过曲线 c 而母线平行于 z 轴的柱面的方程 $F(x,y)=0$,于是曲线 c 的投影曲线 c' 的方程为

$$\begin{cases} F(x,y)=0, \\ z=0. \end{cases}$$

7.2 多元函数的概念、极限与连续性

在生产实践和市场经济中,所研究的问题常常与多种因素有关. 例如,某商品的市场需求量不仅与其市场价格有关,而且还与消费者的收入以及这种商品的其他代用品的价格等因素有关,即决定该商品需求量的因素不止一个,而是多个,它

反映到数学上就是一个变量依赖于多个变量的情况，从而产生了多元函数. 下面介绍多元函数的一些基本概念.

7.2.1 多元函数的概念

1）邻域和区域

由于讨论多元函数的需要，我们首先介绍邻域和区域的概念.

定义 7.2 设 $P_0(x_0, y_0)$ 是平面 xOy 上的一点，δ 为某一正数，与点 P_0 距离小于 δ 的点 $P(x, y)$ 的全体称为点 P_0 的 δ 邻域，记为 $N(P_0, \delta)$，即

$$N(P_0, \delta) = \{P \mid |PP_0| < \delta\}.$$

也就是

$$N(P_0, \delta) = \{(x, y) \mid \sqrt{(x - x_0)^2 + (y - y_0)^2} < \delta\},$$

它表示以 $P_0(x_0, y_0)$ 为圆心，δ 为半径的圆的内部.

平面点集 $\{P \mid 0 < |PP_0| < \delta\}$，即 $\{(x, y) \mid 0 < \sqrt{(x - x_0)^2 + (y - y_0)^2} < \delta\}$ 称为点 P_0 的 δ 去心邻域，记为 $\mathring{N}(P_0, \delta)$.

邻域的概念可以推广到二维以上的空间，例如点 $P_0(x_0, y_0, z_0)$ 是几何空间上的一点，则 $N(P_0, \delta)$ 是指平面点集

$$\{(x, y, z) \mid \sqrt{(x - x_0)^2 + (y - y_0)^2 + (z - z_0)^2} < \delta\},$$

它表示以 P_0 为球心、δ 为半径的球的内部.

由平面上一条曲线或多条曲线围成的一部分平面称为平面区域，这些曲线称为区域的边界，包括边界在内的区域称为闭区域，不包括边界在内的区域称为开区域. 区域可以是有界的，也可以是无界的. 区域的概念也可推广到二维以上的空间，例如由几何空间中的一张曲面或多张曲面围成的一部分空间称为空间区域.

2）多元函数的概念

在一个经济活动中，往往同时有几个变量在变化着，这几个变量的变化一般不是孤立的，而是相互联系并遵循一定的变化规律. 我们在第 1 章已就两个变量的情形进行讨论，下面我们讨论三个变量的情形.

例 7-11 圆柱体的体积 V 和它的底半径 r、高 h 之间具有如下关系：

$$V = \pi r^2 h,$$

这里，当 r, h 在集合 $\{(r, h) \mid r > 0, h > 0\}$ 内取定一对值 (r, h) 时，V 有唯一的值与之对应.

例 7-12 设 Z 表示一个国家中居民的人均消费支出，Y 表示国民收入总额，P 表示总人口数，S_1 表示消费率（国民收入总额中用于消费所占的比例），S_2 表示居民消费率（消费总额中用于居民消费所占的比例），则有

$$Z = S_1 S_2 \frac{Y}{P},$$

显然对每一个有序数组(Y,P)，$Y>0$，$P>0$，通过上面的方程，总有唯一确定的Z与之对应.

上面两例的具体意义虽然不同，但它们都具有共性，即对于某一范围内的一对数，按照一定的规律，都有确定的数值与之对应. 抽出共性，就得下面的定义.

定义 7.3 设有三个变量x，y，z，如果当变量x和y在一定范围内任取一对值时，变量z按照一定的法则f总有唯一确定的值与之对应，则称变量z为变量x和y的二元函数，记为$z=f(x,y)$. 其中，变量x和y称为自变量，而变量z称为因变量. 自变量x和y变化的范围D称为函数$z=f(x,y)$的定义域，而

$$R_f=\{z\mid z=f(x,y),(x,y)\in D\}$$

称为函数$z=f(x,y)$的值域.

类似的，可以定义三元函数$u=f(x,y,z)$以及三元以上的函数.

二元及二元以上的函数统称为多元函数.

由定义 7.3 知，例 7-11 中$V=f(r,h)=\pi r^2h$是以r，h为自变量，V为因变量的二元函数，定义域为$D=\{(r,h)\mid r>0,h>0\}$；例 7-12 中$Z=f(Y,P)=S_1S_2\dfrac{Y}{P}$是以$Y$，$P$为自变量，$Z$为因变量的二元函数，定义域为$D=\{(Y,P)\mid Y>0,P>0\}$，此函数关系反映了一个国家中居民人均消费支出依赖于国民收入总额和总人口数.

由于xOy面上的点P可用有序数组(x,y)表示，因此我们也常把$z=f(x,y)$记为$z=f(P)$.

求二元函数定义域的方法与一元函数类似，对于用解析式$z=f(x,y)$表示的二元函数，使这个解析式有确定值的自变量x，y的变化范围就是这个函数的定义域.

例如，$a=\arcsin(x^2+y^2)$的定义域为满足不等式$x^2+y^2\leqslant 1$的点的全体（见图 7-19），即平面点集

$$\{(x,y)\mid x^2+y^2\leqslant 1\}.$$

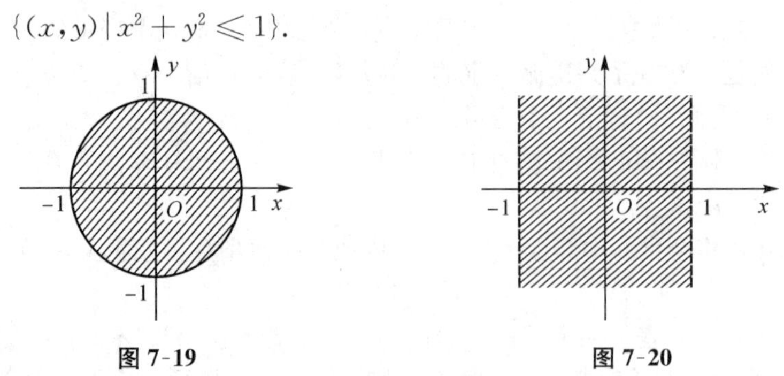

图 7-19　　图 7-20

又例如函数$z=\ln(1-x^2)$，由于式中不含y，故y可以取任意实数，于是它的定义域为满足不等式组

$$\begin{cases}1-x^2>0,\\-\infty<y<+\infty\end{cases}$$

的点 $P(x,y)$ 的集合(见图 7-20),即平面点集

$$\{(x,y)\mid |x|<1,\ |y|<+\infty\}.$$

3) 二元函数的几何意义

一元函数 $y=f(x)$ 在平面直角坐标系中表示一条平面曲线,对于二元函数 $z=f(x,y)$,可以在空间直角坐标系中来研究它的几何图形.

设函数 $z=f(x,y)$ 在 xOy 面的区域 D 上有定义,在区域 D 内任取一点 $P(x,y)$,求出相应的函数值 z 后,便得到空间一点 $M(x,y,z)$,当点 $P(x,y)$ 在 D 内变动时,点 $M(x,y,z)$ 就在空间变动. 一般说来,点 $M(x,y,z)$ 的集合就是空间一张曲面(见图 7-21),定义域 D 就是该曲面在 xOy 面上的投影.

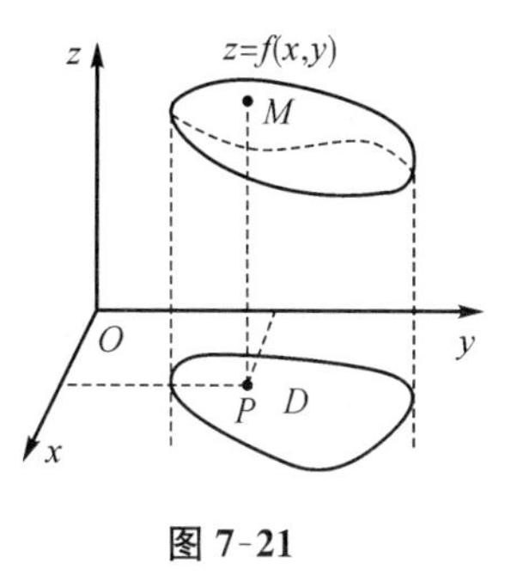

图 7-21

7.2.2　多元函数的极限

我们下面讨论当自变量 $x\to x_0, y\to y_0$,即 $P(x,y)\to P_0(x_0,y_0)$ 时函数 $f(x,y)$ 的极限.

定义 7.4　设函数 $z=f(x,y)$ 在点 $P_0(x_0,y_0)$ 的 δ 邻域内有定义(点 P_0 可除外),点 $P(x,y)$ 是该邻域内异于 P_0 的任意一点,如果当点 P 以任何方式趋近于点 P_0 时,函数 $f(x,y)$ 无限接近于一个确定的常数 A,则称 A 为函数 $z=f(x,y)$ 当 $x\to x_0, y\to y_0$ 时的极限,记为

$$\lim_{\substack{x\to x_0\\ y\to y_0}} f(x,y)=A \quad 或 \quad \lim_{P\to P_0} f(P)=A,$$

也可记为

$$f(x,y)\to A \quad (x\to x_0, y\to y_0).$$

这里有两点需要注意. 一是点 $P(x,y)$ 趋近于点 $P_0(x_0,y_0)$,是指它们之间的距离趋近于零,即 $\rho=|PP_0|=\sqrt{(x-x_0)^2+(y-y_0)^2}\to 0$,于是也可把极限记为 $\lim\limits_{\rho\to 0} f(x,y)=A$. 二是二元函数的极限存在,是指 $P(x,y)$ 以任何方式趋近于 $P_0(x_0,y_0)$ 时函数都无限接近于 A. 因此,如果 $P(x,y)$ 以某一特定方式(如沿着一条定直线或定曲线) 趋近于 $P_0(x_0,y_0)$ 时,即使函数无限接近于某一确定值,也不能断言函数此时的极限存在;如果当 $P(x,y)$ 以不同方式趋近于 $P_0(x_0,y_0)$ 时,函数无限接近于不同的值,则断言函数此时的极限不存在.

二元函数的极限的定义可以推广到三元及以上函数.

例 7-13　求 $f(x,y)=\dfrac{\sin(x^2+y^2)}{x^2+y^2}$ 当 $(x,y)\to(0,0)$ 时的极限.

解 函数 $f(x,y)$ 在点 $(0,0)$ 处没有定义,记 $v=x^2+y^2$,当 $x\to 0,y\to 0$ 时,$v\to 0$,于是

$$\lim_{\substack{x\to 0\\ y\to 0}} f(x,y)=\lim_{v\to 0}\frac{\sin v}{v}=1.$$

例 7-14 考察函数 $f(x,y)=\begin{cases}\dfrac{xy}{x^2+y^2}, & (x,y)\neq(0,0),\\ 0, & (x,y)=(0,0)\end{cases}$ 当 $(x,y)\to(0,0)$ 时极限是否存在.

解 当点 $P(x,y)$ 沿 x 轴趋近于点 $(0,0)$ 时,有 $\lim\limits_{x\to 0} f(x,0)=0$;当点 $P(x,y)$ 沿 y 轴趋近于点 $(0,0)$ 时,有 $\lim\limits_{y\to 0} f(0,y)=0$.

易见,当点 $P(x,y)$ 沿 x 轴或 y 轴趋近于原点时,函数的极限存在并相等. 但极限 $\lim\limits_{\substack{x\to 0\\ y\to 0}} f(x,y)$ 并不存在,因为当 $P(x,y)$ 沿着直线 $y=kx$ 趋于点 $(0,0)$ 时,有

$$\lim_{\substack{x\to 0\\ y\to 0}}\frac{xy}{x^2+y^2}=\lim_{x\to 0}\frac{kx^2}{x^2+k^2x^2}=\frac{k}{1+k^2},$$

上式右端的值随 k 而变,因此函数 $f(x,y)$ 当 $(x,y)\to(0,0)$ 时的极限不存在.

由于多元函数极限的定义形式与一元函数极限的定义形式完全相同,因此关于一元函数的极限运算法则可推广到多元函数中,如两个重要极限、等价无穷小法则等等.

例 7-15 求极限:(1) $\lim\limits_{\substack{x\to 0\\ y\to 0}}(1+xy)^{\frac{1}{\tan xy}}$;(2) $\lim\limits_{\substack{x\to 0\\ y\to 0}}\dfrac{xy(x^2-y^2)}{x^2+y^2}$.

解 (1) $\lim\limits_{\substack{x\to 0\\ y\to 0}}(1+xy)^{\frac{1}{\tan xy}}=\lim\limits_{\substack{x\to 0\\ y\to 0}}(1+xy)^{\frac{1}{xy}\cdot\frac{xy}{\tan xy}}=\exp\left[\lim\limits_{\substack{x\to 0\\ y\to 0}}\dfrac{xy}{\tan xy}\right]=\mathrm{e}^1=\mathrm{e}.$

(2) 因为

$$\left|\frac{x^2-y^2}{x^2+y^2}\right|=\frac{|x^2-y^2|}{x^2+y^2}\leqslant\frac{x^2+y^2}{x^2+y^2}=1,$$

所以

$$\left|\frac{xy(x^2-y^2)}{x^2+y^2}\right|\leqslant|xy|\cdot 1=|xy|,$$

又因为 $\lim\limits_{\substack{x\to 0\\ y\to 0}} xy=0$,所以原极限 $=0$.

下面介绍一下二次极限与二重极限的关系.

称 $\lim\limits_{x\to x_0}\left(\lim\limits_{y\to y_0} f(x,y)\right)$ 和 $\lim\limits_{y\to y_0}\left(\lim\limits_{x\to x_0} f(x,y)\right)$ 为函数 $f(x,y)$ 在点 (x_0,y_0) 的二次极限.

二次极限存在,不一定二重极限存在;同理,二重极限存在,不一定二次极限

$$\left.\frac{\partial z}{\partial x}\right|_{\substack{x\to x_0\\y\to y_0}}=\lim_{\Delta x\to 0}\frac{f(x_0+\Delta x,y_0)-f(x_0,y_0)}{\Delta x}.$$

类似的，函数 $z=f(x,y)$ 在点 (x_0,y_0) 处对 y 的偏导数定义为

$$\lim_{\Delta y\to 0}\frac{\Delta_y z}{\Delta y}=\lim_{\Delta y\to 0}\frac{f(x_0,y_0+\Delta y)-f(x_0,y_0)}{\Delta y},$$

记为

$$\left.\frac{\partial z}{\partial y}\right|_{\substack{x\to x_0\\y\to y_0}},\quad \left.\frac{\partial f}{\partial y}\right|_{\substack{x\to x_0\\y\to y_0}}\quad 或\quad f'_y(x_0,y_0).$$

如果函数 $z=f(x,y)$ 在区域 D 内每一点 (x,y) 处对 x 的偏导数都存在，那么这个偏导数就是 x,y 的函数，称为函数 $z=f(x,y)$ 对自变量 x 的偏导函数，记为

$$\frac{\partial z}{\partial x},\quad \frac{\partial f}{\partial x},\quad z'_x\quad 或\quad f'_x(x,y).$$

类似的，可以定义函数 $z=f(x,y)$ 对自变量 y 的偏导函数，记为

$$\frac{\partial z}{\partial y},\quad \frac{\partial f}{\partial y},\quad z'_y\quad 或\quad f'_y(x,y).$$

由偏导数的定义知，$f(x,y)$ 在点 (x_0,y_0) 处对 x 的偏导数 $f'_x(x_0,y_0)$ 就是偏导函数 $f'_x(x,y)$ 在点 (x_0,y_0) 处的函数值；同理，$f'_y(x_0,y_0)$ 就是偏导函数 $f'_y(x,y)$ 在点 (x_0,y_0) 处的函数值. 偏导函数简称为偏导数.

偏导数的概念可以推广到二元以上的函数. 例如，三元函数 $u=f(x,y,z)$ 在点 (x_0,y_0,z_0) 处对 x 的偏导数定义为

$$f'_x(x_0,y_0,z_0)=\lim_{\Delta x\to 0}\frac{f(x_0+\Delta x,y_0,z_0)-f(x_0,y_0,z_0)}{\Delta x}.$$

求多元函数对一个自变量的偏导数，只需将其他自变量看成常数，用一元函数求导法即可.

例 7-17 求 $z=\frac{1}{2}x^2-3xy+y^2+1$ 在点 $(0,1)$ 处的偏导数.

解 因为

$$\frac{\partial z}{\partial x}=x-3y,\quad \frac{\partial z}{\partial y}=-3x+2y,$$

将 $x=0,y=1$ 代入上式，得

$$\left.\frac{\partial z}{\partial x}\right|_{\substack{x=0\\y=1}}=-3,\quad \left.\frac{\partial z}{\partial y}\right|_{\substack{x=0\\y=1}}=2.$$

例 7-18 求 $z=\frac{x}{y}+\sin xy$ 的偏导数.

解 $\frac{\partial z}{\partial x}=\frac{1}{y}+y\cos xy,\quad \frac{\partial z}{\partial y}=-\frac{x}{y^2}+x\cos xy.$

例 7-19 求 $r=\sqrt{x^2+y^2+z^2}$ 的偏导数.

解 $\frac{\partial r}{\partial x}=\frac{2x}{2\sqrt{x^2+y^2+z^2}}=\frac{x}{r}$,类似有$\frac{\partial r}{\partial y}=\frac{y}{r}$,$\frac{\partial r}{\partial z}=\frac{z}{r}$.

例 7-20 设 $z=\frac{x^3-y^3}{xy}$,求证:$x\frac{\partial z}{\partial x}+y\frac{\partial z}{\partial y}=z$.

证 因为

$$z=\frac{x^3-y^3}{xy}=\frac{x^2}{y}-\frac{y^2}{x},\quad \frac{\partial z}{\partial x}=\frac{2x}{y}+\frac{y^2}{x^2},\quad \frac{\partial z}{\partial y}=-\frac{x^2}{y^2}-\frac{2y}{x},$$

所以

$$x\frac{\partial z}{\partial x}+y\frac{\partial z}{\partial y}=\frac{2x^2}{y}+\frac{y^2}{x}-\frac{x^2}{y}-\frac{2y^2}{x}=\frac{x^2}{y}-\frac{y^2}{x}=z.$$

例 7-21 设 $z=\frac{y}{x}$,求$\frac{\partial z}{\partial x}$,$\frac{\partial x}{\partial y}$,$\frac{\partial y}{\partial z}$.

解 因为 $z=\frac{y}{x}$,视 y 为常数,则$\frac{\partial z}{\partial x}=-\frac{y}{x^2}$;

因为 $x=\frac{y}{z}$,视 z 为常数,则$\frac{\partial x}{\partial y}=\frac{1}{z}$;

因为 $y=xz$,视 x 为常数,则$\frac{\partial y}{\partial z}=x$.

同时,由上面计算可知

$$\frac{\partial z}{\partial x}\cdot\frac{\partial x}{\partial y}\cdot\frac{\partial y}{\partial z}=-\frac{y}{x^2}\cdot\frac{1}{z}\cdot x=-1\neq\frac{\partial z\partial x\partial y}{\partial x\partial y\partial z}=1,$$

这里要注意的是不等号右边的表达式是错误的.

在一元函数 $y=f(x)$ 中,$\frac{\mathrm{d}y}{\mathrm{d}x}$可看作函数的微分 $\mathrm{d}y$ 与自变量的微分 $\mathrm{d}x$ 之商.而例 7-21 表明偏导数的记号是一个整体记号,不能看作分子与分母之商.

我们已经知道,如果一元函数在某点有导数,则它在该点必定连续.但对多元函数来说,即使各偏导数在某点存在,也不能保证函数在该点连续.这是因为各偏导数存在只能保证点 P 沿平行于坐标轴的方向趋近 P_0 时,函数值 $f(P)$ 趋近于 $f(P_0)$,但不能保证点 P 按任何方式趋近于 P_0 时,函数值 $f(P)$ 都趋近于 $f(P_0)$.偏导数存在与函数连续有下面的关系式:

偏导数存在$\not\Leftrightarrow$函数连续.

例如,$f(x,y)=\sqrt{x}+\sqrt{y}$ 在点(0,0)处连续,但是偏导数不存在.

又例如,函数

$$f(x,y)=\begin{cases}\frac{xy}{x^2+y^2}, & (x,y)\neq(0,0),\\ 0, & (x,y)=(0,0),\end{cases}$$

在点(0,0)对 x 的偏导数为

$$f'_x(0,0)=\lim_{\Delta x\to 0}\frac{f(0+\Delta x,0)-f(0,0)}{\Delta x}=0,$$

同样,有

$$f'_y(0,0)=\lim_{\Delta y\to 0}\frac{f(0,0+\Delta y)-f(0,0)}{\Delta y}=0,$$

但由例 7-14,我们知道$\lim\limits_{\substack{x\to 0\\ y\to 0}}f(x,y)$ 不存在,故函数 $f(x,y)$ 在点(0,0) 处不连续.

7.3.2　二元函数 $z=f(x,y)$ 的偏导数的几何意义

设 $M_0(x_0,y_0,f(x_0,y_0))$ 为曲面 $z=f(x,y)$ 上一点,过点 M_0 作平面 $y=y_0$,截得此曲面上一条曲线,此曲线在平面 $y=y_0$ 上的方程为 $z=f(x,y_0)$,则偏导数 $f'_x(x_0,y_0)$ 就是曲线在点 M_0 处的切线 M_0T_x 对 x 轴的斜率;同样,偏导数 $f'_y(x_0,y_0)$ 的几何意义就是被平面 $x=x_0$ 截得的曲线在 M_0 点处的切线 M_0T_y 对 y 轴的斜率(见图 7-22).

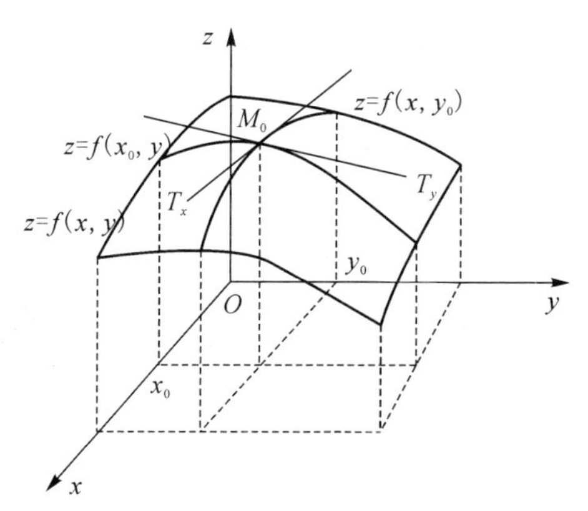

图 7-22

7.3.3　高阶偏导数

设函数 $z=f(x,y)$ 在区域 D 内具有偏导数

$$\frac{\partial z}{\partial x}=f'_x(x,y)\ ,\qquad \frac{\partial z}{\partial y}=f'_y(x,y).$$

一般来说,在 D 内 $f'_x(x,y)$,$f'_y(x,y)$ 都是 x,y 的函数,如果这两个函数的偏导数都存在,则称为它们是函数 $z=f(x,y)$ 的二阶偏导数. 依照对变量求导数的次序不同,有下列四个二阶偏导数:

$$\frac{\partial}{\partial x}\left(\frac{\partial z}{\partial x}\right)=\frac{\partial^2 z}{\partial x^2}=f''_{xx}(x,y),\quad \frac{\partial}{\partial y}\left(\frac{\partial z}{\partial y}\right)=\frac{\partial^2 z}{\partial y^2}=f''_{yy}(x,y),$$

$$\frac{\partial}{\partial y}\left(\frac{\partial z}{\partial x}\right)=\frac{\partial^2 z}{\partial x\partial y}=f''_{xy}(x,y),\quad \frac{\partial}{\partial x}\left(\frac{\partial z}{\partial y}\right)=\frac{\partial^2 z}{\partial y\partial x}=f''_{yx}(x,y),$$

其中,第三和第四两个偏导数称为混合偏导数. 同样可得三阶、四阶以及 n 阶偏导数. 例如,三阶偏导数

$$\frac{\partial}{\partial x}\left(\frac{\partial^2 z}{\partial y \partial x}\right)=\frac{\partial^3 z}{\partial y \partial x^2}=f'''_{yxx}(x,y).$$

注意:$\frac{\partial^2 z}{\partial x^2} \neq \frac{\partial z}{\partial x}\cdot\frac{\partial z}{\partial x}$,$\frac{\partial^2 z}{\partial x \partial y} \neq \frac{\partial z}{\partial x}\cdot\frac{\partial z}{\partial y}$.

二阶及二阶以上的偏导数统称为高阶偏导数.

例 7-22 设 $z=(x^2+y^2)^{\frac{3}{2}}+1$,求$\frac{\partial^2 z}{\partial x^2}$,$\frac{\partial^2 z}{\partial y^2}$,$\frac{\partial^2 z}{\partial x \partial y}$,$\frac{\partial^2 z}{\partial y \partial x}$.

解 因为

$$\frac{\partial z}{\partial x}=\frac{3}{2}(x^2+y^2)^{\frac{1}{2}}\cdot 2x=3x(x^2+y^2)^{\frac{1}{2}},$$

$$\frac{\partial z}{\partial y}=\frac{3}{2}(x^2+y^2)^{\frac{1}{2}}\cdot 2y=3y(x^2+y^2)^{\frac{1}{2}},$$

所以

$$\begin{aligned}\frac{\partial^2 z}{\partial x^2}&=3(x^2+y^2)^{\frac{1}{2}}+3x\cdot\frac{1}{2}(x^2+y^2)^{-\frac{1}{2}}\cdot 2x\\&=3(x^2+y^2)^{\frac{1}{2}}+3x^2(x^2+y^2)^{-\frac{1}{2}},\end{aligned}$$

$$\frac{\partial^2 z}{\partial x \partial y}=3x\cdot\frac{1}{2}(x^2+y^2)^{-\frac{1}{2}}\cdot 2y=3xy(x^2+y^2)^{-\frac{1}{2}},$$

$$\begin{aligned}\frac{\partial^2 z}{\partial y^2}&=3(x^2+y^2)^{\frac{1}{2}}+3y\cdot\frac{1}{2}(x^2+y^2)^{-\frac{1}{2}}\cdot 2y\\&=3(x^2+y^2)^{\frac{1}{2}}+3y^2(x^2+y^2)^{-\frac{1}{2}},\end{aligned}$$

$$\frac{\partial^2 z}{\partial y \partial x}=\frac{3y}{2}(x^2+y^2)^{-\frac{1}{2}}\cdot 2x=3xy(x^2+y^2)^{-\frac{1}{2}}.$$

在此例中,我们发现$\frac{\partial^2 z}{\partial x \partial y}=\frac{\partial^2 z}{\partial y \partial x}$. 这不是偶然的,事实上有下面的定理.

定理 7.1 如果函数 $z=f(x,y)$ 的两个二阶混合偏导数$\frac{\partial^2 z}{\partial x \partial y}$,$\frac{\partial^2 z}{\partial y \partial x}$在区域 D 内连续,则在该区域内这两个二阶混合偏导数相等.

换句话说,二阶混合偏导数在连续的条件下与求导次序无关. 该定理的证明略.

例 7-23 已知 $z=f(x,y)=\mathrm{e}^{-x}\sin\frac{x}{y}$,求$\left.\frac{\partial^2 z}{\partial x \partial y}\right|_{(2,\frac{1}{\pi})}$.

解 因为

$$\frac{\partial z}{\partial x}=-\mathrm{e}^{-x}\cdot\sin\frac{x}{y}+\mathrm{e}^{-x}\cos\frac{x}{y}\cdot\frac{1}{y},$$

$$\frac{\partial^2 z}{\partial x \partial y}=-\mathrm{e}^{-x}\cos\frac{x}{y}\cdot\left(-\frac{x}{y^2}\right)+\mathrm{e}^{-x}\cdot\left(-\frac{1}{y^2}\cos\frac{x}{y}\right)+\mathrm{e}^{-x}\left(-\sin\frac{x}{y}\right)\cdot\left(-\frac{x}{y^3}\right),$$

得$\left.\frac{\partial^2 z}{\partial x \partial y}\right|_{\left(2,\frac{1}{\pi}\right)}=\frac{\pi^2}{\mathrm{e}^2}$.

例 7-24 验证函数 $z=\ln\sqrt{x^2+y^2}$ 满足拉普拉斯方程$\frac{\partial^2 z}{\partial x^2}+\frac{\partial^2 z}{\partial y^2}=0$.

证 因为

$$z=\ln\sqrt{x^2+y^2}=\frac{1}{2}\ln(x^2+y^2),\quad \frac{\partial z}{\partial x}=\frac{x}{x^2+y^2},\quad \frac{\partial z}{\partial y}=\frac{y}{x^2+y^2},$$

$$\frac{\partial^2 z}{\partial x^2}=\frac{(x^2+y^2)-x\cdot 2x}{(x^2+y^2)^2}=\frac{y^2-x^2}{(x^2+y^2)^2},$$

$$\frac{\partial^2 z}{\partial y^2}=\frac{(x^2+y^2)-y\cdot 2y}{(x^2+y^2)^2}=\frac{x^2-y^2}{(x^2+y^2)^2},$$

因此

$$\frac{\partial^2 z}{\partial x^2}+\frac{\partial^2 z}{\partial y^2}=\frac{y^2-x^2}{(x^2+y^2)^2}+\frac{x^2-y^2}{(x^2+y^2)^2}=0.$$

7.3.4 全微分的概念

在一元函数的微分学中,函数的微分是函数增量的线性主部.用函数的微分来近似代替函数的增量,其误差是一个较 Δx 高阶的无穷小.对于多元函数,也有类似的情况.

设 $z=f(x,y)$ 在点 $P(x,y)$ 及其某 δ 邻域内有定义,并设 $M(x+\Delta x,y+\Delta y)$ 为这个邻域内的任意一点,则这两点的函数值之差 $f(x+\Delta x,y+\Delta y)-f(x,y)$ 称为函数在点 P 处对应自变量增量 $\Delta x,\Delta y$ 的全增量,记为 Δz,即

$$\Delta z=f(x+\Delta x,y+\Delta y)-f(x,y).$$

例如,若 z 表示边长分别是 x 与 y 的矩形面积,即 $z=xy$.如果边长 x 与 y 分别取得增量 $\Delta x,\Delta y$,则面积 z 相应有全增量

$$\begin{aligned}\Delta z&=(x+\Delta x)(y+\Delta y)-xy\\&=y\Delta x+x\Delta y+\Delta x\Delta y,\end{aligned}$$

这里全增量 Δz 的三项在图 7-23 中分别表示三块阴影部分的面积.

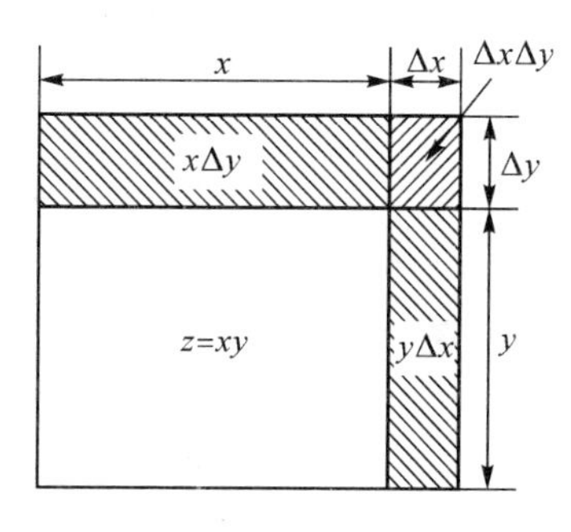

图 7-23

若设 $y=A,x=B,\rho=\sqrt{(\Delta x)^2+(\Delta y)^2}$,则当 $\rho\to 0$ 时,$\Delta x\Delta y$ 是ρ 的高阶无穷小,即 $\Delta x\Delta y=o(\rho)$.于是面积的全增量可以表示为

$$\Delta z=A\Delta x+B\Delta y+o(\rho).$$

一般说来,函数 $z=f(x,y)$ 的全增量 Δz 往往会是 $\Delta x,\Delta y$ 的比较复杂的函数.我们希望能像一元函数那样用自变量的增量 $\Delta x,\Delta y$ 的线性函数来近似代替函数增量 Δz,即

$$\Delta z = A\Delta x + B\Delta y + o(\rho), \tag{7.2}$$

其中,A,B 不依赖于 $\Delta x,\Delta y,\rho=\sqrt{(\Delta x)^2+(\Delta y)^2}$.

事实上,若式(7.2)对于任意的 $\Delta x,\Delta y$ 都成立,则当 $\Delta y=0$(此时 $\rho=|\Delta x|$)时,式(7.2)变为

$$f(x+\Delta x,y)-f(x,y)=A\Delta x+o(|\Delta x|),$$

两边除以 Δx,再令 $\Delta x\to 0$ 取极限,得

$$\lim_{\Delta x\to 0}\frac{f(x+\Delta x,y)-f(x,y)}{\Delta x}=A,$$

即 $A=f'_x(x,y)$. 同理 $B=f'_y(x,y)$.

定义 7.7 如果函数 $z=f(x,y)$ 在点 $P(x,y)$ 处的全增量可表为

$$\Delta z = f'_x(x,y)\Delta x + f'_y(x,y)\Delta y + o(\rho), \tag{7.3}$$

其中,$\rho=\sqrt{(\Delta x)^2+(\Delta y)^2}$,则称 $f'_x(x,y)\Delta x+f'_y(x,y)\Delta y$ 为函数 $f(x,y)$ 在点 $P(x,y)$ 处的全微分,记为 $\mathrm{d}z$,即

$$\mathrm{d}z = f'_x(x,y)\Delta x + f'_y(x,y)\Delta y, \tag{7.4}$$

此时,称函数 $f(x,y)$ 在点 $P(x,y)$ 处可微分.

如果函数在区域 D 的每一点都可微分,则称此函数在 D 内可微分.

若将 $\Delta x,\Delta y$ 分别记为 $\mathrm{d}x,\mathrm{d}y$,于是函数 $z=f(x,y)$ 在点 $P(x,y)$ 处的全微分可写成

$$\mathrm{d}z=\frac{\partial z}{\partial x}\mathrm{d}x+\frac{\partial z}{\partial y}\mathrm{d}y. \tag{7.5}$$

定理 7.2 可微函数的偏导数一定存在,且

$$\mathrm{d}z=\frac{\partial z}{\partial x}\mathrm{d}x+\frac{\partial z}{\partial y}\mathrm{d}y=z'_x\mathrm{d}x+z'_y\mathrm{d}y.$$

证 设 $z=f(x,y)$ 在 $P(x,y)$ 处可微分,则

$$\Delta z = f(x_0+\Delta x,y_0+\Delta y)-f(x_0,y_0)=A\Delta x+B\Delta y+o(\rho),$$

对任意 $(x+\Delta x,y+\Delta y)\in U(P)$,因为 A,B 与 $\Delta x,\Delta y$ 无关,所以令 $\Delta y=0$,上式依然成立,即

$$\Delta z = f(x+\Delta x,y)-f(x,y)=A\Delta x+0+o(|\Delta x|),$$

所以

$$\lim_{\Delta x\to 0}\frac{\Delta z}{\Delta x}=\lim_{\Delta x\to 0}\left(A+\frac{o(|\Delta x|)}{\Delta x}\right)=A+0=A=\frac{\partial z}{\partial x}.$$

同理,令 $\Delta x=0$,得到 $B=\frac{\partial z}{\partial y}$. 所以

$$\mathrm{d}z=\frac{\partial z}{\partial x}\mathrm{d}x+\frac{\partial z}{\partial y}\mathrm{d}y.$$

对一元函数来说，函数在某点可导与可微是等价的，但对多元函数来说就不是这样了. 当函数 $z=f(x,y)$ 和各偏导数都存在时，虽然形式上可以写成$\frac{\partial z}{\partial x}\Delta x+\frac{\partial z}{\partial y}\Delta y$，但它与$\Delta z$之差并不一定是$\rho$的高阶无穷小，即它不一定存在全微分. 这就是说，各偏导数存在只是全微分存在的必要条件，不是它的充分条件. 例如，函数

$$f(x,y)=\begin{cases}\dfrac{xy}{\sqrt{x^2+y^2}}, & \text{当 } x,y \text{ 不同时为 0 时},\\ 0, & \text{当 } x=y=0 \text{ 时},\end{cases}$$

在点 $O(0,0)$ 处有 $f'_x(0,0)=0,f'_y(0,0)=0$，所以

$$\Delta z-[f'_x(0,0)\Delta x+f'_y(0,0)\Delta y]=\frac{\Delta x\Delta y}{\sqrt{(\Delta x)^2+(\Delta y)^2}}.$$

如果考虑点 $M(\Delta x,\Delta y)$ 沿直线 $y=kx$ 趋于$O(0,0)$，则

$$\frac{\dfrac{\Delta x\Delta y}{\sqrt{(\Delta x)^2+(\Delta y)^2}}}{\rho}=\frac{k(\Delta x)^2}{(\Delta x)^2+k^2(\Delta x)^2}=\frac{k(\Delta x)^2}{(1+k^2)(\Delta x)^2}=\frac{k}{1+k^2},$$

它不能随ρ趋近于 0 而趋近于 0，这表示 $\rho\to 0$ 时，$\Delta z-[f'_x(0,0)\Delta x+f'_y(0,0)\Delta y]$ 不是一个比 ρ 高阶的无穷小，因而函数在点 $O(0,0)$ 处全微分不存在，即函数在点 $O(0,0)$ 处不可微.

但在一定条件下，偏导数与可微是有联系的，即有下面的定理.

定理 7.3　如果函数 $z=f(x,y)$ 的偏导数$\frac{\partial z}{\partial x},\frac{\partial z}{\partial y}$ 在点$M(x,y)$ 处连续，则函数在该点的全微分存在.

该定理的证明略.

二元函数的全微分及全微分存在定理可推广到二元以上的函数. 例如，若 $u=f(x,y,z)$ 的全微分存在，则

$$\mathrm{d}u=\frac{\partial u}{\partial x}\mathrm{d}x+\frac{\partial u}{\partial y}\mathrm{d}y+\frac{\partial u}{\partial z}\mathrm{d}z.$$

例 7-25　求函数 $z=x^2y+xy^2$ 的全微分.

解　因为

$$\frac{\partial z}{\partial x}=2xy+y^2,\quad \frac{\partial z}{\partial y}=x^2+2xy,$$

所以

$$\mathrm{d}z=(2xy+y^2)\mathrm{d}x+(x^2+2xy)\mathrm{d}y.$$

例 7-26　计算函数 $z=(x+y)\mathrm{e}^{xy}$ 在点(1,2) 处的全微分.

解 因为

$$\frac{\partial z}{\partial x}=\mathrm{e}^{xy}+y(x+y)\mathrm{e}^{xy}=(1+xy+y^2)\mathrm{e}^{xy},\quad \left.\frac{\partial z}{\partial x}\right|_{\substack{x=1\\y=2}}=7\mathrm{e}^2,$$

$$\frac{\partial z}{\partial y}=\mathrm{e}^{xy}+x(x+y)\mathrm{e}^{xy}=(1+xy+x^2)\mathrm{e}^{xy},\quad \left.\frac{\partial z}{\partial y}\right|_{\substack{x=1\\y=2}}=4\mathrm{e}^2,$$

所以

$$\mathrm{d}z=7\mathrm{e}^2\mathrm{d}x+4\mathrm{e}^2\mathrm{d}y.$$

例 7-27 求 $u=x^{yz}$ 的全微分.

解 因为

$$\frac{\partial u}{\partial x}=yzx^{yz-1},\quad \frac{\partial u}{\partial y}=zx^{yz}\ln x,\quad \frac{\partial u}{\partial z}=yx^{yz}\ln x,$$

所以

$$\mathrm{d}u=x^{yz}\left(\frac{yz}{x}\mathrm{d}x+z\ln x\mathrm{d}y+y\ln x\mathrm{d}z\right).$$

7.3.5 全微分在近似计算中的应用

在一元函数中,可以用函数的微分作为函数增量的近似值,在多元函数中也有类似的公式.以二元函数 $z=f(x,y)$ 为例,设它的两个偏导数 $f'_x(x,y)$,$f'_y(x,y)$ 连续,并且 $|\Delta x|$,$|\Delta y|$ 都较小时,则由式(7.3)可得下面近似公式:

$$\Delta z\approx \mathrm{d}z=f'_x(x,y)\Delta x+f'_y(x,y)\Delta y, \tag{7.6}$$

$$f(x+\Delta x,y+\Delta y)\approx f(x,y)+f'_x(x,y)\Delta x+f'_y(x,y)\Delta y. \tag{7.7}$$

例 7-28 有一个金属制成的圆柱体受热后发生形变,半径由 20 cm 增大到 20.05 cm,高由 50 cm 增加到 50.09 cm,求此圆柱体体积变化的近似值.

解 设圆柱体的半径、高和体积分别为 r,h,V,它们的增量分别记为 $\Delta r,\Delta h,\Delta V$,于是有

$$V=\pi r^2h,\quad \Delta V\approx 2\pi rh\Delta r+\pi r^2\Delta h,$$

其中,$r=20,h=50,\Delta r=0.05,\Delta h=0.09$.应用公式(7.6),得

$$\Delta V=2\pi\times 20\times 50\times 0.05+\pi\times 20^2\times 0.09=136\pi(\mathrm{cm}^3).$$

例 7-29 计算 $1.02^{2.99}$ 的近似值.

解 设函数 $f(x,y)=x^y$,显然 $f(1.02,2.99)=1.02^{2.99}$,即 $x=1$, $y=3$, $\Delta x=0.02,\Delta y=-0.01$.由于

$$f'_x(x,y)=yx^{y-1},\quad f'_y(x,y)=x^y\ln x,$$

$$f(1,3)=1,\quad f'_x(1,3)=3,\quad f'_y(1,3)=0,$$

所以应用公式(7.7),得

$$1.02^{2.99}\approx 1+3\times 0.02+0\times(-0.01)=1.06.$$

7.4 偏导数求导法则

7.4.1 多元复合函数的求导法则

设函数 $z=f(u,v)$，$u=\varphi(x,y)$，$v=\psi(x,y)$ 复合为 x,y 的函数

$$z=f[\varphi(x,y),\psi(x,y)],$$

下面我们要找到类似于一元函数那样的复合函数的求导公式. 关于这个问题，我们有下面的定理.

定理 7.4 设函数 $u=\varphi(x,y)$，$v=\psi(x,y)$ 在点 (x,y) 处的偏导数都存在，函数 $z=f(u,v)$ 在相应于 (x,y) 的点 (u,v) 处可微，则复合函数 $z=f[\varphi(x,y),\psi(x,y)]$ 在点 (x,y) 处对 x 和 y 的偏导数存在，且

$$\frac{\partial z}{\partial x}=\frac{\partial z}{\partial u}\frac{\partial u}{\partial x}+\frac{\partial z}{\partial v}\frac{\partial v}{\partial x},\tag{7.8}$$

$$\frac{\partial z}{\partial y}=\frac{\partial z}{\partial u}\frac{\partial u}{\partial y}+\frac{\partial z}{\partial v}\frac{\partial v}{\partial y}.\tag{7.9}$$

该定理的证明略.

例 7-30 设 $z=e^u\sin v$，而 $u=xy$，$v=x+y$，求 $\frac{\partial z}{\partial x}$ 和 $\frac{\partial z}{\partial y}$.

解
$$\frac{\partial z}{\partial x}=\frac{\partial z}{\partial u}\frac{\partial u}{\partial x}+\frac{\partial z}{\partial v}\frac{\partial v}{\partial x}=e^u\sin v\cdot y+e^u\cos v\cdot 1$$
$$=e^{xy}[y\sin(x+y)+\cos(x+y)],$$
$$\frac{\partial z}{\partial y}=\frac{\partial z}{\partial u}\frac{\partial u}{\partial y}+\frac{\partial z}{\partial v}\frac{\partial v}{\partial y}=e^u\sin v\cdot x+e^u\cos v\cdot 1$$
$$=e^{xy}[x\sin(x+y)+\cos(x+y)].$$

注：上两式的法则可推广到中间变量或自变量多于两个的情形.

如果 $z=f(u,v,w)$，且 $u=u(x,y)$，$v=v(x,y)$，$w=w(x,y)$，则

$$\frac{\partial z}{\partial x}=\frac{\partial z}{\partial u}\frac{\partial u}{\partial x}+\frac{\partial z}{\partial v}\frac{\partial v}{\partial x}+\frac{\partial z}{\partial w}\frac{\partial w}{\partial x},$$

$$\frac{\partial z}{\partial y}=\frac{\partial z}{\partial u}\frac{\partial u}{\partial y}+\frac{\partial z}{\partial v}\frac{\partial v}{\partial y}+\frac{\partial z}{\partial w}\frac{\partial w}{\partial y}.$$

如果 $z=f(u,x,y)$ 且 $u=u(x,y)$，则

$$\frac{\partial z}{\partial x}=\frac{\partial f}{\partial u}\frac{\partial u}{\partial x}+\frac{\partial f}{\partial x},$$

$$\frac{\partial z}{\partial y}=\frac{\partial f}{\partial u}\frac{\partial u}{\partial y}+\frac{\partial f}{\partial y}.$$

应当指出，这里 $\frac{\partial z}{\partial x}$ 与 $\frac{\partial f}{\partial x}$ 是不同的. $\frac{\partial z}{\partial x}$ 是把 $z=f[u(x,y),x,y]$ 中的 y 看作常

量而对 x 求偏导数，$\frac{\partial f}{\partial x}$ 是把 $f(u,x,y)$ 中的 u,y 看作常量而对 x 求偏导数；$\frac{\partial z}{\partial y}$ 与 $\frac{\partial f}{\partial y}$ 也有类似区别.

如果 $z=f(u,v,x)$，$u=u(x,y)$，$v=v(x,y)$，则

$$\frac{\partial z}{\partial x}=\frac{\partial f}{\partial u}\frac{\partial u}{\partial x}+\frac{\partial f}{\partial v}\frac{\partial v}{\partial x}+\frac{\partial f}{\partial x},$$

$$\frac{\partial z}{\partial y}=\frac{\partial f}{\partial u}\frac{\partial u}{\partial y}+\frac{\partial f}{\partial v}\frac{\partial v}{\partial y}.$$

若函数 $y=\varphi(x)$ 在点 x 可导，$z=f(x,y)$ 在相应点 (x,y) 可微，则

$$\frac{\mathrm{d}z}{\mathrm{d}x}=\frac{\partial z}{\partial x}+\frac{\partial z}{\partial y}\frac{\mathrm{d}y}{\mathrm{d}x}.$$

其中，$\frac{\partial z}{\partial x}$ 与 $\frac{\mathrm{d}z}{\mathrm{d}x}$ 具有不同含义. $\frac{\partial z}{\partial x}$ 是把函数 $f(x,y)$ 中的 y 看作常量，对 x 求偏导数；而 $\frac{\mathrm{d}z}{\mathrm{d}x}$ 是函数 $z=f[x,\varphi(x)]$ 对 x 的导数，称为 z 对 x 的全导数.

例 7-31 设 $u=f(x,y,z)=\mathrm{e}^{2x^2+3y^2+z^2}$，$z=x\cos y^2$，求 $\frac{\partial u}{\partial x},\frac{\partial u}{\partial y}$.

解 $$\frac{\partial u}{\partial x}=\frac{\partial f}{\partial z}\frac{\partial z}{\partial x}+\frac{\partial f}{\partial x}=2z\mathrm{e}^{2x^2+3y^2+z^2}\cos y^2+4x\mathrm{e}^{2x^2+3y^2+z^2}$$

$$=2x(\cos^2 y^2+2)\mathrm{e}^{2x^2+3y^2+x^2\cos^2 y^2},$$

$$\frac{\partial u}{\partial y}=\frac{\partial f}{\partial z}\frac{\partial z}{\partial y}+\frac{\partial f}{\partial y}=2z\mathrm{e}^{2x^2+3y^2+z^2}(-2xy\sin y^2)+6y\mathrm{e}^{2x^2+3y^2+z^2}$$

$$=2y(3-x^2\sin 2y^2)\mathrm{e}^{2x^2+3y^2+x^2\cos^2 y^2}.$$

例 7-32 设 $z=uv+\tan t$，而 $u=\mathrm{e}^t$，$v=\sin t$，求全导数 $\frac{\mathrm{d}z}{\mathrm{d}t}$.

解 $$\frac{\mathrm{d}z}{\mathrm{d}t}=\frac{\partial z}{\partial u}\frac{\mathrm{d}u}{\mathrm{d}t}+\frac{\partial z}{\partial v}\frac{\mathrm{d}v}{\mathrm{d}t}+\frac{\partial z}{\partial t}=v\mathrm{e}^t+u\cos t+\sec^2 t=\mathrm{e}^t(\sin t+\cos t)+\sec^2 t.$$

例 7-33 设函数 $z=\frac{1}{2}\ln(x^2+y^2)$，$y=\mathrm{e}^{-x^2}$，求 $\frac{\mathrm{d}z}{\mathrm{d}x}$.

解 由于

$$\frac{\partial z}{\partial x}=\frac{x}{x^2+y^2},\quad \frac{\partial z}{\partial y}=\frac{y}{x^2+y^2},\quad \frac{\mathrm{d}y}{\mathrm{d}x}=-2x\mathrm{e}^{-x^2},$$

因此

$$\frac{\mathrm{d}z}{\mathrm{d}x}=\frac{\partial z}{\partial x}+\frac{\partial z}{\partial y}\cdot\frac{\mathrm{d}y}{\mathrm{d}x}=\frac{x}{x^2+y^2}+\frac{y}{x^2+y^2}\cdot(-2x\mathrm{e}^{-x^2})=\frac{x-2xy\mathrm{e}^{-x^2}}{x^2+y^2}.$$

例 7-34 设 $u=f(x^2-y^2,\mathrm{e}^{xy})$ 且 f 具有一阶连续偏导数，求 $\frac{\partial u}{\partial x},\frac{\partial u}{\partial y}$.

解 设 $s=x^2-y^2$，$t=\mathrm{e}^{xy}$，则 $u=f(s,t)$，于是

$$\frac{\partial u}{\partial x}=\frac{\partial f}{\partial s}\frac{\partial s}{\partial x}+\frac{\partial f}{\partial t}\cdot\frac{\partial t}{\partial x}=2x\frac{\partial f}{\partial s}+y\mathrm{e}^{xy}\frac{\partial f}{\partial t},$$

$$\frac{\partial u}{\partial y}=\frac{\partial f}{\partial s}\frac{\partial s}{\partial y}+\frac{\partial f}{\partial t}\cdot\frac{\partial t}{\partial y}=-2y\frac{\partial f}{\partial s}+x\mathrm{e}^{xy}\frac{\partial f}{\partial t}.$$

例 7-35 设 $w=f(x+y+z,xyz)$ 且 f 可微，求$\frac{\partial w}{\partial x},\frac{\partial w}{\partial y},\frac{\partial w}{\partial z}$.

解 令 $u=x+y+z,v=xyz$，则 $w=f(u,v)$，于是

$$\frac{\partial w}{\partial x}=\frac{\partial f}{\partial u}\frac{\partial u}{\partial x}+\frac{\partial f}{\partial v}\cdot\frac{\partial v}{\partial x}=\frac{\partial f}{\partial u}\cdot 1+yz\cdot\frac{\partial f}{\partial v}=\frac{\partial f}{\partial u}+yz\frac{\partial f}{\partial v},$$

$$\frac{\partial w}{\partial y}=\frac{\partial f}{\partial u}\frac{\partial u}{\partial y}+\frac{\partial f}{\partial v}\cdot\frac{\partial v}{\partial y}=\frac{\partial f}{\partial u}+xz\frac{\partial f}{\partial v},$$

$$\frac{\partial w}{\partial z}=\frac{\partial f}{\partial u}\frac{\partial u}{\partial z}+\frac{\partial f}{\partial v}\cdot\frac{\partial v}{\partial z}=\frac{\partial f}{\partial u}+xy\frac{\partial f}{\partial v}.$$

例 7-36 设函数 $z=f(x+y,xy)$，f 具有二阶连续偏导数，求$\frac{\partial^2 z}{\partial x\partial y}$.

解 令 $u=x+y,v=xy$，则 $z=f(u,v)$，于是

$$\frac{\partial z}{\partial x}=\frac{\partial f}{\partial u}\frac{\partial u}{\partial x}+\frac{\partial f}{\partial v}\frac{\partial v}{\partial x}=\frac{\partial f}{\partial u}\cdot 1+y\cdot\frac{\partial f}{\partial v}=\frac{\partial f}{\partial u}+y\frac{\partial f}{\partial v},$$

$$\begin{aligned}\frac{\partial^2 z}{\partial x\partial y}&=\frac{\partial}{\partial y}\left(\frac{\partial f}{\partial u}+y\frac{\partial f}{\partial v}\right)=\frac{\partial}{\partial y}\left(\frac{\partial f}{\partial u}\right)+\frac{\partial}{\partial y}\left(y\frac{\partial f}{\partial v}\right)\\&=\frac{\partial^2 f}{\partial u^2}\cdot 1+\frac{\partial^2 f}{\partial u\partial v}\cdot x+\frac{\partial f}{\partial v}+y\frac{\partial}{\partial y}\left(\frac{\partial f}{\partial v}\right)\\&=\frac{\partial^2 f}{\partial u^2}+x\frac{\partial^2 f}{\partial u\partial v}+\frac{\partial f}{\partial v}+y\left(\frac{\partial^2 f}{\partial v\partial u}\cdot 1+\frac{\partial^2 f}{\partial v^2}\cdot x\right)\\&=\frac{\partial^2 f}{\partial u^2}+(x+y)\frac{\partial^2 f}{\partial u\partial v}+xy\frac{\partial^2 f}{\partial v^2}+\frac{\partial f}{\partial v}.\end{aligned}$$

在例 7-36 中，为了表达简便起见，常引入以下记号：

$$f'_1=\frac{\partial f(u,v)}{\partial u},\quad f''_{12}=\frac{\partial^2 f(u,v)}{\partial u\partial v},$$

这里下标 1 表示对第一个变量 u 求偏导数，下标 2 表示对第二个变量 v 求偏导数；同理，有 f'_2,f''_{11},f''_{22} 等.

此时，例 7-36 的结果还可以表示成

$$\frac{\partial^2 z}{\partial x\partial y}=f''_{11}+(x+y)f''_{12}+xyf''_{22}+f'_2.$$

7.4.2 隐函数求导法则

与一元隐函数的概念相类似，我们把由方程 $F(x,y,z)=0$ 所确定的函数 $z=f(x,y)$ 称为二元隐函数，这个隐函数可直接由方程 $F(x,y,z)=0$ 确定它的偏导数. 由于

$$F(x,y,f(x,y))\equiv 0,$$

其左端看作 x,y 的一个复合函数,将等式两端分别求对 x 和对 y 的偏导数,即得

$$\frac{\partial F}{\partial x}+\frac{\partial F}{\partial z}\cdot\frac{\partial z}{\partial x}=0,\quad \frac{\partial F}{\partial y}+\frac{\partial F}{\partial z}\cdot\frac{\partial z}{\partial y}=0,$$

从而,当$\frac{\partial F}{\partial z}\neq 0$时,有

$$\frac{\partial z}{\partial x}=-\frac{\frac{\partial F}{\partial x}}{\frac{\partial F}{\partial z}},\quad \frac{\partial z}{\partial y}=-\frac{\frac{\partial F}{\partial y}}{\frac{\partial F}{\partial z}}.$$

这就是二元隐函数的求导公式.

同理,由方程 $F(x,y)=0$ 所确定的隐函数 $y=f(x)$ 的求导公式可写成

$$\frac{\mathrm{d}y}{\mathrm{d}x}=-\frac{\frac{\partial F}{\partial x}}{\frac{\partial F}{\partial y}}\quad\left(\frac{\partial F}{\partial y}\neq 0\right).$$

例 7-37 求由方程$\frac{x^2}{a^2}+\frac{y^2}{b^2}+\frac{z^2}{c^2}=1$所确定的函数 $z=f(x,y)$ 的偏导数.

解 令 $F(x,y,z)=\frac{x^2}{a^2}+\frac{y^2}{b^2}+\frac{z^2}{c^2}-1$,则

$$\frac{\partial F}{\partial x}=\frac{2x}{a^2},\quad \frac{\partial F}{\partial y}=\frac{2y}{b^2},\quad \frac{\partial F}{\partial z}=\frac{2z}{c^2},$$

当 $z\neq 0$ 时,由公式$\frac{\partial z}{\partial x}=-\frac{F'_x}{F'_z}$, $\frac{\partial z}{\partial y}=-\frac{F'_y}{F'_z}$,得

$$\frac{\partial z}{\partial x}=-\frac{c^2x}{a^2z},\quad \frac{\partial z}{\partial y}=-\frac{c^2y}{b^2z}.$$

例 7-38 设 $x^2+y^2+z^2-4z=0$,求$\frac{\partial^2 z}{\partial x^2}$.

解 设 $F(x,y,z)=x^2+y^2+z^2-4z$,则

$$F'_x=2x,\quad F'_z=2z-4,$$

故由隐函数求导公式得$\frac{\partial z}{\partial x}=-\frac{F'_x}{F'_z}=\frac{x}{2-z}$. 再对 x 求偏导数,得

$$\frac{\partial^2 z}{\partial x^2}=\left(\frac{x}{2-z}\right)'_x=\frac{2-z+x\frac{\partial z}{\partial x}}{(2-z)^2}=\frac{(2-z)^2+x^2}{(2-z)^3}.$$

7.5 多元函数的极值

7.5.1 多元函数极值的概念

在实际问题中,往往会遇到求多元函数的最大值、最小值问题. 与一元函数相

类似，多元函数的最大值、最小值与极大值、极小值有密切联系，因此我们以二元函数为例，先来讨论多元函数的极值问题.

定义 7.8　设函数 $z=f(x,y)$ 在点 $P_0(x_0,y_0)$ 的某 δ 邻域内有定义，对于该邻域内异于点 $P_0(x_0,y_0)$ 的点 $P(x,y)$，如果总有 $f(x,y)<f(x_0,y_0)$，则称函数在点(x_0,y_0) 处有极大值 $f(x_0,y_0)$；如果总有 $f(x,y)>f(x_0,y_0)$，则称函数在点(x_0,y_0) 处有极小值 $f(x_0,y_0)$. 极大值和极小值统称为极值，使函数取得极值的点称为极值点.

例如，函数 $z=\sqrt{a^2-x^2-y^2}\,(a>0)$ 在点$(0,0)$ 处有极大值 $z=a$，由图 7-24 易见，点$(0,0,a)$ 是半球 $z=\sqrt{a^2-x^2-y^2}$ 的最高点.

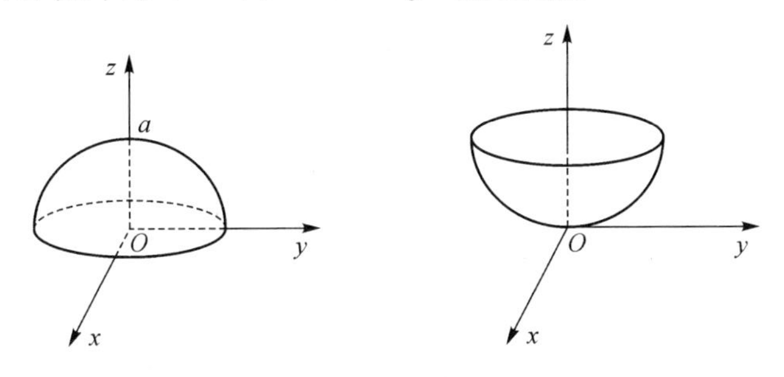

图 7-24　　**图 7-25**

又如，函数 $z=x^2+y^2$ 在点$(0,0)$ 处有极小值，这是因为在点$(0,0)$ 的任一邻域内异于点$(0,0)$ 的点的函数值都为正，而点$(0,0)$ 处函数值为零. 从几何上看这是显然的，因为点$(0,0)$ 是开口向上的旋转抛物面 $z=x^2+y^2$ 的顶点(见图 7-25).

再如，函数 $z=xy$ 在点$(0,0)$ 处既无极大值，也无极小值. 这是因为在点$(0,0)$ 处的函数值为零，而在点$(0,0)$ 的任一邻域内，有使函数值为正的点，也有使函数值为负的点.

由极值定义可知，若函数 $f(x,y)$ 在点(x_0,y_0) 取得极值时，则只随 x 变化的函数 $f(x,y_0)$ 类同于一元函数，必有

$$\left.\frac{\partial f(x,y_0)}{\partial x}\right|_{x=x_0}=0,$$

同理，只随 y 变化的函数 $f(x_0,y)$，必有

$$\left.\frac{\partial f(x_0,y)}{\partial y}\right|_{y=y_0}=0.$$

因此，关于二元函数的极值，有如下的定义和定理.

定义 7.9　若函数 $z=f(x,y)$ 在点 $P(x_0,y_0)$ 对 x,y 的一阶偏导数都等于 0，即 $f'_x(x_0,y_0)=0, f'_y(x_0,y_0)=0$，则点 $P(x_0,y_0)$ 称为函数 $z=f(x,y)$ 的驻点.

定理 7.5(极值存在的必要条件)　若函数 $z=f(x,y)$ 在点 $P(x_0,y_0)$ 处可微，且(x_0,y_0) 是极值点，则点 $P(x_0,y_0)$ 一定是函数 $z=f(x,y)$ 的驻点.

由定理 7.5 可知,可微函数的极值点必是驻点,但驻点不一定是极值点.例如,(0,0) 是函数 $z = xy$ 的驻点,但在(0,0) 处,函数既无极大值,也无极小值.

怎样才能判定一个驻点是否为极值点呢?我们有下面的定理.

定理 7.6(极值存在的充分条件)　设函数 $z = f(x,y)$ 在点(x_0, y_0) 的某一邻域内有一阶及二阶连续偏导数,(x_0, y_0) 是它的驻点,令 $f''_{xx}(x_0, y_0) = A, f''_{xy}(x_0, y_0) = B, f''_{yy}(x_0, y_0) = C$,则

(1) 当 $B^2 - AC < 0$ 时 $z = f(x,y)$ 有极值,且当 $A < 0$ 时有极大值 $f(x_0, y_0)$,当 $A > 0$ 时有极小值 $f(x_0, y_0)$;

(2) 当 $B^2 - AC > 0$ 时 $z = f(x,y)$ 没有极值;

(3) 当 $B^2 - AC = 0$ 时 $f(x_0, y_0)$ 是否为极值需另行判别.

由定理 7.5 和定理 7.6 可得求具有二阶连续偏导数的函数 $z = f(x,y)$ 的极值的具体步骤如下:

(1) 确定函数 $z = f(x,y)$ 的定义域 D;

(2) 在 D 中求使 $f'_x(x,y) = 0, f'_y(x,y) = 0$ 同时成立的全部实数解,即得全部驻点;

(3) 对于每一个驻点(x_0, y_0),求出二阶偏导数,即 A,B 和 C 的值;

(4) 定出 $B^2 - AC$ 的符号,按定理 7.6 判定 $f(x_0, y_0)$ 是否是极值,并确定是极大值还是极小值.

例 7-39　求函数 $f(x,y) = x^2 - 6x - y^3 + 12y - 1$ 的极值.

解　$D = \{(x,y) \mid -\infty < x < +\infty, -\infty < y < +\infty\}$.由

$$\begin{cases} f'_x(x,y) = 2x - 6 = 0, \\ f'_y(x,y) = -3y^2 + 12 = 0, \end{cases}$$

得驻点(3,2),(3,−2).再由 $f_{xx}(x,y) = 2, f_{xy}(x,y) = 0, f_{yy}(x,y) = -6y$,得

$$B^2 - AC = 12y.$$

在点(3,2) 处,$B^2 - AC = 24 > 0$,所以点(3,2) 不是极值点;在点(3,−2) 处,$B^2 - AC = -24 < 0$,且 $f_{xx}(3,-2) = 2 > 0$,所以在点(3,−2) 处 $f(x,y)$ 有极小值 $f(3,-2) = -26$.

7.5.2　最大值和最小值

我们知道,有界闭域上的连续函数在该区域上必有最大值和最小值.设函数在闭区域内只有有限个驻点,且最大值、最小值在区域的内部取得,那么它一定是函数的极大值或极小值.所以欲求多元函数的最大值、最小值,可以先求函数在所有驻点处的值,以及函数在区域边界上的最大值和最小值,这些值中最大一个为最大值,最小的一个为最小值.

当然在实际应用中,如果知道函数的最大值(最小值) 一定在区域的内部取

得,而函数在区域内只有一个驻点,那么可以肯定该驻点处的函数值就是函数在区域上的最大值(最小值).

如果二元函数 $z=f(x,y)$ 在区域 D 内偏导数存在,在此区域内只有一个驻点,且在此驻点取得极大(小)值,那么这个极大(小)值就是函数在此区域内的最大(小)值.

例 7-40　求函数 $z=xy+\frac{a}{x}+\frac{a}{y}(a>0)$ 在区域 $D=\{(x,y)\mid x>0,y>0\}$ 内的最值.

解　因为 $z'_x=y-\frac{a}{x^2}, z'_y=x-\frac{a}{y^2}$,解方程组

$$\begin{cases} z'_x=y-\dfrac{a}{x^2}=0, \\ z'_y=x-\dfrac{a}{y^2}=0, \end{cases}$$

得 $x=y=\sqrt[3]{a}$,于是得函数在区域 D 内的驻点 $(\sqrt[3]{a},\sqrt[3]{a})$. 因为函数在区域 D 内只有一个驻点,并且函数在此点取得极小值 $3\sqrt[3]{a^2}$(可利用定理 7.6 判断),所以函数在此区域内的最小值为 $3\sqrt[3]{a^2}$.

例 7-41　某工厂生产甲、乙两种产品,销售价每吨分别为10万元与9万元,且生产甲产品 x 吨和生产乙产品 y 吨的总费用为

$$C(x,y)=40+2x+3y+0.3x^2+0.1xy+0.3y^2\text{(万元)},$$

求获得最大利润时,两种产品的产量各是多少?

解　设 $L(x,y)$ 表示生产 x 吨甲产品和 y 吨乙产品时的利润,$R(x,y)$ 表示销售 x 吨甲产品和 y 吨乙产品时的总收入,于是

$$\begin{aligned} L(x,y) &= R(x,y)-C(x,y) \\ &= 10x+9y-(40+2x+3y+0.3x^2+0.1xy+0.3y^2) \\ &= 8x+6y-0.3x^2-0.1xy-0.3y^2-40, \end{aligned}$$

由 $\begin{cases} L'_x=8-0.1(6x+y)=0, \\ L'_y=6-0.1(x+6y)=0, \end{cases}$ 得到驻点(12,8). 因此当生产甲产品12t,乙产品8t时可获最大利润 $L(12,8)=32$ 万元.

7.5.3　条件极值

上面所讨论的极值,对于函数的自变量,除了限制在函数的定义域内并无其他条件,这种极值称为无条件极值;如果自变量之间还要附加一定的条件(称为约束条件),这种极值称为条件极值.

实际中,有些条件极值问题可化为无条件极值来处理. 例如,求函数 $z=x^2+$

y^2 在条件 $x+y-1=0$ 下的条件极值,可将 $y=1-x$ 代入函数 $z=x^2+y^2$,得 $z=2x^2-2x+1$,于是此问题变为求 $z=2x^2-2x+1$ 的极值,即是一个无条件极值. 但是,许多条件极值问题是很难转化为无条件极值的,一般我们可采用下面介绍的拉格朗日乘数法.

拉格朗日乘数法 要找函数 $z=f(x,y)$ 在条件 $\varphi(x,y)=0$ 下的可能极值点,可先构造函数

$$F(x,y)=f(x,y)+\lambda\varphi(x,y),$$

其中,λ 为某一常数(称为拉格朗日乘数),然后求其对 x,y 的一阶偏导数,并使之为 0. 由方程组

$$\begin{cases}f'_x(x,y)+\lambda\varphi'_x(x,y)=0,\\ f'_y(x,y)+\lambda\varphi'_y(x,y)=0,\\ \varphi(x,y)=0,\end{cases}$$

消去 λ,解出 x,y,则得函数 $z=f(x,y)$ 的可能极值点的坐标.

这个方法还可以推广到多于两个自变量和多于一个约束条件的情形. 例如,要求函数 $u=f(x,y,z)$ 在条件

$$g(x,y,z)=0,\quad h(x,y,z)=0$$

下的极值,可先构造函数

$$F(x,y,z)=f(x,y,z)+\lambda_1 g(x,y,z)+\lambda_2 h(x,y,z),$$

其中 λ_1,λ_2 为常数,然后求其一阶偏导数,并使之为 0. 由方程组

$$\begin{cases}f'_x(x,y,z)+\lambda_1 g'_x(x,y,z)+\lambda_2 h'_x(x,y,z)=0,\\ f'_y(x,y,z)+\lambda_1 g'_y(x,y,z)+\lambda_2 h'_y(x,y,z)=0,\\ f'_z(x,y,z)+\lambda_1 g'_z(x,y,z)+\lambda_2 h'_z(x,y,z)=0,\\ g(x,y,z)=0,\\ h(x,y,z)=0,\end{cases}$$

消去 λ_1,λ_2,解出 x,y,z,即得可能极值点的坐标 (x,y,z). 最后判定是否为极值点.

例 7-42 求表面积为 a^2 而体积为最大的长方体的体积.

解 设长方体的长、宽、高分别为 x,y,z,则问题化为在条件

$$\varphi(x,y,z)=2(xy+yz+xz)-a^2=0$$

下求函数 $V=xyz(x>0,y>0,z>0)$ 的最大值. 现构造函数

$$F(x,y,z)=xyz+\lambda[2(xy+yz+xz)-a^2],$$

求其对 x,y,z 的偏导数并使之为 0,解方程组

$$\begin{cases}yz+2\lambda(y+z)=0,\\ xz+2\lambda(x+z)=0,\\ xy+2\lambda(y+x)=0,\\ 2(xy+yz+xz)-a^2=0,\end{cases}$$

得$\frac{x}{y}=\frac{x+z}{y+z}$，$\frac{y}{z}=\frac{x+y}{x+z}$，由此两式解出$x=y=z$，再代入约束条件，得

$$x=y=z=\frac{\sqrt{6}}{6}a.$$

由于问题本身有最大值，因此，这唯一的可能极值点就是最大值点. 即是说，在表面积为a^2的长方体中，以棱长为$\frac{\sqrt{6}}{6}a$的正立方体体积最大，最大体积为$\frac{\sqrt{6}}{36}a^3$.

本章小结

本章主要介绍了二元函数的极限与连续性、二元函数偏导数和全微分以及二元函数极值的概念. 要求了解空间坐标系的概念，会求空间两点之间的距离；知道二元函数的极限与连续性概念；熟练掌握求偏导数、全微分的方法及复合函数求导法，掌握由一个方程确定的隐函数求偏导的方法；了解二元函数极值与条件极值的概念，掌握用二元函数极值存在的必要条件与充分条件求二元函数极值的方法，以及用拉格朗日乘数法求解简单的二元函数条件极值问题的方法.

阅读材料：业余数学家之王——费马

费马(1601—1665)出生于法国一位皮革商之家，30岁时获得法学学士学位，之后担任一名律师，并兼任图卢斯议会顾问.

费马的社会工作非常繁忙，但他酷爱数学，大部分业余时间都用来从事数学研究. 他还喜欢结交有名的数学家，与笛卡儿、帕斯卡等人关系甚密. 费马在解析几何、微积分、数论和概率论等领域都作出了卓越贡献，被誉为"业余数学家之王".

费马是解析几何的发明人之一，在笛卡儿的《几何学》发表之前，就于1629年发现了解析几何的基本原理，并建立了坐标法. 同年，在《求最大和最小值的方法》一文中引入"无穷小量"的概念，并给出了求函数极值的方法，同时还给出了求曲线的切线的方法. 费马的这些工作，使他成为微积分的先驱者之一.

费马具有超人的直觉能力，强于思考，特别善于猜想. 他对数论的发展影响很深，提出了数论中的许多猜想，在这些猜想中最有名的当数费马大定理. 该定理经欧拉、高斯和20世纪最著名的数学家希尔伯特以及英国数学家怀尔斯等许多数学大师前赴后继、苦思冥想后，终获证明. 因此，人们也称费马是"猜想数学家".

费马性情谦和内向，生前没有完整的著作及时问世，因而当时除少数几位密友外，他的名字鲜为人知，直到18世纪还不太知名. 而他的研究成果，也是在他去世后，由他的儿子从其遗书的眉批、朋友的书信以及残留的旧纸堆中整理汇集而出版

的.进入19世纪中叶,随着数论的发展,他的著作才引起数学家和数学史家的研究兴趣,随后费马的名字在欧洲大地不胫而走.

习题 7

A 组

1. 设有两点 $A(5,4,0)$ 和 $B(-4,3,4)$,求满足条件 $2|PA|=|PB|$ 的动点 P 的轨迹方程.

2. 已知空间四点 $A(3,4,-4)$,$B(-3,2,4)$,$C(-1,-4,4)$,$D(2,3,-3)$,判定其中哪些点在曲线 $\begin{cases}(x-1)^2+y^2+z^2=36,\\ y+z=0\end{cases}$ 上.

3. 求点 $M(4,-3,5)$ 到原点与各坐标轴的距离.

4. 求 y 轴上的一点,使它与 $A(1,2,3)$,$B(0,1,-1)$ 两点距离相等.

5. 证明:以 $A(4,1,9)$,$B(10,-1,6)$,$C(2,4,3)$ 为顶点的三角形是等腰三角形.

6. 指出下列平面的位置特点并画出草图:

(1) $2x-3y+5=0$;　　(2) $3y-8=0$;

(3) $3x-2z=0$;　　(4) $y+z=0$;

(5) $3x-2y+2z-6=0$;　　(6) $3x-2y+z=0$.

7. 写出以点 $O(1,3,-2)$ 为球心,并过原点的球面方程.

8. 已知一动点到两定点 $O(0,c,0)$ 与 $B(0,-c,0)$ 的距离之和为定长 $2a$,求此动点的轨迹方程,并指出是哪一种曲面.

9. 一球面通过原点与点 $A(4,0,0)$,$B(1,3,0)$,$C(0,0,-4)$,求其球心和半径.

10. 已知函数 $f(x,y)=x^2-2xy+3y^2$,试求:

(1) $f(0,1)$;　　(2) $f(tx,ty)$;

(3) $\dfrac{f(x,y+h)-f(x,y)}{h}$.

11. 证明:函数 $F(x,y)=\ln x\ln y$ 满足关系式

$$F(xy,uv)=F(x,u)+F(x,v)+F(y,u)+F(y,v).$$

12. 确定下列函数的定义域 D:

(1) $z=\sqrt{x}+y$;　　(2) $z=\sqrt{1-x^2}+\sqrt{y^2-1}$;

(3) $z=\sqrt{1-\dfrac{x^2}{a^2}-\dfrac{y^2}{b^2}}$;　　(4) $z=\ln(-x-y)$;

13. 求下列极限:

(1) $\lim\limits_{\substack{x\to1\\ y\to2}}\dfrac{3xy+x^2y^2}{x+y}$;　　(2) $\lim\limits_{\substack{x\to0\\ y\to\frac{1}{2}}}\sqrt{x^2+y^2}$;

(3) $\lim\limits_{\substack{x\to0\\y\to0}}\dfrac{\sin3(x^2+y^2)}{x^2+y^2}$；　　(4) $\lim\limits_{\substack{x\to0\\y\to0}}\dfrac{2-\sqrt{xy+4}}{xy}$；

(5) $\lim\limits_{\substack{x\to0\\y\to1}}\dfrac{1-xy}{x^2+y^2}$；　　(6) $\lim\limits_{\substack{x\to\infty\\y\to\infty}}\dfrac{1}{x^2+y^2}$.

14. 证明：极限$\lim\limits_{\substack{x\to0\\y\to0}}\dfrac{x-y}{x+y}$不存在.

15. 下列函数在何处是间断的？

(1) $z=\dfrac{y^2+2x}{y^2-2x}$；　　(2) $z=\dfrac{1}{\sin x\sin y}$.

16. 求下列函数的偏导数：

(1) $z=x^3y-y^3x$；　　(2) $z=\sqrt{\ln(xy)}$；

(3) $z=\sin(xy)+\cos^2(xy)$；　　(4) $u=(1+xy)^z$；

(5) $u=\arctan(x-y)^z$；　　(6) $u=x^{\frac{y}{z}}$.

17. 设 $f(x,y)=x+y-\sqrt{x^2+y^2}$，求 $f'_x(2,4)$.

18. 求下列各函数的二阶偏导数$\dfrac{\partial^2z}{\partial x^2}$，$\dfrac{\partial^2z}{\partial y^2}$，$\dfrac{\partial^2z}{\partial x\partial y}$：

(1) $z=\sin(ax+by)$；　　(2) $z=\arcsin(xy)$；

(3) $z=y^{\ln x}$；　　(4) $z=\arctan\dfrac{y}{x}$.

19. 验证函数 $z=\ln(e^x+e^y)$ 满足$\dfrac{\partial^2z}{\partial x^2}\cdot\dfrac{\partial^2z}{\partial y^2}-\left(\dfrac{\partial^2z}{\partial y\partial x}\right)^2=0$.

20. 求下列各函数的全微分：

(1) $z=xy+\dfrac{x}{y}$；　　(2) $z=e^{\frac{y}{x}}$；

(3) $z=\dfrac{yx}{\sqrt{x^2+y^2}}$；　　(4) $z=\arctan\dfrac{x+y}{1-xy}$；

(5) $u=a^{xyz}$；　　(6) $u=\ln(3x-2y+z)$；

(7) $u=\arcsin(x^2+y^2+z^2)$.

21. 求函数 $z=\ln\sqrt{1+x^2+y^2}$ 当 $x=1$，$y=2$ 时的全微分.

22. 求函数 $z=\dfrac{x}{y}$ 当$x=1$，$y=2$，$\Delta x=-0.1$，$\Delta y=0.2$时的全增量的近似值.

23. 计算下列各近似值：

(1) $\sqrt{(1.02)^2+(1.97)^2}$；　　(2) $\sin29°\cdot\tan46°$；

(3) $(1.97)^{1.05}(\ln2=0.693)$；　　(4) $\ln(\sqrt[3]{1.03}+\sqrt[4]{0.98}-1)$.

24. 一直角三角形,测得其两直角边的长分别为(7 ± 0.1)cm,(24 ± 0.1)cm,试求用上述两值计算斜边长度时产生的绝对误差.

25. 设有一无盖的圆柱形容器,其侧壁与底的厚度均为 0.1 cm,内径为 8 cm,深为 20 cm,求此容器外壳体积的近似值.

26. 设 $z = u^2 v - uv^2$,而 $u = x\cos y, v = x\sin y$,求$\frac{\partial z}{\partial x}, \frac{\partial z}{\partial y}$.

27. 设 $z = u^2 \ln v$,而 $u = \frac{x}{y}, v = x\sin y$,求$\frac{\partial z}{\partial x}, \frac{\partial z}{\partial y}$.

28. 设 $z = \mathrm{e}^{x-2y}$,而 $x = \sin t, y = t^3$,求$\frac{\mathrm{d}z}{\mathrm{d}t}$.

29. 设 $z = \arcsin(x + y)$,而 $x = 3t^2, y = 4t^2$,求$\frac{\mathrm{d}z}{\mathrm{d}t}$.

30. 设 $u = f(\varepsilon, \eta, \xi)$ 为可微函数,$\varepsilon = x^2 + y^2, \eta = x^2 - y^2, \xi = 2xy$,求$\frac{\partial u}{\partial x}, \frac{\partial u}{\partial y}$.

31. 设 $z = xy + xF(u)$,且 $u = \frac{y}{x}$,$F(u)$ 为可导函数,证明:

$$x\frac{\partial z}{\partial x} + y\frac{\partial z}{\partial y} = z + xy.$$

32. 验证函数 $z = \arctan\frac{x}{y}$(其中 $x = u + v, y = u - v$) 满足关系式:

$$\frac{\partial z}{\partial u} + \frac{\partial z}{\partial v} = \frac{u + v}{u^2 + v^2}.$$

33. 求下列各函数的一阶偏导数:

(1) $u = f(x^2 + y^2 - z^2)$;

(2) $u = f(x, xy, xyz)$.

34. 求由下列各方程所确定的隐函数 z 的偏导数:

(1) $\frac{x}{y} = \ln\frac{z}{y}$;

(2) $z\sin x + z^2 + x\sin y + xyz = 0$.

35. 设 $\mathrm{e}^z - xyz = 0$,求$\frac{\partial^2 z}{\partial x^2}$.

36. 设 $z^3 - 3xyz = a^3$,求$\frac{\partial^2 z}{\partial x \partial y}$.

37. 求下列函数的极值:

(1) $z = 4(x - y)^2 - x^2 - y^2$;

(2) $z = (6x - x^2)(4y - y^2)$;

(3) $f(x, y) = x^2 + (y - 1)^2$;

(4) $f(x, y) = xy(a - x - y)$;

(5) $z = 3xy - x^3 - y^3$;

(6) $z = \mathrm{e}^{2x}(x + y^2 + 2y)$.

38. 求下列函数在所给条件下的极值：

(1) $z=xy$，若 $x+y=1$；　　(2) $z=\dfrac{1}{x}+\dfrac{1}{y}$，若 $x+y=2$；

(3) $z=x^2+y^2$，若 $\dfrac{x}{a}+\dfrac{y}{b}=1$.

39. 从斜边为 L 的一切直角三角形中求有最大周长的直角三角形.

40. 要做成一个体积为 $V\ \text{cm}^3$ 的有盖长方体水箱，问长、宽、高应取怎样的尺寸才能使用料最省？

41. 在半径为 a 的半球内内接一长方体，问各边长为多少时其体积最大？

42. 欲围一个面积为 60 m^2 的矩形场地，若正面所用材料造价为 10 元 /m^2，其余三面造价为 5 元 /m^2，求场地长、宽各为多少米时所用材料费最少？

43. 已知某种商品的产量与其所用的 A,B 两种原料的质量 x,y 之间有关系式 $f(x,y)=2x^{\frac{1}{2}}y^{\frac{1}{3}}$，若 A,B 的单价分别为 1 万元 /t 和 2 万元 /t，现用 150 万元购料，问如何购进原料可使产量最大？

44. 求抛物线 $y^2=4x$ 上的点，使它与直线 $x-y+4=0$ 相距最近.

B 组

45. 求下列极限：

(1) $\lim\limits_{\substack{x\to\infty\\ y\to a}}\left(1+\dfrac{1}{xy}\right)^{\frac{x^2}{x+y}}$ ($a\neq 0$ 为常数)；

(2) $\lim\limits_{(x,y)\to(0,0)}\dfrac{x^2|y|^{\frac{3}{2}}}{x^4+y^2}$.

46. 设 $z(x,y)$ 满足 $\begin{cases}\dfrac{\partial z}{\partial x}=-\sin y+\dfrac{1}{1-xy},\\ z(1,y)=\sin y,\end{cases}$ 求 $z(x,y)$.

47. 设 $z=f(x,y)$ 满足 $\dfrac{\partial^2 f}{\partial y^2}=2x$，$f(x,1)=0$，$\dfrac{\partial f(x,0)}{\partial y}=\sin x$，求 $f(x,y)$.

48. 设 $u=yf\left(\dfrac{x}{y}\right)+xg\left(\dfrac{y}{x}\right)$，求 $x\dfrac{\partial^2 u}{\partial x^2}+y\dfrac{\partial^2 u}{\partial x\partial y}$.

49. 设 $u=u(x,y)$ 由方程 $u=\varphi(u)+\int_y^x p(t)\,\mathrm{d}t$ 确定，其中 φ 可微，p 连续，且 $\varphi'(u)\neq 1$，求 $\dfrac{\partial u}{\partial x}p(y)+\dfrac{\partial u}{\partial y}p(x)$.

50. 设 $u=f\left(\dfrac{x}{z},\dfrac{y}{z}\right)$，求 $\mathrm{d}u$ 及 $\dfrac{\partial^2 u}{\partial y\partial z}$.

51. 设 $z=\dfrac{1}{x}f(xy)+y\varphi(x+y)$，其中 f,φ 具有二阶连续导数，求 $\dfrac{\partial^2 z}{\partial x\partial y}$.

52. 设函数 $z=f(x,y)$ 在点(1,1)处可微,且

$$f(1,1)=1,\quad \left.\frac{\partial f}{\partial x}\right|_{(1,1)}=2,\quad \left.\frac{\partial f}{\partial y}\right|_{(1,1)}=3,\quad \varphi(x)=f(x,f(x,x)),$$

求 $\left.\frac{\mathrm{d}}{\mathrm{d}x}\varphi^3(x)\right|_{x=1}$.

53. 设 $u=f(x,y,z)$ 有连续偏导数,$z=z(x,y)$ 由方程 $xe^x-ye^y=ze^z$ 所确定,求 $\mathrm{d}u$.

54. 设 $z=z(x,y)$ 是由 $x^2-6xy+10y^2-2yz-z^2+18=0$ 确定的函数,求 $z=z(z,y)$ 的极值和极值点.

55. 设 $f(x,y)=2(y-x^2)^2-\frac{1}{7}x^7-y^2$.

(1) 求 $f(x,y)$ 的驻点;

(2) 求 $f(x,y)$ 的全部极值点,并指明是极大值点还是极小值点.

8　二重积分

第6章中介绍的定积分是一种和式的极限,其被积函数是一元函数,积分范围是一个区间.这种和式极限可推广到定义在区域上的二元函数的情形,这就是二重积分.

8.1　二重积分的概念

8.1.1　曲顶柱体的体积

设有一立体,它的底是 xOy 平面上的有界闭区域 D,它的侧面是以 D 的边界曲线为准线,母线平行于 z 轴的柱面,它的顶是曲面 $z=f(x,y)$,这里 $f(x,y)\geqslant 0$ 且在 D 上连续(如图8-1所示).这样的立体称为曲顶柱体.

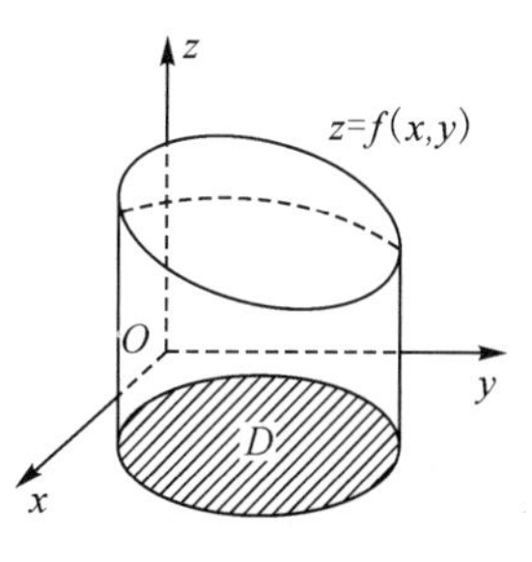

图 8-1

我们知道,平顶柱体的高是不变的,它的体积公式为

体积 = 底面积 × 高,

但曲顶柱体的高是个变量,所以曲顶柱体的体积不能直接用上式来定义和计算.回顾第6章求曲边梯形面积时也遇到过类似的"变高"问题,因此可以仿照计算曲边梯形面积的方法来求解曲顶柱体的体积.

(1) 分割:用一组曲线网把 D 分成 n 个小闭区域 $\Delta\sigma_1,\Delta\sigma_2,\cdots,\Delta\sigma_n$,为方便起见,第 i 个小区域 $\Delta\sigma_i(i=1,2,\cdots,n)$ 的面积也记为 $\Delta\sigma_i$.现分别以这些小闭区域的边界曲线为准线作母线平行于 z 轴的柱面,这些柱面把原来的曲顶柱体分为 n 个小曲顶柱体.记这些小曲顶柱体的体积为 $\Delta V_1,\Delta V_2,\cdots,\Delta V_n$,则

$$V=\sum_{i=1}^{n}\Delta V_i.$$

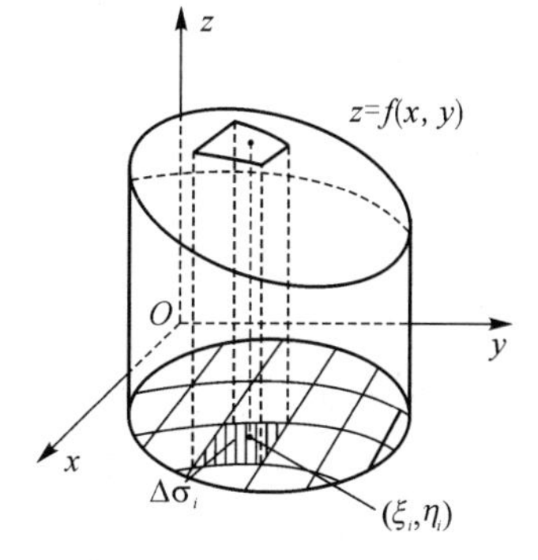

图 8-2

(2) 近似:当小区域 $\Delta\sigma_i(i=1,2,\cdots,n)$ 的直径 λ_i(有限闭区域的直径是指该区域上任意两点之间距离的最大值)很小时,由于 $f(x,y)$ 连续,对同一小闭区域来说,$f(x,y)$ 变化很小,这时的小曲顶柱体可近似看作平顶柱体.于是,我们在每个 $\Delta\sigma_i(i=1,2,\cdots,n)$ 上任取一点 (ξ_i,η_i)(如图8-2所示),以 $f(\xi_i,\eta_i)$ 为高而底为 $\Delta\sigma_i$ 的平顶柱体的体积近似代替小曲顶柱的体积,即

$$\Delta V_i\approx f(\xi_i,\eta_i)\Delta\sigma_i\quad(i=1,2,\cdots,n).$$

(3) 求和:将 n 个小平顶柱体的体积相加得整个曲顶柱体体积 V 的近似值,即

$$V=\sum_{i=1}^{n}\Delta V_i\approx\sum_{i=1}^{n}f(\xi_i,\eta_i)\Delta\sigma_i.$$

(4) 取极限:当区域 D 的分割越来越细,上式右端的和式就越接近于曲顶柱体的体积. 令 n 个小闭区域中直径的最大值为 λ,即 $\lambda=\max\limits_{1\leqslant i\leqslant n}\{\lambda_i\}$,则有

$$V=\lim_{\lambda\to 0}\sum_{i=1}^{n}f(\xi_i,\eta_i)\Delta\sigma_i.$$

在几何、力学、物理和工程技术中,有许多量的计算都会归结为求上述特定和式的极限,如平面薄片的质量等. 为更一般的研究这类和式极限,我们抽象出二重积分的定义.

8.1.2 二重积分的定义

定义 8.1 设 $f(x,y)$ 是有界闭区域 D 上的有界函数,将闭区域 D 任意分成 n 个小闭区域 $\Delta\sigma_i(i=1,2,\cdots,n)$,其中 $\Delta\sigma_i$ 表示第 i 个小闭区域,同时也表示它的面积. 在每个 $\Delta\sigma_i$ 上任意取一点 (ξ_i,η_i),作乘积 $f(\xi_i,\eta_i)\Delta\sigma_i(i=1,2,\cdots,n)$,然后作和 $\sum\limits_{i=1}^{n}f(\xi_i,\eta_i)\Delta\sigma_i$. 如果当各小闭区域的直径中的最大值 λ 趋于零时,和式的极限存在,则称此极限为函数 $f(x,y)$ 在闭区域 D 上的二重积分,记为 $\iint\limits_D f(x,y)\mathrm{d}\sigma$,即

$$\iint\limits_D f(x,y)\mathrm{d}\sigma=\lim_{\lambda\to 0}\sum_{i=1}^{n}f(\xi_i,\eta_i)\Delta\sigma_i, \tag{8.1}$$

其中,$f(x,y)$ 称为被积函数,$f(x,y)\mathrm{d}\sigma$ 称为被积表达式,$\mathrm{d}\sigma$ 称为面积元素,x 与 y 称为积分变量,D 称为积分区域,$\sum\limits_{i=1}^{n}f(\xi_i,\eta_i)\Delta\sigma_i$ 称为积分和.

根据二重积分的定义,曲顶柱体的体积 V 就是曲面方程 $z=f(x,y)\geqslant 0$ 在区域 D 上的二重积分,即 $V=\iint\limits_D f(x,y)\mathrm{d}\sigma$.

现对二重积分的定义作如下几点说明.

1) 直角坐标系中的面积元素

在二重积分的定义中对闭区域 D 的划分是任意的. 如果在直角坐标系中用平行于坐标轴的直线网来划分 D,那么除了包含边界点的一些小闭区域外,其余的小闭区域都是矩形闭区域(如图 8-3 所示). 设矩形闭区域 $\Delta\sigma_i$ 的边长为 Δx_i 和 Δy_i,则 $\Delta\sigma_i=\Delta x_i\Delta y_i$,因此直角坐标系中有时也把面积元素 $\mathrm{d}\sigma$ 记为 $\mathrm{d}x\mathrm{d}y$,而把二重积分记作

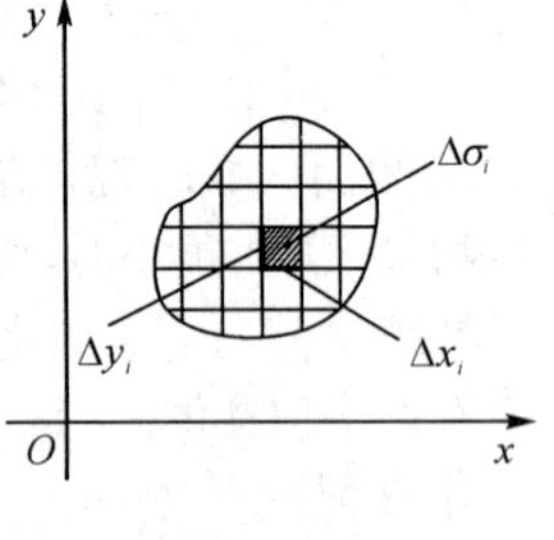

图 8-3

$$\iint\limits_D f(x,y)\mathrm{d}x\mathrm{d}y,$$

其中，$\mathrm{d}x\mathrm{d}y$ 称为直角坐标系中的面积元素.

2）二重积分的存在性

当 $f(x,y)$ 在闭区域 D 上连续时，积分和的极限是存在的，也就是说函数 $f(x,y)$ 在 D 上的二重积分必定存在. 我们总假定 $f(x,y)$ 在闭区域 D 上连续，所以 $f(x,y)$ 在 D 上的二重积分都是存在的，以后就不再每次加以说明了.

3）二重积分的几何意义

如果 $f(x,y)\geqslant 0$，则二重积分 $\iint\limits_D f(x,y)\mathrm{d}\sigma$ 的几何意义就是以 D 为底，以曲面 $z=f(x,y)$ 为顶的曲顶柱体的体积；如果 $f(x,y)\leqslant 0$，曲顶柱体在 xOy 面的下方，二重积分就等于曲顶柱体体积的负值；如果 $f(x,y)$ 在 D 的一部分区域上是正的，在其他部分区域是负的，则二重积分等于 xOy 面上方曲顶柱体的体积减去 xOy 面下方曲顶柱体的体积所得的差值.

8.1.3　二重积分的性质

二重积分与定积分有类似的性质. 以下我们假设 $f(x,y)$，$g(x,y)$ 在有界闭区域 D 上可积.

性质 8.1　设 α，β 为常数，则

$$\iint\limits_D [\alpha f(x,y)+\beta g(x,y)]\mathrm{d}\sigma=\alpha\iint\limits_D f(x,y)\mathrm{d}\sigma+\beta\iint\limits_D g(x,y)\mathrm{d}\sigma. \tag{8.2}$$

这个性质表明二重积分满足线性运算.

性质 8.2　如果闭区域 D 被有限条曲线分为有限个部分区域，则在 D 上的二重积分等于各部分闭区域上的二重积分的和.

例如，D 分为两个闭区域 D_1 和 D_2，则

$$\iint\limits_D f(x,y)\mathrm{d}\sigma=\iint\limits_{D_1} f(x,y)\mathrm{d}\sigma+\iint\limits_{D_2} f(x,y)\mathrm{d}\sigma. \tag{8.3}$$

这个性质表示二重积分对于积分区域具有可加性.

性质 8.3　如果在 D 上 $f(x,y)\equiv 1$，σ 为区域 D 的面积，则

$$\iint\limits_D \mathrm{d}\sigma=\sigma. \tag{8.4}$$

这条性质的几何意义是很明显的，因为以 D 为底，高为 1 的平顶柱体的体积在数值上等于柱体的底面积.

性质 8.4 如果在 D 上恒有 $f(x,y)\leqslant g(x,y)$，则

$$\iint_D f(x,y)\mathrm{d}\sigma\leqslant\iint_D g(x,y)\mathrm{d}\sigma. \tag{8.5}$$

特殊的，有

$$\left|\iint_D f(x,y)\mathrm{d}\sigma\right|\leqslant\iint_D |f(x,y)|\mathrm{d}\sigma. \tag{8.6}$$

性质 8.5 设 M,m 分别是 $f(x,y)$ 在闭区域 D 上的最大值和最小值，σ 是 D 的面积，则有

$$m\sigma\leqslant\iint_D f(x,y)\mathrm{d}\sigma\leqslant M\sigma. \tag{8.7}$$

上述不等式是对于二重积分估值的不等式.

性质 8.6(二重积分的中值定理) 如果 $f(x,y)$ 在有界闭区域 D 上连续，σ 为区域 D 的面积，则在 D 上至少存在一点 (ξ,η)，使得

$$\iint_D f(x,y)\mathrm{d}\sigma=f(\xi,\eta)\cdot\sigma. \tag{8.8}$$

当 $f(x,y)\geqslant 0$ 时，该中值定理的几何意义为在区域 D 上以曲面 $f(x,y)$ 为顶的曲顶柱体的体积等于区域 D 上以 D 上某一点 (ξ,η) 的函数值 $f(\xi,\eta)$ 为高的平顶柱体的体积.

8.2 二重积分的计算(Ⅰ)

根据二重积分的定义来计算二重积分，对少数特别简单的被积函数和积分区域来说是可行的，但对一般函数和区域来说，这并非切实可行. 本节我们要讨论二重积分简单可行的计算方法，其基本思想是将二重积分化为两次单积分(或两次定积分).

8.2.1 利用直角坐标计算二重积分

我们仅从二重积分的几何意义出发来推导公式，在推导中假定 $f(x,y)\geqslant 0$ 且在积分区域 D 上连续.

设积分区域 $D=\{(x,y)\mid a\leqslant x\leqslant b,\varphi_1(x)\leqslant y\leqslant\varphi_2(x)\}$，其中 $\varphi_1(x),\varphi_2(x)$ 在区间 $[a,b]$ 上连续(如图 8-4 所示). 这种区域我们称为 X 型区域. 容易看出，X 型区域的特点是穿过 D 内部且垂直于 x 轴的直线与 D 的边界相交不多于两点.

根据二重积分的几何意义，当 $f(x,y)\geqslant 0$ 时，$\iint\limits_D f(x,y)\mathrm{d}x\mathrm{d}y$ 的值等于以 D 为

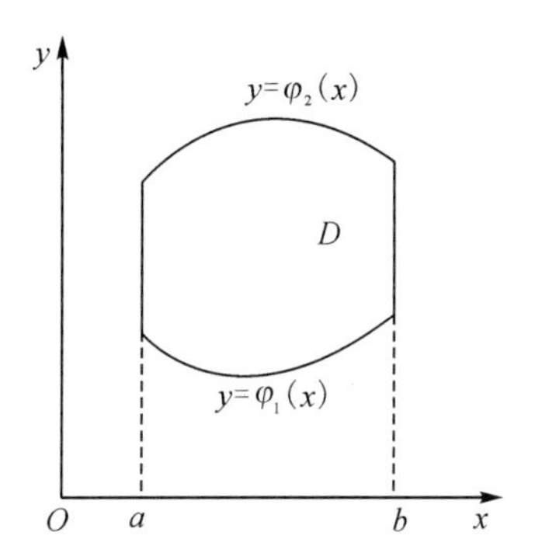

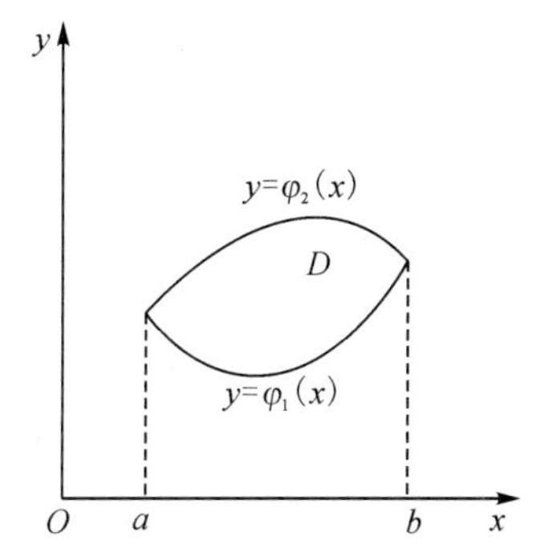

图 8-4

底，以曲面 $z=f(x,y)$ 为顶的曲顶柱体（见图8-5）的体积.另一方面，这个曲顶柱体的体积又可按“平行截面面积为已知的立体体积”的计算方法求得.即在区间$[a,b]$上任取一点 x，过点$(x,0,0)$作平行于 yOz 平面的平面.它截曲顶柱体所得截面是一个以区间$[\varphi_1(x),\varphi_2(x)]$为底，曲线 $z=f(x,y)$ 为曲边的曲边梯形（图 8-5 中的阴影部分），其面积$A(x)$可用定积分计算如下（积分时把x看作常数）：

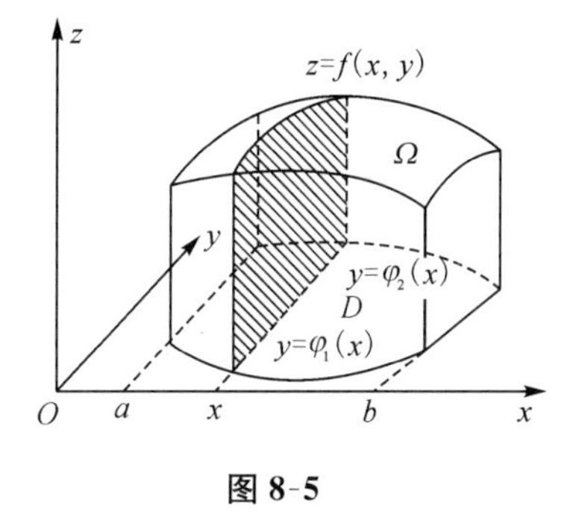

图 8-5

$$A(x)=\int_{\varphi_1(x)}^{\varphi_2(x)}f(x,y)\mathrm{d}y.$$

由平行截面面积为 $A(x)$ 的立体体积计算公式 $V=\int_a^b A(x)\mathrm{d}x$，可得曲顶柱体的体积为

$$V=\int_a^b A(x)\mathrm{d}x=\int_a^b\left[\int_{\varphi_1(x)}^{\varphi_2(x)}f(x,y)\mathrm{d}y\right]\mathrm{d}x,$$

从而得等式

$$\iint_D f(x,y)\mathrm{d}x\mathrm{d}y=\int_a^b\left[\int_{\varphi_1(x)}^{\varphi_2(x)}f(x,y)\mathrm{d}y\right]\mathrm{d}x. \tag{8.9}$$

这就是把二重积分先对 y 再对 x 的二次积分.也是说，先把 x 看作常数，把 $f(x,y)$ 只看做 y 的函数，并对 y 计算从 $\varphi_1(x)$ 到 $\varphi_2(x)$ 的定积分，然后再把所得结果（是 x 的函数）对 x 从 a 到 b 计算定积分.这样的二次积分也常记作

$$\iint_D f(x,y)\mathrm{d}x\mathrm{d}y=\int_a^b\mathrm{d}x\int_{\varphi_1(x)}^{\varphi_2(x)}f(x,y)\mathrm{d}y. \tag{8.10}$$

上述讨论中我们假定 $f(x,y)\geqslant 0$，实际上，上述公式的成立并不受此条件的限制.

类似的，如果积分区域 $D=\{(x,y)\mid c\leqslant y\leqslant d,\psi_1(y)\leqslant x\leqslant\psi_2(y)\}$，其中

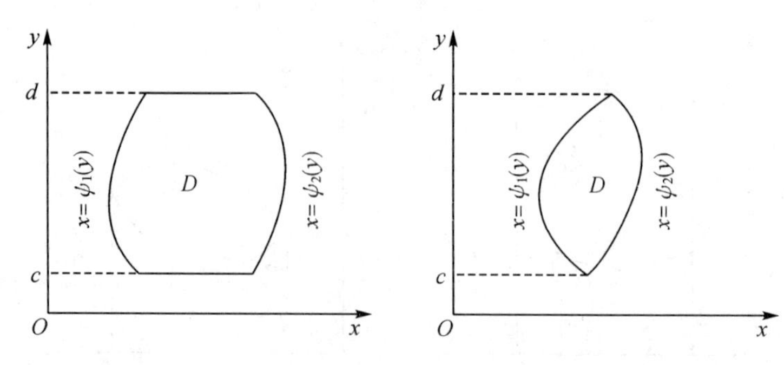

图 8-6

$\psi_1(y)$，$\psi_2(y)$ 在区间$[c,d]$上连续(如图 8-6 所示). 这种区域我们称为Y型区域. 容易看出，Y 型区域的特点是穿过 D 内部且垂直于 y 轴的直线与 D 的边界相交不多于两点. 则有

$$\iint_D f(x,y)\mathrm{d}x\mathrm{d}y=\int_c^d\left[\int_{\psi_1(y)}^{\psi_2(y)}f(x,y)\mathrm{d}x\right]\mathrm{d}y. \tag{8.11}$$

这就是把二重积分先对 x 后对 y 的二次积分，也可记为

$$\iint_D f(x,y)\mathrm{d}x\mathrm{d}y=\int_c^d\mathrm{d}y\int_{\psi_1(y)}^{\psi_2(y)}f(x,y)\mathrm{d}x. \tag{8.12}$$

如果积分区域D既不是X 型的，又不是Y 型的(如图 8-7 所示)，这时通常可以把 D 分成几部分(如图 8-7 所示的三部分)，使每个部分是 X 型区域或 Y 型区域，再利用二重积分对积分区域的可加性进行计算.

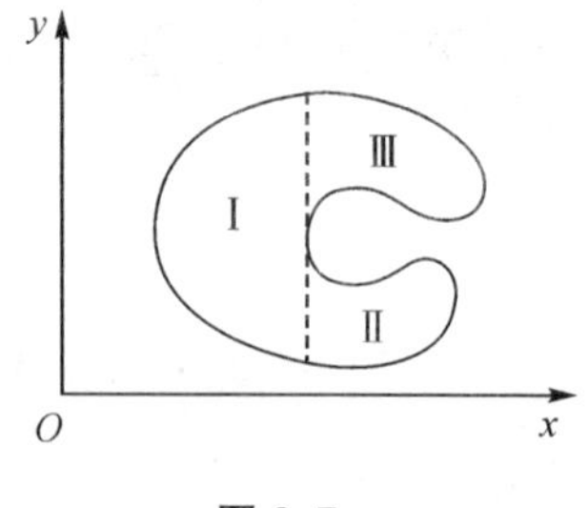

图 8-7

将二重积分化为二次积分来计算时，采用不同的积分次序往往会对计算过程产生不同的影响，应注意根据具体情况选择恰当的积分次序. 在计算时，确定二次积分的积分限是一个关键，一般可以先画出积分区域的草图，然后根据区域的类型确定二次积分的次序并定出相应的积分限. 下面结合例题来说明定限的方法.

例 8-1 计算$\iint_D xy\mathrm{d}x\mathrm{d}y$，其中$D$是由直线$x=0$，$y=1$ 及抛物线 $y=x^2$ 所围成的在第一象限部分的闭区域.

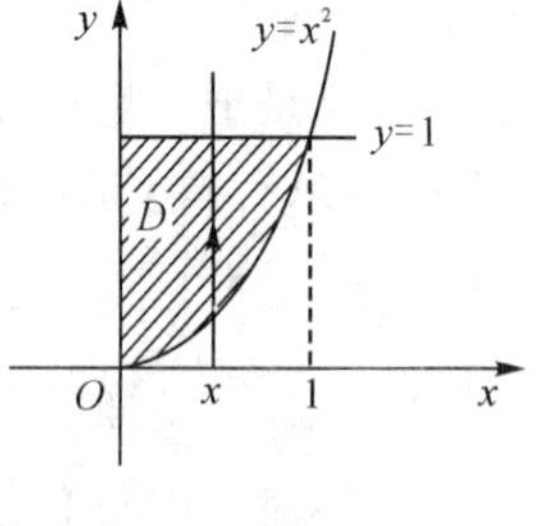

图 8-8

解 如图 8-8 所示，D既是X 型区域，又是Y 型区域. 如按 X 型区域进行计算，则先确定 D 中的点的横坐标 x 的变化范围是区间$[0,1]$，然后任取一个 $x\in[0,1]$，过点$(x,0)$ 作平行于 y 轴的直线，这条直线与 D 的下方边界的交点的纵坐标是 $y=x^2$，与 D 的上方边界交点的纵坐标

是 $y=1$，即 y 从 x^2 变到 1. 从而知 D 可表示为

$$D=\{(x,y)\mid 0\leqslant x\leqslant 1,x^2\leqslant y\leqslant 1\},$$

于是由(8.10)式得

$$\iint_D xy\mathrm{d}x\mathrm{d}y=\int_0^1\mathrm{d}x\int_{x^2}^1 xy\mathrm{d}y=\int_0^1\frac{1}{2}xy^2\Big|_{x^2}^1\mathrm{d}x$$

$$=\int_0^1\frac{1}{2}(x-x^5)\mathrm{d}x=\frac{1}{2}\left(\frac{1}{2}x^2-\frac{1}{6}x^6\right)\Big|_0^1=\frac{1}{6}.$$

如按 Y 型区域计算，则先确定 D 中的点的纵坐标 y 的变化范围是区间 $[0,1]$，然后任取一个 $y\in[0,1]$，过点 $(0,y)$ 作平行于 x 轴的直线，这条直线与 D 的左方边界线交点的横坐标是 $x=0$，与 D 的右方边界曲线的交点的横坐标是 $x=\sqrt{y}$，即 x 从 0 变到 $\sqrt{y}$. 从而 D 可表示为

$$D=\{(x,y)\mid 0\leqslant y\leqslant 1,0\leqslant x\leqslant\sqrt{y}\},$$

于是由(8.12)式得

$$\iint_D xy\mathrm{d}x\mathrm{d}y=\int_0^1\mathrm{d}y\int_0^{\sqrt{y}} xy\mathrm{d}x=\int_0^1\frac{1}{2}x^2y\Big|_0^{\sqrt{y}}\mathrm{d}y=\frac{1}{2}\int_0^1 y^2\mathrm{d}y$$

$$=\frac{1}{6}y^3\Big|_0^1=\frac{1}{6}.$$

例 8-2　求二重积分 $\iint_D x^2y\mathrm{d}x\mathrm{d}y$，其中区域 D 是由 $x=0,y=0$ 与 $x^2+y^2=1$ 所围成的位于第一象限内的图形.

解　画出积分区域 D(如图 8-9 所示). 如果 D 看成是 X 型区域，则

$$D=\{(x,y)\mid 0\leqslant x\leqslant 1,0\leqslant y\leqslant\sqrt{1-x^2}\},$$

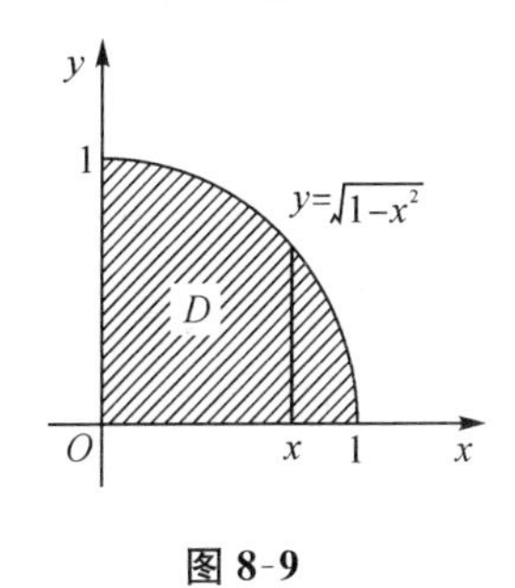

图 8-9

因此

$$\iint_D x^2y\mathrm{d}x\mathrm{d}y=\int_0^1\mathrm{d}x\int_0^{\sqrt{1-x^2}}x^2y\mathrm{d}y$$

$$=\int_0^1 x^2\left(\frac{y^2}{2}\right)\Big|_0^{\sqrt{1-x^2}}\mathrm{d}x$$

$$=\int_0^1\frac{1}{2}x^2(1-x^2)\mathrm{d}x$$

$$=\frac{1}{2}\left(\frac{x^3}{3}-\frac{x^5}{5}\right)\Big|_0^1=\frac{1}{15}.$$

本题也可将 D 看成 Y 型区域，此时

$$\iint_D x^2y\mathrm{d}x\mathrm{d}y=\int_0^1\mathrm{d}y\int_0^{\sqrt{1-y^2}}x^2y\mathrm{d}x,$$

但从计算角度来看，将 D 看成 X 型区域更方便些.

例 8-3 计算$\iint\limits_D xy\,\mathrm{d}\sigma$,其中$D$是由直线$y=x-2$及抛物线$y^2=x$所围成的闭区域.

解 为了确定积分限,需先求出两条曲线的交点,联立方程

$$\begin{cases} y=x-2, \\ y^2=x, \end{cases}$$

得交点$(1,-1)$,$(4,2)$.画出积分区域D的图形,易见D既是X型又是Y型区域.

若将D看成Y型区域(如图 8-10 所示),则

$$D=\{(x,y)\mid -1\leqslant y\leqslant 2, y^2\leqslant x\leqslant y+2\},$$

利用(8.12)式,得

$$\iint\limits_D xy\,\mathrm{d}\sigma=\int_{-1}^{2}\mathrm{d}y\int_{y^2}^{y+2}xy\,\mathrm{d}x=\int_{-1}^{2}\frac{x^2}{2}y\Big|_{y^2}^{y+2}\mathrm{d}y$$

$$=\frac{1}{2}\int_{-1}^{2}[y(y+2)^2-y^5]\mathrm{d}y$$

$$=\frac{1}{2}\left(\frac{y^4}{4}+\frac{4}{3}y^3+2y^2-\frac{y^6}{6}\right)\Big|_{-1}^{2}=\frac{45}{8}.$$

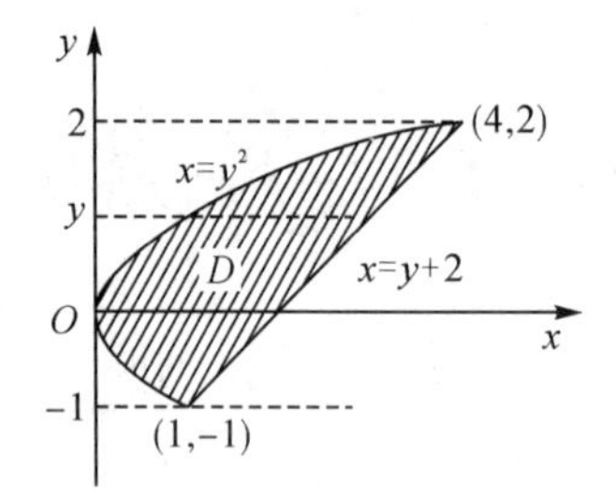

图 8-10

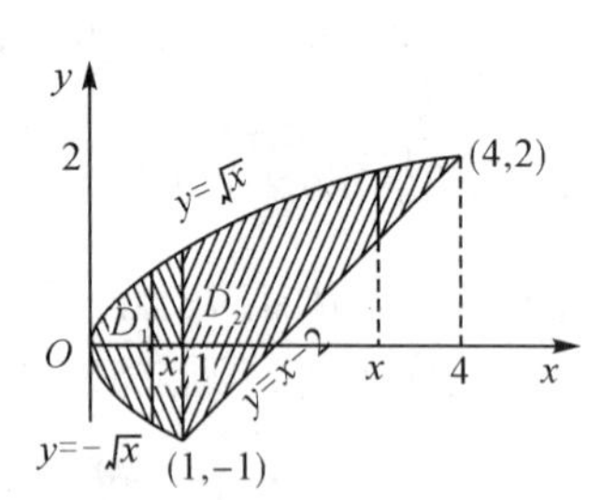

图 8-11

若将D看成X型区域,由于区间$[0,1]$和$[1,4]$上表示$\varphi_1(x)$的式子不同,所以要作经过交点$(1,-1)$且垂直于x轴的直线$x=1$,把区域D分成D_1和D_2两部分(如图 8-11 所示),其中

$$D_1=\{(x,y)\mid 0\leqslant x\leqslant 1, -\sqrt{x}\leqslant y\leqslant\sqrt{x}\},$$

$$D_2=\{(x,y)\mid 1\leqslant x\leqslant 4, x-2\leqslant y\leqslant\sqrt{x}\}.$$

因此根据二重积分的性质 8.2 并利用公式(8.10)得

$$\iint\limits_D xy\,\mathrm{d}\sigma=\int_0^1\mathrm{d}x\int_{-\sqrt{x}}^{\sqrt{x}}xy\,\mathrm{d}y+\int_1^4\mathrm{d}x\int_{x-2}^{\sqrt{x}}xy\,\mathrm{d}y,$$

由此可见,本题作为X型区域比作为Y型区域求解要复杂一些.

例 8-4 计算$\iint\limits_D \mathrm{e}^{-y^2}\mathrm{d}x\mathrm{d}y$,其中$D$是由直线$x=0$,$y=1$,$y=x$所围成的平面闭区域.

解　先作出积分区域的图形(如图 8-12 所示),可见 D 既是 X 型区域,又是 Y 型区域.

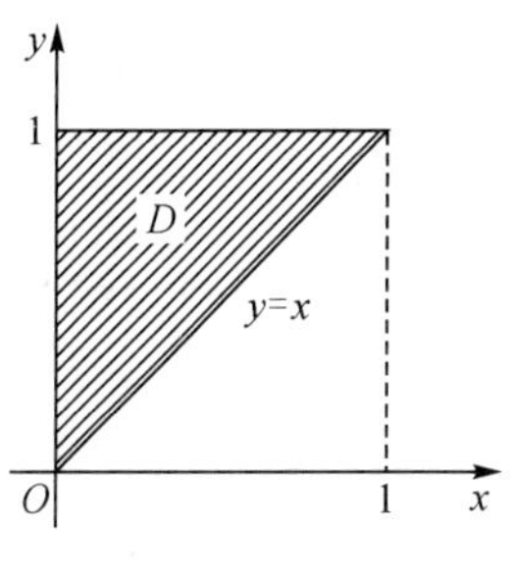

图 8-12

如果把 D 看成 X 型区域,则

$$\iint_D e^{-y^2}\,dx\,dy = \int_0^1 dx\int_x^1 e^{-y^2}\,dy,$$

由于 e^{-y^2} 的原函数不能用初等函数表示,因此$\int_x^1 e^{-y^2}\,dy$ 无法计算.

如果把 D 看成 Y 型区域,则

$$\iint_D e^{-y^2}\,dx\,dy = \int_0^1 dy\int_0^y e^{-y^2}\,dx = \int_0^1 ye^{-y^2}\,dy = -\frac{1}{2}\int_0^1 e^{-y^2}\,d(-y^2)$$

$$= -\frac{1}{2}e^{-y^2}\Big|_0^1 = \frac{1}{2}-\frac{1}{2e}.$$

上述几个例子说明,在将二重积分化为二次积分时,为了计算方便,需要适当选择二次积分的积分次序.此时,既要考虑积分区域 D 的形状,又要考虑被积函数 $f(x,y)$ 的特性.

例 8-5　求两个底圆半径相等的直交圆柱面 $x^2+y^2=R^2$ 与 $x^2+z^2=R^2$ 所围立体的体积.

解　由对称性,所求立体的体积V是该立体位于第一卦限部分的体积的8倍.该立体位于第一卦限部分可以看成一曲顶柱体(如图 8-13 所示),它的底为

$$D=\{(x,y)\mid 0\leqslant x\leqslant R,\ 0\leqslant y\leqslant \sqrt{R^2-x^2}\},$$

顶则在柱面 $z=\sqrt{R^2-x^2}$ 上.因而

$$V = 8\iint_D \sqrt{R^2-x^2}\,dx\,dy = 8\int_0^R dx\int_0^{\sqrt{R^2-x^2}} \sqrt{R^2-x^2}\,dy$$

$$= 8\int_0^R (R^2-x^2)\,dx = \frac{16}{3}R^3.$$

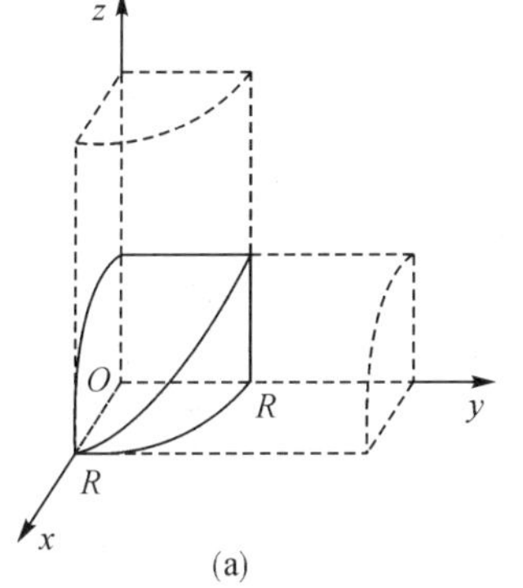

(a)

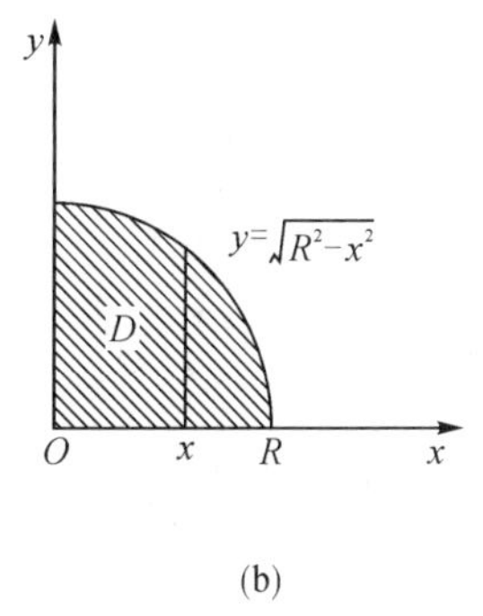

(b)

图 8-13

8.2.2 利用极坐标计算二重积分

换元积分法是计算定积分的一种常用方法,在重积分中也有类似的换元法.本节中所介绍的一种换元法,就是将二重积分的变量从直角坐标变换为极坐标.对于某些被积函数用极坐标变量表达比较简单而积分区域 D 的边界曲线用极坐标方程表示又较为方便的二重积分,就可以考虑用极坐标来计算.

如果把直角坐标系的原点取为极点,把 Ox 轴的正半轴取为极轴(如图 8-14 所示),那么,直角坐标与极坐标之间有如下的关系:

$$\begin{cases} x = r\cos\theta, \\ y = r\sin\theta. \end{cases}$$

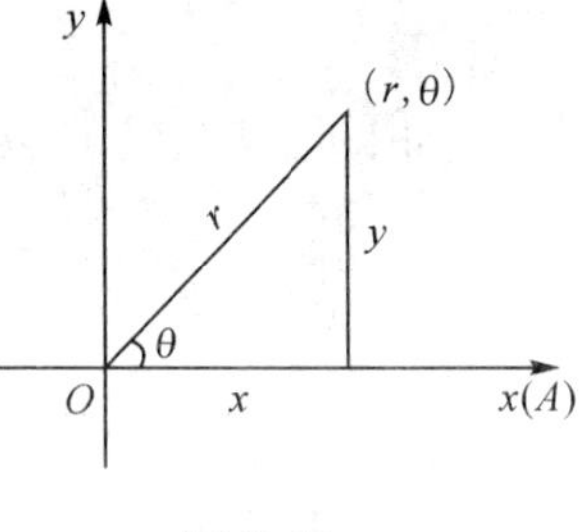

图 8-14

下面先讨论经过这种极坐标变换后,直角坐标系中的二重积分 $\iint\limits_D f(x,y)\mathrm{d}\sigma$ 在极坐标系中将具有什么样的形式.

对于被积函数 $f(x,y)$,利用直角坐标与极坐标的关系,可以变换为

$$f(x,y) = f(r\cos\theta, r\sin\theta),$$

下面来求极坐标系中的面积元素 $\mathrm{d}\sigma$.

在极坐标系中,点的极坐标是 (r,θ).当 r 为常数时,表示以极点 O 为中心的一组同心圆;当 θ 为常数时,表示从极点 O 出发的一组射线.根据极坐标系的这个特点,假设在极坐标系中区域 D 的边界曲线与从极点 O 出发且穿过 D 的内部的射线相交不多于两点,我们用 r(为常数)和 θ(为常数)来分割区域 D(如图 8-15 所示).设 $\Delta\sigma$ 是由半径分别为 r 和 $r+\Delta r$ 的两个圆弧与极角分别为 θ 和 $\theta+\Delta\theta$ 的两条射线所围成的小区域(如图 8-16 所示),这个小区域可近似地看作是边长分别为 Δr 和 $r\Delta\theta$ 的小矩形,它的面积为

$$\Delta\sigma \approx r\Delta r\Delta\theta,$$

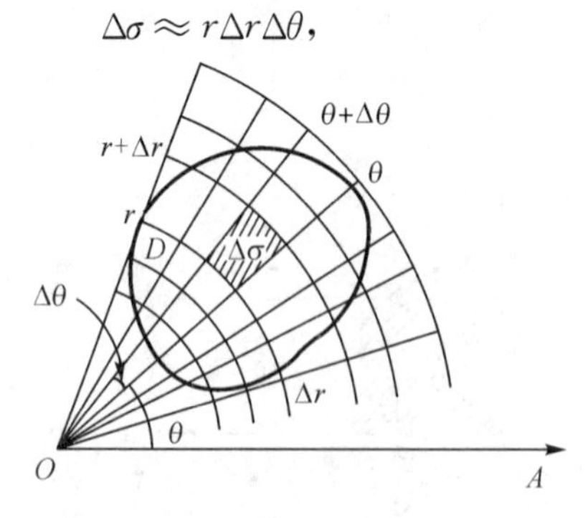

图 8-15

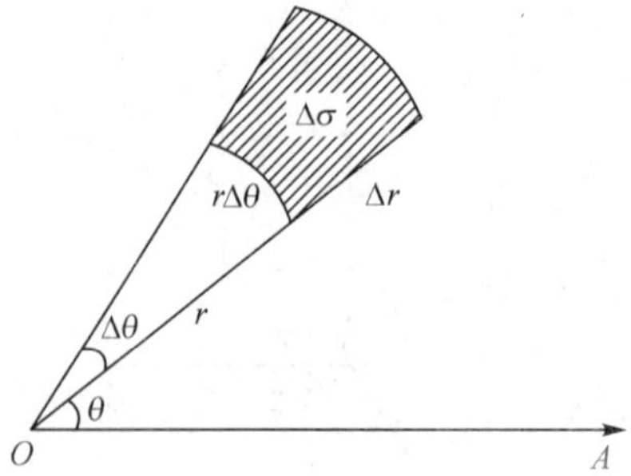

图 8-16

因此,在极坐标系中的面积元素为

$$d\sigma = r dr d\theta.$$

于是,得到二重积分在极坐标系中的表达式为

$$\iint_D f(x,y)d\sigma = \iint_D f(r\cos\theta, r\sin\theta) r dr d\theta. \tag{8.13}$$

在直角坐标系中,二重积分$\iint_D f(x,y)d\sigma$ 也常记作$\iint_D f(x,y)dxdy$,所以(8.13)式也可写成

$$\iint_D f(x,y)dxdy = \iint_D f(r\cos\theta, r\sin\theta) r dr d\theta. \tag{8.14}$$

利用极坐标系计算二重积分与直角坐标系一样,也是把积分化为二次积分,一般化为先对 r 后对 θ 的二次积分. 下面分三种情况讨论:

(1) 极点在积分区域外部(如图 8-17 所示),这时 D 在极坐标系中可表示为

$$D = \{(r,\theta) \mid \alpha \leqslant \theta \leqslant \beta, \varphi_1(\theta) \leqslant r \leqslant \varphi_2(\theta)\},$$

于是

$$\iint_D f(r\cos\theta, r\sin\theta) r dr d\theta = \int_\alpha^\beta d\theta \int_{\varphi_1(\theta)}^{\varphi_2(\theta)} f(r\cos\theta, r\sin\theta) r dr. \tag{8.15}$$

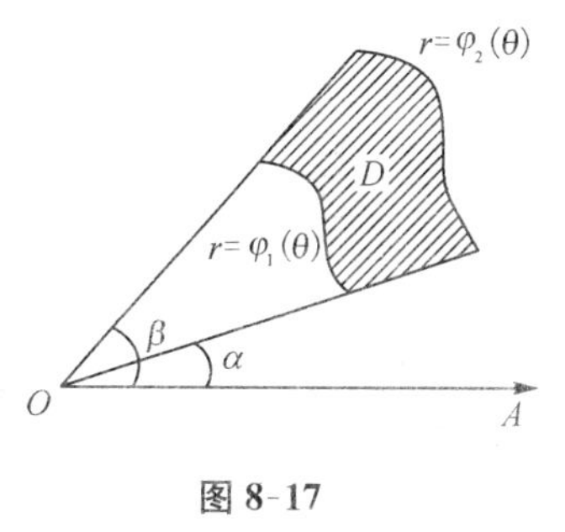

图 8-17

(2) 极点在积分区域的边界上(如图 8-18 所示),这时有

$$D = \{(r,\theta) \mid \alpha \leqslant \theta \leqslant \beta, 0 \leqslant r \leqslant \varphi(\theta)\},$$

于是

$$\iint_D f(r\cos\theta, r\sin\theta) r dr d\theta = \int_\alpha^\beta d\theta \int_0^{\varphi(\theta)} f(r\cos\theta, r\sin\theta) r dr. \tag{8.16}$$

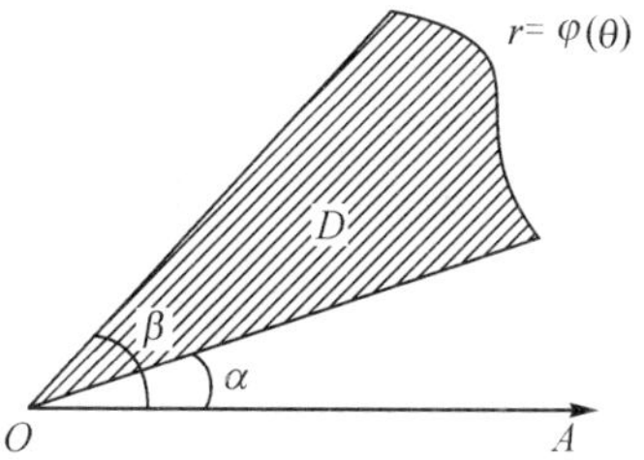

图 8-18

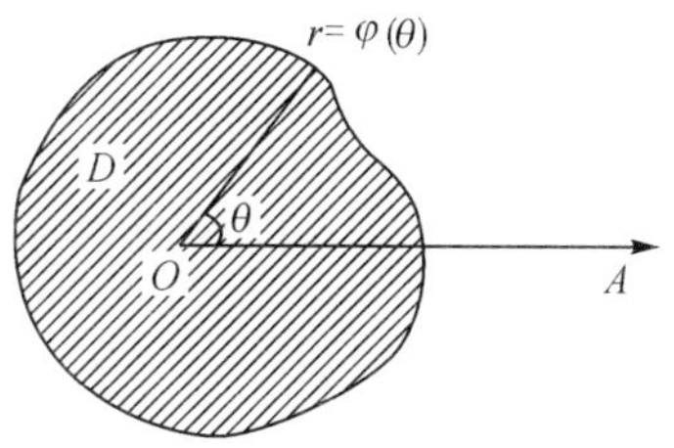

图 8-19

(3) 极点在积分区域内部(如图 8-19 所示),这时有

$$D = \{(r,\theta) \mid 0 \leqslant \theta \leqslant 2\pi, 0 \leqslant r \leqslant \varphi(\theta)\},$$

于是

$$\iint_D f(r\cos\theta, r\sin\theta) r dr d\theta = \int_0^{2\pi} d\theta \int_0^{\varphi(\theta)} f(r\cos\theta, r\sin\theta) r dr. \tag{8.17}$$

当区域 D 是圆或圆的一部分，或者区域 D 的边界方程用极坐标表示较为简便，或者被积函数为 $f(x^2+y^2)$，$f\left(\dfrac{x}{y}\right)$，$f\left(\dfrac{y}{x}\right)$ 等形式时，一般采用极坐标计算二重积分.

例 8-6 计算二重积分 $\iint\limits_D \sqrt{x^2+y^2}\,\mathrm{d}x\mathrm{d}y$，其中 D 是由圆 $x^2+y^2=x$ 所围成的闭区域.

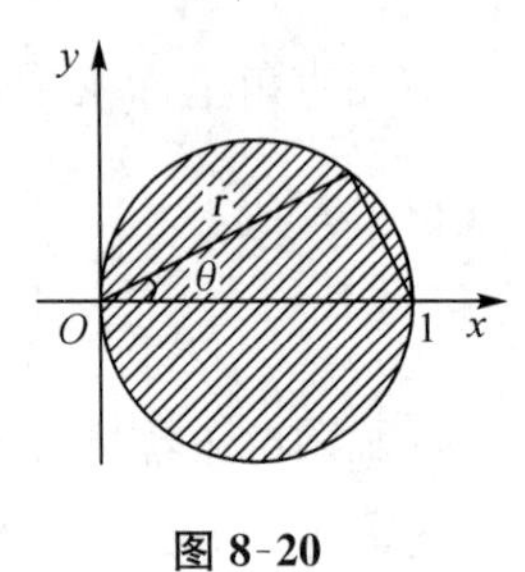

图 8-20

解 积分区域 D 为圆形区域（如图 8-20 所示）. 在极坐标系中，有

$$D=\left\{(r,\theta)\,\middle|\,-\frac{\pi}{2}\leqslant\theta\leqslant\frac{\pi}{2},0\leqslant r\leqslant\cos\theta\right\},$$

于是

$$\begin{aligned}\iint\limits_D \sqrt{x^2+y^2}\,\mathrm{d}x\mathrm{d}y&=\iint\limits_D r\cdot r\mathrm{d}r\mathrm{d}\theta\\&=\int_{-\frac{\pi}{2}}^{\frac{\pi}{2}}\mathrm{d}\theta\int_0^{\cos\theta}r^2\,\mathrm{d}r=\int_{-\frac{\pi}{2}}^{\frac{\pi}{2}}\frac{r^3}{3}\bigg|_0^{\cos\theta}\mathrm{d}\theta\\&=\int_{-\frac{\pi}{2}}^{\frac{\pi}{2}}\frac{\cos^3\theta}{3}\mathrm{d}\theta=\frac{2}{3}\int_0^{\frac{\pi}{2}}\cos^3\theta\mathrm{d}\theta=\frac{4}{9}.\end{aligned}$$

例 8-7 计算 $\iint\limits_D \sin\sqrt{x^2+y^2}\,\mathrm{d}x\mathrm{d}y$，其中 D 是圆环域 $\dfrac{\pi^2}{4}\leqslant x^2+y^2\leqslant\pi^2$ 在第一象限部分的区域.

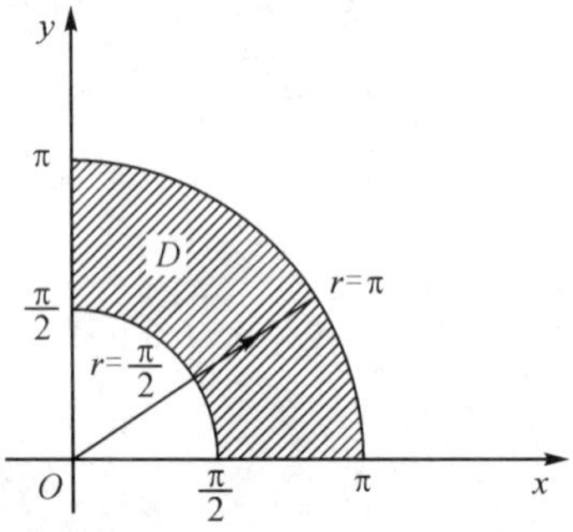

解 积分区域 D 如图 8-21 所示. 在极坐标系中，有

$$D=\left\{(r,\theta)\,\middle|\,0\leqslant\theta\leqslant\frac{\pi}{2},\ \frac{\pi}{2}\leqslant r\leqslant\pi\right\},$$

图 8-21

于是

$$\begin{aligned}\iint\limits_D \sin\sqrt{x^2+y^2}\,\mathrm{d}x\mathrm{d}y&=\iint\limits_D r\sin r\mathrm{d}r\mathrm{d}\theta\\&=\int_0^{\frac{\pi}{2}}\mathrm{d}\theta\int_{\frac{\pi}{2}}^{\pi}r\sin r\mathrm{d}r=\int_0^{\frac{\pi}{2}}(-r\cos r+\sin r)\bigg|_{\frac{\pi}{2}}^{\pi}\mathrm{d}\theta\\&=\int_0^{\frac{\pi}{2}}(\pi-1)\mathrm{d}\theta=\frac{\pi}{2}(\pi-1).\end{aligned}$$

例 8-8 计算 $\iint\limits_D xy\,\mathrm{d}x\mathrm{d}y$，其中 D 为闭区域 $x^2+y^2\leqslant a^2\ (a>0)$.

解 积分区域 D 为圆形区域，极点在 D 内部（如图 8-22 所示）. 在极坐标系中，有

$$D=\{(r,\theta)\mid 0\leqslant\theta\leqslant 2\pi,0\leqslant r\leqslant a\},$$

于是

$$\begin{aligned}\iint_D xy\,\mathrm{d}x\mathrm{d}y&=\iint_D r^2\cos\theta\sin\theta\cdot r\mathrm{d}r\mathrm{d}\theta\\&=\int_0^{2\pi}\mathrm{d}\theta\int_0^a r^3\cos\theta\sin\theta\mathrm{d}r.\\&=\int_0^{2\pi}\cos\theta\sin\theta\frac{r^4}{4}\Big|_0^a\mathrm{d}\theta\\&=\frac{a^4}{16}\int_0^{2\pi}\sin2\theta\mathrm{d}2\theta=-\frac{a^4}{16}\cos2\theta\Big|_0^{2\pi}\\&=0.\end{aligned}$$

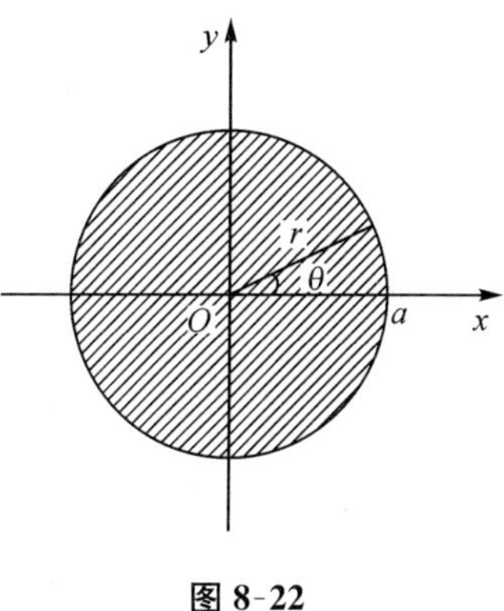

图 8-22

例 8-9　(1) 计算$\iint\limits_D \mathrm{e}^{-x^2-y^2}\mathrm{d}x\mathrm{d}y$,其中 D 为圆域 $x^2+y^2\leqslant a^2\ (a>0)$;

(2) 利用(1) 的结果求反常积分$\int_0^{+\infty}\mathrm{e}^{-x^2}\mathrm{d}x$.

解　(1) 在极坐标系下,有

$$D=\{(r,\theta)\mid 0\leqslant\theta\leqslant 2\pi,0\leqslant r\leqslant a\},$$

于是

$$\begin{aligned}\iint_D \mathrm{e}^{-x^2-y^2}\mathrm{d}x\mathrm{d}y&=\iint_D \mathrm{e}^{-r^2}\cdot r\mathrm{d}r\mathrm{d}\theta=\int_0^{2\pi}\mathrm{d}\theta\int_0^a \mathrm{e}^{-r^2}\cdot r\mathrm{d}r\\&=\int_0^{2\pi}\frac{1}{2}(1-\mathrm{e}^{-a^2})\mathrm{d}\theta=(1-\mathrm{e}^{-a^2})\pi.\end{aligned}$$

(2) 设

$$D_1=\{(x,y)\mid x^2+y^2\leqslant R^2\},$$
$$D_2=\{(x,y)\mid x^2+y^2\leqslant 2R^2\},$$
$$S=\{(x,y)\mid |x|\leqslant R,\ |y|\leqslant R\},$$

则 $D_1\subset S\subset D_2$(如图 8-23 所示). 由于被积函数 $\mathrm{e}^{-x^2-y^2}$ 恒为正,所以

$$\iint_{D_1}\mathrm{e}^{-x^2-y^2}\mathrm{d}x\mathrm{d}y<\iint_S \mathrm{e}^{-x^2-y^2}\mathrm{d}x\mathrm{d}y<\iint_{D_2}\mathrm{e}^{-x^2-y^2}\mathrm{d}x\mathrm{d}y.$$

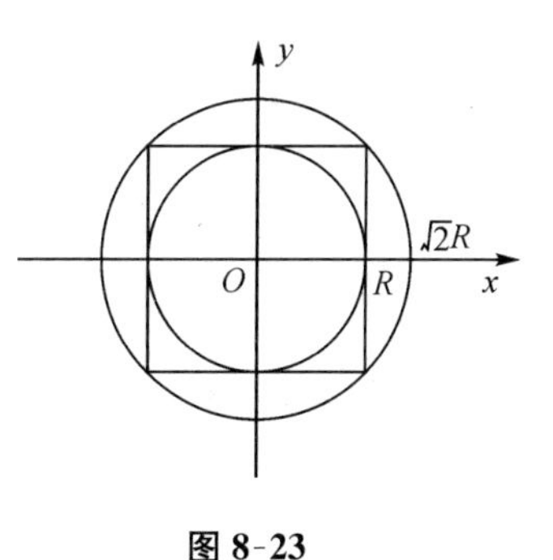

图 8-23

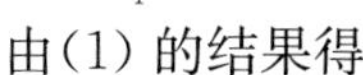

由(1) 的结果得

$$\iint_{D_1}\mathrm{e}^{-x^2-y^2}\mathrm{d}x\mathrm{d}y=(1-\mathrm{e}^{-R^2})\pi,$$

$$\iint_{D_2}\mathrm{e}^{-x^2-y^2}\mathrm{d}x\mathrm{d}y=(1-\mathrm{e}^{-2R^2})\pi,$$

而

$$\iint_S e^{-x^2-y^2}\mathrm{d}x\mathrm{d}y=\int_{-R}^{R}\mathrm{d}x\int_{-R}^{R}e^{-x^2-y^2}\mathrm{d}y=\left(\int_{-R}^{R}e^{-x^2}\mathrm{d}x\right)\cdot\left(\int_{-R}^{R}e^{-y^2}\mathrm{d}y\right)$$
$$=\left(\int_{-R}^{R}e^{-x^2}\mathrm{d}x\right)^2=4\left(\int_0^{R}e^{-x^2}\mathrm{d}x\right)^2,$$

由此得

$$\frac{1}{4}(1-e^{-R^2})\pi<\left(\int_0^R e^{-x^2}\mathrm{d}x\right)^2<\frac{1}{4}(1-e^{-2R^2})\pi.$$

令 $R\to+\infty$，上式两端趋于同一极限$\frac{\pi}{4}$，于是有

$$\int_0^{+\infty}e^{-x^2}\mathrm{d}x=\frac{\sqrt{\pi}}{2}.$$

由此题可得

$$\Gamma\left(\frac{1}{2}\right)=2\int_0^{+\infty}e^{-x^2}\mathrm{d}x=\sqrt{\pi}.$$

*8.3　二重积分的计算(Ⅱ)

利用被积函数的奇偶性和积分区域 D 的对称性，常常会大大化简定积分的计算. 与处理关于原点对称的区间上奇(偶) 函数的定积分类似，对二重积分，也要同时兼顾到被积函数 $f(x,y)$ 的奇偶性和积分区域 D 的对称性两方面.

8.3.1　$f(x,y)$ 关于 x 或 y 为奇、偶函数的二重积分

定理 8.1　如果区域 D 关于 x 轴对称，且 x 轴上方部分为区域 D_1，下方部分为区域 D_2(如图 8-24 所示)，则

$$\iint_D f(x,y)\mathrm{d}x\mathrm{d}y=\begin{cases}0, & f(x,-y)=-f(x,y),\\ 2\iint_{D_1} f(x,y)\mathrm{d}x\mathrm{d}y, & f(x,-y)=f(x,y).\end{cases}\tag{8.18}$$

式(8.18) 中，当 $f(x,-y)=-f(x,y)$ 时，表示 $f(x,y)$ 关于 y 为奇函数；当 $f(x,-y)=f(x,y)$ 时，表示 $f(x,y)$ 关于 y 为偶函数.

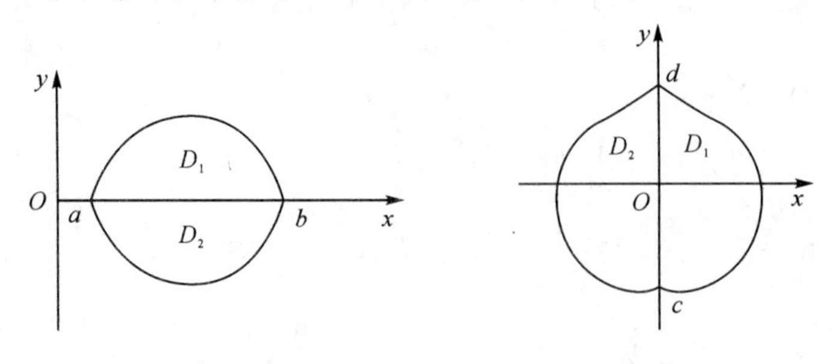

图 8-24　　　　图 8-25

定理 8.2　如果区域 D 关于 y 轴对称，且 y 轴的右方部分为区域 D_1，左方部分为区域 D_2（如图 8-25 所示），则

$$\iint_D f(x,y)\mathrm{d}x\mathrm{d}y=\begin{cases}0, & f(-x,y)=-f(x,y),\\ 2\iint_{D_1} f(x,y)\mathrm{d}x\mathrm{d}y, & f(-x,y)=f(x,y).\end{cases} \tag{8.19}$$

式(8.19)中，当 $f(-x,y)=-f(x,y)$ 时，表示 $f(x,y)$ 关于 x 为奇函数；当 $f(-x,y)=f(x,y)$ 时，表示 $f(x,y)$ 关于 x 为偶函数.

定理 8.3　如果 D 关于 x 轴和 y 轴均对称，D_1 是 D 的第一象限部分，则

$$\iint_D f(x,y)\mathrm{d}x\mathrm{d}y=\begin{cases}0, & f(-x,y)=-f(x,y),\\ 0, & f(x,-y)=-f(x,y),\\ 4\iint_{D_1} f(x,y)\mathrm{d}x\mathrm{d}y, & f(-x,y)=f(x,-y)=f(x,y).\end{cases} \tag{8.20}$$

例 8-10　计算 $\iint_D x^2y^2\mathrm{d}x\mathrm{d}y$，其中 D：$|x|+|y|\leqslant 1$.

解　因为积分区域 D：$|x|+|y|\leqslant 1$ 关于 x 轴和 y 轴对称，且 $f(x,y)=x^2y^2$ 关于 x 或 y 均为偶函数，由对称性可知，题设积分等于在第一象限区域 D_1 上的积分的 4 倍，即

$$\begin{aligned}\iint_D x^2y^2\mathrm{d}x\mathrm{d}y&=4\iint_{D_1}x^2y^2\mathrm{d}x\mathrm{d}y=4\int_0^1\mathrm{d}x\int_0^{1-x}x^2y^2\mathrm{d}y\\&=\frac{4}{3}\int_0^1 x^2(1-x)^3\mathrm{d}x=\frac{1}{45}.\end{aligned}$$

例 8-11　计算 $\iint_D |y-x^2|\,\mathrm{d}x\mathrm{d}y$，其中 D：$-1\leqslant x\leqslant 1, 0\leqslant y\leqslant 1$.

解　先将被积函数中的绝对值符号去掉.由于

$$|y-x^2|=\begin{cases}y-x^2, & 当\ y\geqslant x^2,\\ x^2-y, & 当\ y<x^2,\end{cases}$$

又曲线 $y=x^2$ 将 D 分成两个部分区域 D_1 和 D_2（见图 8-26），其中

$$D_1: x^2\leqslant y\leqslant 1, -1\leqslant x\leqslant 1,$$

$$D_2: 0\leqslant y\leqslant x^2, -1\leqslant x\leqslant 1,$$

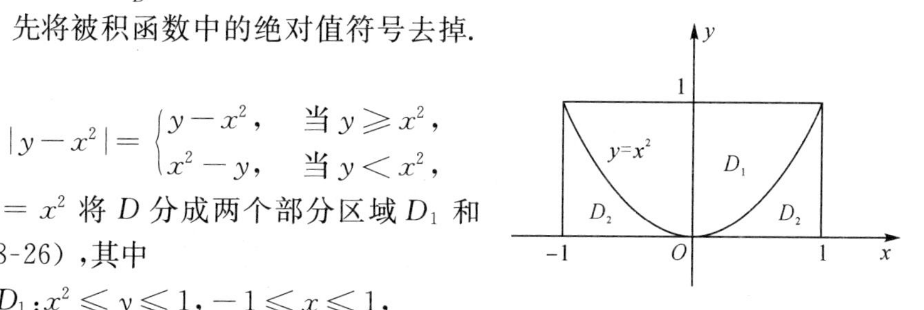

图 8-26

被积函数关于 x 为偶函数且 D 关于 y 轴对称，于是

$$原式=\iint_{D_1}(y-x^2)\mathrm{d}x\mathrm{d}y+\iint_{D_2}(x^2-y)\mathrm{d}x\mathrm{d}y$$

$$= 2\int_0^1 dx\int_{x^2}^1 (y - x^2)dy + 2\int_0^1 dx\int_0^{x^2} (x^2 - y)dy$$
$$= 2\int_0^1 \left(\frac{1}{2} + x^4 - x^2\right)dx$$
$$= \frac{11}{15}$$

8.3.2 区域 D 关于直线 $y = x$ 对称的二重积分

定理 8.4 设 D 为 xOy 坐标平面上的有界区域，D' 为 D 关于直线 $y = x$ 的对称区域，则

$$\iint_D f(x,y)dxdy = \iint_{D'} f(y,x)dxdy. \tag{8.21}$$

特别的，如果 D 关于直线 $y = x$ 对称，则

$$\iint_D f(x,y)dxdy = \iint_D f(y,x)dxdy. \tag{8.22}$$

定理 8.4 也称为二重积分的轮换对称性定理.

例 8-12 计算 $I = \iint_D \frac{(x+y)\ln\left(1+\frac{y}{x}\right)}{\sqrt{1-x-y}}dxdy$，其中 $D = \{(x,y) \mid 0 \leqslant x+y \leqslant 1, x \geqslant 0, y \geqslant 0\}$.

解 由于区域 D 关于 x 与 y 轮换对称，所以

$$I = \iint_D \frac{(x+y)\ln\left(1+\frac{y}{x}\right)}{\sqrt{1-x-y}}dxdy = \iint_D \frac{(x+y)\ln\left(1+\frac{x}{y}\right)}{\sqrt{1-x-y}}dxdy,$$

则

$$2I = \iint_D \frac{(x+y)\ln\left(1+\frac{y}{x}\right)}{\sqrt{1-x-y}}dxdy + \iint_D \frac{(x+y)\ln\left(1+\frac{x}{y}\right)}{\sqrt{1-x-y}}dxdy$$
$$= \iint_D \frac{(x+y)\ln\frac{(x+y)^2}{xy}}{\sqrt{1-x-y}}dxdy$$
$$= 2\iint_D \frac{(x+y)\ln(x+y)}{\sqrt{1-x-y}}dxdy - 2\iint_D \frac{(x+y)\ln x}{\sqrt{1-x-y}}dxdy,$$

所以

$$I = \int_0^1 dx\int_0^{1-x} \frac{(x+y)\ln(x+y)}{\sqrt{1-x-y}}dy - \int_0^1 \ln x dx\int_0^{1-x} \frac{x+y}{\sqrt{1-x-y}}dy.$$

对于上述两个积分的里层积分，作同样的积分变量变换，即令 $x+y = u$（视 x 为常数），得

$$I=\int_0^1\mathrm{d}x\int_x^1\frac{u\ln u}{\sqrt{1-u}}\mathrm{d}u-\int_0^1\ln x\mathrm{d}x\int_x^1\frac{u}{\sqrt{1-u}}\mathrm{d}u,$$

再变换积分次序,得

$$\begin{aligned}I&=\int_0^1\mathrm{d}u\int_0^u\frac{u\ln u}{\sqrt{1-u}}\mathrm{d}x-\int_0^1\frac{u}{\sqrt{1-u}}\mathrm{d}u\int_0^u\ln x\mathrm{d}x\\&=\int_0^1\frac{u^2\ln u}{\sqrt{1-u}}\mathrm{d}u-\int_0^1\frac{u}{\sqrt{1-u}}\mathrm{d}u\int_0^u\ln x\mathrm{d}x\\&=\int_0^1\frac{u^2\ln u}{\sqrt{1-u}}\mathrm{d}u-\int_0^1\frac{u}{\sqrt{1-u}}(u\ln u-u)\mathrm{d}u\\&=\int_0^1\frac{u^2}{\sqrt{1-u}}\mathrm{d}u=\frac{16}{15}.\end{aligned}$$

本章小结

本章介绍了二重积分的概念、性质和计算方法.与定积分类似,二重积分表现为特殊的和式极限,其处理问题的方法也类似于定积分,并与定积分有类似的性质.所不同的是,定积分中积分区域是数轴上的区间,被积函数是一元函数,而二重积分中积分区域是平面区域,被积函数是二元函数.本章的重点是二重积分的计算,要求掌握直角坐标系和极坐标系下二重积分的计算方法.

阅读材料:双目失明的数学家——欧拉

欧拉(1707—1783)是瑞士著名的数学家、物理学家.如果根据获得的数学成就以及创造数学思想方法对此后整个数学的发展所起的深远影响来评选世界上最有名的三位数学家,通常是指阿基米德、牛顿和高斯,但也有人推崇欧拉应该排第三.欧拉位居第几其实无关紧要,他实际上是18世纪整个数学界的中心人物,被那个时代的所有数学家尊称为“大家的老师”.

欧拉自幼受到家庭的良好熏陶,上大学时又结识了数学世家伯努利家族中的成员,16岁便以优异成绩获得硕士学位.欧拉是数学界最多产的科学家,从19岁开始写作,直到76岁逝世,共发表论文和专著500多篇(部),另有400余篇未发表的手稿,我们在许多学科中都可见到用他的名字命名的公式和定理.1909年瑞士科学院开始出版《欧拉全集》,共有74卷,直到20世纪80年代尚未出齐.欧拉为数学的发展做出了卓越的贡献,而且他识才育人,荐贤举能,品质高尚,为后人所敬仰.

由于在天文研究中长期观测太阳,欧拉积劳成疾,28岁时便右目失明.此后他依然勤奋不辍,58岁时左目也不幸失明.祸不单行的是,1771年一场大火把欧拉的大部分藏书和手稿焚为灰烬.重重打击未使欧拉沮丧退缩,他凭借非凡的毅力、超人的才智、渊博的知识、惊人的记忆和绰有余裕的心算能力，由他口授，儿女笔录，进行着“前无古人，后无来者”的特殊科学研究活动. 天才的欧拉在双目失明后的17年中竟发表了400余篇（部）论文和专著，几乎达到他一生著作的半数. 难怪纽曼称赞欧拉是“数学家之英雄”.

习题 8

A 组

1. 比较下列二重积分的大小：

(1) $\iint\limits_D (x^2+y^2)^2 \mathrm{d}\sigma$ 与 $\iint\limits_D (x^2+y^2)^3 \mathrm{d}\sigma$，其中积分区域 D 是圆域：$0 \leqslant x^2+y^2 \leqslant 1$；

(2) $\iint\limits_D \ln(x+y) \mathrm{d}\sigma$ 与 $\iint\limits_D [\ln(x+y)]^2 \mathrm{d}\sigma$，其中 D 是闭区域：$4 \leqslant x \leqslant 6, 0 \leqslant y \leqslant 2$.

2. 估计下列二重积分的值：

(1) $\iint\limits_D (x^2+y^2+2) \mathrm{d}\sigma$，其中 D 为圆域：$x^2+y^2 \leqslant 4$；

(2) $\iint\limits_D \ln(x+y+1) \mathrm{d}\sigma$，其中 D 为矩形闭区域：$0 \leqslant x \leqslant 1, 0 \leqslant y \leqslant 2$.

3. 化二重积分 $\iint\limits_D f(x,y) \mathrm{d}x\mathrm{d}y$ 为二次积分（写出两种积分次序），其中积分区域 D 给定如下：

(1) $D=\{(x,y) \mid |x| \leqslant 1, |y| \leqslant 1\}$；

(2) D 是由 y 轴，$y=1$ 及 $y=x$ 围成的闭区域；

(3) D 是由 $x=\mathrm{e}, y=0$ 及 $y=\ln x$ 围成的闭区域；

(4) D 是由 $x=0, x+y=1$ 及 $x-y=1$ 围成的闭区域；

(5) D 是由 x 轴与抛物线 $y=4-x^2$ 在第二象限内的部分及圆 $x^2+y^2-4y=0$ 在第一象限内的部分围成的闭区域.

4. 交换下列二次积分的次序：

(1) $\int_0^1 \mathrm{d}y \int_y^{\sqrt{y}} f(x,y) \mathrm{d}x$；

(2) $\int_1^2 \mathrm{d}x \int_{\frac{1}{x}}^{x} f(x,y) \mathrm{d}y$；

(3) $\int_0^2 \mathrm{d}x \int_{x^2}^{2x} f(x,y) \mathrm{d}y$；

(4) $\int_{-1}^1 \mathrm{d}x \int_{-\sqrt{1-x^2}}^{1-x^2} f(x,y) \mathrm{d}y$；

(5) $\int_0^1 \mathrm{d}x \int_0^x f(x,y) \mathrm{d}y + \int_1^2 \mathrm{d}x \int_0^{2-x} f(x,y) \mathrm{d}y$；

(6) $\int_0^1 \mathrm{d}y \int_0^y f(x,y) \mathrm{d}x + \int_1^2 \mathrm{d}y \int_0^{2-y} f(x,y) \mathrm{d}x$.

5. 利用直角坐标计算下列二重积分：

(1) $\iint\limits_D x^3 \mathrm{e}^y \mathrm{d}\sigma$，$D$ 为区域：$0 \leqslant x \leqslant 1, 0 \leqslant y \leqslant 1$；

(2) $\iint\limits_D (x+6y)\mathrm{d}\sigma$，$D$ 是由 $y=x$，$y=5x$ 及 $x=1$ 所围成的闭区域；

(3) $\iint\limits_D x\sqrt{y}\,\mathrm{d}\sigma$，$D$ 是由两条抛物线 $y=\sqrt{x}$，$y=x^2$ 所围成的闭区域；

(4) $\iint\limits_D (3x+2y)\mathrm{d}\sigma$，$D$ 是由直线 $x+y=1$ 与两坐标轴所围成的闭区域；

(5) $\iint\limits_D (x^2+y^2-x)\mathrm{d}\sigma$，$D$ 是由直线 $y=2$，$y=x$ 及 $y=2x$ 所围成的闭区域；

(6) $\iint\limits_D (2x-y)\mathrm{d}\sigma$，$D$ 是由直线 $2x-y+3=0$，$y=1$ 及 $x+y-3=0$ 所围成的闭区域；

(7) $\iint\limits_D \dfrac{\sin x}{x}\mathrm{d}\sigma$，$D$ 是由直线 $y=x$，$y=0$ 及 $x=1$ 所围成的闭区域；

(8) $\iint\limits_D (x^2+y^2)\mathrm{d}\sigma$，$D$ 是由 $y=x$，$y=x+a$，$y=a$，$y=3a(a>0)$ 所围成的闭区域.

6. 把二重积分 $\iint\limits_D f(x,y)\mathrm{d}x\mathrm{d}y$ 表示为极坐标形式的二次积分，并确定积分的上、下限(先对 r 后对 θ 积分)，其中，积分区域 D 如下：

(1) $a^2 \leqslant x^2+y^2 \leqslant b^2(a>0,b>0)$；

(2) $x^2+y^2 \leqslant 2x$.

7. 化下列二次积分为极坐标形式的二次积分：

(1) $\int_0^1 \mathrm{d}x\int_{-\sqrt{1-x^2}}^{\sqrt{1-x^2}} xf(x^2+y^2)\mathrm{d}y$；　　(2) $\int_0^2 \mathrm{d}x\int_x^{\sqrt{3}x} f\left(\arctan\dfrac{y}{x}\right)\mathrm{d}y$；

(3) $\int_0^1 \mathrm{d}x\int_{x^2}^{x} f(\sqrt{x^2+y^2})\mathrm{d}y$；　　(4) $\int_0^1 \mathrm{d}x\int_{1-x}^{\sqrt{1-x^2}} f\left(\dfrac{x+y}{x^2+y^2}\right)\mathrm{d}y$；

(5) $\int_0^1 \mathrm{d}x\int_0^{\sqrt{x-x^2}} f(x,y)\mathrm{d}y$；　　(6) $\int_0^1 \mathrm{d}x\int_0^x f(x,y)\mathrm{d}y$.

8. 利用极坐标计算下列二重积分：

(1) $\iint\limits_D \mathrm{e}^{x^2+y^2}\mathrm{d}\sigma$，$D$ 为圆域：$x^2+y^2\leqslant 4$；

(2) $\iint\limits_D \dfrac{1}{1+x^2+y^2}\mathrm{d}\sigma$，$D$ 为圆域：$x^2+y^2\leqslant 1$；

(3) $\iint\limits_D \ln(1+x^2+y^2)\mathrm{d}\sigma$，$D$ 是由圆 $x^2+y^2=1$ 及坐标轴所围成的在第一象限内的闭区域；

(4) $\iint\limits_D x^2\mathrm{d}\sigma$，$D$ 是圆 $x^2+y^2=1$ 和 $x^2+y^2=4$ 之间的环形区域；

(5) $\iint\limits_D \frac{d\sigma}{\sqrt{x^2+y^2-9}}$,$D$为环形区域:$16\leqslant x^2+y^2\leqslant 25,x\geqslant 0,y\geqslant 0$;

(6) $\iint\limits_D \arctan\frac{y}{x}d\sigma$,$D$是由圆$x^2+y^2=4,x^2+y^2=1$及直线$y=0,y=x$所围成的在第一象限内的闭区域;

(7) $\iint\limits_D (4-x-y)d\sigma$,$D$是圆域:$x^2+y^2\leqslant 2y$.

(8) $\iint\limits_D y d\sigma$,D是由直线$y=x$及圆$y=\sqrt{2x-x^2}$所围成的较小那部分闭区域.

9. 选择适当的坐标系计算下列积分:

(1) $\iint\limits_D x d\sigma$,D是由直线$x=0,y=0,x=1$及抛物线$y=x^2+1$所围成的闭区域;

(2) $\iint\limits_D \frac{xy}{x^2+y^2}d\sigma,D=\{(x,y)\mid x\leqslant y,1\leqslant x^2+y^2\leqslant 2\}$;

(3) $\iint\limits_D \frac{xy}{x^2+y^2}d\sigma,D=\{(x,y)\mid x+y\geqslant 1,x^2+y^2\leqslant 1\}$;

(4) $\iint\limits_D \frac{x^2}{y^2}d\sigma$,$D$是由直线$x=2,y=x$及曲线$xy=1$所围成的闭区域;

(5) $\iint\limits_D \cos(x+y)d\sigma$,$D$是由直线$x=0,y=x$及$y=\pi$所围成的闭区域.

*10. 利用积分区域的对称性和被积函数的奇偶性计算下列积分:

(1) 求$\iint\limits_D [2x^2y+\sin(xy)]dxdy$,$D$是由曲线$y=x^3$,直线$x=-1$和$y=1$所围成的闭区域;

(2) $\iint\limits_D \frac{x}{y}dxdy$,$D$是由圆环$1\leqslant x^2+y^2\leqslant 4$围成且在曲线$y=|x|$的上方的闭区域;

(3) $\iint\limits_D \left(|x|+\frac{y}{1+x^2}-xe^{y^2}+2\right)dxdy,D=\{(x,y)\mid |x|+|y|\leqslant 1\}$.

11. 利用二重积分计算下列曲线所围成的平面图形的面积:

(1) $y=x^2,y=x+2$;

(2) $y=\sin x,y=\cos x,x=0$(位于第一象限内的部分);

(3) $y=x^2,y=4x-x^2$.

12. 利用二重积分计算下列曲面所围成的立体体积:

(1) $z=1+x+y,z=0,x+y=1,x=0,y=0$;

(2) $z=x^2+y^2,y=1,z=0,y=x^2$;

(3) $x+y+z=3, x^2+y^2=1, z=0$.

B 组

13. 选择正确的答案.

(1) 若$\iint\limits_D \mathrm{d}x\mathrm{d}y=1$,则积分区域 D 可以是 (　　)

A. 由 x 轴、y 轴及 $x+y-2=0$ 所围成的区域

B. 由 $x=1, x=2$ 及 $y=2, y=4$ 所围成的区域

C. 由 $|x|=\frac{1}{2}$, $|y|=\frac{1}{2}$ 所围成的区域

D. 由 $|x+y|=1$, $|x-y|=1$ 所围成的区域

(2) 设区域 D 是圆 $x^2+y^2\leqslant 1$ 在第一象限的部分,则二重积分$\iint\limits_D xy\,\mathrm{d}\sigma=$

(　　)

A. $\int_0^{\sqrt{1-y^2}}\mathrm{d}x\int_0^{\sqrt{1-x^2}}xy\,\mathrm{d}y$　　B. $\frac{1}{2}\int_0^{\frac{\pi}{2}}\mathrm{d}\theta\int_0^1 r^2\sin2\theta\mathrm{d}r$

C. $\int_0^1\mathrm{d}y\int_0^{\sqrt{1-y^2}}xy\,\mathrm{d}x$　　D. $\int_0^1\mathrm{d}x\int_0^{\sqrt{1-y^2}}xy\,\mathrm{d}y$

(3) $\int_0^1\mathrm{d}x\int_0^{1-x}f(x,y)\mathrm{d}y=$ (　　)

A. $\int_0^1\mathrm{d}y\int_0^{1-y}f(x,y)\mathrm{d}x$　　B. $\int_0^1\mathrm{d}y\int_0^{1-x}f(x,y)\mathrm{d}x$

C. $\int_0^{1-x}\mathrm{d}y\int_0^1 f(x,y)\mathrm{d}x$　　D. $\int_0^1\mathrm{d}y\int_0^1 f(x,y)\mathrm{d}x$

(4) 设 $f(x,y)$ 连续,且 $f(x,y)=xy+\iint\limits_D f(u,v)\mathrm{d}u\mathrm{d}v$,其中,$D$ 是由 $y=0$, $y=x^2$, $x=1$ 所围的闭区域,则 $f(x,y)=$ (　　)

A. $2xy$　　B. xy

C. $xy+\frac{1}{8}$　　D. $xy+1$

(5) 设 $I_1=\iint\limits_D\cos\sqrt{x^2+y^2}\,\mathrm{d}\sigma$, $I_2=\iint\limits_D\cos(x^2+y^2)\mathrm{d}\sigma$, $I_3=\iint\limits_D\cos(x^2+y^2)^2\mathrm{d}\sigma$,其中 $D=\{(x,y)\,|\,x^2+y^2\leqslant 1\}$,则 (　　)

A. $I_3>I_2>I_1$　　B. $I_1>I_2>I_3$

C. $I_2>I_1>I_3$　　D. $I_3>I_1>I_2$

14. 计算下列二重积分:

(1) $\iint\limits_D e^{x^2}\mathrm{d}x\mathrm{d}y$,$D$ 是由直线 $y=x$ 及曲线 $y=x^3$ 所围成的在第一象限的闭区域;

(2) $\iint\limits_{D}|x^2+y^2-1|\,\mathrm{d}x\mathrm{d}y, D=\{(x,y)\,|\,0\leqslant x\leqslant 1, 0\leqslant y\leqslant 1\}$；

(3) $\iint\limits_{D}\sqrt{y^2-xy}\,\mathrm{d}x\mathrm{d}y$，$D$是由直线$y=x, y=1, x=0$所围成的闭区域；

(4) $\iint\limits_{D}\max\{xy,1\}\mathrm{d}x\mathrm{d}y, D=\{(x,y)\,|\,0\leqslant x\leqslant 2, 0\leqslant y\leqslant 2\}$；

(5) $\iint\limits_{D}(x+y)\mathrm{d}x\mathrm{d}y, D=\{(x,y)\,|\,x^2+y^2\leqslant x+y+1\}$；

(6) $\iint\limits_{D}y\,\mathrm{d}x\mathrm{d}y$，$D$是由直线$x=-2, y=0, y=2$及曲线$x=-\sqrt{2y-y^2}$所围成的闭区域；

(7) $\iint\limits_{D}(x-y)\mathrm{d}x\mathrm{d}y, D=\{(x,y)\,|\,(x-1)^2+(y-1)^2\leqslant 2, y\geqslant x\}$；

(8) $\iint\limits_{D}\frac{\mathrm{d}x\mathrm{d}y}{\sqrt{2a-x}}\ (a>0)$，$D$是由圆心在点$(a,a)$，半径为$a$且与坐标轴相切的圆周的较短一段弧和坐标轴所围成的闭区域；

(9) $\iint\limits_{D}xy\,\mathrm{d}x\mathrm{d}y$，$D$是由曲线$y=\sqrt{1-x^2}$，$x^2+(y-1)^2=1$与$y$轴围成的在右上方的部分；

(10) $\iint\limits_{D}\frac{\sqrt{x^2+y^2}}{\sqrt{4a^2-x^2-y^2}}\mathrm{d}x\mathrm{d}y$，$D$是由曲线$y=-a+\sqrt{a^2-x^2}\ (a>0)$和直线$y=-x$所围成的闭区域.

15. 利用积分区域的对称性和被积函数的奇偶性计算下列各题.

(1) 设二元函数

$$f(x,y)=\begin{cases} x^2, & |x|+|y|\leqslant 1, \\ \dfrac{1}{\sqrt{x^2+y^2}}, & 1<|x|+|y|\leqslant 2, \end{cases}$$

计算$\iint\limits_{D}f(x,y)\mathrm{d}\sigma$，其中$D=\{(x,y)\,|\,|x|+|y|\leqslant 2\}$；

(2) 计算$\iint\limits_{D}(x+y)^3\mathrm{d}x\mathrm{d}y$，其中$D$是由曲线$x=\sqrt{1+y^2}$与直线$x+\sqrt{2}y=0$及$x-\sqrt{2}y=0$所围成的闭区域；

(3) 计算$\iint\limits_{D}\mathrm{e}^{-(x^2+y^2-\pi)}\sin(x^2+y^2)\mathrm{d}x\mathrm{d}y$，其中$D=\{(x,y)\,|\,x^2+y^2\leqslant \pi\}$.

9 无穷级数

无穷级数是高等数学的一个重要组成部分,它包括常数项级数和函数项级数两大类.本书对于函数项级数只讨论它的一种特殊情形——幂级数.利用幂级数可以表达某些函数,从而可以进一步研究函数的性质及进行函数值的近似计算等.由于常数项级数是幂级数的基础,因此本章先介绍常数项级数,主要讨论级数的一些基本概念、基本性质及判定其敛散性的方法;然后再介绍幂级数,着重讨论它的收敛性和收敛区间以及把函数展开成幂级数的问题.

9.1 常数项级数的概念和性质

9.1.1 常数项级数的概念

在进行数量运算时,常有一个从近似到精确的过程.例如,计算循环小数 $0.\dot{3}$ 的值,初学时只知道计算的方法是

$$0.\dot{3}=\frac{3}{9}=\frac{1}{3},$$

至于这种计算方法的理论依据是什么,在当时是不得而知的.但是,若利用极限概念,则不难推得以上计算的结果.

因为

$$\begin{aligned}0.\dot{3}&=0.3333\cdots=0.3+0.03+0.003+0.0003+\cdots\\&=\frac{3}{10}+\frac{3}{10^2}+\frac{3}{10^3}+\frac{3}{10^4}+\cdots,\end{aligned}$$

这就是一个"无限多个数相加求和"的问题.它是一个无穷级数,若取此级数的前 n 项和,分别记作

$$S_1=\frac{3}{10},\quad S_2=\frac{3}{10}+\frac{3}{10^2},\quad S_3=\frac{3}{10}+\frac{3}{10^2}+\frac{3}{10^3},\quad\cdots$$

$$S_n=\frac{3}{10}+\frac{3}{10^2}+\frac{3}{10^3}+\cdots+\frac{3}{10^n},\quad\cdots,$$

它们分别都可以作为 $0.\dot{3}$ 的近似值.显然,随着项数 n 的增大,这种近似的精确度也就越高.因此,当 $n\to\infty$ 时,取 S_n 的极限便可得 $0.\dot{3}$ 的精确值,即

$$0.\dot{3}=\lim_{n\to\infty}S_n=\lim_{n\to\infty}\left(\frac{3}{10}+\frac{3}{10^2}+\cdots+\frac{3}{10^n}\right)$$

$$=\lim_{n\to\infty}\frac{\frac{3}{10}\left(1-\frac{1}{10^n}\right)}{1-\frac{1}{10}}=\lim_{n\to\infty}\frac{3}{9}\left(1-\frac{1}{10^n}\right)=\frac{3}{9}=\frac{1}{3}.$$

像上述问题中出现的用无限多个数依次相加的式子来表示某个量的问题，就是下面要讨论的常数项级数.

定义 9.1 给定一个数列 $\{u_n\}:u_1,u_2,\cdots,u_n,\cdots$，将其各项依次相加，简记为 $\sum_{n=1}^{\infty}u_n$，即

$$\sum_{n=1}^{\infty}u_n=u_1+u_2+u_3+\cdots+u_n+\cdots,\tag{9.1}$$

称上式为常数项无穷级数，简称常数项级数或级数，其中第 n 项 u_n 叫做级数的一般项.

称级数(9.1)的前 n 项和

$$S_n=u_1+u_2+u_3+\cdots+u_n$$

为级数的第 n 个部分和，简称为部分和；数列

$$\{S_n\}:S_1,S_2,\cdots,S_n,\cdots$$

称为级数的部分和数列. 于是，级数(9.1)是否存在和就转化为讨论部分和数列 $\{S_n\}$ 的收敛性问题.

定义 9.2 如果级数 $\sum_{n=1}^{\infty}u_n$ 的部分和数列 $\{S_n\}$ 有极限 S，即

$$\lim_{n\to\infty}S_n=S,$$

则称无穷级数 $\sum_{n=1}^{\infty}u_n$ 收敛，这时极限 S 称为级数的和，记作

$$S=\sum_{n=1}^{\infty}u_n=u_1+u_2+u_3+\cdots+u_n+\cdots,$$

此时，也称无穷级数 $\sum_{n=1}^{\infty}u_n$ 收敛于和 S；若部分和数列 $\{S_n\}$ 没有极限，则称无穷级数 $\sum_{n=1}^{\infty}u_n$ 发散.

显然，当级数 $\sum_{n=1}^{\infty}u_n$ 收敛时，其部分和 S_n 是该级数的和 S 的近似值，它们之间的差值

$$R_n=S-S_n=u_{n+1}+u_{n+2}+\cdots$$

称为级数的余项. 用近似值 S_n 代替 S 所产生的误差，就是这个余项的绝对值，即 $|R_n|$.

例 9-1　判别级数$\sum_{n=1}^{\infty}\frac{1}{n(n+1)}$的敛散性.

解　由于级数的部分和数列$\{S_n\}$的一般项

$$\begin{aligned}S_n&=\frac{1}{1\times 2}+\frac{1}{2\times 3}+\cdots+\frac{1}{n(n+1)}\\&=\left(1-\frac{1}{2}\right)+\left(\frac{1}{2}-\frac{1}{3}\right)+\cdots+\left(\frac{1}{n}-\frac{1}{n+1}\right)\\&=1-\frac{1}{n+1},\end{aligned}$$

而

$$\lim_{n\to\infty}S_n=\lim_{n\to\infty}\left(1-\frac{1}{n+1}\right)=1,$$

所以级数$\sum_{n=1}^{\infty}\frac{1}{n(n+1)}$收敛,且其和$S=1$.

例 9-2　讨论等比级数(又称几何级数)

$$\sum_{n=0}^{\infty}aq^n=a+aq+aq^2+\cdots+aq^{n-1}+\cdots \tag{9.2}$$

的敛散性,其中$a\neq 0$,q叫作级数(9.2)的公比.

解　(1) 如果$|q|\neq 1$,则部分和

$$S_n=a+aq+\cdots+aq^{n-1}=\frac{a-aq^n}{1-q}=\frac{a}{1-q}(1-q^n).$$

① 当$|q|<1$时,由于$\lim_{n\to\infty}q^n=0$,从而$\lim_{n\to\infty}S_n=\frac{a}{1-q}$,因此级数(9.2)收敛,其和为$\frac{a}{1-q}$;

② 当$|q|>1$时,由于$\lim_{n\to\infty}q^n=\infty$,从而$\lim_{n\to\infty}S_n=\infty$,即极限不存在,此时级数(9.2)发散.

(2) 如果$|q|=1$,则当$q=1$时,$S_n=na$,$\lim_{n\to\infty}S_n=\infty$,此时级数(9.2)发散;当$q=-1$时,级数(9.2)成为

$$a-a+a-a+\cdots,$$

此时部分和S_n随着n为奇数或为偶数分别等于a或0,由于$a\neq 0$,所以S_n的极限不存在,故级数(9.2)发散.

综上所述,我们得到以下结论:等比级数$\sum_{n=0}^{\infty}aq^n$当公比的绝对值$|q|<1$时收敛,且其和为$S=\frac{a}{1-q}$;当$|q|\geqslant 1$时发散.

例 9-3　判定级数

$$\sum_{n=1}^{\infty}\ln\frac{n+1}{n}=\ln\frac{2}{1}+\ln\frac{3}{2}+\ln\frac{4}{3}+\cdots+\ln\frac{n+1}{n}+\cdots$$

的敛散性.

解 由于

$$\ln\frac{n+1}{n}=\ln(n+1)-\ln n \quad (n=1,2,\cdots),$$

得

$$\begin{aligned}S_n&=\ln\frac{2}{1}+\ln\frac{3}{2}+\ln\frac{4}{3}+\cdots+\ln\frac{n+1}{n}\\&=(\ln2-\ln1)+(\ln3-\ln2)+\cdots+[(\ln(n+1)-\ln n]\\&=\ln(n+1),\end{aligned}$$

因此

$$\lim_{n\to\infty}S_n=\lim_{n\to\infty}\ln(n+1)=+\infty,$$

所以级数发散.

例 9-4 证明:调和级数$\sum\limits_{n=1}^{\infty}\frac{1}{n}$发散.

证明 在区间$[n,n+1]$上对函数$\ln x$使用拉格朗日定理,有

$$\ln(n+1)-\ln n=\frac{1}{\xi_n} \quad (n<\xi_n<n+1),$$

则

$$\frac{1}{\xi_n}<\frac{1}{n}, \quad \ln(n+1)-\ln n<\frac{1}{n}.$$

利用上面的不等式可得

$$\begin{aligned}S_n&=1+\frac{1}{2}+\cdots+\frac{1}{n}\\&>(\ln2-\ln1)+(\ln3-\ln2)+\cdots+[\ln(n+1)-\ln n]\\&=\ln(n+1),\end{aligned}$$

则$\lim\limits_{n\to\infty}S_n=+\infty$,因此调和级数$\sum\limits_{n=1}^{\infty}\frac{1}{n}$发散.

9.1.2 无穷级数的基本性质

根据无穷级数收敛、发散以及和的概念,可以得出级数的几个基本性质.

性质 9.1 设k为非零常数,则级数$\sum\limits_{n=1}^{\infty}ku_n$与级数$\sum\limits_{n=1}^{\infty}u_n$同时收敛或同时发散,且同时收敛时,有

$$\sum_{n=1}^{\infty} ku_n = k\sum_{n=1}^{\infty} u_n. \tag{9.3}$$

证 设级数$\sum_{n=1}^{\infty} u_n$与级数$\sum_{n=1}^{\infty} ku_n$的部分和分别为S_n与σ_n,则

$$\sigma_n = ku_1 + ku_2 + \cdots + ku_n = kS_n,$$

于是

$$\lim_{n\to\infty}\sigma_n = \lim_{n\to\infty} kS_n = k\lim_{n\to\infty} S_n,$$

故σ_n与S_n同时收敛或同时发散,即级数$\sum_{n=1}^{\infty} ku_n$与$\sum_{n=1}^{\infty} u_n$同时收敛或同时发散,且在收敛时有

$$\sum_{n=1}^{\infty} ku_n = k\sum_{n=1}^{\infty} u_n.$$

由此我们得出如下结论:级数的每一项同乘一个不为零的常数后,它的敛散性不会改变.

性质 9.2 若级数$\sum_{n=1}^{\infty} u_n$与级数$\sum_{n=1}^{\infty} v_n$都收敛,则级数$\sum_{n=1}^{\infty}(u_n \pm v_n)$收敛,且有

$$\sum_{n=1}^{\infty}(u_n \pm v_n) = \sum_{n=1}^{\infty} u_n \pm \sum_{n=1}^{\infty} v_n. \tag{9.4}$$

证 设级数$\sum_{n=1}^{\infty} u_n$,$\sum_{n=1}^{\infty} v_n$的部分和分别为S_n,σ_n,则级数$\sum_{n=1}^{\infty}(u_n \pm v_n)$的部分和

$$\begin{aligned}\tau_n &= (u_1 \pm v_1) + (u_2 \pm v_2) + \cdots + (u_n \pm v_n)\\ &= (u_1 + u_2 + \cdots + u_n) \pm (v_1 + v_2 + \cdots + v_n)\\ &= S_n \pm \sigma_n,\end{aligned}$$

于是

$$\lim_{n\to\infty}\tau_n = \lim_{n\to\infty} S_n \pm \lim_{n\to\infty}\sigma_n,$$

即有

$$\sum_{n=1}^{\infty}(u_n \pm v_n) = \sum_{n=1}^{\infty} u_n \pm \sum_{n=1}^{\infty} v_n.$$

性质 9.2 也可表述为两个收敛级数可以逐项相加与逐项相减. 例如,级数$\sum_{n=1}^{\infty}\frac{1}{2^n}$,$\sum_{n=1}^{\infty}\frac{1}{3^n}$都收敛且和分别为 1 和$\frac{1}{2}$,则级数$\sum_{n=1}^{\infty}\left(\frac{1}{2^n}+\frac{1}{3^n}\right)$也收敛,且和为$\frac{3}{2}$.

但如果级数$\sum_{n=1}^{\infty} u_n$收敛,级数$\sum_{n=1}^{\infty} v_n$发散,则$\sum_{n=1}^{\infty}(u_n \pm v_n)$必定发散.

根据级数收敛和发散的定义和极限运算法则,我们还可以证得下面两条性质.

性质 9.3 去掉、增加或改变级数的有限项,不改变级数的敛散性.

性质 9.4 收敛级数加括号后所形成的级数仍然为收敛级数，且收敛于原级数的和.

由性质 9.4，我们还可以得到如下推论.

推论 如果加括号后所成的级数发散，则原来的级数也发散.

需要注意的是，如果加括号后所成的级数收敛，则原级数未必收敛. 例如，级数

$$\sum_{n=1}^{\infty}(-1)^{n+1}=1-1+1-1+1-1+\cdots,$$

每两项加括号所得级数

$$(1-1)+(1-1)+(1-1)+\cdots$$

收敛于零；但是级数 $\sum\limits_{n=1}^{\infty}(-1)^{n+1}$ 的前 n 项和为

$$S_n=\begin{cases}1, & n\text{ 为奇数},\\ 0, & n\text{ 为偶数},\end{cases}$$

显然 S_n 的极限不存在，于是 $\sum\limits_{n=1}^{\infty}(-1)^{n+1}$ 发散.

性质 9.5（级数收敛的必要条件） 如果级数 $\sum\limits_{n=1}^{\infty}u_n$ 收敛，则它的一般项趋于 0，即 $\lim\limits_{n\to\infty}u_n=0$.

证 由于级数 $\sum\limits_{n=1}^{\infty}u_n$ 收敛，故极限 $\lim\limits_{n\to\infty}S_n$ 与 $\lim\limits_{n\to\infty}S_{n-1}$ 都存在且相等，即

$$\lim_{n\to\infty}S_n=\lim_{n\to\infty}S_{n-1}=S,$$

则

$$\lim_{n\to\infty}u_n=\lim_{n\to\infty}(S_n-S_{n-1})=\lim_{n\to\infty}S_n-\lim_{n\to\infty}S_{n-1}=S-S=0.$$

由性质 9.5 可知，如果级数的一般项不趋于 0，则该级数必定发散.

注意：一般项不趋于 0 常用来判别级数发散. 例如，级数

$$\frac{1}{2}+\frac{2}{3}+\frac{3}{4}+\cdots+\frac{n}{n+1}+\cdots,$$

当 $n\to\infty$ 时，它的一般项 $u_n=\dfrac{n}{n+1}$ 不趋于 0，因此该级数是发散的.

级数的一般项趋于 0 并不是级数收敛的充分条件，有些级数虽然它的一般项趋于 0，但仍然是发散的. 例如，调和级数 $\sum\limits_{n=1}^{\infty}\dfrac{1}{n}$ 是发散的，但 $\lim\limits_{n\to\infty}u_n=\lim\limits_{n\to\infty}\dfrac{1}{n}=0$. 因此，$\lim\limits_{n\to\infty}u_n=0$ 是级数 $\sum\limits_{n=1}^{\infty}u_n$ 收敛的必要条件，而不是充分条件；而 $\lim\limits_{n\to\infty}u_n\neq 0$ 是级数 $\sum\limits_{n=1}^{\infty}u_n$ 发散的充分条件.

9.2　数项级数的收敛性判别法

9.2.1　正项级数及其收敛性判别法

上一节我们讨论的都是一般的常数项级数,级数中各项可以是正数、负数或者零.如果级数$\sum_{n=1}^{\infty} u_n$的一般项$u_n \geqslant 0$,则称此级数为正项级数;如果级数$\sum_{n=1}^{\infty} u_n$的一般项$u_n \leqslant 0$,通常称为负项级数.正项级数是级数中最简单而且最重要的一类级数,以后我们将看到许多级数的敛散性问题可归结为正项级数的敛散性问题.

设级数$\sum_{n=1}^{\infty} u_n$是一个正项级数.因为$u_n \geqslant 0 (n=1,2,\cdots)$,所以级数的部分和数列$\{S_n\}$是单调增加数列,即

$$S_1 \leqslant S_2 \leqslant \cdots \leqslant S_{n-1} \leqslant S_n \leqslant \cdots,$$

由数列极限的存在准则知:如果正项级数的部分和数列$\{S_n\}$有界,则它收敛;否则它发散.由此得到下面的定理.

定理 9.1　正项级数$\sum_{n=1}^{\infty} u_n$收敛的充要条件是它的部分和数列$\{S_n\}$有界.

利用定理 9.1,可以得到几种常用的正项级数的敛散性判别法.

定理 9.2(比较判别法)　设$\sum_{n=1}^{\infty} u_n$和$\sum_{n=1}^{\infty} v_n$都是正项级数,且$u_n \leqslant v_n (n=1,2,\cdots)$.若级数$\sum_{n=1}^{\infty} v_n$收敛,则级数$\sum_{n=1}^{\infty} u_n$收敛;反之,若级数$\sum_{n=1}^{\infty} u_n$发散,则级数$\sum_{n=1}^{\infty} v_n$发散.

证　设$\sum_{n=1}^{\infty} u_n$和$\sum_{n=1}^{\infty} v_n$的部分和分别为S_n与σ_n,则由$0 \leqslant u_n \leqslant v_n (n=1,2,\cdots)$,有

$$S_n = u_1 + u_2 + \cdots + u_n \leqslant v_1 + v_2 + \cdots + v_n = \sigma_n \quad (n=1,2,\cdots).$$

若$\sum_{n=1}^{\infty} v_n$收敛,则由定理 9.1 可知$\{\sigma_n\}$有上界,从而$\{S_n\}$有上界,于是$\sum_{n=1}^{\infty} u_n$收敛.反之,设$\sum_{n=1}^{\infty} u_n$发散,则$\sum_{n=1}^{\infty} v_n$必发散.因为若$\sum_{n=1}^{\infty} v_n$收敛,由上面已证明的结论,将有级数$\sum_{n=1}^{\infty} u_n$也收敛,与假设矛盾.

注意到级数的每一项同乘不为零的常数k,以及去掉级数前面部分的有限项不会影响级数的收敛性,我们可以得到如下推论.

推论 设$\sum\limits_{n=1}^{\infty}u_n$和$\sum\limits_{n=1}^{\infty}v_n$为正项级数，且存在常数$k>0$和自然数$N$，使当$n>N$时，有

$$u_n \leqslant kv_n,$$

于是

(1) 当$\sum\limits_{n=1}^{\infty}v_n$收敛时，$\sum\limits_{n=1}^{\infty}u_n$收敛；

(2) 当$\sum\limits_{n=1}^{\infty}u_n$发散时，$\sum\limits_{n=1}^{\infty}v_n$发散.

例 9-5 判定调和级数

$$\sum_{n=1}^{\infty}\frac{1}{n}=1+\frac{1}{2}+\frac{1}{3}+\cdots+\frac{1}{n}+\cdots$$

的收散性.

解 因为

$$\begin{aligned}\sum_{n=1}^{\infty}\frac{1}{n}&=1+\frac{1}{2}+\frac{1}{3}+\cdots\\&=\left(1+\frac{1}{2}\right)+\left(\frac{1}{3}+\frac{1}{4}\right)+\left(\frac{1}{5}+\frac{1}{6}+\frac{1}{7}+\frac{1}{8}\right)+\cdots,\end{aligned}$$

它的各项均大于级数

$$\frac{1}{2}+\left(\frac{1}{4}+\frac{1}{4}\right)+\left(\frac{1}{8}+\frac{1}{8}+\frac{1}{8}+\frac{1}{8}\right)+\cdots=\frac{1}{2}+\frac{1}{2}+\frac{1}{2}+\cdots$$

的对应项，而后一个级数是发散的，所以由定理 9.2 可知调和级数

$$\sum_{n=1}^{\infty}\frac{1}{n}=1+\frac{1}{2}+\frac{1}{3}+\cdots+\frac{1}{n}+\cdots$$

发散.

例 9-6 讨论p级数$\sum\limits_{n=1}^{\infty}\frac{1}{n^p}(p>0)$的敛散性.

解 当$p\leqslant 1$时，$\frac{1}{n^p}\geqslant\frac{1}{n}$. 由例 9-5 知$\sum\limits_{n=1}^{\infty}\frac{1}{n}$发散，所以级数$\sum\limits_{n=1}^{\infty}\frac{1}{n^p}$发散.

当$p>1$时，有

$$\sum_{n=1}^{\infty}\frac{1}{n^p}=1+\left(\frac{1}{2^p}+\frac{1}{3^p}\right)+\left(\frac{1}{4^p}+\frac{1}{5^p}+\frac{1}{6^p}+\frac{1}{7^p}\right)+\left(\frac{1}{8^p}+\cdots+\frac{1}{15^p}\right)+\cdots,$$

它的各项显然小于下列级数

$$1+\left(\frac{1}{2^p}+\frac{1}{2^p}\right)+\left(\frac{1}{4^p}+\frac{1}{4^p}+\frac{1}{4^p}+\frac{1}{4^p}\right)+\left(\frac{1}{8^p}+\cdots+\frac{1}{8^p}\right)+\cdots$$

即$1+\frac{1}{2^{p-1}}+\frac{1}{4^{p-1}}+\frac{1}{8^{p-1}}+\cdots$的对应项，而该级数是几何级数，公比$q=\frac{1}{2^{p-1}}<1$，

所以收敛，因此级数$\sum_{n=1}^{\infty}\frac{1}{n^p}$收敛.

综上所述，p级数$\sum_{n=1}^{\infty}\frac{1}{n^p}$当$p>1$时收敛，当$p\leqslant 1$时发散.

例 9-7　判别级数$\sum_{n=1}^{\infty}\left(\frac{n}{2n+1}\right)^n$的敛散性.

解　因为

$$\left(\frac{n}{2n+1}\right)^n<\left(\frac{1}{2}\right)^n\quad(n=1,2,\cdots),$$

而$\sum_{n=1}^{\infty}\left(\frac{1}{2}\right)^n$为几何级数，公比$q=\frac{1}{2}<1$，所以收敛. 由定理 9.2 知$\sum_{n=1}^{\infty}\left(\frac{n}{2n+1}\right)^n$收敛.

例 9-8　判定级数$\sum_{n=1}^{\infty}\frac{1}{\sqrt{3n^2+n}}$的敛散性.

解　因为

$$\frac{1}{\sqrt{3n^2+n}}\geqslant\frac{1}{\sqrt{3n^2+n^2}}=\frac{1}{2n}\quad(n=1,2,\cdots),$$

而调和级数$\sum_{n=1}^{\infty}\frac{1}{n}$发散，级数$\sum_{n=1}^{\infty}\frac{1}{2n}$也发散. 由定理 9.2 知级数$\sum_{n=1}^{\infty}\frac{1}{\sqrt{3n^2+n}}$发散.

在应用比较判别法判定所给级数$\sum_{n=1}^{\infty}u_n$的敛散性时，常常需要将级数的通项u_n进行放大(或缩小)，以得到适当的不等式关系. 而建立这样的不等式关系有时相当困难，在实际使用时我们还常常用到比较判别法的极限形式.

定理 9.3(比较判别法的极限形式)　设$\sum_{n=1}^{\infty}u_n$和$\sum_{n=1}^{\infty}v_n$都是正项级数，且

$$\lim_{n\to\infty}\frac{u_n}{v_n}=l.$$

(1) 当$0<l<+\infty$时，$\sum_{n=1}^{\infty}u_n$和$\sum_{n=1}^{\infty}v_n$同时收敛或同时发散；

(2) 当$l=0$时，由$\sum_{n=1}^{\infty}v_n$收敛可推出$\sum_{n=1}^{\infty}u_n$收敛；

(3) 当$l=+\infty$时，由$\sum_{n=1}^{\infty}v_n$发散可推出$\sum_{n=1}^{\infty}u_n$发散.

例 9-9　判别级数$\sum_{n=1}^{\infty}\sin\frac{1}{n}$的敛散性.

解　因为

$$\lim_{n\to\infty}\frac{\sin\frac{1}{n}}{\frac{1}{n}}=1,$$

又因调和级数$\sum_{n=1}^{\infty}\frac{1}{n}$发散,所以由定理9.3可得级数$\sum_{n=1}^{\infty}\sin\frac{1}{n}$发散.

例 9-10 判别级数$\sum_{n=1}^{\infty}\ln\left(1+\frac{1}{n^2}\right)$的敛散性.

解 因为

$$\lim_{n\to\infty}\frac{\ln\left(1+\frac{1}{n^2}\right)}{\frac{1}{n^2}}=1,$$

又因 p 级数$\sum_{n=1}^{\infty}\frac{1}{n^2}$收敛,所以由定理9.3可得级数$\sum_{n=1}^{\infty}\ln\left(1+\frac{1}{n^2}\right)$收敛.

例 9-11 判别级数$\sum_{n=1}^{\infty}2^n\sin\frac{\pi}{3^n}$的散敛性.

解 因为

$$\lim_{n\to\infty}\frac{2^n\sin\frac{\pi}{3^n}}{\left(\frac{2}{3}\right)^n}=\pi,$$

又因几何级数$\sum_{n=1}^{\infty}\left(\frac{2}{3}\right)^n$收敛,所以由定理9.3可得级数$\sum_{n=1}^{\infty}2^n\sin\frac{\pi}{3^n}$收敛.

例 9-12 判别级数$\sum_{n=1}^{\infty}\frac{1}{\ln(n+1)}$的敛散性.

解 因为

$$\lim_{n\to\infty}\frac{\frac{1}{\ln(n+1)}}{\frac{1}{n}}=\lim_{n\to\infty}\frac{n}{\ln(n+1)}=+\infty,$$

又因调和级数$\sum_{n=1}^{\infty}\frac{1}{n}$发散,所以由定理9.3可得级数$\sum_{n=1}^{\infty}\frac{1}{\ln(n+1)}$发散.

用比较判别法判别已知级数的敛散性,需要选另一个已知敛散性的级数来比较,最常用的是调和级数、几何级数和 p 级数,因此需要记住它们的敛散性.

(1) 调和级数$\sum_{n=1}^{\infty}\frac{1}{n}$发散;

(2) 几何级数(等比级数)

$$\sum_{n=0}^{\infty} aq^n \begin{cases} 收敛于\dfrac{a}{1-q}, & 当\ |q|<1, \\ 发散, & 当\ |q|\geqslant 1; \end{cases}$$

(3) p 级数

$$\sum_{n=1}^{\infty} \frac{1}{n^p} \begin{cases} 收敛, & 当\ p>1, \\ 发散, & 当\ p\leqslant 1. \end{cases}$$

将正项级数与几何级数比较,还可以具体得到两个有效的判别法.

定理 9.4(比值判别法) 设 $\sum\limits_{n=1}^{\infty} u_n$ 是正项级数,且

$$\lim_{n\to\infty} \frac{u_{n+1}}{u_n} = \rho,$$

则当 $\rho<1$ 时级数收敛,当 $\rho>1\left(或 \lim\limits_{n\to\infty} \dfrac{u_{n+1}}{u_n} = +\infty\right)$时级数发散.

证 若 $\rho<1$,取 $\rho<r<1$,则

$$\lim_{n\to\infty} \frac{u_{n+1}}{u_n} < r,$$

由极限的保号性定理知,存在正整数 N,当 $n>N$ 时$\dfrac{u_{n+1}}{u_n}<r$,即 $u_{n+1}<u_n r$,则有

$$u_{N+2}<u_{N+1}r, \quad u_{N+3}<u_{N+2}r<u_{N+1}r^2, \quad \cdots, \quad u_{N+k}<u_{N+1}r^{k-1},$$

因为 $0\leqslant\rho<r<1$,几何级数 $\sum\limits_{k=1}^{\infty} u_{N+1}r^{k-1}$ 收敛,故由比较判别法知 $\sum\limits_{n=1}^{\infty} u_n$ 收敛.

$\rho>1$ 时,由 $\lim\limits_{n\to\infty} \dfrac{u_{n+1}}{u_n} = \rho>1$ 知,存在 N,当 $n>N$ 时,有 $u_{n+1}>u_n>0$,则 $\lim\limits_{n\to\infty} u_n \neq 0$,所以级数 $\sum\limits_{n=1}^{\infty} u_n$ 发散.

注:当 $\rho=1$ 时,级数可能收敛也可能发散. 如 p 级数 $\sum\limits_{n=1}^{\infty} \dfrac{1}{n^p}$,对于 p 的任意给定值,都有

$$\lim_{n\to\infty} \frac{u_{n+1}}{u_n} = \lim_{n\to\infty} \frac{\dfrac{1}{(n+1)^p}}{\dfrac{1}{n^p}} = 1,$$

而当 $p>1$ 时,$\sum\limits_{n=1}^{\infty} \dfrac{1}{n^p}$ 收敛,当 $p\leqslant 1$ 时,$\sum\limits_{n=1}^{\infty} \dfrac{1}{n^p}$ 发散,故当 $\rho=1$ 时不能判定级数的敛散性. 比值判别法也称为达朗贝尔(d'Alembert) 判别法.

例 9-13 判别级数 $\sum\limits_{n=1}^{\infty} \dfrac{n!}{10^n}$ 的敛散性.

解 因为

$$\lim_{n\to\infty}\frac{u_{n+1}}{u_n}=\lim_{n\to\infty}\frac{(n+1)!}{10^{n+1}}\cdot\frac{10^n}{n!}=\lim_{n\to\infty}\frac{n+1}{10}=+\infty>1,$$

由定理 9.4 知级数$\sum\limits_{n=1}^{\infty}\frac{n!}{10^n}$发散.

例 9-14 判别级数$\sum\limits_{n=1}^{\infty}\frac{n\cos^2\frac{n}{3}\pi}{2^n}$的敛散性.

解 由于$\frac{n\cos^2\frac{n}{3}\pi}{2^n}\leqslant\frac{n}{2^n}$,而级数$\sum\limits_{n=1}^{\infty}\frac{n}{2^n}$满足

$$\lim_{n\to\infty}\frac{u_{n+1}}{u_n}=\lim_{n\to\infty}\frac{n+1}{2^{n+1}}\cdot\frac{2^n}{n}=\frac{1}{2}<1,$$

所以级数$\sum\limits_{n=1}^{\infty}\frac{n}{2^n}$收敛,再由比较判别法知$\sum\limits_{n=1}^{\infty}\frac{n\cos^2\frac{n}{3}\pi}{2^n}$收敛.

例 9-15 判别级数$\sum\limits_{n=1}^{\infty}\frac{x^n}{n}(x>0)$的敛散性.

解 因为

$$\lim_{n\to\infty}\frac{u_{n+1}}{u_n}=\lim_{n\to\infty}\frac{x^{n+1}}{n+1}\cdot\frac{n}{x^n}=\lim_{n\to\infty}\frac{n}{n+1}x=x,$$

所以,当$0<x<1$时,级数$\sum\limits_{n=1}^{\infty}\frac{x^n}{n}$收敛;当$x>1$时,级数$\sum\limits_{n=1}^{\infty}\frac{x^n}{n}$发散;当$x=1$时,级数$\sum\limits_{n=1}^{\infty}\frac{1}{n}$为调和级数,是发散的.

例 9-16 判别级数$\sum\limits_{n=1}^{\infty}\frac{1}{(2n-1)\cdot 2n}$的敛散性.

解 由于

$$\lim_{n\to\infty}\frac{u_{n+1}}{u_n}=\lim_{n\to\infty}\frac{(2n-1)\cdot 2n}{(2n+1)(2n+2)}=1,$$

此时$\rho=1$,比值判别法失效,必须用其他方法判别敛散性. 因为$2n>2n-1\geqslant n$,所以

$$\frac{1}{(2n-1)\cdot 2n}<\frac{1}{n^2},$$

而级数$\sum\limits_{n=1}^{\infty}\frac{1}{n^2}$收敛,从而级数$\sum\limits_{n=1}^{\infty}\frac{1}{(2n-1)\cdot 2n}$收敛.

定理 9.5(根值判别法) 设$\sum\limits_{n=1}^{\infty}u_n$是正项级数,且

$$\lim_{n\to\infty}\sqrt[n]{u_n}=\rho,$$

则当 $\rho < 1$ 时级数收敛，当 $\rho > 1$（或 $\lim\limits_{n\to\infty}\sqrt[n]{u_n}=+\infty$）时级数发散.

根值判别法又称为柯西判别法，该定理的证明从略.

注：当 $\rho = 1$ 时，根值判别法失效.

例 9-17 判别级数 $\sum\limits_{n=1}^{\infty} 2^{-n-(-1)^n}$ 的敛散性.

解 因为

$$\lim_{n\to\infty}\sqrt[n]{u_n}=\lim_{n\to\infty}2^{-1-\frac{(-1)^n}{n}}=\frac{1}{2}<1,$$

所以由定理 9.5，级数 $\sum\limits_{n=1}^{\infty} 2^{-n-(-1)^n}$ 收敛.

例 9-18 判别级数 $\sum\limits_{n=1}^{\infty}\left(\dfrac{na}{3n+1}\right)^n (a>0)$ 的敛散性.

解 因为

$$\lim_{n\to\infty}\sqrt[n]{u_n}=\lim_{n\to\infty}\frac{na}{3n+1}=\frac{a}{3},$$

则当 $0<\dfrac{a}{3}<1$，即 $0<a<3$ 时，级数收敛；当 $\dfrac{a}{3}>1$，即 $a>3$ 时，级数发散；当 $a=3$ 时，$\lim\limits_{n\to\infty}\sqrt[n]{u_n}=1$，根值判别法失效，而

$$\lim_{n\to\infty}u_n=\lim_{n\to\infty}\left(\frac{3n}{3n+1}\right)^n=e^{-\frac{1}{3}}\neq 0,$$

级数发散.

9.2.2 交错级数及其收敛性判别法

定义 9.3 各项符号依次正负相间的级数

$$\sum_{n=1}^{\infty}(-1)^{n-1}u_n=u_1-u_2+u_3-u_4+\cdots \tag{9.5}$$

或

$$\sum_{n=1}^{\infty}(-1)^{n}u_n=-u_1+u_2-u_3+u_4-\cdots \tag{9.6}$$

称为交错级数，其中 $u_n \geqslant 0\ (u=1,2,\cdots)$.

由于级数(9.6)的各项乘(−1)后就变成级数(9.5)的形式，因此我们只需讨论级数(9.5)的敛散性.

定理 9.6（莱布尼茨判别法） 若交错级数 $\sum\limits_{n=1}^{\infty}(-1)^{n-1}u_n$ 满足条件：

(1) $u_n \geqslant u_{n+1}\ (n=1,2,\cdots)$；

(2) $\lim\limits_{n\to\infty}u_n=0$，

则$\sum\limits_{n=1}^{\infty}(-1)^{n-1}u_n$收敛.

证 先考虑级数的前$2n$项的和.由条件(1),有

$$S_{2n}=u_1-(u_2-u_3)-\cdots-(u_{2n-2}-u_{2n-1})-u_{2n}<u_1,$$

$$S_{2n}=(u_1-u_2)+(u_3-u_4)+\cdots+(u_{2n-1}-u_{2n})\geqslant S_{2n-2}\geqslant 0,$$

所有括号中的差都是非负的,故数列S_{2n}是单调增加的,且$S_{2n}<u_1$.根据单调有界数列必有极限的准则知道极限$\lim\limits_{n\to\infty}S_{2n}$存在,且$\lim\limits_{n\to\infty}S_{2n}=S\leqslant u_1$.

再考虑级数的前$2n+1$项的和.由条件(2)可知$\lim\limits_{n\to\infty}u_{2n+1}=0$,故

$$\lim_{n\to\infty}S_{2n+1}=\lim_{n\to\infty}(S_{2n}+u_{2n+1})=\lim_{n\to\infty}S_{2n}=S.$$

由于级数的前偶数项的和与奇数项的和趋于同一极限S,所以当$n\to\infty$时,级数$\sum\limits_{n=1}^{\infty}(-1)^{n-1}u_n$的部分和$S_n$具有极限$S$,这就证明了级数$\sum\limits_{n=1}^{\infty}(-1)^{n-1}u_n$收敛于$S$,且$S\leqslant u_1$.

例 9-19 判别级数$\sum\limits_{n=1}^{\infty}(-1)^{n-1}\dfrac{1}{n}$的敛散性.

解 级数$\sum\limits_{n=1}^{\infty}(-1)^{n-1}\dfrac{1}{n}$为交错级数,满足条件:

(1) $u_n=\dfrac{1}{n}>\dfrac{1}{n+1}=u_{n+1}\ (n=1,2,\cdots)$;

(2) $\lim\limits_{n\to\infty}u_n=\lim\limits_{n\to\infty}\dfrac{1}{n}=0$.

所以由定理9.6,该级数收敛.

例 9-20 判别级数$\sum\limits_{n=1}^{\infty}(-1)^{n-1}\dfrac{n}{n+1}$的敛散性.

解 由

$$\lim_{n\to\infty}u_n=\lim_{n\to\infty}\frac{n}{n+1}=1\neq 0,$$

可知当$n\to\infty$,级数$\sum\limits_{n=1}^{\infty}(-1)^{n-1}\dfrac{n}{n+1}$的一般项不趋于0,所以该级数发散.

例 9-21 判别级数$\sum\limits_{n=1}^{\infty}(-1)^{n}\dfrac{\sqrt{n}}{n+1}$的敛散性.

解 设$f(x)=\dfrac{\sqrt{x}}{x+1}\ (x\geqslant 1)$,由于

$$f'(x)=\frac{1-x}{2\sqrt{x}(x+1)^2}<0\quad(x\geqslant 1),$$

所以$f(x)$在$x\geqslant 1$时单调递减,从而有

$$u_n = f(n) > f(n+1) = u_{n+1} \quad (n = 1,2,\cdots),$$

又因为$\lim\limits_{n\to\infty} u_n = \lim\limits_{n\to\infty} \dfrac{\sqrt{n}}{n+1} = 0$,所以交错级数$\sum\limits_{n=1}^{\infty}(-1)^n \dfrac{\sqrt{n}}{n+1}$收敛.

9.2.3　绝对收敛与条件收敛

前面讨论的正项级数、交错级数都是形式比较特殊的级数,下面讨论一般的级数

$$\sum_{n=1}^{\infty} u_n = u_1 + u_2 + \cdots + u_n + \cdots,$$

它的各项为任意实数.如果级数$\sum\limits_{n=1}^{\infty} u_n$各项的绝对值所构成的正项级数$\sum\limits_{n=1}^{\infty} |u_n|$收敛,则称级数绝对收敛;如果级数$\sum\limits_{n=1}^{\infty} u_n$收敛,而级数$\sum\limits_{n=1}^{\infty} |u_n|$发散,则称级数条件收敛.

容易知道,级数$\sum\limits_{n=1}^{\infty}(-1)^{n-1}\dfrac{1}{n^3}$绝对收敛,而级数$\sum\limits_{n=1}^{\infty}(-1)^{n-1}\dfrac{1}{n}$是条件收敛的.

级数绝对收敛与级数收敛有以下重要关系.

定理 9.7　如果级数$\sum\limits_{n=1}^{\infty} u_n$绝对收敛,则级数$\sum\limits_{n=1}^{\infty} u_n$必定收敛.

证　设

$$v_n = \frac{1}{2}(u_n + |u_n|) \quad (n = 1,2,\cdots),$$

显然$v_n \geqslant 0$,且$v_n \leqslant |u_n|$ $(n = 1,2,\cdots)$.因为级数$\sum\limits_{n=1}^{\infty} |u_n|$收敛,故由正项级数的比较判别法知$\sum\limits_{n=1}^{\infty} v_n$收敛,从而$\sum\limits_{n=1}^{\infty} 2v_n$收敛.而$u_n = 2v_n - |u_n|$,由此得

$$\sum_{n=1}^{\infty} u_n = \sum_{n=1}^{\infty}(2v_n - |u_n|),$$

由级数的性质 9.2 知$\sum\limits_{n=1}^{\infty} u_n$收敛.

定理 9.7 可以把许多任意项级数的收敛性判别问题转化为正项级数的收敛性判别问题.该定理表明:若绝对值级数收敛,则原级数必定收敛.但是,若绝对值级数发散,却不能判定原级数必为发散.

定理 9.8　如果任意项级数

$$\sum_{n=1}^{\infty} u_n = u_1 + u_2 + \cdots + u_n + \cdots$$

满足条件

$$\lim_{n\to\infty}\left|\frac{u_{n+1}}{u_n}\right| = l,$$

则当 $l < 1$ 时级数绝对收敛，当 $l > 1$ 时级数发散.

证 根据定理 9.4，当 $l < 1$ 时，$\sum_{n=1}^{\infty}|u_n|$ 收敛，所以 $\sum_{n=1}^{\infty}u_n$ 绝对收敛；当 $l > 1$ 时，$n\to\infty$ 时 $|u_n|$ 不可能趋于 0，因此 u_n 也不可能趋于 0，所以 $\sum_{n=1}^{\infty}u_n$ 发散.

例 9-22 判别级数 $\sum_{n=1}^{\infty}(-1)^n\frac{n!}{n^n}$ 的收敛性.

解 因为

$$\lim_{n\to\infty}\left|\frac{u_{n+1}}{u_n}\right| = \lim_{n\to\infty}\frac{(n+1)!\cdot n^n}{(n+1)^{n+1}\cdot n!} = \lim_{n\to\infty}\left(\frac{n}{n+1}\right)^n = \frac{1}{\mathrm{e}} < 1,$$

由正项级数的比值判别法，级数 $\left|(-1)^n\frac{n!}{n^n}\right|$ 收敛，所以 $\sum_{n=1}^{\infty}(-1)^n\frac{n!}{n^n}$ 绝对收敛.

例 9-23 证明：级数 $\sum_{n=1}^{\infty}\frac{\sin n\alpha}{n^2}$ 绝对收敛.

证 因为 $\left|\frac{\sin n\alpha}{n^2}\right| \leqslant \frac{1}{n^2}$，而级数 $\sum_{n=1}^{\infty}\frac{1}{n^2}$ 是收敛的，所以由正项级数的比较判别法知 $\sum_{n=1}^{\infty}\left|\frac{\sin n\alpha}{n^2}\right|$ 收敛，从而级数 $\sum_{n=1}^{\infty}\frac{\sin n\alpha}{n^2}$ 绝对收敛.

例 9-24 判别下列级数是否收敛；如果收敛，则判别是绝对收敛还是条件收敛. .

(1) $\sum_{n=1}^{\infty}\frac{\sin n\alpha}{(\ln 3)^n}$； (2) $\sum_{n=1}^{\infty}\frac{(-1)^{n-1}}{n!}2^{n^2}$；

(3) $\sum_{n=1}^{\infty}\frac{(-1)^{n-1}n}{\sqrt{n^3+2n+1}}$.

解 (1) 因为 $\left|\frac{\sin n\alpha}{(\ln 3)^n}\right| \leqslant \frac{1}{(\ln 3)^n}$，而 $\sum_{n=1}^{\infty}\frac{1}{(\ln 3)^n}$ 是公比 $q=\frac{1}{\ln 3}$ 的等比级数，因 $|q| < 1$，所以它是收敛的.

由正项级数的比较判别法，$\sum_{n=1}^{\infty}\left|\frac{\sin n\alpha}{(\ln 3)^n}\right|$ 也收敛，即级数 $\sum_{n=1}^{\infty}\frac{\sin n\alpha}{(\ln 3)^n}$ 绝对收敛.

(2) 因为

$$\lim_{n\to\infty}\left|\frac{u_{n+1}}{u_n}\right| = \lim_{n\to\infty}\frac{\frac{1}{(n+1)!}2^{(n+1)^2}}{\frac{1}{n!}2^{n^2}} = \lim_{n\to\infty}\frac{2^{2n+1}}{n+1} = +\infty,$$

由定理 9.8 知 $\sum_{n=1}^{\infty}\frac{(-1)^{n-1}}{n!}2^{n^2}$ 发散.

(3) 因为

$$|u_n| = \left|\frac{(-1)^{n-1}n}{\sqrt{n^3+2n+1}}\right| = \frac{n}{\sqrt{n^3+2n+1}},$$

又

$$\lim_{n\to\infty}\frac{\dfrac{n}{\sqrt{n^3+2n+1}}}{\dfrac{n}{\sqrt{n^3}}} = 1,$$

而 $\sum\limits_{n=1}^{\infty}\frac{n}{\sqrt{n^3}}$ 即 $\sum\limits_{n=1}^{\infty}\frac{1}{\sqrt{n}}$ 是 $p=\frac{1}{2}$ 的 p 级数,发散,因此由定理 9.3 得

$$\sum_{n=1}^{\infty}\left|\frac{(-1)^{n-1}n}{\sqrt{n^3+2n+1}}\right|$$

发散. 但由

$$u_n = \frac{n}{\sqrt{n^3+2n+1}} \geqslant \frac{n+1}{\sqrt{(n+1)^3+2(n+1)+1}} = u_{n+1},$$

$$\lim_{n\to\infty}u_n = \frac{n}{\sqrt{n^3+2n+1}} = 0,$$

故级数 $\sum\limits_{n=1}^{\infty}\frac{(-1)^{n-1}n}{\sqrt{n^3+2n+1}}$ 是收敛的,即原级数是条件收敛.

例 9-25 讨论级数 $\sum\limits_{n=1}^{\infty}\frac{x^n}{n}$ 的敛散性.

解 注意到 x 可取任意实数,这是任意项级数. 因为

$$\lim_{n\to\infty}\left|\frac{u_{n+1}}{u_n}\right| = \lim_{n\to\infty}\left|\frac{\dfrac{x^{n+1}}{n+1}}{\dfrac{x^n}{n}}\right| = |x|,$$

所以,当 $|x|<1$ 时,原级数绝对收敛;当 $|x|>1$ 时,原级数发散;当 $x=1$ 时,级数为调和级数 $\sum\limits_{n=1}^{\infty}\frac{1}{n}$,发散;当 $x=-1$ 时,级数为交错级数 $\sum\limits_{n=1}^{\infty}(-1)^n\frac{1}{n}$,条件收敛.

9.3 函数项级数的概念与幂级数

前面我们讨论了常数项级数,但在科学技术的理论与实践中用得更多的是幂级数. 本节主要讨论函数项级数的一般概念及幂级数的收敛性.

9.3.1 函数项级数的概念

定义 9.4 设 $u_1(x), u_2(x), \cdots, u_n(x), \cdots$ 是定义在区间 I 上的函数列,则式子

$$u_1(x)+u_2(x)+\cdots+u_n(x)+\cdots \tag{9.7}$$

称为在区间 I 上的函数项级数,记为 $\sum\limits_{n=1}^{\infty}u_n(x)$.

对于区间 I 内的定点 x_0,如果常数项级数 $\sum\limits_{n=1}^{\infty}u_n(x_0)$ 收敛,则称点 x_0 是级数 $\sum\limits_{n=1}^{\infty}u_n(x)$ 的收敛点;如果常数项级数 $\sum\limits_{n=1}^{\infty}u_n(x_0)$ 发散,则称点 x_0 是级数 $\sum\limits_{n=1}^{\infty}u_n(x)$ 的发散点.

函数项级数 $\sum\limits_{n=1}^{\infty}u_n(x)$ 的所有收敛点的全体称为它的收敛域,所有发散点的全体称为它的发散域. 对于收敛域 D 内任一点 x,记函数项级数 $\sum\limits_{n=1}^{\infty}u_n(x)$ 的和为 $S(x)$. 显然,在收敛域 D 上,$S(x)$ 是 x 的函数,我们称 $S(x)$ 为函数项级数 $\sum\limits_{n=1}^{\infty}u_n(x)$ 的和函数,并记为

$$S(x)=u_1(x)+u_2(x)+\cdots+u_n(x)+\cdots=\sum_{n=1}^{\infty}u_n(x),\quad x\in D.$$

例如,公比为 x 的等比级数

$$\sum_{n=0}^{\infty}x^n=1+x+x^2+\cdots+x^n+\cdots \tag{9.8}$$

是一个在区间$(-\infty,+\infty)$上的函数项级数. 根据第 9.1 节中例 9.2 的讨论知,当 $|x|<1$ 时,该级数收敛;当 $|x|\geqslant 1$ 时,该级数发散. 因此,级数 $\sum\limits_{n=0}^{\infty}x^n$ 的收敛域为开区间$(-1,1)$,发散域为$(-\infty,1]$及$[1,+\infty)$. 对于任一点 $x\in(-1,1)$,等比级数的和为$\dfrac{1}{1-x}$,故得级数 $\sum\limits_{n=0}^{\infty}x^n$ 在收敛域$(-1,1)$上的和函数为$\dfrac{1}{1-x}$,即

$$S(x)=\sum_{n=0}^{\infty}x^n=\frac{1}{1-x},\quad x\in(-1,1).$$

与讨论常数项级数类似,如果将函数项级数 $\sum\limits_{n=1}^{\infty}u_n(x)$ 的前 n 项的和记为 $S_n(x)$,即

$$S_n(x)=u_1(x)+u_2(x)+\cdots+u_n(x),$$

则在收敛域 D 上有

$$\lim_{n\to\infty}S_n(x)=S(x),$$

如果把 $R_n(x)=S(x)-S_n(x)$ 称为函数项级数的余项,显然,只有当 x 在收敛域上时 $R_n(x)$ 才有意义,且有

$$\lim_{n\to\infty}R_n(x)=0.$$

这里我们只研究函数项级数中最重要的一类级数 —— 幂级数.

9.3.2 幂级数及其收敛性

形如

$$\sum_{n=0}^{\infty}a_n(x-x_0)^n=a_0+a_1(x-x_0)+a_2(x-x_0)^2+\cdots+a_n(x-x_0)^n+\cdots \tag{9.9}$$

的函数项级数称为$(x-x_0)$的幂级数,其中,$a_0,a_1,\cdots,a_n,\cdots$均是常数,称为幂级数的系数.

当$x_0=0$时,级数(9.9)变为

$$\sum_{n=0}^{\infty}a_nx^n=a_0+a_1x+a_2x^2+\cdots+a_nx^n+\cdots, \tag{9.10}$$

我们称级数(9.10)为x的幂级数,它的每一项都是x的幂函数.将级数(9.9)中的$x-x_0$换成x,则级数(9.9)就变为级数(9.10).因此,下面主要讨论形如(9.10)的幂级数.

容易看出,幂级数(9.10)在$x=0$处总是收敛的.讨论幂级数(9.10)的收敛性,主要是讨论它在除$x=0$外还有哪些收敛点.这些收敛点的范围是否为一个区间?若是区间,又如何求得呢?

我们从上面等比级数(9.8)的例子中看到,它的收敛域是一个以原点为中心的区间.这个结论对于一般的幂级数是否也是成立的呢?对于幂级数$\sum\limits_{n=0}^{\infty}a_nx^n$,我们用正项级数的比值判别法来考虑$\sum\limits_{n=0}^{\infty}|a_nx^n|$.若

$$\lim_{n\to\infty}\left|\frac{a_{n+1}}{a_n}\right|=\rho\quad(\rho\text{为非零常数}),$$

则

$$\lim_{n\to\infty}\left|\frac{u_{n+1}}{u_n}\right|=\lim_{n\to\infty}\left|\frac{a_{n+1}x^{n+1}}{a_nx^n}\right|=\lim_{n\to\infty}\left|\frac{a_{n+1}}{a_n}\right|\cdot|x|=\rho|x|, \tag{9.11}$$

于是,当$\rho|x|<1$,即$|x|<\dfrac{1}{\rho}$时,幂级数(9.10)绝对收敛;

当$\rho|x|>1$,即$|x|>\dfrac{1}{\rho}$时,幂级数(9.10)发散;

当$\rho|x|=1$,即$x=\dfrac{1}{\rho}$或$x=-\dfrac{1}{\rho}$时,由所得的常数项级数来判别其敛散性.

如果记$R=\dfrac{1}{\rho}$,由上面的分析可知,幂级数(9.10)在一个以原点为中心从$-R$

到 R 的区间内绝对收敛，区间 $(-R,R)$ 称为幂级数(9.10)的收敛区间，其中 $R=\frac{1}{\rho}$ 称为幂级数的收敛半径. 根据该幂级数在 $x=R, x=-R$ 的敛散性情况，收敛域可能是开区间 $(-R,R)$、闭区间 $[-R,R]$ 或半开半闭区间 $(-R,R]$ 及 $[-R,R)$.

下面看两种特殊情形：

(1) 若 $\lim\limits_{n\to\infty}\left|\frac{a_{n+1}}{a_n}\right|=\rho=0$，由式(9.11)知，对于任意 $x\neq 0$，$\lim\limits_{n\to\infty}\left|\frac{u_{n+1}}{u_n}\right|=0$，幂级数(9.10)都绝对收敛. 又幂级数(9.10)在 $x=0$ 一定收敛，所以这时可以认为收敛半径 $R=+\infty$，收敛域为 $(-\infty,+\infty)$.

(2) 若 $\lim\limits_{n\to\infty}\left|\frac{a_{n+1}}{a_n}\right|=\rho=+\infty$，由式(9.11)知，除了 $x=0$ 外，对于其他一切 x，幂级数(9.10)都发散. 这时可以认为收敛半径 $R=0$，收敛域为 $\{0\}$.

综上，可得到求幂级数(9.10)的收敛半径的定理.

定理 9.9 如果幂级数 $\sum\limits_{n=0}^{\infty}a_nx^n$ 满足 $\lim\limits_{n\to\infty}\left|\frac{a_{n+1}}{a_n}\right|=\rho$，则

(1) 当 $0<\rho<+\infty$ 时，收敛半径 $R=\frac{1}{\rho}$；

(2) 当 $\rho=0$ 时，收敛半径 $R=+\infty$；

(3) 当 $\rho=+\infty$ 时，收敛半径 $R=0$.

例 9-26 求幂级数 $\sum\limits_{n=1}^{\infty}\frac{(-1)^{n-1}x^n}{n}$ 的收敛半径和收敛域.

解 因为

$$\lim_{n\to\infty}\left|\frac{a_{n+1}}{a_n}\right|=\lim_{n\to\infty}\frac{\frac{1}{n+1}}{\frac{1}{n}}=\lim_{n\to\infty}\frac{n}{n+1}=1,$$

所以收敛半径 $R=1$.

当 $x=-1$ 时，它成为调和级数 $\sum\limits_{n=1}^{\infty}\frac{(-1)^{2n-1}}{n}=-\sum\limits_{n=1}^{\infty}\frac{1}{n}$，该级数发散；

当 $x=1$ 时，它成为交错级数 $\sum\limits_{n=1}^{\infty}\frac{(-1)^{n-1}}{n}$，该级数收敛.

综上所述，所求收敛域为 $(-1,1]$.

例 9-27 求幂级数 $\sum\limits_{n=0}^{\infty}\frac{(-1)^n}{n!}x^n$ 的收敛域.

解 因为

$$\lim_{n\to\infty}\left|\frac{a_{n+1}}{a_n}\right|=\lim_{n\to\infty}\left|\frac{\frac{1}{(n+1)!}}{\frac{1}{n!}}\right|=\lim_{n\to\infty}\frac{1}{n+1}=0,$$

所以收敛半径 $R=+\infty$，从而收敛域为 $(-\infty,+\infty)$.

例 9-28　求级数 $\sum\limits_{n=1}^{\infty}(-1)^{n-1}x^{n-1}$ 的收敛半径和收敛域.

解　因为

$$\lim_{n\to\infty}\left|\frac{a_{n+1}}{a_n}\right|=1,$$

所以收敛半径 $R=1$.

当 $x=\pm 1$ 时，级数 $\sum\limits_{n=1}^{\infty}(-1)^{n-1}x^{n-1}$ 均发散，从而收敛域为 $(-1,1)$.

例 9-29　求幂级数 $\sum\limits_{n=1}^{\infty}\frac{1}{n4^n}x^{2n-1}$ 的收敛半径和收敛域.

解　原级数中缺少 $x^2,x^4,\cdots$ 项，不能用定理 9.9 来求其收敛半径和收敛域，而是直接利用比值判别法（定理 9.8），有

$$\lim_{n\to\infty}\left|\frac{u_{n+1}}{u_n}\right|=\lim_{n\to\infty}\left|\frac{x^{2n+1}}{(n+1)4^{n+1}}\cdot\frac{n4^n}{x^{2n-1}}\right|=\lim_{n\to\infty}\frac{n}{4(n+1)}|x|^2=\frac{|x|^2}{4},$$

所以，当 $\frac{|x|^2}{4}<1$，即 $|x|<2$ 时，幂级数绝对收敛；当 $\frac{|x|^2}{4}>1$ 时，即 $|x|>2$ 时，幂级数发散. 故收敛半径 $R=2$，收敛区间为 $(-2,2)$.

当 $x=-2$ 时，级数为 $\sum\limits_{n=1}^{\infty}\left(-\frac{1}{2n}\right)$，发散；当 $x=2$ 时，级数为 $\sum\limits_{n=1}^{\infty}\frac{1}{2n}$，发散. 所以，原级数的收敛域为 $(-2,2)$.

例 9-30　求幂级数 $\sum\limits_{n=1}^{\infty}\frac{(2x+1)^n}{n}$ 的收敛半径和收敛域.

解　设 $t=2x+1$，原级数成为 $\sum\limits_{n=1}^{\infty}\frac{t^n}{n}$. 由

$$\lim_{n\to\infty}\left|\frac{a_{n+1}}{a_n}\right|=\lim_{n\to\infty}\frac{\frac{1}{n+1}}{\frac{1}{n}}=\lim_{n\to\infty}\frac{n}{n+1}=1$$

可知，当 $|t|<1$，即 $\left|x+\frac{1}{2}\right|<\frac{1}{2}$ 时，幂级数 $\sum\limits_{n=1}^{\infty}\frac{(2x+1)^n}{n}$ 绝对收敛；当 $|t|>1$，即 $\left|x+\frac{1}{2}\right|>\frac{1}{2}$ 时，幂级数 $\sum\limits_{n=1}^{\infty}\frac{(2x+1)^n}{n}$ 发散. 所以，原级数的收敛半径 $R=\frac{1}{2}$，收敛区间为 $(-1,0)$.

当 $x=-1$ 时，它成为交错级数 $\sum\limits_{n=1}^{\infty}\frac{(-1)^n}{n}$，该级数收敛；当 $x=0$ 时，它成为调和级数 $\sum\limits_{n=1}^{\infty}\frac{1}{n}$，该级数发散. 因此，给定级数的收敛域为 $[-1,0)$.

9.3.3 幂级数的运算

1) 加减法运算

设幂级数$\sum_{n=0}^{\infty}a_nx^n$及$\sum_{n=0}^{\infty}b_nx^n$的收敛半径分别为$R_1$,$R_2$,记$R_1$与$R_2$中较小的一个为$R$,即$R=\min\{R_1,R_2\}$,则在区间$(-R,R)$内,有

$$\sum_{n=0}^{\infty}a_nx^n\pm\sum_{n=0}^{\infty}b_nx^n=\sum_{n=0}^{\infty}(a_n\pm b_n)x^n.$$

2) 分析运算(证明从略)

性质 9.6 幂级数$\sum_{n=0}^{\infty}a_nx^n$的和函数$S(x)$在其收敛域上连续.

性质 9.7 幂级数$\sum_{n=0}^{\infty}a_nx^n$的和函数$S(x)$在其收敛区间$(-R,R)$内可导,并且有逐项求导公式

$$S'(x)=\left(\sum_{n=0}^{\infty}a_nx^n\right)'=\sum_{n=0}^{\infty}(a_nx^n)'=\sum_{n=0}^{\infty}na_nx^{n-1},$$

且逐项求导后所得的幂级数和原级数有相同的收敛半径.

性质 9.8 幂级数$\sum_{n=0}^{\infty}a_nx^n$的和函数$S(x)$在其收敛区间$(-R,R)$内可积,并且有逐项积分公式

$$\int_0^x S(x)\mathrm{d}x=\int_0^x\left(\sum_{n=0}^{\infty}a_nx^n\right)\mathrm{d}x=\sum_{n=0}^{\infty}\int_0^x a_nx^n\mathrm{d}x=\sum_{n=0}^{\infty}\frac{a_n}{n+1}x^{n+1},$$

且逐项积分后所得的幂级数和原幂级数有相同的收敛半径.

利用幂级数的性质,可求一些幂级数的和函数.

例 9-31 求幂级数

$$\sum_{n=1}^{\infty}(-1)^{n-1}\frac{x^{2n-1}}{2n-1}=x-\frac{x^3}{3}+\frac{x^5}{5}-\frac{x^7}{7}+\cdots+(-1)^{n-1}\frac{x^{2n-1}}{2n-1}+\cdots$$

的和函数.

解 先求收敛域. 由

$$\lim_{n\to\infty}\left|\frac{u_{n+1}}{u_n}\right|=\lim_{n\to\infty}\left|\frac{x^{2n+1}}{2n+1}\cdot\frac{2n-1}{x^{2n-1}}\right|=x^2<1$$

知该级数的收敛半径$R=1$.

当$x=-1$时,幂级数为$\sum_{n=1}^{\infty}\frac{(-1)^{n-2}}{2n-1}$,该级数为交错级数,是收敛的;当$x=1$时,幂级数为$\sum_{n=1}^{\infty}\frac{(-1)^{n-1}}{2n-1}$,也是收敛的. 所以,收敛域为[$-1$,1].

设此幂级数在收敛域$[-1,1]$内的和函数为$S(x)$，即

$$S(x)=\sum_{n=1}^{\infty}(-1)^{n-1}\frac{x^{2n-1}}{2n-1}$$
$$=x-\frac{x^3}{3}+\frac{x^5}{5}-\frac{x^7}{7}+\cdots+(-1)^{n-1}\frac{x^{2n-1}}{2n-1}+\cdots\quad(x\in[-1,1]),$$

则

$$S'(x)=\sum_{n=1}^{\infty}(-1)^{n-1}x^{2n-2}$$
$$=1-x^2+x^4-x^6+\cdots+(-1)^{n-1}x^{2n-2}+\cdots$$
$$=\frac{1}{1-(-x^2)}=\frac{1}{1+x^2}\quad(x\in[-1,1]),$$

再将上式两边从0到x积分，得

$$S(x)-S(0)=\int_0^x\frac{1}{1+x^2}dx=\arctan x,$$

由于$S(0)=0$，故得所求幂级数的和函数为

$$S(x)=\sum_{n=1}^{\infty}(-1)^{n-1}\frac{x^{2n-1}}{2n-1}=\arctan x\quad(-1\leqslant x\leqslant 1).$$

利用幂级数的和函数可以求得某些数项函数的和.例如，上例中令$x=1$，可得级数

$$\sum_{n=1}^{\infty}(-1)^{n-1}\frac{1}{2n-1}=S(1)=\arctan 1=\frac{\pi}{4}.$$

例 9-32 求幂级数$\sum\limits_{n=1}^{\infty}nx^{n-1}$的和函数，并求级数$\sum\limits_{n=1}^{\infty}\frac{n}{2^n}$的和.

解 由

$$\lim_{n\to\infty}\left|\frac{a_{n+1}}{a_n}\right|=\lim_{n\to\infty}\frac{n+1}{n}=1$$

得到收敛半径为1，且当$x=-1$时，幂级数为$\sum\limits_{n=1}^{\infty}(-1)^n n$，发散；当$x=1$时，幂级数为$\sum\limits_{n=1}^{\infty}n$，发散.因此，收敛域为$(-1,1)$.

设在$(-1,1)$内幂级数的和函数为$S(x)$，则

$$S(x)=\sum_{n=1}^{\infty}nx^{n-1}=1+2x+3x^2+\cdots+nx^{n-1}+\cdots\quad(x\in(-1,1)),$$

两边从0到x积分，得

$$\int_0^x S(t)dt=x+x^2+x^3+\cdots+x^n+\cdots=\frac{x}{1-x}\quad(x\in(-1,1)),$$

两边再对x求导，得

$$S(x)=\left(\frac{x}{1-x}\right)'=\frac{1}{(1-x)^2}\quad (x\in(-1,1)).$$

取 $x=\frac{1}{2}$,则有

$$S\left(\frac{1}{2}\right)=\sum_{n=1}^{\infty}n\left(\frac{1}{2}\right)^{n-1}=\frac{1}{\left(1-\frac{1}{2}\right)^2}=4,$$

所以

$$\sum_{n=1}^{\infty}\frac{n}{2^n}=\frac{1}{2}\sum_{n=1}^{\infty}n\left(\frac{1}{2}\right)^{n-1}=\frac{1}{2}\cdot 4=2.$$

9.4 函数展开成幂级数

前面我们讨论了幂级数的收敛域及其和函数的性质,知道了幂级数 $\sum_{n=0}^{\infty}a_nx^n$ 和 $\sum_{n=0}^{\infty}a_n(x-x_0)^n$ 在其收敛域内分别表示一个函数.但在许多应用中,我们遇到的却是相反的问题,即 $f(x)$ 在什么条件下可以表示成幂级数的形式.

9.4.1 泰勒公式与泰勒级数

定理 9.10(泰勒中值定理) 如果函数在含有点 x_0 的区间 (a,b) 内有一阶直到 $n+1$ 阶的连续导数,则当 x 取区间 (a,b) 内任何值时,$f(x)$ 可按 $x-x_0$ 的幂展开为

$$\begin{aligned}f(x)=&f(x_0)+f'(x_0)(x-x_0)+\frac{f''(x_0)}{2!}(x-x_0)^2+\cdots\\&+\frac{f^{(n)}(x_0)}{n!}(x-x_0)^n+R_n(x),\end{aligned}\tag{9.12}$$

其中

$$R_n(x)=\frac{f^{(n+1)}(\xi)}{(n+1)!}(x-x_0)^{n+1}\quad(\xi\text{介于}x_0\text{与}x\text{之间}).\tag{9.13}$$

该定理的证明从略.其中,公式(9.12)称为函数 $f(x)$ 的泰勒公式,余项(9.13)称为拉格朗日型余项.

在公式(9.12)中,当 $n=0$ 时得到

$$f(x)=f(x_0)+f'(\xi)(x-x_0),$$

这就是拉格朗日定理,所以泰勒中值定理是它的推广.

特别的,当 $x_0=0$ 时,公式(9.12)成为

$$f(x)=f(0)+f'(0)x+\frac{f''(0)}{2!}x^2+\cdots+\frac{f^{(n)}(0)}{n!}x^n+R_n(x),\quad(9.14)$$

其中

$$R_n(x)=\frac{f^{(n+1)}(\xi)}{(n+1)!}x^{n+1}\quad(\xi\text{介于 }0\text{ 与 }x\text{ 之间}),$$

该公式称为马克劳林公式.

如果函数 $f(x)$ 在区间(a,b)内各阶导数都存在,则对任意的正整数 n,泰勒公式显然都成立.如果当 $n\to\infty$ 时,$R_n(x)\to 0$,则得

$$f(x)=\lim_{n\to\infty}\left(f(x_0)+f'(x_0)(x-x_0)+\cdots+\frac{f^{(n)}(x_0)}{n!}(x-x_0)^n\right).$$

由于上式右端括号内的式子是级数

$$\sum_{n=0}^{\infty}\frac{f^{(n)}(x_0)}{n!}(x-x_0)^n\quad(9.15)$$

的前 $n+1$ 项组成的部分和,所以级数$\sum\limits_{n=0}^{\infty}\frac{f^{(n)}(x_0)}{n!}(x-x_0)^n$ 收敛且以 $f(x)$ 为其和.因此,当$\lim\limits_{n\to\infty}R_n(x)=0$ 时,有$\sum\limits_{n=0}^{\infty}\frac{f^{(n)}(x_0)}{n!}(x-x_0)^n=f(x)$,它叫做函数 $f(x)$ 在点 x_0 的泰勒级数.

特别的,当 $x_0=0$ 时,公式(9.15)成为

$$f(x)=\sum_{n=0}^{\infty}\frac{f^{(n)}(0)}{n!}x^n,\quad(9.16)$$

它称为函数 $f(x)$ 的马克劳林级数.

9.4.2　函数的幂级数展开法

将函数展开成幂级数的方法有两种,即直接展开法和间接展开法.

1) 直接展开法

用直接展开法把函数 $f(x)$ 展开成 x 的幂级数的步骤如下:

(1) 求出 $f(x)$ 的各阶导数 $f'(x),f''(x),\cdots,f^{(n)}(x),\cdots$.

(2) 求函数及其各阶导数在 $x=0$ 处的值 $f(0),f'(0),f''(0),\cdots,f^{(n)}(0),\cdots$.如果 $f(x)$ 在 $x=0$ 处某阶导数不存在,则 $f(x)$ 不能展开为幂级数.

(3) 写出 $f(x)$ 的马克劳林级数

$$f(0)+f'(0)x+\frac{f''(0)}{2!}x^2+\cdots+\frac{f^{(n)}(0)}{n!}x^n+\cdots,$$

并求出收敛半径 R 与收敛域.

(4) 考察在收敛域内 $R_n(x)$ 的极限

$$\lim_{n\to\infty}R_n(x)=\lim_{n\to\infty}\frac{f^{(n+1)}(\xi)}{(n+1)!}x^{n+1}\quad(\xi\text{介于 }x\text{ 与 }0\text{ 之间})$$

是否为 0. 如果为 0,则 $f(x)$ 在收敛域内有展开式

$$f(x)=f(0)+f'(0)x+\frac{f''(0)}{2!}x^2+\cdots+\frac{f^{(n)}(0)}{n!}x^n+\cdots.$$

例 9-33 将函数 $f(x)=\mathrm{e}^x$ 展开成 x 的幂级数.

解 因为 $f^{(n)}(x)=\mathrm{e}^x$,故 $f^{(n)}(0)=1$,可得级数

$$\sum_{n=0}^{\infty}\frac{f^{(n)}(0)}{n!}x^n=\sum_{n=0}^{\infty}\frac{x^n}{n!}=1+x+\frac{1}{2!}x^2+\cdots+\frac{1}{n!}x^n+\cdots,$$

其收敛域为$(-\infty,+\infty)$.

对于任何有限的数 x,ξ (ξ 介于 0 与 x 之间),有

$$|R_n(x)|=\left|\frac{\mathrm{e}^{\xi}}{(n+1)!}x^{n+1}\right|<\mathrm{e}^{|x|}\cdot\frac{|x|^{n+1}}{(n+1)!},$$

因为 $\mathrm{e}^{|x|}$ 是有限数,而$\sum\limits_{n=0}^{\infty}\frac{|x|^{n+1}}{(n+1)!}$ 是收敛级数,由级数收敛的必要条件得

$$\lim_{n\to\infty}\frac{|x|^{n+1}}{(n+1)!}=0,\quad 即\quad \lim_{n\to\infty}|R_n(x)|=0,$$

从而$\lim\limits_{n\to\infty}R_n(x)=0$. 于是得 e^x 的马克劳林展开式为

$$\begin{aligned}\mathrm{e}^x&=1+x+\frac{1}{2!}x^2+\cdots+\frac{1}{n!}x^n+\cdots\\&=\sum_{n=0}^{\infty}\frac{x^n}{n!}\quad(-\infty<x<+\infty).\end{aligned}\tag{9.17}$$

例 9-34 将函数 $f(x)=\sin x$ 展开成 x 的幂级数.

解 因为 $f^{(n)}(x)=\sin\left(x+n\cdot\frac{\pi}{2}\right)$,所以 $f(0)=0$,$f'(0)=1$,$f''(0)=0$,$f'''(0)=-1$,$\cdots$,$f^{(2k)}(0)=0$,$f^{(2k+1)}(0)=(-1)^k$,得到级数

$$x-\frac{x^3}{3!}+\frac{x^5}{5!}-\frac{x^7}{7!}+\cdots+(-1)^{n-1}\frac{x^{2n-1}}{(2n-1)!}+\cdots,$$

其收敛域为$(-\infty,+\infty)$.

对于任何有限数 x,ξ (ξ 介于 0 与 x 之间),有

$$|R_n(x)|=\left|\frac{\sin\left(\xi+\frac{(n+1)\pi}{2}\right)}{(n+1)!}x^{n+1}\right|\leqslant\frac{|x|^{n+1}}{(n+1)!}\to 0\quad(n\to\infty),$$

于是得 $\sin x$ 的马克劳林展开式为

$$\begin{aligned}\sin x&=x-\frac{x^3}{3!}+\frac{x^5}{5!}-\frac{x^7}{7!}+\cdots+(-1)^{n-1}\frac{x^{2n-1}}{(2n-1)!}+\cdots\\&=\sum_{n=0}^{\infty}\frac{(-1)^n}{(2n+1)!}x^{2n+1}\quad(-\infty<x<+\infty).\end{aligned}\tag{9.18}$$

例 9-35 函数 $f(x)=(1+x)^m$ 的幂级数展开式是一个重要的展开式,下面

略去过程,给出 $f(x)$ 的马克劳林展开式:

$$(1+x)^m = 1+mx+\frac{m(m-1)}{2!}x^2+\cdots+\frac{m(m-1)\cdots(m-n+1)}{n!}x^n+\cdots$$

$$= 1+\sum_{n=1}^{\infty}\frac{m(m-1)\cdots(m-n+1)}{n!}x^n+\cdots \quad (-1<x<1), \tag{9.19}$$

其中,m 为实数.式(9.19)称为二项展开式,当 m 是正整数时,式(9.19)就是代数中的二项式定理.

可以证明:当 $m\leqslant -1$ 时,上述收敛域为 $(-1,1)$;当 $-1<m<0$ 时,收敛域为 $(-1,1]$;当 $m>0$ 时,收敛域为 $[-1,1]$.例如

当 $m=-1$ 时,由式(9.19)得到

$$(1+x)^{-1} = \frac{1}{1+x}$$

$$= 1-x+x^2-\cdots+(-1)^n x^n+\cdots \quad (-1<x<1). \tag{9.20}$$

当 $m=\frac{1}{2}$ 时,由式(9.19)得到

$$(1+x)^{\frac{1}{2}} = \sqrt{1+x}$$

$$= 1+\frac{1}{2}x-\frac{1}{2\cdot 4}x^2+\frac{1\cdot 3}{2\cdot 4\cdot 6}x^3-\cdots \quad (-1\leqslant x\leqslant 1). \tag{9.21}$$

2) 间接展开法

间接展开法是以一些函数的幂级数展开式(式(9.17)~(9.20))为基础,利用幂级数的性质、变量变换等方法,求出函数的幂级数展开式.

例 9-36　将函数 $\cos x$ 展开成 x 的幂级数.

解　因为 $\cos x=(\sin x)'$,故利用已知的 $\sin x$ 的展开式(9.18)可得

$$\cos x = (\sin x)' = \left[\sum_{n=0}^{\infty}(-1)^n\frac{x^{2n+1}}{(2n+1)!}\right]' = \sum_{n=0}^{\infty}(-1)^n\frac{x^{2n}}{(2n)!}$$

$$= 1-\frac{x^2}{2!}+\frac{x^4}{4!}-\cdots+(-1)^n\frac{x^{2n}}{(2n)!}+\cdots \quad (-\infty<x<+\infty). \tag{9.22}$$

例 9-37　将函数 $\ln(1+x)$ 展开成 x 的幂级数.

解　由于 $[\ln(1+x)]'=\frac{1}{1+x}$,利用式(9.20),即

$$\frac{1}{1+x} = 1-x+x^2-\cdots+(-1)^n x^n+\cdots \quad (-1<x<1),$$

上式两边对 x 从 0 到 x $(-1<x<1)$ 逐项积分,得

$$\ln(1+x)=\int_0^x \frac{1}{1+t}\mathrm{d}t$$

$$=x-\frac{1}{2}x^2+\frac{1}{3}x^3-\cdots+\frac{(-1)^n}{n+1}x^{n+1}+\cdots \quad (-1<x<1).$$

可以证明:在 $x=1$ 处上式仍成立,因此收敛域为 $(-1,1]$. 即有

$$\ln(1+x)=x-\frac{1}{2}x^2+\frac{1}{3}x^3-\cdots+\frac{(-1)^n}{n+1}x^{n+1}+\cdots \quad (-1<x\leqslant 1). \tag{9.23}$$

例 9-38 将函数 $\arctan x$ 展开成 x 的幂级数.

解 由于

$$(\arctan x)'=\frac{1}{1+x^2},$$

故先将 $\frac{1}{1+x^2}$ 展开成 x 的幂级数.

在式(9.20)两边把 x^2 代入,得

$$\frac{1}{1+x^2}=1-x^2+x^4-x^6+\cdots+(-1)^n x^{2n}+\cdots \quad (-1<x<1),$$

对上式两边从 0 到 x $(-1<x<1)$ 逐项积分,得

$$\arctan x=x-\frac{1}{3}x^3+\frac{1}{5}x^5-\cdots+\frac{(-1)^n}{2n+1}x^{2n+1}+\cdots \quad (-1<x<1).$$

当 $x=1$ 时,它是交错级数 $\sum\limits_{n=0}^{\infty}(-1)^n\frac{1}{2n+1}$,收敛;当 $x=-1$ 时,它是交错级数 $\sum\limits_{n=0}^{\infty}(-1)^{n+1}\frac{1}{2n+1}$,收敛. 因此,收敛域为 $[-1,1]$. 即

$$\arctan x=x-\frac{1}{3}x^3+\frac{1}{5}x^5-\cdots+\frac{(-1)^n}{2n+1}x^{2n+1}+\cdots \quad (-1\leqslant x\leqslant 1). \tag{9.24}$$

例 9-39 将函数 $f(x)=\mathrm{e}^{-x^2}$ 展开成 x 的幂级数.

解 因为

$$\mathrm{e}^x=1+x+\frac{1}{2!}x^2+\cdots+\frac{1}{n!}x^n+\cdots \quad (-\infty<x<+\infty),$$

将上式中 x 换成 $-x^2$,得

$$\mathrm{e}^{-x^2}=1-x^2+\frac{1}{2!}x^4+\cdots+(-1)^n\frac{x^{2n}}{n!}+\cdots \quad (-\infty<x<+\infty).$$

例 9-40 将函数 $\sin x$ 展开成 $x-\frac{\pi}{4}$ 的幂级数.

解 由于

$$\sin x=\sin\left[\left(x-\frac{\pi}{4}\right)+\frac{\pi}{4}\right]=\sin\frac{\pi}{4}\cos\left(x-\frac{\pi}{4}\right)+\cos\frac{\pi}{4}\sin\left(x-\frac{\pi}{4}\right)$$
$$=\frac{\sqrt{2}}{2}\left[\sin\left(x-\frac{\pi}{4}\right)+\cos\left(x-\frac{\pi}{4}\right)\right],$$

在式(9.18)及式(9.22)中,把 x 换成 $x-\frac{\pi}{4}$,得

$$\sin\left(x-\frac{\pi}{4}\right)=\left(x-\frac{\pi}{4}\right)-\frac{1}{3!}\left(x-\frac{\pi}{4}\right)^3+\frac{1}{5!}\left(x-\frac{\pi}{4}\right)^5-\cdots$$
$$(-\infty<x<+\infty),$$
$$\cos\left(x-\frac{\pi}{4}\right)=1-\frac{1}{2!}\left(x-\frac{\pi}{4}\right)^2+\frac{1}{4!}\left(x-\frac{\pi}{4}\right)^4-\cdots$$
$$(-\infty<x<+\infty),$$

故有

$$\sin x=\frac{\sqrt{2}}{2}\left[1+\left(x-\frac{\pi}{4}\right)-\frac{1}{2!}\left(x-\frac{\pi}{4}\right)^2-\frac{1}{3!}\left(x-\frac{\pi}{4}\right)^3+\frac{1}{4!}\left(x-\frac{\pi}{4}\right)^4\right.$$
$$\left.+\frac{1}{5!}\left(x-\frac{\pi}{4}\right)^5-\cdots\right]\quad(-\infty<x<+\infty).$$

例 9-41 将 $\ln x$ 展开成为 $x-1$ 的幂级数,并求收敛域.

解 因为

$$\ln(1+t)=t-\frac{t^2}{2}+\cdots+(-1)^{n-1}\frac{t^n}{n}+\cdots\quad(-1<t\leqslant 1),$$

所以

$$\ln x=\ln[1+(x-1)]$$
$$=(x-1)-\frac{1}{2}(x-1)^2+\cdots+(-1)^{n-1}\frac{(x-1)^n}{n}+\cdots,$$

由 $-1<x-1\leqslant 1$ 得 $0<x\leqslant 2$,即收敛域为 $(0,2]$.

例 9-42 将 $\frac{1}{x-2}$ 展开为 $x+1$ 的幂级数.

解 由于

$$\frac{1}{x-2}=\frac{-1}{2-x}=\frac{-1}{3-(x+1)}=-\frac{1}{3}\cdot\frac{1}{1-\frac{x+1}{3}},$$

又在式(9.20)中用 $-x$ 代替 x,得

$$\frac{1}{1-x}=1+x+x^2+\cdots+x^n+\cdots\quad(-1<x<1),\tag{9.25}$$

将式(9.25)中的 x 换成 $\frac{x+1}{3}$,即得

$$\frac{1}{x-2}=-\frac{1}{3}\left[1+\frac{x+1}{3}+\left(\frac{x+1}{3}\right)^2+\cdots+\left(\frac{x+1}{3}\right)^n+\cdots\right]$$

$$=-\left[\frac{1}{3}+\frac{(x+1)}{3^2}+\frac{(x+1)^2}{3^3}+\cdots+\frac{(x+1)^n}{3^{n+1}}+\cdots\right],$$

又由 $-1<\frac{x+1}{3}<1$,得 $-4<x<2$,即收敛域为 $(-4,2)$.

例 9-43 将 $\frac{d}{dx}\left(\frac{e^x-1}{x}\right)$ 展开成 x 的幂级数.

解 由

$$e^x=1+x+\frac{x^2}{2!}+\cdots+\frac{x^n}{n!}+\cdots \quad (-\infty<x<+\infty)$$

得

$$\frac{e^x-1}{x}=1+\frac{x}{2!}+\frac{x^2}{3!}+\cdots+\frac{x^{n-1}}{n!}+\cdots \quad (x\neq 0),$$

两边逐项微分,得

$$\frac{d}{dx}\left(\frac{e^x-1}{x}\right)=\frac{1}{2!}+\frac{2}{3!}x+\cdots+\frac{n-1}{n!}x^{n-2}+\cdots \quad (x\neq 0).$$

例 9-44 将函数 $f(x)=\frac{x}{x^2-x-2}$ 展开成 x 的幂级数.

解 因为

$$f(x)=\frac{x}{x^2-x-2}=\frac{x}{(x-2)(x+1)}$$

$$=\frac{1}{3}\left(\frac{1}{x+1}+\frac{2}{x-2}\right)=\frac{1}{3}\left(\frac{1}{1+x}-\frac{1}{1-\frac{x}{2}}\right),$$

又因为

$$\frac{1}{1+x}=\sum_{n=0}^{\infty}(-1)^n x^n \quad (-1<x<1),$$

$$\frac{1}{1-\frac{x}{2}}=\sum_{n=0}^{\infty}\left(\frac{x}{2}\right)^n \quad (-2<x<2),$$

根据幂级数的性质有

$$f(x)=\frac{1}{3}\left[\sum_{n=0}^{\infty}(-1)^n x^n-\sum_{n=0}^{\infty}\frac{1}{2^n}x^n\right]$$

$$=\frac{1}{3}\sum_{n=0}^{\infty}\left[(-1)^n-\frac{1}{2^n}\right]x^n,$$

其收敛域为 $(-1,1)\cap(-2,2)$,即 $(-1,1)$.

利用上面得到的已知函数的幂级数展开式,也可帮助我们用于求某些级数在收敛区间内的和函数. 请看下例.

例 9-45　求幂级数$\sum\limits_{n=1}^{\infty}\frac{1}{n!}x^{n+1}$在其收敛区间内的和函数$S(x)$.

解　先求该幂级数的收敛区间. 由于

$$\rho=\lim_{n\to\infty}\left|\frac{a_{n+1}}{a_n}\right|=\lim_{n\to\infty}\frac{n!}{(n+1)!}=\lim_{n\to\infty}\frac{1}{n+1}=0,$$

所以收敛半径$R=+\infty$,收敛区间为$(-\infty,+\infty)$.

利用幂级数的运算法则及e^x的展开公式(9.17),可得所给幂级数在其收敛区间内的和函数为

$$\begin{aligned}S(x)&=\sum_{n=1}^{\infty}\frac{1}{n!}x^{n+1}=x\sum_{n=1}^{\infty}\frac{x^n}{n!}=x\left(\sum_{n=0}^{\infty}\frac{x^n}{n!}-1\right)\\&=x(\mathrm{e}^x-1)\quad(-\infty<x<+\infty).\end{aligned}$$

9.5　幂级数的应用举例

上一节得到的一些函数的幂级数展开式可以用来近似计算,下面举例说明.

例 9-46　计算 e 的近似值.

解　利用e^x的展开式(9.17),令$x=1$,即得

$$\mathrm{e}=1+1+\frac{1}{2!}+\frac{1}{3!}+\cdots+\frac{1}{n!}+\cdots.$$

取前$n+1$项作为 e 的近似值,有

$$\mathrm{e}\approx1+1+\frac{1}{2!}+\frac{1}{3!}+\cdots+\frac{1}{n!},$$

取$n=7$,即取级数的前 8 项作近似计算,则

$$\mathrm{e}\approx1+1+\frac{1}{2!}+\frac{1}{3!}+\frac{1}{4!}+\frac{1}{5!}+\frac{1}{6!}+\frac{1}{7!},$$

此时$\mathrm{e}\approx2.71826$.

例 9-47　计算$\sin9^\circ$的近似值.

解　因为$9^\circ=9\times\frac{\pi}{180}=\frac{\pi}{20}$(弧度),所以在$\sin x$的幂级数展开式(9.18)中,以$x=\frac{\pi}{20}$代入得

$$\sin9^\circ=\sin\frac{\pi}{20}=\frac{\pi}{20}-\frac{1}{3!}\left(\frac{\pi}{20}\right)^3+\frac{1}{5!}\left(\frac{\pi}{20}\right)^5-\cdots,$$

取前 2 项作为$\sin9^\circ$的近似值,则

$$\sin9^\circ\approx\frac{\pi}{20}-\frac{1}{3!}\left(\frac{\pi}{20}\right)^3\approx0.157080-0.000649\approx0.15643.$$

例 9-48　求积分$\int_0^{0.2}\mathrm{e}^{-x^2}\mathrm{d}x$的近似值.

解 先求积分$\int_0^x e^{-t^2}dt$的幂级数展开式. 由e^x的展开式(9.17),得

$$e^{-x^2}=\sum_{n=0}^{\infty}\frac{(-x^2)^n}{n!}=\sum_{n=0}^{\infty}\frac{(-1)^n}{n!}x^{2n}\quad(-\infty<x<+\infty),$$

所以

$$\begin{aligned}\int_0^x e^{-t^2}dt&=\int_0^x\left[\sum_{n=0}^{\infty}\frac{(-1)^n}{n!}t^{2n}\right]dt=\sum_{n=0}^{\infty}\frac{(-1)^n}{n!}\int_0^x t^{2n}dt\\&=\sum_{n=0}^{\infty}\frac{(-1)^n}{(2n+1)\cdot n!}x^{2n+1}\\&=x-\frac{x^3}{3\cdot 1!}+\frac{x^5}{5\cdot 2!}-\frac{x^7}{7\cdot 3!}+\cdots\quad(-\infty<x<+\infty).\end{aligned}$$

在上式中令$x=0.2$,得

$$\begin{aligned}\int_0^{0.2}e^{-x^2}dx&=0.2-\frac{(0.2)^3}{3}+\frac{(0.2)^5}{10}+\cdots\\&\approx 0.2-0.00263=0.19737.\end{aligned}$$

本章小结

无穷级数包括常数项级数和函数项级数. 本章先讨论常数项级数的性质及其敛散性判别法,然后讨论函数项级数——幂级数. 无穷级数的基本问题是收敛性问题. 常数项级数是级数理论的基础,函数项级数可以转化为常数项级数来讨论. 在学习常数项级数时,要注意掌握正项级数、交错级数及任意项级数的收敛性的判别法;幂级数的重点是求其收敛半径、收敛域及将函数展开成幂级数.

阅读材料:数学王子——高斯

高斯(1777—1855)是闻名世界的德国数学家、物理学家、天文学家. 高斯是近代数学的奠基者之一,他在古典数学与现代数学中起着继往开来的作用,与阿基米德、牛顿并列为历史上最伟大的三位数学家,被誉为“数学王子”.

高斯在童年就显示出极高的数学天赋. 相传高斯10岁时,他的数学教师让学生把1到100之间的自然数相加求和. 老师刚布置完题目,高斯就把答案5050求了出来. 高斯11岁时发现了二项式定理;15岁时发现了质数定理;17岁时发现了最小二乘法;18岁时进入哥廷根大学学习,同年发现数论中的二次互反律,亦称为“黄金律”;19岁时发现正17边形的尺规作图法;21岁时完成了《算术研究》这部著作,并于该年大学毕业,次年取得博士学位. 在其博士论文中,高斯首次给出代数基本定理的证明,从此开创了数学中存在性证明的新时代.

高斯在数学的许多领域都有着重大贡献.他是非欧几何的发现者之一,也是微分几何的开创者和近代数论的奠基者,在超几何级数、复变函数论、椭圆函数论、统计数学、向量分析等方面都取得了显著的成就.高斯十分重视数学的应用,他的大量著作都与天文学和大地测量有关.1830 年以后,他越来越多地从事物理学的研究,在电磁学和光学等方面都作出了卓越的贡献.

高斯思维敏捷,立论极端谨慎.他立论时通常遵循三条原则,一是宁肯少些,但要好些;二是不留下进一步要做的事情;三是极度严格的要求.他的著作都是精心构思、反复推敲后,以最精练的形式发表出来.因为略去了分析和思考的过程,一般的学者很难掌握其思想方法.他有很多数学成果在生前没有公开发表,有的学者认为,如果高斯及早发表他的真知灼见,对后辈会有更大的启发,会更快地促进数学的发展.

在德国慕尼黑博物馆悬挂的高斯画像上有这样一首题诗:

他的思想深入数学、空间、大自然的奥秘,
他测量了星星的路径、地球的形状和自然力,
他推动了数学的进展,
直到下个世纪.

习题 9

A 组

1. 写出下列级数的一般项:

(1) $1+\frac{1}{3}+\frac{1}{5}+\frac{1}{7}+\cdots$;

(2) $\frac{2}{1}-\frac{3}{2}+\frac{4}{3}-\frac{5}{4}+\frac{6}{5}-\cdots$;

(3) $\frac{1}{1\cdot 4}+\frac{x}{4\cdot 7}+\frac{x^2}{7\cdot 10}+\frac{x^3}{10\cdot 13}+\cdots$;

(4) $\frac{a^2}{3}-\frac{a^3}{5}+\frac{a^4}{7}-\frac{a^5}{9}+\cdots$.

2. 根据级数收敛与发散的定义判定下列级数的收敛性:

(1) $0.001+\sqrt{0.001}+\sqrt[3]{0.001}+\cdots+\sqrt[n]{0.001}+\cdots$;

(2) $\frac{4}{5}-\frac{4^2}{5^2}+\frac{4^3}{5^3}-\frac{4^4}{5^4}+\cdots+(-1)^{n-1}\frac{4^n}{5^n}+\cdots$;

(3) $\frac{1}{2}+\frac{3}{4}+\frac{5}{6}+\frac{7}{8}+\cdots$;

(4) $\frac{1}{1\cdot 3}+\frac{1}{3\cdot 5}+\frac{1}{5\cdot 7}+\cdots+\frac{1}{(2n-1)(2n+1)}+\cdots$.

3. 级数$\sum_{n=1}^{\infty}(\sqrt{n+1}-\sqrt{n})$的一般项是否趋于零?这个级数是否收敛?这个例子说明了什么?

4. 用比较判别法判定下列级数的敛散性:

(1) $1+\frac{1}{3}+\frac{1}{5}+\cdots+\frac{1}{2n-1}+\cdots$;

(2) $\frac{1}{2\cdot 5}+\frac{1}{3\cdot 6}+\cdots+\frac{1}{(n+1)(n+4)}+\cdots$;

(3) $\frac{2}{1\cdot 3}+\frac{2^2}{3\cdot 3^2}+\cdots+\frac{2^n}{(2n-1)\cdot 3^n}+\cdots$;

(4) $\sum_{n=1}^{\infty}\frac{1}{n\sqrt{n+1}}$;

(5) $\sum_{n=1}^{\infty}\left(\frac{n}{2n+1}\right)^n$;

(6) $\sum_{n=1}^{\infty}\frac{n+1}{n^2+2}$;

(7) $\sum_{n=1}^{\infty}\frac{1}{\sqrt{n(n+2)}}$;

(8) $\sum_{n=1}^{\infty}\ln\left(1+\frac{1}{n}\right)$.

5. 用比值判别法判别下列级数的敛散性:

(1) $\frac{1}{2}+\frac{3}{2^2}+\frac{5}{2^3}+\frac{7}{2^4}+\cdots$;

(2) $1+\frac{1}{2!}+\frac{1}{3!}+\frac{1}{4!}+\cdots$;

(3) $\sin\frac{\pi}{2}+2^2\sin\frac{\pi}{2^2}+3^2\sin\frac{\pi}{2^3}+4^2\sin\frac{\pi}{2^4}+\cdots$;

(4) $\frac{2}{1000}+\frac{2^2}{2000}+\frac{2^3}{3000}+\frac{2^4}{4000}+\cdots$;

(5) $\sum_{n=1}^{\infty}2^n\frac{\pi}{3^n}$;

(6) $\sum_{n=1}^{\infty}\frac{(n!)^2}{(2n)!}$;

(7) $\sum_{n=1}^{\infty}\frac{3^n}{n\cdot 2^n}$;

(8) $\sum_{n=1}^{\infty}\frac{10^n}{n^{10}}$.

6. 用根值判别法判别下列级数的敛散性:

(1) $\sum_{n=1}^{\infty}\left(\frac{n}{2n+1}\right)^n$;

(2) $\sum_{n=1}^{\infty}\frac{n^2}{\left(1+\frac{1}{n}\right)^{n^2}}$;

(3) $\sum_{n=1}^{\infty}\frac{n^2}{\left(2+\frac{1}{n}\right)^n}$;

(4) $\sum_{n=1}^{\infty}\left(\frac{3n+2}{2n+1}\right)^n$;

(5) $\sum_{n=1}^{\infty}\frac{3^n}{1+e^n}$;

(6) $\sum_{n=1}^{\infty}\frac{1}{[\ln(1+n)]^n}$.

7. 用适当的方法判别下列级数的敛散性：

(1) $\sum_{n=1}^{\infty} \frac{1}{n}\tan\frac{1}{n}$；　(2) $\sum_{n=1}^{\infty} \frac{5^n \cdot n!}{n^n}$；

(3) $\sum_{n=1}^{\infty} \frac{(\sin n)^2}{4^n}$；　(4) $\sum_{n=1}^{\infty} \frac{\left(\frac{n+1}{n}\right)^{n^2}}{2^n}$.

8. 判别下列交错级数是否收敛；如果收敛，请判别是绝对收敛还是条件收敛.

(1) $\sum_{n=1}^{\infty} (-1)^{n-1}\frac{1}{(2n-1)^2}$；　(2) $\sum_{n=1}^{\infty} (-1)^{n-1}\frac{1}{\sqrt[3]{n}}$；

(3) $\sum_{n=1}^{\infty} (-1)^{n-1}\frac{1}{3\cdot 2^n}$；　(4) $\sum_{n=1}^{\infty} (-1)^{n-1}e^{\frac{1}{n}}$；

(5) $\sum_{n=1}^{\infty} (-1)^{n-1}\sin\frac{1}{n}$；　(6) $\sum_{n=1}^{\infty} (-1)^{n-1}\frac{1}{\ln(1+n)}$.

9. 求下列幂级数的收敛半径与收敛域：

(1) $-x+\frac{x^2}{2^2}+\cdots+(-1)^n\frac{x^n}{n^2}+\cdots$；

(2) $\frac{x}{2}+\frac{x^2}{2\cdot 4}+\frac{x^3}{2\cdot 4\cdot 6}+\cdots+\frac{x^n}{2\cdot 4\cdot\cdots\cdot(2n)}+\cdots$；

(3) $\frac{x}{1\cdot 3}+\frac{x}{2\cdot 3^2}+\frac{x^3}{3\cdot 3^3}+\cdots+\frac{x^n}{n\cdot 3^n}+\cdots$；

(4) $\frac{2}{2}x+\frac{2^2}{5}x^2+\frac{2^3}{10}x^3+\cdots+\frac{2^n}{n^2+1}x^n+\cdots$；

(5) $\sum_{n=1}^{\infty} n^n x^n$；　(6) $\sum_{n=1}^{\infty} \frac{(x-5)^n}{\sqrt{n}}$；

(7) $\sum_{n=1}^{\infty} \frac{n^2 x^{2n-1}}{3^n}$；　(8) $\sum_{n=1}^{\infty} (-1)^n\frac{x^{2n+1}}{2n+1}$；

(9) $\sum_{n=1}^{\infty} \frac{\ln(n+1)}{n+1}x^{n+1}$；　(10) $\sum_{n=1}^{\infty} \frac{5^n+(-3)^n}{n}x^n$；

(11) $\sum_{n=1}^{\infty} \left[\frac{(-1)^n}{2^n}x^n+3^n x^n\right]$；　(12) $\sum_{n=1}^{\infty} (\sqrt{n+1}-\sqrt{n})2^n x^{2n}$.

10. 求下列幂级数的收敛域与和函数：

(1) $\sum_{n=1}^{\infty} (n+1)x^n$；　(2) $\sum_{n=0}^{\infty} \frac{x^{4n+1}}{4n+1}$；

(3) $\sum_{n=1}^{\infty} 2nx^{2n-1}$；　(4) $\sum_{n=1}^{\infty} \frac{(-1)^n}{2n-1}x^{2n-1}$；

(5) $\sum_{n=1}^{\infty} nx^n$；　(6) $\sum_{n=1}^{\infty} \frac{1}{n2^n}x^{n-1}$.

11. 用直接展开法将下列函数展开成 x 的幂级数：

(1) $f(x)=a^x\ (a>0,a\neq 1)$；　　(2) $f(x)=\sin\dfrac{x}{2}$.

12. 用间接展开法将下列函数展开成 x 的幂级数并确定收敛域：

(1) e^{x^2}；　　(2) $e^{-\frac{x}{2}}$；

(3) $\dfrac{1}{(1-x)^2}$；　　(4) $\cos^2 x$；

(5) $\ln(1-x)$；　　(6) $\ln(3-x)$；

(7) $x^3 e^{-x}$；　　(8) $\dfrac{1}{\sqrt{1-x^2}}$；

(9) $\dfrac{1}{2+x}$；　　(10) $\dfrac{x}{x^2-2x-3}$.

13. 利用已知展开式把下列函数展开成 $x-3$ 的幂级数并确定收敛域：

(1) $\dfrac{1}{x}$；　　(2) e^x；

(3) $\ln x$；　　(4) $\dfrac{1}{x+2}$；

(5) $\dfrac{1}{x^2+3x+2}$.

14. 用级数展开法近似计算下列各值(计算前三项)：

(1) $\cos 1^\circ$；　　(2) $\sqrt[5]{240}$；

(3) $\sqrt{e}$；　　(4) $\ln 2$.

15. 用级数展开法计算下列积分的近似值(计算前三项)：

(1) $\int_0^1 e^{-x}\,dx$；　　(2) $\int_0^{0.1}\cos\sqrt{t}\,dt$；

(3) $\int_0^{\frac{1}{2}} e^{t^2}\,dt$；　　(4) $\int_0^{\frac{1}{2}}\dfrac{\arctan x}{x}\,dx$.

B组

16. 设有两个级数(Ⅰ)$\sum\limits_{n=1}^{\infty}u_n$ 和(Ⅱ)$\sum\limits_{n=1}^{\infty}v_n$，则下列结论中正确的是　(　　)

A. 若 $u_n\leqslant v_n$，且(Ⅱ)收敛，则(Ⅰ)一定收敛

B. 若 $0\leqslant u_n\leqslant v_n$，且(Ⅱ)收敛，则(Ⅰ)一定收敛

C. 若 $0\leqslant u_n\leqslant v_n$，且(Ⅱ)发散，则(Ⅰ)一定发散

D. 若 $u_n\leqslant v_n$，且(Ⅰ)发散，则(Ⅱ)一定发散

17. 设 $p_n = \dfrac{a_n + |a_n|}{2}$，$q_n = \dfrac{a_n - |a_n|}{2}$，$n = 1, 2, \cdots$，则下列命题正确的是 (　　)

A. 若 $\sum\limits_{n=1}^{\infty} a_n$ 条件收敛，则 $\sum\limits_{n=1}^{\infty} p_n$ 与 $\sum\limits_{n=1}^{\infty} q_n$ 都收敛

B. 若 $\sum\limits_{n=1}^{\infty} a_n$ 绝对收敛，则 $\sum\limits_{n=1}^{\infty} p_n$ 与 $\sum\limits_{n=1}^{\infty} q_n$ 都收敛

C. 若 $\sum\limits_{n=1}^{\infty} a_n$ 条件收敛，则 $\sum\limits_{n=1}^{\infty} p_n$ 与 $\sum\limits_{n=1}^{\infty} q_n$ 的敛散性不确定

D. 若 $\sum\limits_{n=1}^{\infty} a_n$ 绝对收敛，则 $\sum\limits_{n=1}^{\infty} p_n$ 与 $\sum\limits_{n=1}^{\infty} q_n$ 的敛散性不确定

18. 设级数 $\sum\limits_{n=1}^{\infty} (-1)^n a_n 2^n$ 收敛，则级数 $\sum\limits_{n=1}^{\infty} a_n$ (　　)

A. 发散　　B. 敛散性不能确定

C. 条件收敛　　D. 绝对收敛

19. 级数 $\sum\limits_{n=1}^{\infty} (-1)^{n+1} \dfrac{\ln\left(2 + \dfrac{1}{n}\right)}{\sqrt{(3n-2)(3n+2)}}$ (　　)

A. 发散　　B. 绝对收敛

C. 条件收敛　　D. 敛散性不能确定

20. 设常数 $\lambda > 0$，而级数 $\sum\limits_{n=1}^{\infty} a_n^2$ 收敛，判别级数 $\sum\limits_{n=1}^{\infty} (-1)^n \dfrac{|a_n|}{\sqrt{n^2 + \lambda}}$ 的敛散性.

21. 求下列各级数的收敛域：

(1) $\sum\limits_{n=0}^{\infty} \dfrac{x^2}{\sqrt{n+1}}$；　　(2) $\sum\limits_{n=1}^{\infty} \dfrac{(x-3)^n}{n^2}$；

(3) $\sum\limits_{n=1}^{\infty} \dfrac{(x-2)^{2n}}{n 4^n}$.

22. 已知 $a_n > 0\ (n = 1, 2, \cdots)$，若级数 $\sum\limits_{n=1}^{\infty} a_n$ 发散，$\sum\limits_{n=1}^{\infty} (-1)^{n-1} a_n$ 收敛，证明：级数 $\sum\limits_{n=1}^{\infty} (a_{2n-1} - a_{2n})$ 收敛.

23. 若级数 $\sum\limits_{n=1}^{\infty} a_n$ 收敛，证明：$\sum\limits_{n=1}^{\infty} \dfrac{a_n + a_{n+1}}{2}$ 也收敛.

24. 试讨论级数 $\sum\limits_{n=1}^{\infty} (-1)^n \dfrac{\ln n}{n^k}$，当 k 取何值时为发散、收敛、条件收敛和绝对收敛.

25. 设 $I_n = \int_0^{\frac{\pi}{4}} \sin^n x \cos x \mathrm{d}x \ (n = 0,1,2,\cdots)$，求 $\sum\limits_{n=0}^{\infty} I_n$.

26. 求幂级数 $\sum\limits_{n=1}^{\infty}\left(\frac{1}{2n+1}-1\right)x^{2n}$ 在区间 $(-1,1)$ 内的和函数.

27. 求幂级数 $1+\sum\limits_{n=1}^{\infty}(-1)^n\frac{x^{2n}}{2n}(|x|<1)$ 的和函数 $f(x)$ 及其极值.

28. 设幂级数 $\sum\limits_{n=1}^{\infty}a_n x^n$ 与 $\sum\limits_{n=1}^{\infty}b_n x^n$ 的收敛半径分别为 $\frac{\sqrt{5}}{3}$ 与 $\frac{1}{3}$，且 $\lim\limits_{n\to\infty}\left|\frac{a_n}{a_{n+1}}\right|$ 和 $\lim\limits_{n\to\infty}\left|\frac{b_n}{b_{n+1}}\right|$ 均存在，求幂级数 $\sum\limits_{n=1}^{\infty}\frac{a_n^2}{b_n^2}x^n$ 的收敛半径.

10 常微分方程与差分方程简介

在科学技术和经济管理中，有些实际问题往往需要通过未知函数与其导数满足的关系式去求未知函数，而这种关系式就是微分方程. 本章主要讨论微分方程的一些基本概念及几种常用的、基本的和简单的微分方程的解法，同时简单介绍一下差分方程.

10.1 微分方程的基本概念

下面我们通过两个具体例题来说明微分方程的基本概念.

例 10-1 已知一曲线通过点(1,4)，且在该曲线上任一点 $M(x,y)$ 处的切线的斜率为 $5x$，求这条曲线的方程.

解 设所求曲线的方程为 $y=y(x)$，根据导数的几何意义，可知未知函数 $y=y(x)$ 应满足关系式

$$\frac{\mathrm{d}y}{\mathrm{d}x}=5x, \tag{10.1}$$

且满足下列条件：$x=1$ 时，$y=4$，简记为

$$y\big|_{x=1}=4. \tag{10.2}$$

将式(10.1)两端积分，即 $y=\int 5x\mathrm{d}x$，得

$$y=\frac{5}{2}x^2+C, \tag{10.3}$$

再将式(10.2)代入式(10.3)得 $C=\frac{3}{2}$，则

$$y=\frac{5}{2}x^2+\frac{3}{2},$$

就是所求过点(1,4)且切线斜率为 $5x$ 的曲线方程.

例 10-2 一物体以初速度 v_0 垂直上抛，开始上抛时的位移(高度)为 s_0，设此物体的运动只受重力的影响，试确定该物体运动的位移 s 与时间 t 的函数关系.

解 设位移 s 与时间 t 的函数关系为 $s=s(t)$. 因为物体运动的加速度是位移 s 对时间 t 的二阶导数，且题设只受重力的影响，所以由牛顿第二定律有

$$ms''(t)=-mg,$$

即

$$s''(t) = -g. \tag{10.4}$$

这里,设物体的质量为 m,重力加速度为 g,且垂直向上的方向为正方向.

因为物体的运动速度 $v = v(t) = s'$,所以式(10.4)可写为

$$\frac{\mathrm{d}v}{\mathrm{d}t} = -g, \tag{10.5}$$

对式(10.5)两边积分得

$$v = -gt + C_1, \tag{10.6}$$

对式(10.6)两边积分得

$$s = -\frac{1}{2}gt^2 + C_1 t + C_2, \tag{10.7}$$

其中 C_1, C_2 为任意常数.这是一簇曲线.

如果假设物体开始上抛时的位移为 s_0,则依题意有 $v(0) = v_0, s(0) = s_0$.代入式(10.6)和式(10.7),得 $C_1 = v_0, C_2 = s_0$.于是

$$s = -\frac{1}{2}gt^2 + v_0 t + s_0$$

即为所求函数关系.

这两个例子中的关系式(10.1)和(10.4)都含有未知函数的导数,它们都是微分方程.

定义 10.1 含有未知函数的导数或微分的方程称为微分方程,微分方程中出现的未知函数的各阶导数的最高阶数称为微分方程的阶.

例如,式(10.1)和式(10.5)都是一阶微分方程,而式(10.4)是二阶微分方程.

未知函数为一元函数的微分方程称为常微分方程,未知函数是多元函数的微分方程称为偏微分方程.本章只讨论常微分方程,主要是介绍常微分方程的概念和某些简单微分方程的解法.

定义 10.2 如果一个函数代入微分方程后方程两端恒等,则称此函数为该微分方程的解.

例如,在例 10-1 中,$y = \frac{5}{2}x^2 + C$(C为任意常数),$y = \frac{5}{2}x^2 + \frac{3}{2}$ 都是式(10.1)的解;而例 10-2 中,$s = -\frac{1}{2}gt^2 + C_1 t + C_2$($C_1, C_2$ 为任意常数),$s = -\frac{1}{2}gt^2 + v_0 t + s_0$ 都是式(10.4)的解.

定义 10.3 如果微分方程的解中所含相互独立的任意常数的个数与微分方程的阶数相同,这样的解叫微分方程的通解;在通解中给予任意常数确定的值而得到的解称为微分方程的特解.

例如,在例 10-1 中,$y = \frac{5}{2}x^2 + C$ 是 $y' = 5x$ 的通解,而 $y = \frac{5}{2}x^2 + 2, y = \frac{5}{2}x^2$

-1 都是 $y'=5x$ 的特解.

为了得到合乎条件的特解,必须根据要求对微分方程附加一定的条件来确定通解中的任意常数的值,这种条件称为初始条件(如例 10-1 和例 10-2 中的条件).

10.2 一阶微分方程

一阶微分方程是微分方程中最基本的一类方程,在经济学、管理学中也最为常见. 它的一般形式为 $F(x,y,y')=0$,其中 $F(x,y,y')$ 是 x,y,y' 的已知函数. 现将一阶微分方程的解法分类介绍如下.

10.2.1 可分离变量的微分方程

如果一个一阶微分方程可以化成

$$g(y)\mathrm{d}y=f(x)\mathrm{d}x \tag{10.8}$$

的形式,则称原方程为可分离变量的微分方程,其中 $f(x)$ 和 $g(y)$ 都是连续函数. 方程(10.8) 称为已分离变量的微分方程.

对于可分离变量的微分方程,我们经过简单的代数运算,将其化为已分离变量的方程(10.8),再将方程(10.8) 两端同时积分,得

$$\int g(y)\mathrm{d}y=\int f(x)\mathrm{d}x+C, \tag{10.9}$$

其中 C 是任意常数. 式(10.9) 是式(10.8) 的通解表达式.

注意:今后为明显起见,将不定积分 $\int f(x)\mathrm{d}x$ 只看成是 $f(x)$ 的一个原函数,而将积分常数 C 单独写出来.

例 10-3 求微分方程 $\dfrac{\mathrm{d}y}{\mathrm{d}x}=3x^2y$ 的通解.

解 当 $y\neq 0$ 时,将所给方程分离变量,得

$$\frac{\mathrm{d}y}{y}=3x^2\mathrm{d}x,$$

两端积分,有

$$\int\frac{\mathrm{d}y}{y}=\int 3x^2\mathrm{d}x+C_1,$$

积分后,得

$$\ln|y|=x^3+C_1,$$

从而有

$$|y|=\mathrm{e}^{x^3+C_1}=\mathrm{e}^{C_1}\mathrm{e}^{x^3},\quad 即\quad y=\pm\mathrm{e}^{C_1}\mathrm{e}^{x^3}.$$

由于 $\pm\mathrm{e}^{C_1}$ 仍是任意常数,把它记作 C,于是所给方程的通解为

$$y = Ce^{x^3}.$$

注:在上面的求解过程中用到了积分公式

$$\int \frac{\mathrm{d}u}{u} = \ln|u| + C,$$

今后,为了运算及书写方便起见,可将公式中 $\ln|u|$ 改为 $\ln u$,只要记住最后得到的任意常数 C 可正可负即可.

例 10-4 求微分方程 $x\mathrm{d}y + 2y\mathrm{d}x = 0$ 满足初始条件 $y\big|_{x=2} = 1$ 的特解.

解 分离变量得

$$\frac{\mathrm{d}y}{y} = -2\frac{\mathrm{d}x}{x},$$

两边积分,得

$$\ln y = -2\ln x + \ln C \quad 或 \quad \ln y = \ln(Cx^{-2}),$$

于是,原方程的通解为 $y = Cx^{-2}$.

将 $y\big|_{x=2} = 1$ 代入上式,得 $C = 4$. 故所求特解为

$$x^2 y = 4.$$

例 10-5 设某商品的需求量 Q 对价格 P 的弹性为 $P\ln 3$,且已知该商品价格 $P = 0$ 时的最大需求量 $Q = 1200$,试求需求量 Q 与价格 P 的函数关系(即需求函数).

解 设需求函数为 $Q = f(P)$,则需求 Q 对价格 P 的弹性为 $-\frac{P}{Q}\frac{\mathrm{d}Q}{\mathrm{d}P}$. 根据题意,未知函数 $Q = f(P)$ 应满足微分方程:

$$-\frac{P}{Q}\frac{\mathrm{d}Q}{\mathrm{d}P} = P\ln 3, \quad 即 \quad \frac{1}{Q}\cdot\frac{\mathrm{d}Q}{\mathrm{d}P} = -\ln 3.$$

分离变量,可得

$$\frac{\mathrm{d}Q}{Q} = -\ln 3\mathrm{d}P,$$

两边积分,得

$$\ln Q = -P\ln 3 + \ln C_1 \quad (C_1 > 0),$$

化简后,即得通解

$$Q = C_1 e^{-P\ln 3} = C \cdot 3^{-P},$$

其中,C 为任意常数,且 $C > 0$.

又知需求函数 $Q = f(P)$ 还满足初始条件:$Q\big|_{P=0} = 1200$,代入通解中,得 $C = 1200$. 故得所求需求函数为

$$Q = 1200 \cdot 3^{-P}.$$

10.2.2 齐次方程

如果一阶微分方程 $\frac{\mathrm{d}y}{\mathrm{d}x} = f(x,y)$ 中的函数 $f(x,y)$ 可化成 $\frac{y}{x}$ 的函数,即可变成

$$\frac{\mathrm{d}y}{\mathrm{d}x}=\varphi\left(\frac{y}{x}\right) \tag{10.10}$$

的形式,则称此一阶微分方程为齐次微分方程,简称齐次方程.例如,方程

$$(x^2+y^2)\mathrm{d}y+(2xy-x^2)\mathrm{d}x=0$$

是齐次方程,因此该方程可以改写为

$$\frac{\mathrm{d}y}{\mathrm{d}x}=\frac{x^2-2xy}{x^2+y^2}=\frac{1-2\left(\frac{y}{x}\right)}{1+\left(\frac{y}{x}\right)^2}=\varphi\left(\frac{y}{x}\right).$$

求解齐次方程(10.10)的一般步骤如下:

(1) 在齐次方程(10.10)中引进新的未知函数代换,即令 $u=\frac{y}{x}$,则得

$$y=xu,\quad \frac{\mathrm{d}y}{\mathrm{d}x}=u+x\frac{\mathrm{d}u}{\mathrm{d}x}.$$

(2) 将上面的式子代入方程(10.10),得

$$u+x\frac{\mathrm{d}u}{\mathrm{d}x}=\varphi(u),\quad \text{即}\quad x\frac{\mathrm{d}u}{\mathrm{d}x}=\varphi(u)-u,$$

这是可分离变量的方程,分离变量后得

$$\frac{\mathrm{d}u}{\varphi(u)-u}=\frac{\mathrm{d}x}{x}.$$

(3) 将上式两端积分,得

$$\int\frac{\mathrm{d}u}{\varphi(u)-u}=\int\frac{\mathrm{d}x}{x}+C,$$

求出积分后再将 $u=\frac{y}{x}$ 代回,便得原齐次方程(10.10)的通解.

例 10-6 求方程 $y^2+x^2\frac{\mathrm{d}y}{\mathrm{d}x}=xy\frac{\mathrm{d}y}{\mathrm{d}x}$.

解 原方程可写成

$$\frac{\mathrm{d}y}{\mathrm{d}x}=\frac{y^2}{xy-x^2}=\frac{\left(\frac{y}{x}\right)^2}{\frac{y}{x}-1},$$

这是齐次方程.令 $\frac{y}{x}=u$,则 $y=ux$,$\frac{\mathrm{d}y}{\mathrm{d}x}=u+x\frac{\mathrm{d}u}{\mathrm{d}x}$,于是方程变为

$$u+x\frac{\mathrm{d}u}{\mathrm{d}x}=\frac{u^2}{u-1},\quad \text{即}\quad x\frac{\mathrm{d}u}{\mathrm{d}x}=\frac{u}{u-1},$$

分离变量,得

$$\left(1-\frac{1}{u}\right)\mathrm{d}u=\frac{\mathrm{d}x}{x},$$

两边积分,得

$$u-\ln u+C_1=\ln x \quad 或写成 \quad \ln xu=u+C_1,$$

再将 $u=\dfrac{y}{x}$ 代入上式,得

$$\ln y=\frac{y}{x}+C_1, \quad 即 \quad y=e^{C_1}e^{\frac{y}{x}},$$

所以原方程通解为

$$y=Ce^{\frac{y}{x}} \quad (C 为任意常数).$$

例 10-7 求微分方程

$$x\mathrm{d}y=\left(2x\tan\frac{y}{x}+y\right)\mathrm{d}x$$

满足初始条件 $y\big|_{x=2}=\pi$ 的特解.

解 将所给方程改写成

$$\frac{\mathrm{d}y}{\mathrm{d}x}=2\tan\frac{y}{x}+\frac{y}{x},$$

这是齐次方程. 令 $u=\dfrac{y}{x}$,则

$$y=xu, \quad \frac{\mathrm{d}y}{\mathrm{d}x}=u+x\frac{\mathrm{d}u}{\mathrm{d}x},$$

将它们代入上式,得

$$u+x\frac{\mathrm{d}u}{\mathrm{d}x}=2\tan u+u, \quad 即 \quad x\frac{\mathrm{d}u}{\mathrm{d}x}=2\tan u,$$

分离变量,得

$$\cot u\mathrm{d}u=\frac{2}{x}\mathrm{d}x,$$

两边积分,得

$$\ln\sin u=2\ln x+\ln C, \quad 即 \quad \sin u=Cx^2,$$

再将 $u=\dfrac{y}{x}$ 代入上式,即得原方程的通解

$$\sin\frac{y}{x}=Cx^2 \quad (C 为任意常数).$$

将初始条件 $y\big|_{x=2}=\pi$ 代入上式,得 $\sin\dfrac{\pi}{2}=4C$,即 $C=\dfrac{1}{4}$. 故所求方程的特解为

$$\sin\frac{y}{x}=\frac{1}{4}x^2, \quad 即 \quad y=x\arcsin\frac{x^2}{4}.$$

10.2.3 一阶线性微分方程

如果一阶微分方程可化为形如

$$\frac{\mathrm{d}y}{\mathrm{d}x}+P(x)y=Q(x) \tag{10.11}$$

的方程,则称此方程为一阶线性微分方程(其中 $P(x)$,$Q(x)$ 都是已知的连续函数),因为它对于未知函数 y 及其一阶导数 y' 是一次方程.如果 $Q(x)$ 不恒等于零,则方程(10.11)称为一阶非齐次线性微分方程;如果 $Q(x)\equiv 0$,则方程变为

$$\frac{\mathrm{d}y}{\mathrm{d}x}+P(x)y=0, \tag{10.12}$$

方程(10.12)称为与一阶非齐次线性微分方程(10.11)相对应的一阶齐次线性微分方程.

下面来讨论一阶线性非齐次微分方程(10.11)的解法.

(1) 先求线性非齐次方程(10.11)所对应的齐次方程(10.12)的通解.方程(10.12)是变量可分离的微分方程,分离变量后得

$$\frac{\mathrm{d}y}{y}=-P(x)\mathrm{d}x,$$

两端同时积分,并把任意常数写成 $\ln C$ 的形式,得

$$\ln y=-\int P(x)\mathrm{d}x+\ln C,$$

化简后,即得线性齐次方程(10.12)的通解为

$$y=C\mathrm{e}^{-\int P(x)\mathrm{d}x}\quad(C\text{ 为任意常数}). \tag{10.13}$$

(2) 利用"常数变易法"求线性非齐次方程(10.11)的通解.

由于方程(10.11)与方程(10.12)的左边相同,只是右边不同,因此,如果我们猜想方程(10.11)的通解也具有方程(10.13)的形式,那么其中的 C 不可能是常数,而必定是一个关于 x 的函数,记作 $C(x)$.于是,可设

$$y=C(x)\mathrm{e}^{-\int P(x)\mathrm{d}x} \tag{10.14}$$

是线性非齐次方程(10.11)的解,其中 $C(x)$ 是待定函数.

下面来设法求出待定函数 $C(x)$.为此把式(10.14)对 x 求导,得

$$\frac{\mathrm{d}y}{\mathrm{d}x}=C'(x)\mathrm{e}^{-\int P(x)\mathrm{d}x}-P(x)C(x)\mathrm{e}^{-\int P(x)\mathrm{d}x},$$

代入方程(10.11)中,得

$$C'(x)\mathrm{e}^{-\int P(x)\mathrm{d}x}-P(x)C(x)\mathrm{e}^{-\int P(x)\mathrm{d}x}+P(x)C(x)\mathrm{e}^{-\int P(x)\mathrm{d}x}=Q(x),$$

代简后,得

$$C'(x)=Q(x)\mathrm{e}^{\int P(x)\mathrm{d}x},$$

将上式积分,得

$$C(x)=\int Q(x)\mathrm{e}^{\int P(x)\mathrm{d}x}\mathrm{d}x+C\quad(C\text{ 是任意常数}), \tag{10.15}$$

再把式(10.15)代入式(10.14)中,即得线性非齐次方程(10.11)的通解为

$$y=\mathrm{e}^{-\int P(x)\mathrm{d}x}\left(\int Q(x)\mathrm{e}^{\int P(x)\mathrm{d}x}\mathrm{d}x+C\right). \tag{10.16}$$

这就是一阶线性非齐次方程(10.11)的通解公式.

上面第(2)步中,通过把对应的线性齐次方程通解中的任意常数变为待定函数,然后求出线性非齐次方程的通解,这种方法称为常数变易法.

下面来分析线性非齐次方程(10.11)的通解结构.由于方程(10.11)的通解公式(10.16)也可改写为

$$y=C\mathrm{e}^{-\int P(x)\mathrm{d}x}+\mathrm{e}^{-\int P(x)\mathrm{d}x}\int Q(x)\mathrm{e}^{\int P(x)\mathrm{d}x}\mathrm{d}x, \tag{10.17}$$

容易看出,通解中的第一项就是方程(10.11)所对应的齐次方程(10.12)的通解;第二项就是原线性非齐次方程(10.11)的一个特解(它可在通解(10.16)中取 $C=0$ 得到).由此可知,一阶线性非齐次方程的通解是由其对应的齐次方程的通解与非齐次方程的一个特解相加而构成的.这个结论揭示了一阶线性非齐次方程的通解结构.

例 10-8 求微分方程 $\frac{\mathrm{d}y}{\mathrm{d}x}-\frac{2}{x+1}y=(x+1)^3$ 的通解.

分析 这是一阶线性非齐次微分方程,下面用两种方法求解.

解法 1 按"常数变易法"的思想求解.

先求对应齐次方程 $\frac{\mathrm{d}y}{\mathrm{d}x}-\frac{2}{x+1}y=0$ 的通解.分离变量,得

$$\frac{\mathrm{d}y}{y}=\frac{2}{x+1}\mathrm{d}x,$$

两端同时积分,得对应齐次方程的通解为

$$y=C(x+1)^2.$$

再令 $y=C(x)(x+1)^2$,则

$$\frac{\mathrm{d}y}{\mathrm{d}x}=C'(x)(x+1)^2+2C(x)(x+1),$$

将 y 及 $\frac{\mathrm{d}y}{\mathrm{d}x}$ 代入原线性非齐次方程,得

$$C'(x)(x+1)^2+2C(x)(x+1)-\frac{2}{x+1}C(x)(x+1)^2=(x+1)^3,$$

代简后得

$$C'(x)=x+1,$$

积分后得

$$C(x)=\frac{1}{2}(x+1)^2+C,$$

求得原线性非齐次方程的通解为

$$y=(x+1)^2\left[\frac{1}{2}(x+1)^2+C\right]$$

$$=\frac{1}{2}(x+1)^4+C(x+1)^2 \quad (C\text{为任意常数}).$$

解法 2　直接利用公式(10.16)，这里，$P(x)=-\dfrac{2}{x+1}$，$Q(x)=(x+1)^3$. 得

$$y=\mathrm{e}^{-\int\left(-\frac{2}{x+1}\right)\mathrm{d}x}\left(\int(x+1)^3\mathrm{e}^{\int\left(-\frac{2}{x+1}\right)\mathrm{d}x}\mathrm{d}x+C\right)$$

$$=\mathrm{e}^{2\ln(x+1)}\left(\int(x+1)^3\mathrm{e}^{-2\ln(x+1)}\mathrm{d}x+C\right)$$

$$=(x+1)^2\left(\int(x+1)\mathrm{d}x+C\right)$$

$$=(x+1)^2\left(\frac{1}{2}(x+1)^2+C\right)$$

$$=\frac{1}{2}(x+1)^4+C(x+1)^2 \quad (C\text{为任意常数}).$$

注意：使用一阶线性非齐次方程的通解公式(10.16)时，必须首先把方程化为形如式(10.11)的标准形式，再确定 $P(x)$ 及 $Q(x)$.

例 10-9　求方程 $y'\cos x+y\sin x=1$ 的通解.

解　方程可变形为 $y'+y\tan x=\dfrac{1}{\cos x}=\sec x$，其中

$$P(x)=\tan x,\quad Q(x)=\sec x.$$

由通解公式(10.16)得

$$y=\mathrm{e}^{-\int\tan x\mathrm{d}x}\left(\int\sec x\mathrm{e}^{\int\tan x\mathrm{d}x}\mathrm{d}x+C\right)=\cos x\left(\int\sec^2 x\mathrm{d}x+C\right)$$

$$=\cos x(\tan x+C)=\sin x+C\cos x \quad (C\text{为任意常数}).$$

例 10-10　求微分方程 $y\mathrm{d}x+(x-y^3)\mathrm{d}y=0$（设 $y>0$）的通解.

解　如果将方程化为

$$\frac{\mathrm{d}y}{\mathrm{d}x}+\frac{y}{x-y^3}=0,$$

则它既不是齐次方程，也不是一阶线性微分方程，无法用前面的方法来求解.

如果将方程化为

$$\frac{\mathrm{d}x}{\mathrm{d}y}+\frac{x-y^3}{y}=0,\quad \text{即}\quad \frac{\mathrm{d}x}{\mathrm{d}y}+\frac{1}{y}\cdot x=y^2,$$

将 x 看成 y 的函数，它是形如

$$x'+P(y)x=Q(y)$$

的一阶线性微分方程. 利用公式(10.16)，得所给方程的通解为

$$x = e^{-\int P(y)dy}\left(\int Q(y)e^{\int P(y)dy}dy + C\right) = e^{-\int \frac{1}{y}dy}\left(\int y^2 e^{\int \frac{1}{y}dy}dy + C\right)$$

$$= \frac{1}{y}\left(\frac{1}{4}y^4 + C\right) = \frac{1}{4}y^3 + \frac{C}{y} \quad (C\text{为任意常数}).$$

*10.2.4 伯努利方程

方程

$$\frac{dy}{dx} + P(x)y = Q(x)y^n \quad (n \neq 0,1)$$

称为伯努利(Bernoulli) 方程. 当 $n = 0$ 或 1 时是线性微分方程.

伯努利方程的解法如下:以 y^n 除方程两边,得

$$y^{-n}\frac{dy}{dx} + P(x)y^{1-n} = Q(x),$$

令 $z = y^{1-n}$,则

$$\frac{dz}{dx} = (1-n)y^{-n}\frac{dy}{dx}, \quad \text{即} \quad y^{-n}\frac{dy}{dx} = \frac{1}{1-n}\cdot\frac{dz}{dx},$$

代入上式得线性方程

$$\frac{dz}{dx} + (1-n)P(x)z = (1-n)Q(x),$$

求出这个方程的通解后,再以 $z = y^{1-n}$ 代入便得到伯努利方程的通解.

例 10-11 求方程$\frac{dy}{dx} + \frac{y}{x} = a(\ln x)y^2$ 的通解.

解 以 y^2 除方程的两端,得

$$y^{-2}\frac{dy}{dx} + \frac{1}{x}y^{-1} = a\ln x, \quad \text{即} \quad -\frac{d(y^{-1})}{dx} + \frac{1}{x}y^{-1} = a\ln x,$$

令 $z = y^{-1}$,则上述方程变为

$$\frac{dz}{dx} - \frac{1}{x}z = -a\ln x,$$

这是一个线性方程,它的通解为

$$z = x\left[C - \frac{a}{2}(\ln x)^2\right],$$

再以 y^{-1} 代替 z,得原方程的通解

$$xy\left(C - \frac{a}{2}\ln^2 x\right) = 1.$$

*10.3 可降阶的二阶微分方程

二阶微分方程的一般形式为

$$F(x,y,y',y'')=0. \tag{10.18}$$

本节介绍几个简单的、经过适当变换可将二阶降为一阶的微分方程.

10.3.1　$y''=f(x)$ 型的微分方程

这种二阶微分方程不显含未知函数 y 及其一阶导数,直接积分两次就可得到原方程的通解.

例 10-12　求微分方程 $y''=xe^x$ 的通解.

解　对方程两边积分,得

$$y'=\int xe^x dx=(x-1)e^x+C_1,$$

再积一次分,得

$$y=(x-2)e^x+C_1x+C_2 \quad (C_1,C_2 \text{为任意常数}).$$

对形如

$$y^{(n)}=f(x) \tag{10.19}$$

的 n 阶微分方程,只要对方程两端接连积分 n 次,即可求得方程的通解.

10.3.2　$y''=f(x,y')$ 型的微分方程

方程

$$y''=f(x,y') \tag{10.20}$$

的特点是不显含未知数 y.

令 $y'=P$,则 $y''=\frac{dP}{dx}=P'$,方程化为

$$P'=f(x,P),$$

这是一个关于变量 x,P 的一阶微分方程. 设其通解为 $P=\varphi(x,C_1)$,即

$$\frac{dy}{dx}=\varphi(x,C_1),$$

对其积分,便得原方程的通解为

$$y=\int\varphi(x,C_1)dx+C_2.$$

例 10-13　求微分方程$(1+x^2)y''=2xy'$ 满足初始条件 $y\big|_{x=0}=1,y'\big|_{x=0}=3$ 的特解.

解　所给方程是 $y''=f(x,y')$ 型的,设 $y'=P$,代入方程并分离变量后,有

$$\frac{dP}{P}=\frac{2x}{1+x^2}dx,$$

两边积分,得

$$\ln P=\ln(1+x^2)+\ln C_1,$$

即

$$P = y' = C_1(1 + x^2).$$

由条件 $y'\big|_{x=0} = 3$ 得 $C_1 = 3$,所以

$$y' = 3(1 + x^2),$$

两边再积分,得

$$y = x^3 + 3x + C_2,$$

又由条件 $y\big|_{x=0} = 1$ 得 $C_2 = 1$,于是所求的特解为

$$y = x^3 + 3x + 1.$$

10.3.3 $y'' = f(y, y')$ 型的微分方程

方程

$$y'' = f(y, y') \tag{10.21}$$

的特点是不显含自变量 x,为了求出它的解,我们设 $y' = P$,则

$$y'' = \frac{dP}{dx} = \frac{dP}{dy} \cdot \frac{dy}{dx} = P\frac{dP}{dy},$$

把上式代入原方程得

$$P\frac{dP}{dy} = f(y, P).$$

这是一个关于变量 y, P 的一阶微分方程,设其通解为 $y' = P = \varphi(y, C_1)$,分离变量并积分,便得原方程的通解为

$$\int \frac{dy}{\varphi(y, C_1)} = x + C_2.$$

例 10-14 求微分方程 $yy'' - (y')^2 = 0$ 的通解.

解 设 $y' = P$,则 $y'' = P\frac{dP}{dy}$,代入方程,得

$$yP\frac{dP}{dy} - P^2 = 0,$$

在 $y \neq 0, P \neq 0$ 时,约去 P 并分离变量,得

$$\frac{dP}{P} = \frac{dy}{y},$$

两边积分,得

$$\ln P = \ln y + \ln C_1,$$

即

$$P = C_1 y \quad 或 \quad y' = C_1 y,$$

再分离变量并两边积分,便得原方程的通解为

$$\ln y = C_1 x + \ln C_2,$$

即

$$y = C_2 e^{C_1 x} \quad (C_1, C_2 \text{ 为任意常数}).$$

10.4　二阶常系数线性微分方程

形如

$$y'' + P(x)y' + Q(x)y = f(x) \tag{10.22}$$

的方程称为二阶线性微分方程. 当 $f(x) \equiv 0$ 时,方程(10.22)成为

$$y'' + P(x)y' + Q(x)y = 0, \tag{10.23}$$

称为二阶线性齐次微分方程;当 $f(x) \not\equiv 0$ 时,方程(10.22)称为二阶线性非齐次微分方程.

当系数 $P(x)$,$Q(x)$ 分别为常数 p,q 时,则方程

$$y'' + py' + qy = 0 \tag{10.24}$$

为二阶常系数线性齐次微分方程;称方程

$$y'' + py' + qy = f(x) \quad (f(x) \not\equiv 0) \tag{10.25}$$

为二阶常系数线性非齐次微分方程.

本节只讨论二阶常系数线性微分方程的解法.

10.4.1　二阶常系数线性齐次微分方程

定理 10.1　如果函数 $y_1(x)$,$y_2(x)$ 是方程(10.24)的两个特解,那么 $y = C_1 y_1(x) + C_2 y_2(x)$ 也是方程(10.24)的解,其中 C_1,C_2 是任意常数.

直接计算 $y = C_1 y_1(x) + C_2 y_2(x)$ 的一阶和二阶导数,代入方程验算即可证明该定理,此处从略.

定理 10.1 表明:若 $y_1(x)$,$y_2(x)$ 是线性齐次方程(10.24)的解,则它们的线性组合 $C_1 y_1(x) + C_2 y_2(x)$ 也是该方程的解(其中 C_1,C_2 是任意常数). 那么,这个解是不是方程(10.24)的通解呢?

我们知道,一个二阶微分方程的通解中应含有两个相互独立的任意常数. 若 $y_2(x) = ky_1(x)$(k 是常数),则

$$C_1 y_1(x) + C_2 y_2(x) = (C_1 + kC_2)y_1(x) = Cy_1(x),$$

其中 $C = C_1 + kC_2$,即将常数合并为一个,这样 $y = C_1 y_1(x) + C_2 y_2(x)$ 就不是方程(10.24)的通解.

那么,在什么情况下 $C_1 y_1(x) + C_2 y_2(x)$ 才是方程(10.24)的通解呢?为此,我们引进两个函数线性相关和线性无关的定义.

定义 10.4　设 $y_1(x)$ 与 $y_2(x)$ 是定义在某区间内的两个函数,如果存在常数 $k \neq 0$,使得对于该区间的一切 x,有

$$\frac{y_2(x)}{y_1(x)}=k$$

成立,则称函数 $y_1(x)$ 与 $y_2(x)$ 在该区间内线性相关;否则,为线性无关.

例如,在区间$(-\infty,+\infty)$上,对于两个函数 $y_1(x)=\mathrm{e}^x$ 与 $y_2(x)=2\mathrm{e}^x$,因 $\dfrac{y_2(x)}{y_1(x)}=2$(常数),故 e^x 与 $2\mathrm{e}^x$ 是线性相关的;而在$\left(0,\dfrac{\pi}{2}\right)$内,对于 $y_1(x)=\cos x$ 及 $y_2(x)=\sin x$,因$\dfrac{y_2(x)}{y_1(x)}=\tan x\neq$ 常数,故 $\cos x$ 与 $\sin x$ 是线性无关的.

综上讨论可得,关于二阶常系数线性齐次微分方程(10.24)的通解结构有下面的定理.

定理 10.2 如果函数 $y_1(x)$ 与 $y_2(x)$ 是二阶常数线性齐次微分方程(10.24)的两个线性无关的特解,则 $y=C_1y_1(x)+C_2y_2(x)$ 就是方程(10.24)的通解,其中 C_1,C_2 是两个任意常数.

该定理的证明从略.

例 10-15 验证 $y_1=\cos x$ 与 $y_2=\sin x$ 是方程 $y''+y=0$ 的线性无关的解,并写出其通解.

解 因为

$$y_1''+y_1=-\cos x+\cos x=0,\quad y_2''+y_2=-\sin x+\sin x=0,$$

所以 $y_1=\cos x$ 与 $y_2=\sin x$ 都是方程的解.

因为

$$\frac{y_1}{y_2}=\frac{\cos x}{\sin x}\neq \text{常数},$$

所以 $\cos x$ 与 $\sin x$ 在$(-\infty,+\infty)$内是线性无关的,因此 $y_1=\cos x$ 与 $y_2=\sin x$ 是方程 $y''+y=0$ 两个线性无关解,从而方程的通解为 $y=C_1\cos x+C_2\sin x$.

由以上讨论可知,求二阶常系数线性齐次微分方程的通解,只需要求得它的两个线性无关的特解.

为寻找方程(10.24)的特解,需进一步观察方程(10.24)的特点.方程(10.24)左端是 y'',py' 与 qy 三项之和,而右端为0.如果能找到一个函数 $\tilde{y}(x)\neq 0$,使得 $(\tilde{y})'=b\tilde{y},(\tilde{y})''=a\tilde{y}$,且 $a+pb+q=0$,则$(\tilde{y})''+p(\tilde{y})'+q\tilde{y}=(a+pb+q)\tilde{y}=0$.什么样的函数具有这样的特点呢?我们自然会想到函数 $\tilde{y}=\mathrm{e}^{rx}$($r$ 为常数),将它代入方程(10.24)得

$$(r^2+pr+q)\mathrm{e}^{rx}=0.$$

由此可见,只要 r 满足代数方程 $r^2+pr+q=0$,则函数 $y=\mathrm{e}^{rx}$ 就是微分方程的解.

方程

$$r^2+pr+q=0 \tag{10.26}$$

叫做微分方程(10.24)的特征方程,特征方程的两个根 r_1,r_2 可用公式

$$r_1=\frac{-p+\sqrt{p^2-4q}}{2},\quad r_2=\frac{-p-\sqrt{p^2-4q}}{2}$$

求出,称其为方程(10.26)的特征根.

下面将通过特征方程(10.26)的特征根的不同情形,讨论二阶常系数线性齐次微分方程的通解.

1) 相异实根

当 $p^2-4q>0$ 时,特征方程(10.26)有两个相异的实根 r_1 和 r_2. 函数 $y_1=e^{r_1x}$ 和 $y_2=e^{r_2x}$ 是方程(10.24)两个线性无关的解$\left(\frac{y_1}{y_2}=e^{(r_1-r_2)x}\text{ 不是常数}\right)$,因此方程(10.24)的通解为

$$y=C_1e^{r_1x}+C_2e^{r_2x},\tag{10.27}$$

其中,C_1,C_2 为任意常数.

例 10-16 求微分方程 $y''+y'-6y=0$ 的通解.

解 这是二阶常系数线性齐次微分方程,它的特征方程为

$$r^2+r-6=0,\quad \text{即}\quad (r+3)(r-2)=0,$$

解得特征根 $r_1=-3,r_2=2$. 因 r_1 与 r_2 是两个不相等的实根,故所求通解为

$$y=C_1e^{-3x}+C_2e^{2x}\quad (C_1,C_2\text{ 是任意常数}).$$

2) 重根

当 $p^2-4q=0$ 时,特征方程(10.26)有两个相等的实根 $r_1=r_2=-\frac{p}{2}$,因此方程(10.24)有特解 $y_1=e^{r_1x}$. 可以证明 $y_2=xe^{r_1x}$ 是方程(10.24)的另一特解,并且 y_1,y_2 线性无关. 所以,方程(10.24)的通解为

$$y=C_1e^{r_1x}+C_2xe^{r_1x},$$

或写成

$$y=(C_1+C_2x)e^{r_1x},\tag{10.28}$$

其中,C_1,C_2 为任意常数.

例 10-17 求方程 $y''-4y'+4y=0$ 的通解.

解 特征方程 $r^2-4r+4=0$ 有重根 $r_1=r_2=2$,所以原方程的通解为

$$y=(C_1+C_2x)e^{2x}\quad (C_1,C_2\text{ 为任意常数}).$$

3) 共轭复根

当 $p^2-4q<0$ 时,特征方程(10.26)有一对共轭复根

$$r_{1,2}=\alpha\pm i\beta\quad (\beta>0),$$

其中,实部和虚部分别为

$$\alpha = -\frac{p}{2}, \quad \beta = \frac{\sqrt{4q-p^2}}{2} > 0.$$

可以验证

$$y_1 = e^{\alpha x}\cos\beta x, \quad y_2 = e^{\alpha x}\sin\beta x$$

都是方程(10.24)的解.由于

$$\frac{y_2}{y_1} = \frac{e^{\alpha x}\sin\beta x}{e^{\alpha x}\cos\beta x} = \tan\beta x \neq 常数,$$

即 $y_1 = e^{\alpha x}\cos\beta x$ 与 $y_2 = e^{\alpha x}\sin\beta x$ 线性无关,故得方程(10.24)的通解为

$$y = e^{\alpha x}(C_1\cos\beta x + C_2\sin\beta x), \tag{10.29}$$

其中,C_1,C_2 为任意常数.

例 10-18 求方程 $y'' + 2y' + 3y = 0$ 的通解.

解 特征方程 $r^2 + 2r + 3 = 0$ 的共轭复根为

$$r_1 = -1 + \sqrt{2}i, \quad r_2 = -1 - \sqrt{2}i,$$

所以,方程的通解为

$$y = e^{-x}(C_1\cos\sqrt{2}x + C_2\sin\sqrt{2}x) \quad (C_1, C_2 \text{ 为任意常数}).$$

综上,给出求二阶常系数线性齐次方程(10.24)的通解步骤:

(1) 写出微分方程的特征方程 $r^2 + pr + q = 0$.

(2) 求出特征方程的两个根 r_1,r_2.

(3) 根据两个特征根的不同情况,分别按照式(10.27)、式(10.28)、式(10.29)写出微分方程的通解.为使用方便起见,现列表如下(见表 10-1):

表 10-1

特征方程 $r^2 + pr + q = 0$ 的两个根 r_1,r_2	微分方程 $y'' + py' + qy = 0$ 的通解
两个不相等的实根($r_1 \neq r_2$)	$y = C_1 e^{r_1 x} + C_2 e^{r_2 x}$
两个相等的实根($r_1 = r_2$)	$y = (C_1 + C_2 x)e^{r_1 x}$
一对共轭复根($r_{1,2} = \alpha \pm i\beta$,$\beta > 0$)	$y = e^{\alpha x}(C_1\cos\beta x + C_2\sin\beta x)$

10.4.2 二阶常系数线性非齐次微分方程

定理 10.3 如果 $\tilde{y}$ 是非齐次方程(10.25)的一个特解,而 y^* 是对应的齐次方程(10.24)的通解,则和式 $y = \tilde{y} + y^*$ 是方程(10.25)的通解.

证 因 $\tilde{y}$ 是非齐次方程(10.25)的特解,所以

$$(\tilde{y})'' + p(\tilde{y})' + q\tilde{y} = f(x),$$

又因 y^* 是齐次方程(10.24)的通解,所以

$$(y^*)'' + p(y^*)' + q(y^*) = 0,$$

于是,对于 $y = \tilde{y} + y^*$ 有

$$
\begin{aligned}
y'' + py' + qy &= (\tilde{y} + y^*)'' + p(\tilde{y} + y^*)' + q(\tilde{y} + y^*) \\
&= (\tilde{y})'' + p(\tilde{y})' + q\tilde{y} + (y^*)'' + p(y^*)' + qy^* \\
&= f(x) + 0 \\
&= f(x),
\end{aligned}
$$

所以 $y = \tilde{y} + y^*$ 是方程(10.25)的解.又因为 y^* 中含有两个任意常数,从而 $y = \tilde{y} + y^*$ 中也含有两个任意常数,所以 $y = \tilde{y} + y^*$ 是方程(10.25)的通解.

由这个定理可知,求非齐次方程(10.25)通解,归结为求它的一个特解 $\tilde{y}$ 及对应的齐次方程(10.24)的通解 y^*,然后取和式 $y = \tilde{y} + y^*$,即得方程(10.25)的通解.关于 y^* 的求法,前面我们已经讨论过,因此只剩下讨论如何求非齐次方程(10.25)的一个特解 $\tilde{y}$.

本节仅介绍方程(10.25)右端函数 $f(x)$ 为几种常见形式时求特解 $\tilde{y}$ 的方法.这种方法的基本思想是根据 $f(x)$ 的形式,特解 $\tilde{y}$ 应与其形式相同,因此该特解 $\tilde{y}$ 为与 $f(x)$ 形式相同但含有待定系数的函数(这时称 $\tilde{y}$ 为试解);然后把它代入原方程,求出这些系数.通常称该方法为待定系数法.

对于 $f(x)$ 的几种常见形式,设试解的方法如表 10-2 所示(表中 $P_m(x) = a_0 + a_1x + \cdots + a_mx^m$ 为已知多项式):

表 10-2

$f(x)$ 的形式	取试解的条件	试解 $\tilde{y}$ 的形式
$f(x) = P_m(x)$	0 不是特征根	$\tilde{y} = Q_m(x) = A_0 + A_1x + \cdots + A_mx^m$ ($A_0, A_1, \cdots, A_m$ 为待定常数)
	0 是单特征根	$\tilde{y} = xQ_m(x)$
	0 是二重特征根	$\tilde{y} = x^2Q_m(x)$
$f(x) = e^{\alpha x}P_m(x)$ (α 为已知常数)	α 不是特征根	$\tilde{y} = e^{\alpha x}Q_m(x)$
	α 是单特征根	$\tilde{y} = xe^{\alpha x}Q_m(x)$
	α 是二重特征根	$\tilde{y} = x^2e^{\alpha x}Q_m(x)$
$f(x) = e^{\alpha x}(a_1\cos\beta x + a_2\sin\beta x)$ (α, a_1, a_2, β 均为已知常数)	$\alpha \pm i\beta$ 不是特征根	$\tilde{y} = e^{\alpha x}(A_1\cos\beta x + A_2\sin\beta x)$ (A_1, A_2 为待定常数)
	$\alpha \pm i\beta$ 是特征根	$\tilde{y} = xe^{\alpha x}(A_1\cos\beta x + A_2\sin\beta x)$ (A_1, A_2 为待定常数)

例 10-19　求微分方程 $y'' - y = -5x$ 的通解.

解　先求对应齐次方程的通解.特征方程为 $r^2 - 1 = 0$,解得特征根 $r_1 = -1$, $r_2 = 1$,所以对应齐次方程的通解为

$$y^* = C_1e^{-x} + C_2e^x \quad (C_1, C_2 \text{ 为任意常数}).$$

由 $f(x) = -5x$,设原方程的一个特解为 $\tilde{y} = A_0 + A_1x$,将 $\tilde{y}$ 代入原方程,有

$$-(A_0+A_1x)=-5x,$$

比较两端同次项系数,得 $A_0=0, A_1=5$. 于是,原方程的特解为 $\tilde{y}=5x$.

从而原方程的通解为

$$y=5x+C_1\mathrm{e}^{-x}+C_2\mathrm{e}^{x} \quad (C_1,C_2\text{ 为任意常数}).$$

例 10-20 求微分方程 $y''-5y'+6y=x\mathrm{e}^{2x}$ 的通解.

解 先求对应的齐次方程的通解. 特征方程为 $r^2-5r+6=0$,得特征根 $r_1=2, r_2=3$,所以对应齐次方程的通解为

$$y^*=C_1\mathrm{e}^{2x}+C_2\mathrm{e}^{3x} \quad (C_1,C_2\text{ 为任意常数}).$$

由于 $\alpha=2$ 是特征方程的单根,又由 $f(x)=x\mathrm{e}^{2x}$,故设原方程的特解为

$$\tilde{y}=x\mathrm{e}^{2x}(A_0+A_1x),$$

求出 $(\tilde{y})', (\tilde{y})''$,代入原方程并化简,得

$$-2A_1x+2A_1-A_0=x,$$

比较两端同次项系数,有

$$\begin{cases}-2A_1=1,\\ 2A_1-A_0=0,\end{cases}$$

解得 $A_0=-1, A_1=-\frac{1}{2}$. 所以原方程的特解为

$$\tilde{y}=x\mathrm{e}^{2x}\left(-\frac{1}{2}x-1\right).$$

从而原方程的通解为

$$y=x\mathrm{e}^{2x}\left(-\frac{1}{2}x-1\right)+C_1\mathrm{e}^{2x}+C_2\mathrm{e}^{3x} \quad (C_1,C_2\text{ 为任意常数}).$$

例 10-21 求微分方程 $y''-2y'+5y=\mathrm{e}^{x}\sin 2x$ 的通解.

解 对应的齐次方程为 $y''-2y'+5y=0$,特征方程为 $r^2-2r+5=0$,解得 $r_1=1-2\mathrm{i}, r_2=1+2\mathrm{i}$,所以对应齐次方程的通解为

$$y^*=\mathrm{e}^{x}(C_1\cos 2x+C_2\sin 2x).$$

由 $f(x)=\mathrm{e}^{x}\sin 2x, \alpha=1, \beta=2, 1\pm 2\mathrm{i}$ 是特征方程的根,所以可设原方程的特解为

$$\tilde{y}=x\mathrm{e}^{x}(A_1\cos 2x+A_2\sin 2x),$$

求出 $(\tilde{y})', (\tilde{y})''$,代入原方程并化简,得

$$\mathrm{e}^{x}(4A_2\cos 2x-4A_1\sin 2x)=\mathrm{e}^{x}\sin 2x,$$

比较 $\cos 2x$ 与 $\sin 2x$ 的系数,得

$$\begin{cases}-4A_1=1,\\ 4A_2=0,\end{cases}$$

即 $A_1=-\frac{1}{4}, A_2=0$,所以原方程的一个特解为

$$\tilde{y} = -\frac{1}{4}xe^x\cos 2x.$$

从而原方程的通解为

$$y = -\frac{1}{4}xe^x\cos 2x + e^x(C_1\cos 2x + C_2\sin 2x)\quad (C_1, C_2 \text{ 为任意常数})$$

10.5　微分方程在经济学中的应用举例

在经济数量,特别是动态经济模型分析中,微分方程是一种非常有用的数学工具.本节将列举几个经济学应用中的实例,着重讨论经济数量关系.

例 10-22　某林区实行封山养林,现有木材 10 万 m^3,如果在每一时刻 t,木材的变化率与当时的木材数量成正比,并假设 10 年后该林区的木材为 20 万 m^3.若规定该林区的木材量达到 40 万 m^3 时才可砍伐,问至少需要多少年?

解　如果时间 t 以年为单位,假设任一时刻 t 木材的数量为 $p(t)$ 万 m^3,由题意有

$$\frac{dp}{dt} = kp\quad (k \text{ 为比例系数}),$$

且 $t = 0$ 时,$p = 10$;$t = 10$ 时,$p = 20$.

容易求出此方程的通解为

$$p = Ce^{kt}.$$

当 $t = 0$ 时,$p = 10$ 代入,得 $C = 10$,于是

$$p = 10e^{kt};$$

再将 $t = 10$ 时,$p = 20$ 代入,得 $k = \frac{\ln 2}{10}$,所以

$$p = 10e^{\frac{\ln 2}{10}t} = 10 \cdot 2^{\frac{t}{10}}.$$

令 $p = 40$,求得 $t = 20$,即若规定该林区的木材量达到 40 万 m^3 时才可砍伐,至少需要 20 年.

例 10-23　在经济研究中发现,某一地区的国民收入 y、国民储蓄额 S 和投资额 I 都是时间 t 的函数,且在任一时刻 t,储蓄额 $S(t)$ 为国民收入 $y(t)$ 的 $\frac{1}{10}$,投资额 $I(t)$ 是国民收入增长率 $\frac{dy}{dt}$ 的 $\frac{1}{3}$.若 $y(0) = 5$(亿元),且在时刻 t 的储蓄额全部用于投资,试求国民收入函数 $y(t)$.

解　由题意知

$$S = \frac{1}{10}y,\quad I = \frac{1}{3}\frac{dy}{dt}.$$

由于在时刻 t 时，储蓄额全部用于投资，即 $S=I$，于是

$$\frac{1}{10}y=\frac{1}{3}\frac{\mathrm{d}y}{\mathrm{d}t},\quad 即\quad \frac{\mathrm{d}y}{\mathrm{d}t}=\frac{3}{10}y,$$

求得此方程的通解为

$$y=C\mathrm{e}^{\frac{3}{10}t}.$$

将 $t=0, y=5$ 代入，得到 $C=5$，所以国民收入函数为

$$y=5\mathrm{e}^{\frac{3}{10}t}$$

例 10-24(市场动态均衡价格)　设某商品的市场价格 $P=P(t)$ 随时间 t 变动，其需求函数为

$$Q_d=b-aP\quad (a,b\ 均为正常数),$$

供给函数为

$$Q_s=-d+cP\quad (c,d\ 均为正常数),$$

又设价格 P 随时间 t 的变化率与超额需求(Q_d-Q_s)成正比(比例系数 $k>0$)，且当 $t=0$ 时，$P=A$(常数)，求价格函数 $P=P(t)$.

解　价格函数 $P=P(t)$ 应满足方程

$$\frac{\mathrm{d}P}{\mathrm{d}t}=k(Q_d-Q_s)=-k(a+c)P+k(b+d),$$

即

$$\frac{\mathrm{d}P}{\mathrm{d}t}+k(a+c)P=k(b+d).$$

它是一阶线性非齐次微分方程. 由通解公式(10.16)，可得

$$P=\mathrm{e}^{-\int k(a+c)\mathrm{d}t}\left[\int k(b+d)\mathrm{e}^{\int k(a+c)\mathrm{d}t}\mathrm{d}t+C_1\right]=\frac{b+d}{a+c}+C_1\mathrm{e}^{-k(a+c)t},$$

又由 $P(0)=A$，可得 $C_1=A-\dfrac{b+d}{a+c}$，将它代入上式，即得所求价格函数为

$$P=P(t)=\left(A-\frac{b+d}{a+c}\right)\mathrm{e}^{-k(a+c)t}+\frac{b+d}{a+c}.$$

当供需平衡，即 $Q_d=Q_s$ 时，由 $b-aP=-d+cP$ 可解得 $P=\dfrac{b+d}{a+c}$，称为均衡价格.

例 10-25(债券市场无风险利率模型)　通常，不同期限的债券其收益率是不相同的，在金融上称为利率的期限结构. 假定有到期日为 T 的零息票债券(指在到期日得到面值金额，中间不分利息，在购买时以低于面值的价格买进的债券)，目前市场无风险利率(连续复利)是时间 t 的函数 $r(t)$. 在金融实务上，经常遇到的是已知不同期日的零息票债券价格 $P(t)$，来反求市场无风险利率 $r(t)$. 利率通常围绕长期均值波动，其中既有确定性因素，也有随机性因素. 为简单起见，我们只考虑确

定性因素的影响，假设利率 $r(t)$ 的变化率为 $a[b(t)-r(t)]$，其中，a 为均值回复的速度，$b(t)$ 为长期均值水平. 试求：当 $a=1, b(t)=0.03(2+\sin t), r(0)=0.05$ 时的无风险利率 $r(t)$.

解 无风险利率的变化率为$\dfrac{\mathrm{d}r(t)}{\mathrm{d}t}$，由题设可得

$$\frac{\mathrm{d}r(t)}{\mathrm{d}t}=a[b(t)-r(t)],$$

即

$$\frac{\mathrm{d}r(t)}{\mathrm{d}t}+a\cdot r(t)=a\cdot b(t).$$

这是一阶线性非齐次微分方程，由通解公式(10.16)，可得

$$r(t)=\mathrm{e}^{-\int a\mathrm{d}t}\left[\int a\cdot b(t)\mathrm{e}^{\int a\mathrm{d}t}\mathrm{d}t+C\right],$$

将 $a=1, b(t)=0.03(2+\sin t)$ 代入上式，得通解

$$r(t)=\mathrm{e}^{-t}\left[\int 0.03(2+\sin t)\mathrm{e}^{t}\mathrm{d}t+C\right]=C\mathrm{e}^{-t}+0.015(\sin t-\cos t)+0.06,$$

再将 $r(0)=0.05$ 代入通解，得 $C=0.005$. 于是，所求无风险利率为

$$r(t)=0.005\mathrm{e}^{-t}+0.015(\sin t-\cos t)+0.06.$$

10.6 差分方程的一般概念

微分方程所研究的变量是连续变化的，但是在经济分析、企业管理中，很多经济数据是以等间隔的时间周期统计的. 例如，国民收入按年统计，产品产量按月统计，等等. 通常称这些变量为离散型变量，描述各离散型变量之间关系的数学模型称为离散型模型. 差分方程就是经济学和管理学中最常见的一种离散型数学模型.

10.6.1 函数的差分

设变量 y 是时间 t 的函数，如果 $y=y(t)$ 可导，则变量 y 对时间 t 的变化率用 $\dfrac{\mathrm{d}y}{\mathrm{d}t}$ 来刻画. 但在某些问题中，时间 t 只能离散的取值，从而 y 也只能相应的离散变化，这时常用规定时间区间上的差商$\dfrac{\Delta y}{\Delta t}$来刻画变量 y 的变化率. 如果选择 Δt 为 1，那么 $\Delta y=y(t+1)-y(t)$ 可以近似代表变量 y 的变化速度.

定义 10.5 设函数 $y=f(x)$，简记为 y_x，当 x 取遍非负整数时函数值可以排成一个数列：$y_0, y_1, \cdots, y_x, \cdots$，则差 $y_{x+1}-y_x$ 称为函数 y_x 的差分，也称为一阶差分，记为 Δy_x，即

$$\Delta y_x=y_{x+1}-y_x.$$

把

$$\begin{aligned}\Delta(\Delta y_x) &= \Delta y_{x+1} - \Delta y_x = (y_{x+2} - y_{x+1}) - (y_{x+1} - y_x) \\ &= y_{x+2} - 2y_{x+1} + y_x\end{aligned}$$

记为 $\Delta^2 y_x$，即

$$\Delta^2 y_x = \Delta(\Delta y_x) = y_{x+2} - 2y_{x+1} + y_x,$$

称为函数 y_x 的二阶差分.

同样定义三阶差分、四阶差分等等如下：

$$\Delta^3 y_x = \Delta(\Delta^2 y_x), \quad \Delta^4 y_x = \Delta(\Delta^3 y_x), \quad \cdots,$$

二阶及二阶以上的差分统称为高阶差分.

由定义可知差分具有以下性质.

(1) $\Delta(C) = 0$，C 为常数；

(2) $\Delta(Cy_x) = C\Delta y_x$，$C$ 为常数；

(3) $\Delta(y_x \pm z_x) = \Delta y_x \pm \Delta z_x$.

例 10-26 设 $y_x = 3x^2 - 4x + 2$，求 $\Delta y_x, \Delta^2 y_x, \Delta^3 y_x$.

解

$$\begin{aligned}\Delta y_x &= 3\Delta(x^2) - 4\Delta(x) + \Delta(2) \\ &= 3[(x+1)^2 - x^2] - 4(x+1-x) + 0 \\ &= 3(2x+1) - 4 = 6x - 1,\end{aligned}$$

$$\begin{aligned}\Delta^2 y_x &= \Delta(\Delta y_x) = \Delta(6x-1) \\ &= \Delta(6x) - \Delta(1) = 6\Delta(x) = 6\Delta(x+1-x) = 6,\end{aligned}$$

$$\Delta^3 y_x = \Delta(\Delta^2 y_x) = \Delta(6) = 0.$$

例 10-27 设 $y_x = a^x (a > 0, a \neq 1)$，求 $\Delta y_x, \Delta^2 y_x, \cdots, \Delta^n y_x$.

解 $\Delta y_x = a^{x+1} - a^x = a^x(a-1)$,

$$\Delta^2 y_x = \Delta(\Delta y_x) = \Delta[a^x(a-1)] = (a-1)\Delta(a^x) = a^x(a-1)^2.$$

容易看出，一般的，有

$$\Delta^n y_x = \Delta(\Delta^{n-1} y_x) = a^x(a-1)^n.$$

10.6.2 差分方程的一般概念

先看一个例子.

例 10-28 设存入银行 A_0 元，年复利率为 r，求 t 年后在银行里的存款额.

我们设 y_t 为 t 年后在银行的存款额，由条件可知 y_t 满足下列方程：

$$\begin{cases}\Delta y_t = y_{t+1} - y_t = r y_t \quad (t = 0, 1, 2, \cdots), \\ y_0 = A_0.\end{cases}$$

这样的方程就是差分方程.

定义 10.6 含有自变量 x 和两个或两个以上的 $y_x, y_{x+1}, \cdots$ 的函数方程称为差分方程，方程中未知数附标的最大值与最小值的差数称为差分方程的阶.

n 阶差分方程的一般形式为

$$F(x,y_x,y_{x+1},\cdots,y_{x+n})=0,$$

其中,$F(x,y_x,y_{x+1},\cdots,y_{x+n})$ 是 $x,y_x,y_{x+1},\cdots,y_{x+n}$ 的已知函数.

由函数 y_x 差分的定义,差分方程也可以作如下定义.

定义 10.7 含有自变量 x、未知函数 y_x 及 y_x 的差分 $\Delta y_x,\Delta^2 y_x,\cdots$ 的函数方程称为差分方程,方程中未知数差分的最高阶数称为差分方程的阶.

n 阶差分方程的一般形式为

$$F(x,y_x,\Delta y_x,\cdots,\Delta^n y_x)=0,$$

其中,$F(x,y_x,\Delta y_x,\cdots,\Delta^n y_x)$ 是 $x,y_x,\Delta y_x,\cdots,\Delta^n y_x$ 的已知函数,且至少 $\Delta^n y_x$ 要在方程中出现.

差分方程的不同形式之间可以相互转化.

例 10-29 把 $y_{x+2}-2y_{x+1}-y_x=3^x$ 化为其他两种形式.

解 方程可化为

$$y_x-2y_{x-1}-y_{x-2}=3^{x-2}.$$

将原方程左边写成

$$\begin{aligned}&(y_{x+2}-y_{x+1})-(y_{x+1}-y_x)-2y_x\\=&\Delta y_{x+1}-\Delta y_x-2y_x\\=&\Delta^2 y_x-2y_x,\end{aligned}$$

则原方程可以化为

$$\Delta^2 y_x-2y_x=3^x.$$

定义 10.8 如果一个函数代入差分方程后可以使方程成为恒等式,则称此函数为这个差分方程的解.

如果差分方程的解中含有的相互独立的任意常数的个数等于差分方程的阶数,则称该解为差分方程的通解;确定了任意常数的解称为差分方程的特解;用来确定任意常数的条件称为初始条件.

例如,我们可以验证:$y_t=C(1+r)^t$(C 为任意常数)是例 10-28 中差分方程的通解,而 $y_t=A_0(1+r)^t$ 是满足初始条件 $y_0=A_0$ 的特解.

*10.7 一阶常系数线性差分方程

10.7.1 一阶常系数线性差分方程的概念及通解结构

形如

$$y_{x+1}+py_x=f(x)\quad(p\text{ 为常数且 }p\neq 0)\tag{10.30}$$

的方程称为一阶常系数线性差分方程.其中,$f(x)$ 为已知函数,y_x 为未知函数.若

$f(x) \neq 0$,则称方程(10.30)为一阶常系数线性非齐次差分方程;若 $f(x) \equiv 0$,则称方程

$$y_{x+1} + p y_x = 0 \tag{10.31}$$

为一阶常系数线性齐次差分方程.

一阶线性非齐次差分方程也有类似第10.2节中一阶线性非齐次微分方程的通解结构.

定理10.4 若 y_x^* 是一阶常系数线性非齐次差分方程(10.30)的一个特解,Y_x 是方程(10.30)所对应的齐次差分方程(10.31)的通解,则 $y_x = Y_x + y_x^*$ 是一阶常系数线性非齐次差分方程(10.30)的通解.

该定理的证明从略.下面讨论它们的求解方法.

10.7.2 一阶常系数线性齐次差分方程的解法

对于一阶常系数线性齐次差分方程(10.31),有如下两种常见解法.

1) 迭代法

如果 y_0 已知,由方程(10.31)依次可求出

$$y_1 = (-p)y_0, \quad y_2 = (-p)^2 y_0, \quad y_3 = (-p)^3 y_0, \quad \cdots$$

于是可得 $y_x = (-p)^x y_0$.令 $y_0 = C$(C 为任意常数),则可得方程(10.31)的通解为

$$y_x = C(-p)^x \quad (C\text{ 为任意常数}).$$

2) 特征根法

注意到方程(10.31)的特点:$y_{x+1} = (-p)y_x$,即 y_{x+1} 是 y_x 的常数倍,而指数函数 $\lambda^{x+1} = \lambda \cdot \lambda^x$ 恰好符合这一点,故不妨设方程(10.31)具有形如

$$y_x = \lambda^x$$

的特解,其中 λ 是待定的非零常数.将其代入方程(10.31),有

$$\lambda^{x+1} + p\lambda^x = 0, \quad \text{即} \quad \lambda^x(\lambda + p) = 0,$$

由于 $\lambda^x \neq 0$,故得

$$\lambda + p = 0, \tag{10.32}$$

称方程(10.32)为一阶常系数线性齐次差分方程(10.31)的特征方程;而 $\lambda = -p$ 为特征方程的根,简称为特征根.从而,得到方程(10.31)的一个非零特解

$$y_x = (-p)^x.$$

显然,方程(10.31)的通解为

$$y_x = C(-p)^x \quad (C\text{ 为任意常数}).$$

例10-30 求差分方程 $2y_{x+1} - 3y_x = 0$ 的通解.

解法1 用迭代法.

设 $y_0 = C$(C 为任意常数),则由 $y_{x+1} = \dfrac{3}{2}y_x$ 依次可得

$$y_1 = \frac{3}{2}y_0 = \frac{3}{2}C,\quad y_2 = \frac{3}{2}y_1 = \left(\frac{3}{2}\right)^2 C,\quad y_3 = \left(\frac{3}{2}\right)^3 C,\quad \cdots,$$

故原方程的通解为

$$y_x = C\left(\frac{3}{2}\right)^x \quad (C\text{为任意常数}).$$

解法 2　用特征根法.

所给差分方程的特征方程为 $2\lambda - 3 = 0$,解得特征根 $\lambda = \frac{3}{2}$,因此原方程的通解为

$$y_x = C\left(\frac{3}{2}\right)^x \quad (C\text{为任意常数}).$$

10.7.3　一阶常系数线性非齐次差分方程的解法

上面我们已经讨论过一阶常系数线性齐次差分方程(10.31)通解的求法,由定理 10.4,我们只要再求出一阶常系数线性非齐次差分方程(10.30)的一个特解 y_x^*,即可得方程(10.30)的通解.

下面以方程(10.30)右端的非齐次项 $f(x) = b^x P_m(x)$ 为例说明其特解的求法,这里 b 为不等于 0 的常数,$P_m(x)$ 是已知的 m 次多项式.

此时,方程(10.30)成为

$$y_{x+1} + py_x = b^x P_m(x). \tag{10.33}$$

可以证明:方程(10.33)的特解形式为

$$y_x^* = \begin{cases} b^x Q_m(x), & b\text{不是特征根} -p, \\ b^x x Q_m(x), & b\text{是特征根} -p, \end{cases}$$

其中,$Q_m(x) = A_0 + A_1 x + A_2 x^2 + \cdots + A_m x^m$ 是与 $P_m(x)$ 同次的多项式,$A_0, A_1, \cdots, A_m$ 均为待定系数.

例 10-31　求差分方程 $y_{x+1} - 3y_x = 2x \cdot 3^x$ 的通解.

解　先求对应齐次方程 $y_{x+1} - 3y_x = 0$ 的通解.

因其特征方程为 $\lambda - 3 = 0$,特征根为 $\lambda = 3$,故对应齐次方程的通解为

$$Y_x = C \cdot 3^x \quad (C\text{为任意常数}).$$

又由 $f(x) = 3^x \cdot 2x$,$b = 3$ 是特征根,于是可设原方程的特解为

$$y_x^* = 3^x x(A_1 x + A_0) = 3^x(A_1 x^2 + A_0 x),$$

将 y_x^* 代入原非齐次方程,得

$$[A_1(x+1)^2 + A_0(x+1)]3^{x+1} - 3(A_1 x^2 + A_0 x) \cdot 3^x = 2x \cdot 3^x,$$

整理后得

$$6A_1 x + 3(A_1 + A_0) = 2x,$$

比较上式两端 x 的同次幂系数,得方程组

$$\begin{cases}6A_1=2,\\A_1+A_0=0,\end{cases}\quad 解得\quad \begin{cases}A_1=\dfrac{1}{3},\\A_0=-\dfrac{1}{3},\end{cases}$$

故原非齐次方程的一个特解为

$$y_x^*=\frac{1}{3}x(x-1)3^x=x(x-1)3^{x-1}.$$

因此,原方程的通解为

$$y_x=Y_x+y_x^*=C\cdot 3^x+x(x-1)3^{x-1}\quad (C为任意常数).$$

例 10-32 求差分方程 $y_{x+1}-3y_x=-2$ 的通解.

解 先求对应齐次方程 $y_{x+1}-3y_x=0$ 的通解.

特征方程为 $\lambda-3=0$,得特征根 $\lambda=3$,故对应的齐次方程的通解为

$$Y_x=C\cdot 3^x\quad (C为任意常数).$$

又由 $f(x)=-2$,即 $f(x)=1^x\cdot(-2)$,$b=1$ 不是特征根.于是设原方程的特解为

$$y_x^*=1^x(A_1x+A_0)=A_1x+A_0,$$

将 y_x^* 代入原方程,得

$$A_1(x+1)+A_0-3(A_1x+A_0)=-2,$$

即

$$-2A_1x+A_1-2A_0=-2,$$

比较上式两端 x 的同次幂系数,得

$$\begin{cases}A_0=1,\\A_1=0,\end{cases}$$

故原非齐次方程的一个特解为

$$y_x^*=1.$$

因此,原方程的通解为

$$y_x=C\cdot 3^x+1\quad (C为任意常数).$$

例 10-33 求差分方程 $y_{x+1}-2y_x=x2^x$ 满足初始条件 $y_0=1$ 的特解.

解 先求对应齐次方程 $y_{x+1}-2y_x=0$ 的通解.

由特征方程 $\lambda-2=0$,得特征根为 $\lambda=2$,故对应的齐次方程的通解为

$$Y_x=C\cdot 2^x\quad (C为任意常数).$$

又由 $f(x)=x\cdot 2^x$,$b=2$ 是特征根,于是可设原方程的特解为

$$y_x^*=2^xx(A_1x+A_0),$$

代入原方程,得

$$2(2A_1x+A_1+A_0)2^x=x2^x,$$

比较上式两端 x 的同次幂系数,得

$$\begin{cases}4A_1=1,\\2A_1+2A_0=0,\end{cases}\quad 即\quad\begin{cases}A_1=\dfrac{1}{4},\\A_0=-\dfrac{1}{4},\end{cases}$$

故原非齐次方程的一个特解为

$$y_x^*=\frac{1}{4}x(x-1)2^x.$$

从而原方程的通解为

$$y_x=C\cdot 2^x+\frac{1}{4}x(x-1)2^x\quad(C\text{为任意常数}).$$

将初始条件 $y_0=1$ 代入上式,得 $C=1$,从而相应的特解为

$$y_x=2^x+\frac{1}{4}x(x-1)2^x.$$

本章小结

本章主要介绍了常微分方程,要求了解微分方程的阶、通解与特解等概念,掌握可分离变量方程、齐次方程和一阶线性微分方程的解法,掌握二阶常系数线性微分方程的解法,并会求解一些简单的经济应用题;对差分方程作了简单的介绍,要求了解差分与差分方程的阶与解(通解与特解)等概念.

阅读材料:追求新几何的数学家——笛卡儿

笛卡儿(1596—1650)是法国著名数学家、物理学家,解析几何的奠基人之一.笛卡儿创建解析几何绝非朝夕之功,而是他长期孜孜以求、深刻思虑并以进步哲学和科学方法引导的结果.

笛卡儿的青年时代正是欧洲文艺复兴的末期、资产阶级革命的前夕,社会处于宗教和政治急剧变革的漩涡中.勤学善思的笛卡儿认识到以上帝为中心的经院哲学既缺乏可靠的理论知识,又缺乏令人信服的推理方法,只有严密的数学才是认识事物的有力工具.然而他又觉察到,数学并不是完美无缺的,几何证明虽然严谨,但需求助于奇妙的方法,用起来不方便;代数虽有法则、公式可循,便于应用,但法则、公式又束缚了人的想象力.他立志寻求一种包含代数和几何两门学科的优点,而没有它们的缺点的新方法.笛卡儿说:“没有正确的方法,即使有眼睛的博学者,也会像瞎子一样盲目探索.”

据一些史料记载,在1619年11月10日的夜晚,笛卡儿做了一个触发灵感的梦.他梦见一只苍蝇飞动时划出一条美妙的曲线,然后一个黑点停留在画有方格的

窗纸上，而黑点到窗棂的距离确定了它的位置．梦醒后笛卡儿异常兴奋，感慨十几年的理性追求居然在梦境中顿悟而生！笛卡儿后来说道，他的梦就像一把打开宝库的钥匙，而这把钥匙就是在长期苦思冥想的基础上突然茅塞顿开的灵感．

1637年，笛卡儿匿名出版了《更好地指导推理和寻求科学真理的方法论》一书．该书中有三篇附录，其中名为“几何学”的一篇公布了他长期深思熟虑的坐标几何的思想，实现了用代数研究几何的宏伟梦想．这篇作为附录的短文是一座从常量数学通向变量数学的桥梁，向人们展示出一个数与形相结合的典型数学模型．而它的历史价值正如恩格斯所赞誉的：“数学中的转折点是笛卡儿的变数．有了变数，运动进入了数学，有了变数，辩证法进入了数学．”

习题 10

A 组

1. 指出下列微分方程的阶数：

(1) $y''-\dfrac{2}{x}y'+\dfrac{2y}{x^2}=0$；　　(2) $x(y')^2-2yy'+x=0$；

(3) $(7x-6y)\mathrm{d}x+(x-y)\mathrm{d}y=0$；　　(4) $r'+r=\sin^2\theta$.

2. 验证函数 $y=C_1\mathrm{e}^{2x}+C_2\mathrm{e}^{x}$ 为二阶微分方程 $y''-3y'+2y=0$ 的通解，并求方程满足初始条件 $y(0)=0, y'(0)=2$ 的特解.

3. 求下列各微分方程的通解或在给定初始条件下的特解：

(1) $(1+y)\mathrm{d}x-(1-x)\mathrm{d}y=0$；

(2) $\cos x\sin y\mathrm{d}y=\cos y\sin x\mathrm{d}x, y\big|_{x=0}=\dfrac{\pi}{4}$；

(3) $\dfrac{\mathrm{d}y}{\mathrm{d}x}=\mathrm{e}^{3x-y}$；

(4) $y'+xy=0$；

(5) $\dfrac{\mathrm{d}y}{\mathrm{d}x}=\dfrac{x^4}{y}, y\big|_{x=0}=3$；

(6) $2y(x^2+1)y'=x(y^2+1), y\big|_{x=0}=0$；

(7) $(1+2y)x\mathrm{d}x+(1+x^2)\mathrm{d}y=0$；

(8) $y\ln x\mathrm{d}x+x\ln y\mathrm{d}y=0$.

4. 设一曲线上任意一点处的切线垂直于该点与原点的连线，求此曲线方程.

5. 求下列微分方程的通解：

(1) $(x^2+y^2)\mathrm{d}x-xy\mathrm{d}y=0$；　　(2) $\dfrac{\mathrm{d}x}{x^2-2xy}=\dfrac{\mathrm{d}y}{xy-y^2}$；

(3) $x(\ln x-\ln y)\mathrm{d}y-y\mathrm{d}x=0$；　　(4) $xy'-y-\sqrt{x^2+y^2}=0$；

(5) $xy^2\mathrm{d}y=(x^3+y^3)\mathrm{d}x$； (6) $y'=\dfrac{y}{y-x}$.

6. 不用代公式,求下列微分方程的通解：

(1) $y'+3y=0$； (2) $y'+3y=x$.

7. 求下列微分方程的通解：

(1) $y'+y=3x$； (2) $y'-\dfrac{2}{x}y=\dfrac{\sin 3x}{x^2}$；

(3) $\dfrac{\mathrm{d}y}{\mathrm{d}x}-\dfrac{2y}{x+1}=(x+1)^{\frac{5}{2}}$； (4) $\dfrac{\mathrm{d}y}{\mathrm{d}x}+y=\mathrm{e}^{-x}$；

(5) $\dfrac{\mathrm{d}y}{\mathrm{d}x}-\dfrac{ny}{x}=\mathrm{e}^x\cdot x^n$； (6) $y'+y\cos x=\mathrm{e}^{-\sin x}$.

8. 求下列微分方程在给定初始条件下的特解：

(1) $(x\mathrm{e}^{\frac{y}{x}}+y)\mathrm{d}x=x\mathrm{d}y, y|_{x=1}=0$；

(2) $xy^2\mathrm{d}y=(x^3+y^3)\mathrm{d}x, y|_{x=1}=1$；

(3) $y'=\dfrac{y}{x}+\tan\dfrac{y}{x}, y|_{x=1}=\dfrac{\pi}{4}$；

(4) $xy'=y(1+\ln y-\ln x)\ (x>0),\ y|_{x=1}=1$；

(5) $y'=2xy+\mathrm{e}^{x^2}\cos x, y|_{x=0}=2$；

(6) $\dfrac{\mathrm{d}y}{\mathrm{d}x}+\dfrac{y}{x}=\dfrac{\sin x}{x}, y|_{x=\pi}=1$；

(7) $x\dfrac{\mathrm{d}y}{\mathrm{d}x}-2y=x^3\mathrm{e}^x, y|_{x=1}=0$；

(8) $(x^2-1)\mathrm{d}y+(2xy-\cos x)\mathrm{d}x=0, y|_{x=0}=1$.

*9. 求下列微分方程的通解或给定初始条件下的特解：

(1) $(1-x^2)y''-xy'=2$；

(2) $y''=\dfrac{1}{1+x^2}$；

(3) $y''=y'+x$；

(4) $y''=\mathrm{e}^{2x}-\cos x, y|_{x=0}=0, y'|_{x=0}=1$；

(5) $y''=1+(y')^2$；

(6) $y''=\mathrm{e}^{2y}, y|_{x=0}=0, y'|_{x=0}=-1$；

(7) $(1-x^2)y''-xy'=3, y|_{x=0}=0, y'|_{x=0}=0$；

(8) $y''=(y')^{\frac{1}{2}}, y|_{x=0}=0, y'|_{x=0}=1$.

10. 试求 $y''=x$ 且经过点 $P(0,1)$，并且在此点与直线 $y=\dfrac{x}{2}+1$ 相切的曲线方程.

11. 求下列微分方程的通解：

(1) $y''+5y'+6y=0$；
(2) $2y''+y'+y=0$；
(3) $y''+6y'+9y=0$；
(4) $y''-5y'=0$；
(5) $y''-4y'+4=0$；
(6) $y''-2y'-3y=2x+1$；
(7) $y''-6y'+13y=14$；
(8) $y''+y'-2y=2e^{x}$；
(9) $y''-y=4\sin x$；
(10) $y''+2y'+y=5e^{-x}$.

12. 求下列微分方程满足已给初始条件的特解：

(1) $y''+y=4\sin x, y\big|_{x=0}=1, y'\big|_{x=0}=0$；

(2) $4y''-4y'+y=0, y\big|_{x=0}=1, y'\big|_{x=0}=2$；

(3) $y''-3y'+2y=5, y\big|_{x=0}=1, y'\big|_{x=0}=2$；

(4) $y''-y=4xe^{x}, y\big|_{x=0}=0, y'\big|_{x=0}=1$；

(5) $y''-y=0, y\big|_{x=0}=2, y'\big|_{x=0}=0$；

(6) $y''-4y'+3y=0, y\big|_{x=0}=6, y'\big|_{x=0}=10$.

13. 加热后的物体在空气中冷却的速度与每一瞬间物体温度 T 与空气温度 T_0 之差成正比，且比例系数为 k，试确定物体温度 T 与时间 t 的关系.

14. 已知某商品的需求量 Q 对价格 P 的弹性为 $-P\ln 3$，若该商品的最大需求量为 1200(即当 $P=0$ 时，$Q=1200$)，求需求量 Q 对价格 P 的函数关系.

15. 某银行账户以当年余额的 5% 的年利率连续每年盈取利息，假设最初存入的数额为 10000 元，并且在这之后没有其他数额存入和取出，试给出账户中余额所满足的微分方程，并求存款到第 10 年的余额.

16. 某养鱼池最多养 1000 条鱼，鱼数 y 是时间 t(单位：月)的函数，且鱼的数目的变化速度与 y 及 $1000-y$ 的乘积成正比. 现知养鱼 100 条，3 个月后变成 250 条，求函数 $y(t)$ 以及 6 个月后养鱼池里的鱼的数量.

17. 确定下列差分方程的阶数：

(1) $y_{x-2}-y_{x-4}=y_{x+2}$；
(2) $y_{t+3}+t^2y_{t+1}-3y_t=1$；
(3) $7y_{x+4}-5y_{x-1}=12t^6$；
(4) $3\Delta^2y_t+3y_{t+1}-2y_t=e^t$.

18. 求下列函数的差分：

(1) $y_x=C$ (C 为常数)，求 Δy_x；
(2) $y_x=x^2+2x$，求 Δ^2y_x；
(3) $y_x=e^{2x}$，求 $\Delta y_x, \Delta^2y_x$；
(4) $y_x=x^3+3$，求 Δ^3y_x；
(5) $y_x=\sin ax$，求 Δy_x；
(6) $y_t=\ln(t+1)$，求 Δ^2y_t.

19. 证明下列各等式：

(1) $\Delta(u_x v_x) = u_{x+1}\Delta v_x + v_x \Delta u_x$；

(2) $\Delta\left(\dfrac{u_x}{v_x}\right) = \dfrac{v_x \Delta u_x - u_x \Delta v_x}{v_x v_{x+1}}$.

20. 验证函数 $y_x = \dfrac{1}{2}\left(\dfrac{5}{2}\right)^x + C\left(\dfrac{1}{2}\right)^x$（$C$ 为任意常数）是差分方程

$$y_{x+1} - \frac{1}{2}y_x = \left(\frac{5}{2}\right)^x$$

的通解，并求其满足初始条件 $y_x\big|_{x=0} = 1$ 的特解.

*21. 求下列差分方程的通解：

(1) $y_{x+1} - 2y_x = 3$；

(2) $y_{x+1} - y_x = 2$；

(3) $y_{x+1} - y_x = 2x^2$；

(4) $y_{x+1} - \dfrac{1}{2}y_x = \left(\dfrac{5}{2}\right)^x$；

(5) $y_{x+1} + y_x = 3^x$；

(6) $y_{x+1} + y_x = x \cdot 2^x$.

*22. 求下列差分方程满足所给初始条件的特解：

(1) $4y_{x+1} + 3y_x = 14, y_x\big|_{x=0} = 5$；

(2) $y_{x+1} - 5y_x = 3, y_x\big|_{x=0} = \dfrac{7}{3}$；

(3) $y_{x+1} + y_x = 2^x, y_x\big|_{x=0} = 2$；

(4) $y_{x+1} + 4y_x = 2x^2 + x - 1, y_x\big|_{x=0} = 1$.

B 组

23. 求下列方程的通解：

(1) $y' = \dfrac{y}{x - \sqrt{x^2 + y^2}}\ (y \neq 0)$；

(2) $xy\dfrac{\mathrm{d}y}{\mathrm{d}x} = x^2 + y^2$；

(3) $\dfrac{\mathrm{d}y}{\mathrm{d}x} = \dfrac{x + y + 4}{x - y - 6}$；

(4) $y' + y\cos x = (\ln x)\mathrm{e}^{-\sin x}$；

(5) $\dfrac{\mathrm{d}y}{\mathrm{d}x} = \dfrac{y - \sqrt{x^2 + y^2}}{x}$；

(6) $y'' + 5y' + 6y = 2\mathrm{e}^{-x}$.

24. 求下列方程在给定条件下的特解：

(1) $x(y' + 1) + \sin(x + y) = 0, y\big|_{x=\frac{\pi}{2}} = 0$；

(2) $y'' - 2y' - \mathrm{e}^{2x} = 0, y'\big|_{x=0} = 1, y\big|_{x=0} = 1$；

(3) $xy' + y = 0, y\big|_{x=1} = 2$；

(4) $\dfrac{\mathrm{d}y}{\mathrm{d}x} = \dfrac{y}{x} - \dfrac{1}{2}\left(\dfrac{y}{x}\right)^3, y\big|_{x=1} = 1$.

25. 若 $x\int_0^x y(t)\mathrm{d}t=(x+1)\int_0^x ty(t)\mathrm{d}t$，求 $y=y(x)$.

26. 求 $y'+xy=Q(x)$ 满足初始条件 $y\big|_{x=0}=0$ 的连续解，其中

$$Q(x)=\begin{cases}x, & 0\leqslant x\leqslant 1,\\ 0, & x>1.\end{cases}$$

27. 设函数 $f(t)$ 在$[0,+\infty)$ 上连续，且满足方程

$$f(t)=\mathrm{e}^{4\pi t^2}+\iint\limits_{x^2+y^2\leqslant 4t^2} f\left(\frac{1}{2}\sqrt{x^2-y^2}\right)\mathrm{d}x\mathrm{d}y,$$

求 $f(t)$.

28. 已知连续函数 $f(x)$ 满足条件 $f(x)=\int_0^{3x} f\left(\frac{t}{3}\right)\mathrm{d}t+\mathrm{e}^{2x}$，求 $f(x)$.

29. 设 $\varphi(x)$ 为连续函数，且

$$\varphi(x)=\mathrm{e}^x-\int_0^x (x-t)\varphi(t)\mathrm{d}t,$$

求 $\varphi(x)$.

30. 设有微分方程 $y'-2y=\varphi(x)$，其中

$$\varphi(x)=\begin{cases}2, & x<1,\\ 0, & x>1,\end{cases}$$

求在$(-\infty,+\infty)$ 上连续的函数 $y=y(x)$，使之在$(-\infty,1)$ 和$(1,+\infty)$ 内都满足所给方程，且满足 $y(0)=0$.

31. 求 $F(x)=f(x)g(x)$，其中 $f(x)$，$g(x)$ 在区间$(-\infty,+\infty)$ 上满足以下条件：$f'(x)=g(x)$，$g'(x)=f(x)$，且 $f(0)=0$，$f(x)+g(x)=2\mathrm{e}^x$.

(1) 求 $F(x)$ 满足的一阶方程；

(2) 求 $F(x)$ 的表达式.

32. 设函数 $f(x)$ 在区间$[1,+\infty)$ 上连续，若由曲线 $y=f(x)$，直线 $x=1$，$x=t\ (t>1)$ 与 x 轴所围成的平面图形绕 x 轴旋转一周所成的旋转体体积为

$$V(t)=\frac{\pi}{3}[t^2f(t)-f(1)],$$

试求 $f(x)$ 所满足的微分方程，并求该微分方程满足条件 $y(2)=\frac{2}{9}$ 的特解.

33. 已知级数 $2+\sum\limits_{n=1}^{\infty}\frac{x^{2n}}{(2n)!}$.

(1) 求级数的收敛域；

(2) 证明级数满足微分方程 $y''-y=-1$；

(3) 求级数的和函数.

34. 设某商品的需求量 D 和供给量 S 各自对价格 p 的函数为

$$D(p)=\frac{a}{p^2},\quad S(p)=bp,$$

且 p 是时间 t 的函数,并满足方程 $\frac{\mathrm{d}p}{\mathrm{d}t}=k[D(p)-S(p)]$($a$,$b$ 和 k 为正常数),求:

(1) 需求量与供给量相等时的均衡价格 p_e;

(2) 满足条件 $t=0$,$p=1$ 时的价格函数 $p(t)$;

(3) $\lim\limits_{t\to+\infty}p(t)$.

35. 求下列差分方程的通解:

(1) $y_{t+1}-y_t=t2^t$;

(2) $2y_{t+1}+10y_t-5t=0$.

11 附录:MATLAB 实验

11.1 MATLAB 简介

MATLAB 是 Matrix Laboratory 的缩写,是一款由美国 MathWorks 公司出品的数学软件. MATLAB 是一种用于算法开发、数据可视化、数据分析以及数值计算的高级技术计算语言和交互式软件包. MATLAB 作为高性能、交互式的科学计算工具,具有非常友好的图形界面,这使得它的应用非常广泛;同时 MATLAB 还提供了强大的绘图功能.

MATLAB 的主要优点如下所述.

1) 友好的工作平台和编程环境

MATLAB 由一系列工具组成,这些工具可方便用户使用 MATLAB 的函数和文件,其中许多工具采用的是图形用户界面,包括 MATLAB 桌面和命令窗口、历史命令窗口、编辑器和调试器、路径搜索,以及用于用户浏览帮助、工作空间、文件的浏览器. 随着 MATLAB 的商业化以及软件本身的不断升级,MATLAB 的用户界面也越来越精致,更加接近 Windows 的标准界面,人机交互性更强,操作更简单. 而且新版本的 MATLAB 提供了完整的联机查询、帮助系统,极大方便了用户的使用. 简单的编程环境提供了比较完备的调试系统,程序不必经过编译就可以直接运行,而且能够及时地报告出现的错误并进行出错原因分析.

2) 简单易用的程序语言

MATLAB 是一种高级的矩阵 / 阵列语言,具有控制语句、函数、数据结构、输入和输出、面向对象编程等特点. 用户可以在命令窗口中将输入语句与执行命令同步,也可以先编写好一个较大的复杂的应用程序(M 文件) 后再一起运行. 新版本的 MATLAB 语言是基于最为流行的C++ 语言基础上的,因此语法特征与C++ 语言极为相似,而且更加简单,更加符合科技人员对数学表达式的书写格式,使之更利于非计算机专业的科技人员使用. 而且这种语言可移植性好,拓展性极强,这也是 MATLAB 能够深入到科学研究及工程计算各个领域的重要原因.

3) 强大的科学计算机数据处理能力

MATLAB 是一个包含大量计算算法的集合,其拥有 600 多个工程中要用到的数学运算函数,可以方便地实现用户所需的各种计算功能. 函数中所使用的算法都是科研和工程计算中的最新研究成果，而且经过了各种优化和容错处理. 在通常情况下，可以用它来代替底层编程语言，如 C 和C++. 在计算要求相同的情况下，使用 MATLAB 的编程工作量会大大减少. MATLAB 的这些函数集包括从最简单最基本的函数到诸如矩阵、特征向量、快速傅立叶变换的复杂函数，函数所能解决的问题大致包括矩阵运算和线性方程组的求解、微分方程及偏微分方程组的求解、符号运算、傅立叶变换和数据的统计分析、工程中的优化问题、稀疏矩阵运算、复数的各种运算、三角函数和其他初等数学运算、多维数组操作以及建模动态仿真等.

4）出色的图形处理功能

MATLAB 自产生之日起就具有方便的数据可视化功能，可以将向量和矩阵用图形表现出来，并且可以对图形进行标注和打印. 高层次的作图包括二维和三维的可视化、图像处理、动画和表达式作图，还可进行科学计算和工程绘图. 新版本的 MATLAB 对整个图形处理功能作了很大的改进和完善，使它不仅在一般数据可视化软件都具有的功能(例如二维曲线和三维曲面的绘制和处理等）方面更加完善，而且对于一些其他软件所没有的功能(例如图形的光照处理、色度处理以及四维数据的表现等)，MATLAB 同样表现了出色的处理能力. 同时对一些特殊的可视化要求，例如图形对话等，MATLAB 也有相应的功能函数，保证了用户不同层次的要求. 另外，新版本的 MATLAB 还着重在图形用户界面(GUI）的制作上作了很大的改善，对这方面有特殊要求的用户也可以得到满足.

5）应用广泛的模块集合工具箱

MATLAB 对许多专门的领域都开发了功能强大的模块集和工具箱. 一般来说，它们都是由特定领域的专家开发的，用户可以直接使用工具箱学习、应用和评估不同的方法而不需要自己编写代码. 目前，MATLAB 已经把工具箱延伸到了科学研究和工程应用的诸多领域，诸如数据采集、数据库接口、概率统计、样条拟合、优化算法、偏微分方程求解、神经网络、小波分析、信号处理、图像处理、系统辨识、控制系统设计、LMI 控制、鲁棒控制、模型预测、模糊逻辑、金融分析、地图工具、非线性控制设计、实时快速原型及半物理仿真、嵌入式系统、定点仿真、DSP 与通讯、电力系统仿真等，都在工具箱(Toolbox）家族中有了自己的一席之地.

6）实用的程序接口和发布平台

新版本的 MATLAB 可以利用 MATLAB 编译器、C/ C++数学库和图形库，将自己的 MATLAB 程序自动转换为独立于 MATLAB 运行的 C 和C++代码，并允许用户编写可以和 MATLAB 进行交互的 C 或C++语言程序. 另外，MATLAB 网页服务程序还容许在 Web 应用中使用自己的 MATLAB 数学和图形程序. MATLAB 的一个重要特色就是具有一套程序扩展系统和一组称之为工具箱的特殊应用子程序. 工具箱是 MATLAB 函数的子程序库，每一个工具箱都是为某一类学科专业和应用而定制的，主要包括信号处理、控制系统、神经网络、模糊逻辑、小波分析和系统仿真等方面的应用.

7) 应用软件开发(包括用户界面)

MATLAB在开发环境中，能使用户更方便地控制多个文件和图形窗口；在编程方面，支持了函数嵌套、有条件中断等；在图形化方面，有了更强大的图形标注和处理功能，包括图形注释等；在输入输出方面，可以直接与 Excel 和 HDF5 进行连接.

MATLAB 是重要的数学应用软件之一.本章将根据前几章内容，就相关问题对 MATLAB 加以简单介绍，以增强读者对于这种软件的了解，更希望读者通过自主学习来提高动手能力以及实际应用能力.

11.2 曲线绘图

MATLAB 中主要用 fplot，plot，plot3 等几种命令绘制不同的曲线.

如 plot 命令的基本使用形式是

```
x = a:t:b;
y = f(x);
plot(x,y,'s')
```

其中，f(x) 要带入具体的函数，也可以将前面已经定义的函数代入；a 和 b 分别代表自变量 x 的最小值和最大值，即说明作图时自变量的范围；t 必须输入具体的数值，表示取点间隔；而 s 是可选参数，用来制定绘制曲线的线型、颜色、数据点形状等(见表 11-1). 这些参数可以同时选用，也可以只选一部分，不选则用系统默认值.

表 11-1

颜色	b 蓝(默认)　g 绿　r 红　c 青　m 粉红　y 黄　k 黑
标记	. 点　o 圈　x 叉　+ 十字　* 星　s 方块　d 菱形　无标记(默认)
线型	- 实线　-- 虚线　: 点线

1) 在平面直角坐标系下作出一元函数的图形

(1) plot 命令

例 11-1　作出函数 $y=\tan x$ 在区间 $\left[-\frac{\pi}{4},\frac{\pi}{4}\right]$ 上的图形.

```
x=-1/4*pi:0.1:1/4*pi;
y=tan(x);
plot(x,y)
```

按回车键,则作出所求图形(见图 11-1).

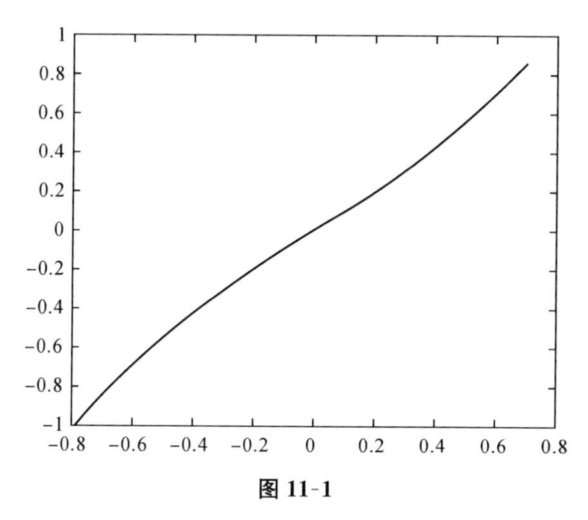

图 11-1

例 11-2　作出函数 $y=x^3$ 和 $y=x^2$ 在区间[−1,2]上的图形.

```
x=−1:0.01:2;
y1=x.^3;
y2=x.^2;
plot(x,y1,'−',x,y2,'−−')
```

按回车键,则作出所求图形(见图 11-2).

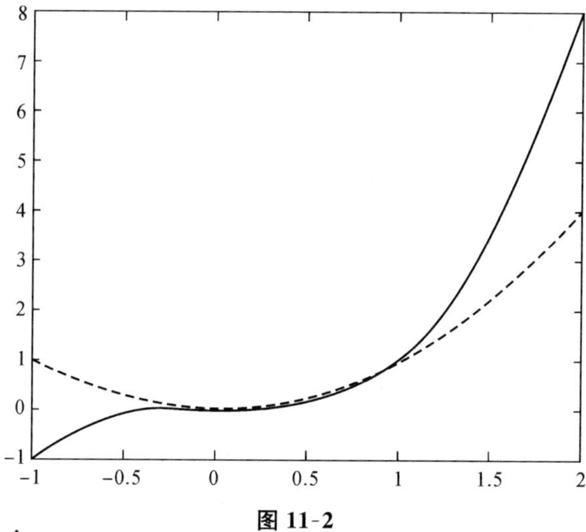

图 11-2

(2) fplot 命令

例 11-3　将例 11-1 用 fplot 命令,相应的程序如下:

```
fplot('tan(x)',[−1/4*pi,1/4*pi])
```

结果如图 11-3 所示.

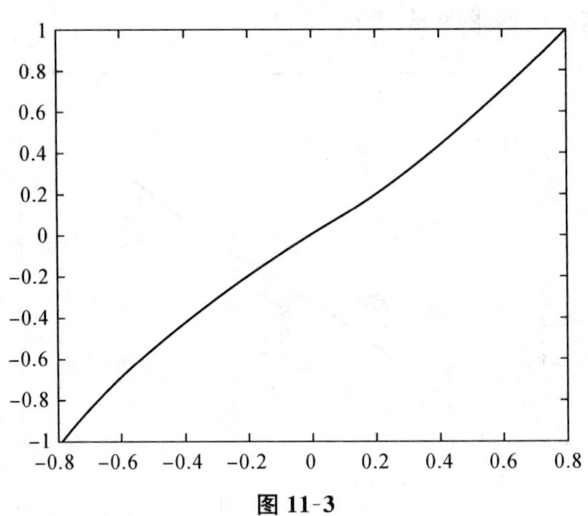

图 11-3

2) 极坐标方程作图命令

如果想利用曲线的极坐标方程作图，可使用 polar，ezpolar 等命令，如 polar 命令，其基本形式是

```
polar(theta,rho)
```

例 11-4　画出极坐标方程为 $\rho=3\cos3\theta$ 的图形.

```
theta=0:0.1:2*pi;
rho=3*cos(3*theta);
polar(theta,rho)
```

结果如图 11-4 所示.

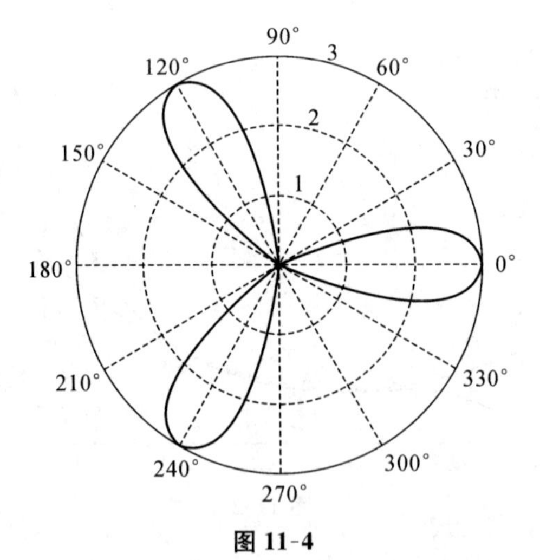

图 11-4

11.3 求极限的 MATLAB 命令

命令 limit 用于计算数列或者函数的极限,其基本形式是

```
limit(f(x),x,a)
```

其中,f(x)是数列或者函数的表达式,x 是自变量,而 a 是自变量的变化趋势. 如果自变量趋向于无穷,则用 inf 代替 a.

limit(f(x),x,a,'right') 表示当 x 趋于 $a+0$ 时函数 $f(x)$ 的右极限;

limit(f(x),x,a,'left') 表示当 x 趋于 $a-0$ 时函数 $f(x)$ 的左极限.

例 11-5 计算极限 $\lim\limits_{x\to 1}\dfrac{2x^2+1}{5x-1}$.

输入:limit((2*x.^2+1)/(5*x-1),x,1)

输出:ans=3/4

例 11-6 计算极限 $\lim\limits_{x\to\infty}\arctan x$.

输入:syms x;

```
limit(atan(x),x,+inf);
limit(atan(x),x,-inf)
```

输出:ans=pi/2 和 ans=-pi/2

例 11-7 计算极限 $\lim\limits_{x\to 0^+}x^2\ln x$.

输入:syms x;

```
limit(x.^2*log(x),x,0,'right')
```

输出:ans=0

11.4 求导数的 MATLAB 命令

求导数命令是 diff,常用格式为

```
syms x;
diff(f(x),x,n)
```

其中,f(x)是关于 x 的函数,f 中其他字母是常量;diff(f,x,n)给出了 f 关于 x 的 n 阶导数.

例 11-8 求 $f(x)=3x^3+x^2-1$ 的导数.

输入:syms x;

```
diff(3*x.^3+x.^2-1,x)
```

输出:ans=9*x.^2+2*x

例 11-9 求函数 $f(x)=e^x$ 的三阶导数.

输入:syms x;

```
    daoshu3=diff(exp(x),x,3)
```

输出:daoshu3=exp(x)

例 11-10 求由方程 $y=1+xe^y$ 确定的隐函数的导数.

输入:
```
syms x y;
    z=y-1-x*exp(y);
    daoshu=-diff(z,x)/diff(z,y)
```

输出:daoshu=-exp(y)/(x*exp(y)-1)

11.5 导数应用

1) 求单调区间

例 11-11 求函数 $y=2x^3-9x^2+12x-3$ 的单调区间.

输入:
```
syms x;
    diff(2*x.^3-9*x.^2+12*x-3,x)
```

输出:ans=6*x.^2-18*x+12

绘制函数与其导数的图形,编制的 MATLAB 代码为

```
x=0:0.01:3;
y1=2*x.^3-9*x.^2+12*x-3;
y2=6*x.^2-18*x+12;
y3=0;
plot(x,y1,'-',x,y2,'*',x,y3)
```

执行程序得到如下图形(见图 11-5):

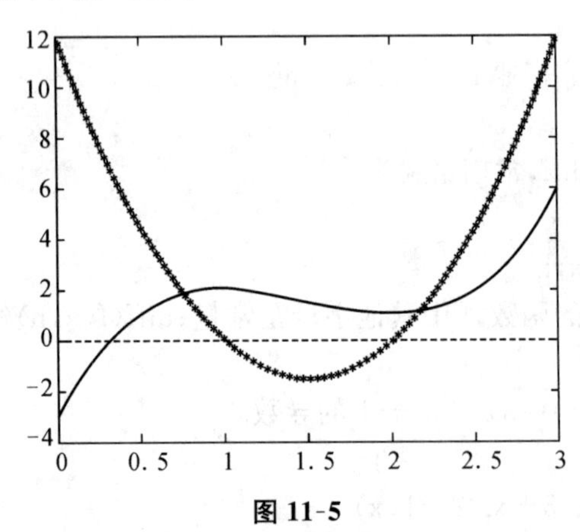

图 11-5

我们从图中发现,函数发生增减变化的分界点恰好是导数的零点,因此设计程序找出零点.

输入:a=fzero('6 * x.^2-18 * x+12',[3/2,4])

输出:a=2

当然我们可以将程序中区间替换为[0,3/2],找到另一个零点 a=1.

我们知道,导函数在定义区间(-∞,+∞)内连续,这两个零点就把定义区间划分为三个区间,各个区间内导数的符号相同.因此要判断各个区间内导数的正负,只要在每个区间内取一点,这一点导数的正负就反映了该区间内导数的正负,从而我们可以判断函数的增减.

输入:x=0;

daoshuzhi=eval('6 * x.^2-18 * x+12')

输出:daoshuzhi=12

输入:x=3/2;

daoshuzhi=eval('6 * x.^2-18 * x+12')

输出:daoshuzhi=-1.5

输入:x=3;

daoshuzhi=eval('6 * x.^2-18 * x+12')

输出:daoshuzhi=12

因此在区间(-∞,1),(1,2),(2,+∞)内,导数符号分别为+,-,+,故此函数在区间(-∞,1),(2,+∞)上单调增加,在区间(1,2)上单调减少.

2) 求函数的极值

例 11-12 求函数 $y=x+\sqrt{1-x}$ 的极值.

我们首先尝试画出函数在区间[-5,1]上的图形.

输入:fplot('x+sqrt(1-x)',[-5,1])

执行程序后得到如下图形(见图 11-6):

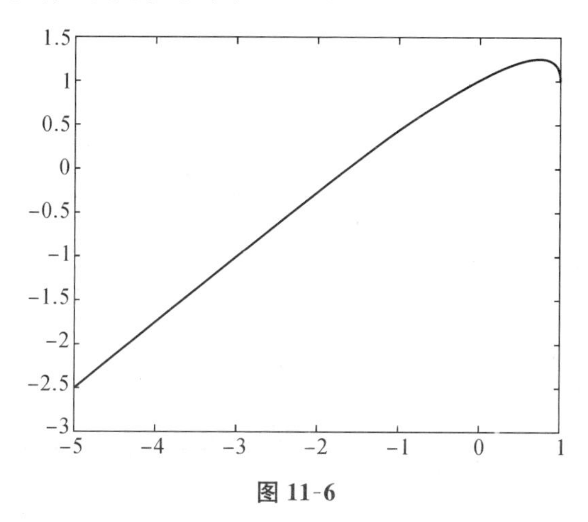

图 11-6

从图 11-6 中观察可见极大值点出现在区间[0,1]内,计算函数极大值,可以转换为极小值进行计算.

输入:
```
f1='-(x+sqrt(1-x))';
[xmax,ymax]=fminbnd(f1,0,1)
```
输出:
```
xmax=0.7500
ymax=-1.2500
```

3) 求函数的凹凸区间与拐点

例 11-13 求函数 $y=x^3-x^2-x+1$ 的凹凸区间与拐点.

输入:
```
syms x;
y=x.^3-x.^2-x+1;
y1=diff(y,x)
```
输出:
```
y1=3*x.^2-2*x-1
```
输入:
```
syms x;
y=x.^3-x.^2-x+1;
y2=diff(y,x,2)
```
输出:
```
y2=6*x-2
```
绘制函数与其二阶导数的图形,编制的 MATLAB 代码为
```
x=-4:0.1:4;
y=x.^3-x.^2-x+1;
y2=6*x-2;
y3=0;
plot(x,y,'-',x,y2,'*',x,y3)
```
执行程序后得到如下图形(见图 11-7):

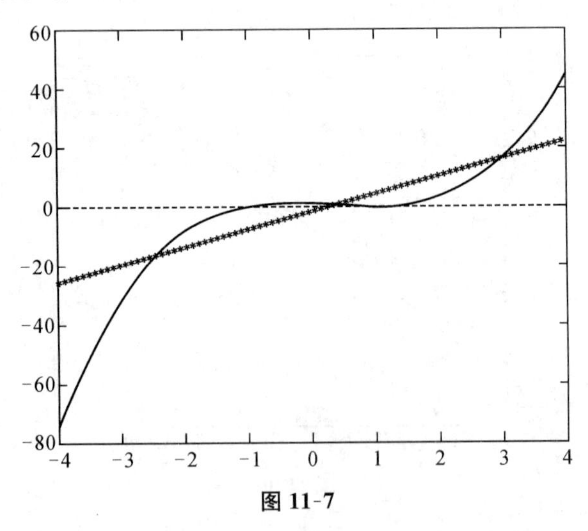

图 11-7

我们从图 11-7 中发现,函数凹凸性发生变化的分界点恰好是二阶导数为零的点,我们称之为拐点.因此,设计程序找出区间[−1,2]内的拐点.

输入:
```
f=inline('6*x-2','x');
c=fzero(f,[-1,2])
```

输出:c=0.3333

即得到二阶导数等于零的点(即拐点)是 0.3333.用类似于例 11-11 的方法可知,在$(-\infty,0.3333)$上,二阶导数小于零,曲线向上凸;在$(0.3333,+\infty)$上,二阶导数大于零,曲线向下凹.因此得到了凹凸区间与拐点.

11.6 一元函数的不定积分与定积分计算

MATLAB 中主要用 int 命令进行不定积分、定积分的计算.

1) 不定积分计算命令

int(f)是求函数 f 关于 syms 定义的变量的不定积分;

int(f,v)是求函数 f 关于变量 v 的不定积分.

例 11-14 求$\int \frac{dx}{a^2+x^2}$.

输入:
```
syms x;
int(1/(a.^2+x.^2))
```

输出:ans=atan(x/a)/a

注:用 MATLAB 软件求不定积分时,不自动添加积分常数 C.

请同学们思考:能否用 diff 命令验证结果的正确性?

例 11-15 求$\int \ln x dx$.

输入:
```
syms x;
int(log(x))
```

输出:ans=x*(log(x)−1)

2) 定积分计算命令

int(f,a,b)表示求函数 f 关于 syms 定义的变量从 a 到 b 的定积分;

int(f,v,a,b)表示求函数 f 关于变量 v 从 a 到 b 的定积分;

trapz(x,y)命令是利用梯形积分法计算定积分.

例 11-16 计算定积分$\int_0^2 x^9 dx$.

输入:
```
syms x;
int(x.^9,0,2)
```

输出:ans=512/5

如果用梯形积分法命令计算该积分，MATLAB 代码为

```
x=0:0.1:2;
y=x.^9;
trapz(x,y)
```

输出：ans=104.3155

或者修改步长为 0.01，MATLAB 代码为

```
x=0:0.01:2;
y=x.^9;
trapz(x,y)
```

输出：ans=102.4192

该定积分的精确值为 512/5=102.4. 我们发现步长不同时，trapz 命令的结果不一样. 实际上，步长反映了精度高低，步长越小，精度越高，反之则精度越低.

trapz 是最基本的数值积分方法.

例 11-17 计算定积分 $\int_0^1 e^{-x^2} dx$.

首先我们尝试用符号积分法命令 int 计算积分，MATLAB 代码为

```
syms x;
int(exp(-x.^2),0,1)
```

输出：ans=(pi^(1/2) * erf(1))/2

erf 是误差函数，它不是初等函数，表明 int 命令无法计算该定积分. 下面改用步长为 0.01 的梯形积分法命令.

输入：
```
x=0:0.01:1;
y=exp(-x.^2);
trapz(x,y)
```

输出：ans=0.7462.

11.7 多元函数作图、偏导以及极值计算

1) 二元函数图像的绘制

MATLAB 中绘制曲面图形比曲线图形更为复杂，我们常用 mesh，surf 命令绘制二元函数图像. 以下我们将通过一个例子来介绍 mesh 命令.

mesh 命令绘制的是网格曲面，其中 x,y,z 分别表示数据点的横、纵以及竖坐标，该命令将数据点在空间中描出，并连成网格.

例 11-18 画出函数 $z=x^3+y^3$ 在区域 $D=\{(x,y)\mid -3\leqslant x\leqslant 3, -2\leqslant y\leqslant 2\}$ 内的图形.

输入：
```
x=-3:0.1:3;
y=-2:0.1:2;
```

```
[X,Y]=meshgrid(x,y);
Z=X.^3+Y.^3;
mesh(X,Y,Z)
```

执行程序后得到如下图形(见图 11-8):

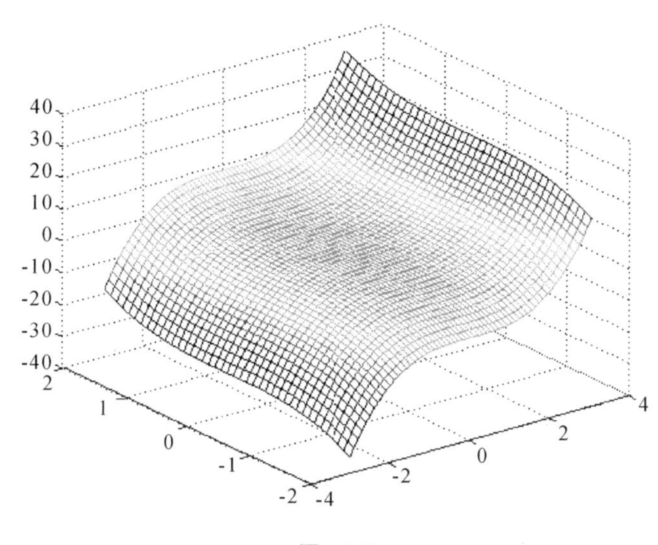

图 11-8

2) 求多元函数的偏导数

和一元函数类似的,我们用 diff 命令求 z 关于 x,y 的偏导数.

例 11-19 设 $z=x^3y^2+xy$,求$\frac{\partial z}{\partial x},\frac{\partial z}{\partial y},\frac{\partial^2 z}{\partial x^2}\frac{\partial^2 z}{\partial x\partial y}$.

输入:
```
syms x y;
z=x.^3*y.^2+x*y;
A=diff(z,x)
B=diff(z,y)
C=diff(z,x,2)
D=diff(diff(z,x),y)
```

输出:
```
A=3*x.^2*y.^2+y
B=2*y*x.^3+x
C=6*x*y.^2
D=6*y*x.^2+1
```

3) 求多元函数的极值

例 11-20 求函数 $z=2x^2+3y^2-4x+2$ 的极值.

首先,用 diff 命令求 z 关于 x,y 的偏导数:

```
syms x y;
z=2*x.^2+3*y.^2-4*x+2;
diff(z,x)
diff(z,y)
```

执行程序后得到

```
ans=4*x-4
ans=6*y
```

其次,找出驻点坐标:

```
clear;
[x,y]=solve('4*x-4=0','6*y=0','x','y')
```

执行程序后得到

```
x=1
y=0
```

结果只有一个驻点,坐标为(1,0).

接着,计算二阶偏导:

```
clear;
syms x y;
z=2*x.^2+3*y.^2-4*x+2;
A=diff(z,x,2)
B=diff(diff(z,x),y)
C=diff(z,y,2)
```

结果为

```
A=4
B=0
C=6
```

由函数极值存在的充分条件可知点(1,0)是函数的极小值点.

最后,计算极小值:

```
clear;
z=inline('2*x.^2+3*y.^2-4*x+2','x','y');
x=1;
y=0;
value=z(x,y)
```

执行程序后得到

```
value=0
```

极小值为 $z=0$.

11.8　二重积分计算

我们在手工计算二重积分时，是将其化成二次积分来进行的，因此只要能确定积分区域，就可以重复使用 int 命令来计算二重积分.

例 11-21　计算 $\iint\limits_D \frac{\sin x}{x}\mathrm{d}x\mathrm{d}y$，其中 D 是由 $y=0$，$y=x$ 和 $x=1$ 所围成的闭区域.

该积分可以写成

$$I=\int_0^1 \mathrm{d}x\int_0^x \frac{\sin x}{x}\mathrm{d}y \quad 或 \quad I=\int_0^1 \mathrm{d}y\int_y^1 \frac{\sin x}{x}\mathrm{d}x.$$

按第一种形式求解的 MATLAB 代码是

```
clear;close;
syms x y;
I1=int(sin(x)/x,y,0,x)
I=int(I1,x,0,1)
```

执行程序后得到

```
I1=sin(x)
I=1-cos(1)
```

按第二种形式，手工计算是无法进行的，这是因为内层积分无法计算. 如果用 MATLAB 可以算出结果吗？我们试试看.

相应的 MATLAB 代码是

```
clear;close;
syms x y;
I1=int(sin(x)/x,x,y,1)
I=int(I1,y,0,1)
```

执行程序后结果为

```
I1=sinint(1)-sinint(y)
I=1-cos(1)
```

11.9　MATLAB 在无穷级数中的使用

1）级数求和

MATLAB 中主要用 symsum 命令来求级数的和.

例 11-22 求 $\sum_{n=2}^{\infty}\frac{1}{n^2-1}$.

输入:
```
syms n;
    s1=symsum(1/(n*n-1),n,2,inf)
```
输出:s1=3/4

对于收敛的级数,我们可以算出收敛值;而对于发散的级数,我们也尝试一下用这个命令计算级数和.

例 11-23 求 $\sum_{n=1}^{\infty}\ln\frac{n+1}{n}$.

输入:
```
syms n;
    s2=symsum(log((n+1)/n),n,1,inf)
```
输出:s2=Inf

这意味着该级数的级数和为无穷大,也即级数发散.

2) 求幂级数的收敛域与和函数

例 11-24 求 $\sum_{n=1}^{\infty}\frac{x^n}{2^n n}$ 的收敛域与和函数.

首先计算收敛半径.

输入:
```
syms n;
    a1=1/((2.^n)*n);
    a2=subs(a1,n,n+1);
    l=limit(a2/a1,inf)
```
输出:l=1/2

因此,收敛半径 $R=2$,收敛区间为$(-2,2)$. 下面判断幂级数在收敛区间的端点是否收敛,首先判断在 $x=-2$ 处收敛与否.

输入:
```
syms n;
    s1=symsum((-2).^n/((2.^n)*n),n,1,inf)
```
输出:s1=-log(2)

说明在 $x=-2$ 处幂级数收敛,且收敛于$-\ln 2$. 类似的,我们可以判断幂级数在 $x=2$ 处发散,从而收敛域为$[-2,2)$.

接着,我们在收敛域内计算幂级数的和函数.

输入:
```
syms n x;
    s2=symsum(x.^n/((2.^n)*n),n,1,inf)
```
输出:
```
s2=piecewise([x==2, Inf], [abs(x) <=2 and x ~=2,-log(1-x/2)])
```

说明在收敛域内,幂级数收敛于$-\ln\left(1-\frac{x}{2}\right)$.

3) 将函数展开为幂级数

在 MATLAB 中,我们用 taylor 命令对函数进行展开.

例 11-25 求 $\arctan x$ 的五阶马克劳林展开式.

输入:
```
syms x;
ser1=taylor(atan(x))
```

输出:
```
ser1=x.^5/5-x.^3/3+x
```

结果是默认展开到五阶的.如果想展开到其他阶数,可以自行设定.

11.10 求解微分方程

在 MATLAB 中,主要用 dsolve 命令求符号方程的解析解.

例 11-26 求一阶微分方程 $y'+y-1=0$ 的通解.

输入:
```
clear;
dsolve('Dy+y-1=0','x')
```

输出:
```
ans=C2*exp(-x)+1
```

例 11-27 求二阶微分方程 $y''=\sin(2x)-y, y(0)=0, y'(0)=1$ 的特解.

输入:
```
clear;close;
s=dsolve('D2y=sin(2*x)-y','y(0)=0','Dy(0)=1','x')
```

输出:
```
s=(5*sin(x))/3-sin(2*x)/3
```

阅读材料:自学成才的数学大师——华罗庚

华罗庚(1910—1985)是 20 世纪世界上最富传奇性的数学家之一,他通过自学数学,从一名普通的杂货店售货员成为造诣很深的数学大师.他的研究领域遍及数论、代数、矩阵几何、典型群、多复变函数论、调和分析与应用数学等,获得了许多学术成就,如被国际数学界命名的华氏定理、布劳威尔-加当-华定理、华-王方法、华氏算子、华氏不等式等.

华罗庚出生于江苏金坛县一个小杂货商的家庭.由于家境贫寒,少年时就不得不辍学在家帮助父亲经营杂货小店.他一边站柜台,一边利用零散时间自学了解析几何和微积分.1929 年,他在上海的《科学》杂志上发表了涉及斯图姆定理的第一篇论文.1930 年,他在这个刊物上又发表了第二篇论文《苏家驹之代数的五次方程式解法不能成立理由》.这篇论文显示出这位 20 岁青年的数学才华,并引起当时清华大学数学系主任熊庆来教授的注意.后经熊庆来推荐,华罗庚于 1931 年到清华大学任数学系助理一职.他来到清华大学以后,一边工作,一边学习,只用了一年半的时间就修完了数学专业全部课程.1933 年他被破格提升为助教,1935 年又被提升为教员.1936 年,他作为访问学者到英国剑桥大学研究深造.这时他致力于解析数论的研究,在圆法、三角和估计研究领域作出了开创性的贡献.1937 年华罗庚回到祖国,并于 1938 年出任西南联大教授.在这一期间,他仍专注于数论的研究,并完成了他的第一部数学专著《堆垒素数论》.

1946 年秋,华罗庚等一行 8 人来到美国.在美期间,他首先在普林斯顿高级研究院做研究工作,又在普林斯顿大学授课,后又应聘伊利诺伊大学终身教授职务.新中国成立后,他毫不犹豫地放弃了国外优越的生活和工作条件,于 1950 年 2 月乘船回国.在横渡太平洋的航船上,他致信留美学生:"梁园虽好,非久居之乡,归去来兮!为了抉择真理,我们应当回去;为了国家民族,我们应该回去;为了为人民服务,我们应当回去!"

华罗庚回国后,领导着我国的数学研究、教学工作,为国家的数学事业作出了巨大贡献.他还特别注重数学知识的科普工作,在报刊上发表了不少介绍治学经验和体会的文章.从 1965 年开始,华罗庚把他的主要的精力放在数学方法在工业上的普及应用方面.在近 20 年的时间里,他的足迹遍布全国 20 个省市的厂矿企业,普及推广"统筹法"和"优选法",取得了很好的经济效益,并产生了深远的影响.

参考答案

习题 1

1. (1) $\{x \mid 1 \leqslant x < 50, x \in \mathbf{N}^*\}$;(2) $\{(x,y) \mid x^2+y^2<16\}$;(3) $\{x \mid x^2-4x+4=0\}$;
(4) $\{(x,y) \mid y=x^2$ 且 $y=x+2\}$.

2. (1) $A \cup B=\{2,3,4,5,7,8\}$;(2) $A \cap B=\{3,4\}$;(3) $B \cup C=\{2,3,4,5,7,8,11\}$;
(4) $A \cap B \cap C=\{3\}$;(5) $A-B=\{2,5\}$.

3. (1) $A \cup B=\{x \mid x>1\}$;(2) $A \cap B=\{x \mid 3<x<6\}$;(3) $A-B=\{x \mid 1<x \leqslant 3\}$.

4. $A \cap B=\{(2,0)\}$. **5.** (1) $\overline{A}=\{7,9\}$;(2) $\overline{B}=\{1,3\}$;(3) $\overline{A} \cup \overline{B}=\{1,3,7,9\}$;(4) $\overline{A} \cap \overline{B}=\varnothing$.

6. $\overline{A}=\{$某班未报名美术兴趣班同学$\}$,$\overline{B}=\{$某班未报名书法兴趣班同学$\}$,
$A-B=\{$某班报名美术兴趣班但未报名书法兴趣班的同学$\}$,
$\overline{A \cup B}=\{$某班既未报名美术兴趣班,又未报名书法兴趣班的同学$\}$,
$\overline{A \cap B}=\{$某班未报名美术兴趣班或未报名书法兴趣班的同学$\}$.

7. (1) $A \cap \overline{B}$,55 人;(2) $B \cap \overline{A}$,10 人;(3) $A \cup B$,110 人;(4) $\overline{A} \cap \overline{B}$,90 人. **8.** 略.

9. (1) $x \in (0,1) \cup (1,2)$;(2) $x \in (-2,0) \cup (2,4)$;(3) $x \in \left(-\infty, \frac{1}{2}\right) \cup \left(\frac{3}{2},+\infty\right)$;

(4) $x \in \left(-\frac{5}{2},-\frac{11}{5}\right) \cup \left(-\frac{9}{5},-\frac{3}{2}\right)$.

10. (1) $x \in [2,3) \cup (3,5)$;(2) $x \in [-2,0)$;(3) $x \in [1-\mathrm{e}^2,0) \cup (0,1-\mathrm{e}^{-2}]$;(4) $x \in (-1,1]$;
(5) $x \in (2k\pi,(2k+1)\pi), k=0,\pm 1,\pm 2,\cdots$;(6) $x \in [-1,3]$.

11. (1) 是;(2) 是;(3) 不是,定义域不同;(4) 不是,定义域不同.

12. $f(0)=2, f(1)=0, f(-x)=x^2+3x+2, f\left(\frac{1}{x}\right)=\frac{1}{x^2}-\frac{3}{x}+2, f(x+1)=x^2-x$.

13. $f(0)=3, f(-3)=0, f(3)=0, f(2+a)=\begin{cases} a^2+4a-5, & a<-5, \\ \sqrt{5-4a-a^2}, & -5 \leqslant a \leqslant 1, \\ a^2+4a-5, & a>1. \end{cases}$

14. (1) $D=\{x \mid -4<x<4\}$,图形略;(2) $D=f\{x \mid x \in \mathbf{R}\}$,图形略.

15. $D=\{x \mid -\sqrt{2}<x<0, 0<x<\sqrt{2}\}$. **16.** $f(2x)=(2x-1)^2+\cos(2x-1)$.

17. (1) $x \in [0,2]$,$f(x)$单调增加;$x \in [2,4]$,$f(x)$单调减少.
(2) $x \in (-\infty,0)$,函数单调减少;$x \in [0,+\infty)$,函数单调增加.(3) 函数单调增加.

18. (1) 偶函数;(2) 奇函数;(3) 奇函数;(4) 奇函数;(5) 奇函数;(6) 偶函数.

19. (1) 周期函数,且周期为 $T=2\pi$;(2) 非周期函数;(3) 周期函数,且周期为 $T=\pi$;
(4) 周期函数,且周期为 $T=2$.

20. (1) 无界;(2) 有界;(3) 有界.

21. (1) $f^{-1}(x)=\frac{1-x}{1+x}, x\in(-\infty,-1)\cup(-1,+\infty)$；(2) $f^{-1}(x)=\sqrt{9-x^2}, x\in[0,3]$；

(3) $f^{-1}(x)=1+e^{x-1}, x\in(-\infty,+\infty)$；(4) $f^{-1}(x)=2\arcsin\frac{x}{2}, x\in[-1,1]$；

(5) $f^{-1}(x)=\begin{cases}x+1, & x<-1,\\ \sqrt{x}, & x\geqslant 0,\end{cases} x\in(-\infty,-1)\cup[0,+\infty)$；

(6) $f^{-1}(x)=\begin{cases}\frac{x+1}{2}, & -1<x\leqslant 1,\\ 2-\sqrt{2-x}, & 1<x\leqslant 2,\end{cases} x\in(-1,2]$.

22. (1) $y=(\log_a x)^2$；(2) $y=\sqrt{1-e^x}$；(3) $y=\ln(\sin^3 x+1)$；(4) $y=\tan\sqrt{x^2-1}$.

23. (1) 由 $y=\log_a u, u=\sqrt{x}$ 复合而成；(2) 由 $y=\arctan u, u=e^v, v=\sqrt{x}$ 复合而成；

(3) 由 $y=\ln u, u=v^2, v=\sin x$ 复合而成；(4) 由 $y=\tan u, u=\sqrt{v}, v=x^2-x-1$ 复合而成.

24. (1) 不可复合；(2) 不可复合；(3) 可以复合. **25.** $Q=130\pi r^2, r\in(0,+\infty)$.

26. $x\geqslant 400$. **27.** $R(x)=\begin{cases}ax, & 0<x\leqslant 50,\\ 50a+0.8a(x-50), & x>50.\end{cases}$ **28.** $Q=10+5\cdot 2^P$.

29. 设投资总额为 y 元，每批进货量为 x 件，有 $y=\frac{2\times 10^6}{x}+80x+4\times 10^6$.

30. $A=\{2,3,4,5\}, B=\{3,5,6,7\}$. **31.** $D=\{x\mid -1\leqslant x<0$ 或 $0<x\leqslant 3\}$.

32. $f(e^x), x\in(-\infty,0]$；$f\left(x-\frac{1}{4}\right)+f\left(x+\frac{1}{4}\right), x\in\left(\frac{1}{4},\frac{3}{4}\right]$.

33. $f(x)=\frac{2x^2+2x+2}{3x-3}$. **34.** $f(x)=\frac{1}{3}(3x^2-2x-2)$.

35. $f(x)+f(x+1)=\begin{cases}0, & x<-1,\\ 1, & -1\leqslant x<0,\\ 2, & x\geqslant 0.\end{cases}$ **36.** 略. **37.** 单调增加.

38. (1) 非奇非偶函数；(2) 奇函数；(3) 偶函数；(4) 奇函数.

39. 非奇非偶函数；$x\in[0,1)$，$f(x)$ 单调增加，$x\in[1,2]$，$f(x)$ 单调减少；有界函数；非周期函数.

40. 略. **41.** $f(x)=\frac{bcx^2-ac}{x(b^2-a^2)}$，为奇函数.

42. $f^{-1}(x)=\begin{cases}\sqrt{x+9}, & -9\leqslant x\leqslant 0,\\ -\sqrt{x}, & 0<x\leqslant 9.\end{cases}$ **43.** $f^{-1}(x)=x-1$. **44.** $y\in(-1,1)$.

45. $V=\frac{R^3}{24\pi^2}(2\pi-\alpha)^2\sqrt{\alpha(4\pi-\alpha)}, \alpha\in(0,2\pi)$.

46. (1) $P=\begin{cases}90, & 0\leqslant x\leqslant 100,\\ 90-0.01(x-100), & 100<x\leqslant 1600,\\ 75, & x>1600;\end{cases}$ (2) $L=\begin{cases}30x, & x\leqslant 100,\\ (31-0.01x)x, & 100<x\leqslant 1600,\\ 15x, & x>1600;\end{cases}$

(3) 当 $x=1000$ 时，$L=21000$ 元.

习题 2

1. 略.

2. (1) 5;(2) 0;(3) 2;(4) 发散;(5) 发散;

(6) $-1<a<1$ 时收敛于 0,$a=1$ 时收敛于 1,$a\leqslant-1$,$a>1$ 时发散.

3. 略. **4.** $\lim\limits_{x\to1}f(x)=3$,$\lim\limits_{x\to2}f(x)$不存在. **5.** 略.

6. (1) $x\to3$ 或 $x\to\infty$;(2) $x\to-1$;(3) $x\to+\infty$;(4) $x\to\infty$.

7. (1) $x\to\pm5$;(2) $x\to+\infty$;(3) $x\to\infty$;(4) $x\to-5$.

8. (1) 1;(2) 1;(3) 0;(4) ∞;(5) 2;(6) $\dfrac{2}{3}$;(7) 3;(8) 0;(9) ∞;(10) $\dfrac{1}{5}$;(11) $\dfrac{2}{3}$;

(12) ∞;(13) 0;(14) $\dfrac{1}{2^{30}}$;(15) 0;(16) 0;(17) 0;(18) 1;(19) ∞;(20) $\dfrac{1}{2}$;(21) $\dfrac{1}{2}$;(22) 1.

9. $2x$. **10.** $\lim\limits_{x\to0}f(x)=-1$,$\lim\limits_{x\to+\infty}f(x)=+\infty$,$\lim\limits_{x\to-\infty}f(x)=-\infty$. **11.** $a=-5,b=6$.

12. $m=3,n=-1$. **13.** $a=1,b=-1$.

14. $p=-5,q=0,x\to\infty$时 $f(x)$为无穷小量;$q\neq0,x\to\infty$时 $f(x)$为无穷大量.

15. 不存在,$\lim\limits_{x\to-\infty}\dfrac{1}{x}\sqrt{\dfrac{x^3}{x-1}}=-1$,$\lim\limits_{x\to+\infty}\dfrac{1}{x}\sqrt{\dfrac{x^3}{x-1}}=1$. **16.** 略.

17. (1) e^2;(2) e^{-1};(3) e^{-1};(4) e^{2a};(5) 1.

18. $a=\ln3$. **19.** (1) $\dfrac{3}{5}$;(2) 1;(3) 1;(4) 0.

20. (1) 8;(2) $-\dfrac{1}{5}$;(3) $\dfrac{1}{2}$;(4) $\dfrac{1}{16}$;(5) $\dfrac{1}{2}$;(6) $\dfrac{1}{2}$;(7) 5;(8) 2.

21. 连续,图形略. **22.** 连续.

23. (1) $x=1$ 为可去间断点,$x=2$ 为无穷间断点;(2) 第二类间断点;(3) 可去间断点.

24. 连续区间为$(-\infty,-1)\cup(-1,0)\cup(0,1)\cup(1,+\infty)$;

$x=-1$ 为可去间断点,$x=0$ 为第一类间断点,$x=1$ 为第二类间断点.

25. $a=1,b=2$. **26.** $a=1,b=1$.

27. (1) 连续;(2) 连续. **28～30** . 略. **31.** (1) $\sqrt{29}$;(2) 0;(3) 0;(4) $\dfrac{1}{4}$.

32. (1) 收敛于 0;(2) 收敛于 0;(3) 发散. **33.** 略. **34.** (1) 不正确;(2) 不正确;(3) 正确.

35. $\lim\limits_{n\to\infty}a_n=\dfrac{1+\sqrt{5}}{2}$. **36.** $\lim\limits_{n\to\infty}a_n=\sqrt{3}$. **37.** (1) 1;(2) $\dfrac{1}{2}$;(3) x.

38. (1) 3;(2) $2e$. **39.** $c=\dfrac{1}{2}\ln8$. **40.** $a=0,b=1$.

41. $(a,b)\neq(0,1)$时,$\begin{cases}\text{若 } a+b=1\text{,则在 } x=1 \text{ 点连续,} x=-1 \text{ 是第一类间断点;}\\ \text{若 } a-b=-1\text{,则在 } x=-1 \text{ 点连续,} x=1 \text{ 是第一类间断点;}\\ \text{若 } a-b\neq-1 \text{ 且 } a+b\neq1\text{,则 } x=1, x=-1 \text{ 均是第一类间断点.}\end{cases}$

42. $f[g(x)]=\begin{cases}x^2, & x\leqslant1,\\ 1-x, & 1<x\leqslant2,\\ 3-2x, & 2\leqslant x\leqslant5,\\ -(x+2), & x\geqslant5;\end{cases}$ $x=1$ 为第一类间断点.

43. (1) $f(x)=\begin{cases}1, & 0<x\leqslant e,\\ \ln x, & x>e;\end{cases}$ (2) $f(x)$在$(0,+\infty)$内连续. **44.** $a=\pi$,不连续.

45. (1) $\frac{1}{2}$;(2) 1;(3) e;(4) $e^{\frac{3}{2}}$. **46.** $\frac{1}{2}$. **47.** 略. **48.** 略.

49. (1) 3;(2) $a=1,b=-\frac{1}{2}$;(3) $\alpha=1$;(4) 高;(5) $(-\infty,1)\cup(1,+\infty)$.

习题 3

1. (1) $3f'(x_0)$;(2) $f'(x_0)$;(3) $3f'(x_0)$;(4) $f'(x_0)$.

2. (1) $y'=2x-2$;(2) $y'=\frac{2}{3}x^{-\frac{1}{3}}$.

3. 12 m/s. **4.** 切线方程为 $x-4y+4=0$,法线方程为 $4x+y-18=0$. **5.** $(2,8),(-2,-8)$.

6. $x=0,x=\frac{2}{3}$. **7.** 不可导. **8.** 连续且可导,导数值 $f'(0)=0$.

9. 不连续且不可导. **10.** $f'(0)=1$.

11. (1) $y'=x^4-x^2+1$;(2) $y'=x^{-\frac{1}{2}}-\frac{1}{2}x^{-\frac{3}{2}}$;(3) $y'=-\frac{a}{2}x^{-\frac{3}{2}}-\frac{5}{2}x^{\frac{3}{2}}$;

(4) $y'=x+4x^{-3}+\frac{3}{4}x^{-\frac{1}{4}}$;(5) $y'=3x^2-1-\frac{2}{x^3}$;(6) $y'=\frac{2(2x-x^2)}{(x^2-x+1)^2}$;

(7) $y'=x(1+2\ln x)$;(8) $y'=2\cos x\cdot e^x$;(9) $y'=\frac{\sin x-\cos x-1}{(1+\cos x)^2}$;(10) $y'=\frac{1}{2x\ln a}$;

(11) $y'=3-\frac{4}{(2-x)^2}$;(12) $y'=-\frac{2}{x(1+\ln x)^2}$.

12. $(0,1)$.

13. (1) $y'=2(x^5-x^3+1)(5x^2-3)x^2$;(2) $\frac{(3-x)x^2}{(1-x)^3}$;

(3) $y'=3(1-x)^2(x^2-2x-1)(1+x^2)^{-4}$;(4) $y'=\frac{1}{x\cdot\ln x\cdot\ln\ln x}$;(5) $y'=\frac{2a}{a^2-x^2}$;

(6) $y'=-2xe^{-x^2}$;(7) $y'=\frac{\ln 3}{x}\cdot 3^{\ln x}$;(8) $y'=\frac{1}{1+x^2}$;(9) $y'=\sqrt{\frac{1-x}{x}}$;

(10) $y'=\frac{1}{\sqrt{2x+x^2}}$;(11) $y'=\frac{1}{x^2-1}$;(12) $y'=\frac{e^x}{\sqrt{1-e^{2x}}}$.

14. (1) $y'\Big|_{x=\frac{\pi}{4}}=-\frac{\sqrt{2}}{4}+1+\frac{\pi}{2}$;(2) $y'\Big|_{x=\frac{1}{\pi}}=\pi^2$;(3) $y'\Big|_{x=\frac{1}{2}}=-1$.

15. (1) $\frac{dy}{dx}=\sin 2x\cdot f'(\sin^2 x)+\frac{f'(\arcsin x)}{\sqrt{1-x^2}}$;(2) $\frac{dy}{dx}=[e^x f'(e^x)+f(e^x)f'(x)]\cdot e^{f(x)}$.

16. (1) $-\sqrt{\frac{y}{x}}$;(2) $\frac{1+x^4}{1+y^2}$;(3) $\frac{1}{x}[\sec(xy)-y]$;(4) $\frac{x+y}{x-y}$.

17. (1) $\frac{1}{2}\cdot\left(\frac{1}{x-1}-\frac{1}{x+1}-\frac{1}{x+2}\right)\sqrt{\frac{x-1}{(x+1)(x+2)}}$;(2) $(1+\ln x)x^x$;

(3) $\left[\ln\left(1+\frac{1}{x}\right)-\frac{1}{1+x}\right]\cdot\left(1+\frac{1}{x}\right)^x$;

(4) $(\cos^2 x-\sin^2 x\cdot \ln\sin x)(\sin x)^{\cos x-1}=(\cot^2 x-\ln\sin x)(\sin x)^{\cos x+1}$.

18. $y'=\dfrac{y(y\cot x-\cos x\cdot \ln y)}{\sin x-y\cdot \ln\sin x}$.　**19.** (1) $\dfrac{\mathrm{d}y}{\mathrm{d}x}=\dfrac{x}{y}$;(2) $\dfrac{\mathrm{d}y}{\mathrm{d}x}=\dfrac{\sqrt{1-y^2}\,\mathrm{e}^{x+y}}{1-\sqrt{1-y^2}\,\mathrm{e}^{x+y}}$.

20. 切线方程为 $x+\mathrm{e}y-\mathrm{e}=0$,法线方程为 $\mathrm{e}x-y+1=0$.

21. (1) $\dfrac{\mathrm{d}y}{\mathrm{d}x}=\dfrac{1-3t^2}{-2t}$;(2) $\left.\dfrac{\mathrm{d}y}{\mathrm{d}x}\right|_{t=\frac{\pi}{4}}=0$.

22. 切线方程为 $4x+3y-12a=0$,法线方程为 $3x-4y+6a=0$.

23. k 为任何值时,$f(x)$在点 $x=0$ 处有极限;$k=\pm 1$ 时,$f(x)$在点 $x=0$ 处连续;$k=1$ 时,$f(x)$在点 $x=0$ 处可导.

24. $a=2,b=-2$.　**25.** 切线方程为 $x+y-2=0$,法线方程为 $x-y=0$.

26. (1) $-2\sin x-x\cos x$;(2) $\dfrac{3x}{(1-x^2)^{\frac{5}{2}}}$;(3) $\dfrac{3x}{(1-x^2)^2}+\dfrac{(1+2x^2)\arcsin x}{(1-x^2)^{\frac{5}{2}}}$;

(4) $\dfrac{1+3\sqrt{x}}{4x\sqrt{x}(1+\sqrt{x})^3}$.

27. (1) $y^{(n)}=a^x(\ln a)^n$;(2) $y^{(n)}=\cos\left(x+\dfrac{n\pi}{2}\right)$;(3) $y^{(n)}=m(m-1)\cdots(m-n+1)(1+x)^{m-n}$;

(4) $y^{(n)}=(n+x)\mathrm{e}^x$.

28. 略.　**29.** (1) $\dfrac{-6y^2(3x+y)}{x(1-3xy^2)^3}$;(2) $\dfrac{\mathrm{e}^{2y}(3-y)}{(2-y)^3}$.

30. $f''\cdot(g')^2+f'\cdot g''$.

31. (1) $\arctan x+C$;(2) $\dfrac{2}{3}x^{\frac{3}{2}}+C$;(3) $-\dfrac{1}{2}\mathrm{e}^{-2x}+C$;(4) $2\sqrt{x}+C$;(5) $-\dfrac{1}{2x}+C$;

(6) $\sin^2 x+C$.

32. (1) $\mathrm{d}y\big|_{x=\frac{1}{2}}=\mathrm{d}x,\mathrm{d}y\big|_{x=\frac{a^2}{2}}=\dfrac{\mathrm{d}x}{|a|\sqrt{2-a^2}}$;(2) $\mathrm{d}y\big|_{x=0}=\mathrm{d}x,\mathrm{d}y\big|_{x=1}=0$.

33. (1) $3(1-2x)(1+x-x^2)^2\mathrm{d}x$;(2) $\dfrac{(x^2-1)\sin x+2x\cos x}{(1-x^2)^2}\mathrm{d}x$;

(3) $(1+\ln x)5\cdot x^{5x}\mathrm{d}x$;(4) $\dfrac{\mathrm{e}^x}{1+\mathrm{e}^{2x}}\mathrm{d}x$.

34. (1) 1.0067;(2) $1+\dfrac{1}{10\cdot \ln 10}$;(3) $\dfrac{1}{2}-\dfrac{\sqrt{3}}{360}\pi$.

35. 略.　**36.** 1.12 g.　**37.** $a=\dfrac{1}{2},b=\dfrac{1}{\sqrt{2}\,\mathrm{e}}$.

38. $\mathrm{d}y=\dfrac{2x+y}{x-2y}\mathrm{d}x,\mathrm{d}y\big|_{\substack{x=1\\y=0}}=2\mathrm{d}x$,切线方程为 $2x-y-2=0$,法线方程为 $x+2y-1=0$.

39. 略.　**40.** $f(a)=0,f'(a)=A$.　**41.** 略.　**42.** $a=9,b=-13,c=0,d=4$.　**43.** $\dfrac{3\pi}{4}$.

44. $f'(x)=2+\dfrac{1}{x^2}$.　**45.** $\mathrm{d}y=\left(\dfrac{1}{7}x^{-\frac{6}{7}}-\dfrac{1}{x^2}7^{\frac{1}{x}}\cdot\ln 7\right)\mathrm{d}x$.

46. (1) $\dfrac{1}{3}\left(\dfrac{\mathrm{e}^x}{1+\cos x}\right)^{-\frac{2}{3}}\cdot\dfrac{\mathrm{e}^x(1+\cos x+\sin x)}{(1+\cos x)^2}$;(2) $-\dfrac{1}{(2x+x^3)\sqrt{1+x^2}}$;(3) $\dfrac{6}{x\ln x\ln(\ln^3 x)}$;

(4) $\left(\frac{2}{x}+\frac{1}{1-x}+\frac{1}{3}\cdot\frac{1}{2+x}+\frac{2}{3}\cdot\frac{1}{2-x}\right)\frac{x^2}{1-x}\cdot\sqrt[3]{\frac{2+x}{(2-x)^2}}$;

(5) $\prod_{i=1}^{n}(x-a_i)^{a_i}\cdot\sum_{i=1}^{n}\frac{a_i}{x-a_i}$.

47. $a=2,b=-1$. **48.** $\frac{dy}{dx}=\frac{(1+t^2)(y^2-e^t)}{2(1-ty)}$.

49. (1) $\frac{xy+y^2\ln y}{xy+x^2\ln x}$;(2) $\frac{1}{x(1+\ln y)}$;(3) $\frac{1}{x[1-f'(y)]}$.

50. (1) $2f'(x^2)+4x^2f''(x^2)$;(2) $f''[g(x)]\cdot[g'(x)]^2+f'[g(x)]\cdot g''(x)$;

(3) $\left[g''(x)\ln f(x)+2g'(x)\cdot\frac{f'(x)}{f(x)}+g(x)\cdot\frac{f''(x)f(x)-[f'(x)]^2}{f^2(x)}\right]\cdot[f(x)]^{g(x)}$

$+\left[g'(x)\cdot\ln f(x)+g(x)\cdot\frac{f'(x)}{f(x)}\right]^2\cdot[f(x)]^{g(x)}$;

(4) $\left[-\frac{1}{x^2}f'(\ln x)+\frac{1}{x^2}f''(\ln x)+\frac{2}{x}f'(\ln x)f'(x)+f(\ln x)(f'(x))^2+f(\ln x)f''(x)\right]$

$\cdot e^{f(x)}$.

51. (1) $2(-1)^n n!(1+x)^{-(n+1)}$;(2) $a^nf^{(n)}(ax+b)$. **52.** 略.

53. (1) $-\frac{2(1+y^2)}{y^5}$;(2) $-\frac{(1-f'(y))^2-f''(y)}{x^2(1-f'(y))^3}$.

54. 0.5755. **55.** 略. **56.** 31.4 cm^3.

习题 4

1. 满足罗尔定理的条件,$\xi=\frac{1}{4}$. **2.** (1) $\xi=\pm1$;(2) $\xi=e-1$. **3~7.** 略.

8. (1) $\frac{3}{5}$;(2) 1;(3) $\ln\frac{a}{b}$;(4) 1;(5) $\frac{1}{2}$;(6) 0;(7) 0;(8) $\frac{2}{\pi}$;(9) 1;(10) 1;(11) 1;(12) e^{-1};

(13) $\frac{m}{n}a^{m-n}$;(14) $\frac{1}{2}(\beta^2-\alpha^2)$;(15) e^{-1}.

9. $f''(x)$. **10.** 略.

11. (1) 单调递增区间为$(0,+\infty)$;

(2) 单调递增区间为$(-\infty,-1)$,$[3,+\infty)$,单调递减区间为$[-1,3]$;

(3) 单调递减区间为$\left(0,\frac{1}{2}\right)$,单调递增区间为$\left[\frac{1}{2},+\infty\right)$;

(4) 单调递增区间为$(-\infty,0]$,单调递减区间为$[0,+\infty)$;

(5) 单调递减区间为$\left[0,\frac{\pi}{3}\right]$,$\left[\frac{5\pi}{3},2\pi\right]$,单调递增区间为$\left[\frac{\pi}{3},\frac{5\pi}{3}\right]$;

(6) 单调递减区间为$[1,2]$,单调递增区间为$[0,1]$.

12. (1) 极大值 $f\left(-\frac{1}{2}\right)=\frac{15}{4}$,极小值 $f(1)=-3$;(2) 极大值 $f(1)=\frac{3}{2}$,极小值 $f(-1)=-\frac{3}{2}$;

(3) 无极大值,极小值 $f(0)=0$;(4) 无极大值,极小值 $f(e)=e$.

13. (1) 单调递增区间为$\left(-\infty,\frac{1}{5}\right)$,$[1,+\infty)$,单调递减区间为$\left[\frac{1}{5},1\right]$,

极大值 $f\left(\frac{1}{5}\right)=\frac{3456}{3125}$,极小值 $f(1)=0$;

(2) 单调递减区间为$(-\infty,-1)$,$[0,1]$,单调递增区间为$[-1,0]$,$[1,+\infty)$,
极大值 $f(0)=0$,极小值 $f(-1)=f(1)=-1$;

(3) 单调递增区间为$\left(k\pi-\frac{\pi}{2},k\pi+\frac{\pi}{2}\right)$,$k\in\mathbf{Z}$,无极值;

(4) 单调递减区间为$(-\infty,+\infty)$,无极值.

14. 略.

15. (1) 最大值 $f(4)=8$,最小值 $f(0)=0$;(2) 最大值 $f(3)=\sqrt[3]{9}$,最小值 $f(0)=f(2)=0$;

(3) 最大值 $f(0)=\frac{\pi}{4}$,最小值 $f(1)=0$;(4) 最大值 $f(1)=17$,最小值 $f(2)=12$.

16. $x=\frac{5}{2}$个单位时获最大利润$\frac{13}{4}$万元.

17. $x=50$. **18.** 分 5 批,每批 20 万件.

19. (1) 凹区间为$[1,+\infty)$,凸区间为$(-\infty,1]$,拐点为$(1,-1)$;

(2) 凹区间为$(-\infty,+\infty)$,无拐点;

(3) 凹区间为$(0,+\infty)$,$(-\infty,-1)$,凸区间为$(-1,0)$,拐点为$(-1,0)$;

(4) 凹区间为$[-1,1]$,凸区间为$(-\infty,-1)$,$[1,+\infty)$,拐点为$(-1,\ln 2)$,$(1,\ln 2)$;

(5) 凹区间为$[0,+\infty)$,凸区间为$(-\infty,0]$,拐点为$(0,0)$;

(6) 凹区间为$\left(\frac{2\sqrt{3}}{3}a,+\infty\right)$,$\left(-\infty,-\frac{2\sqrt{3}}{3}a\right)$,凸区间为$\left(-\frac{2\sqrt{3}}{3}a,\frac{2\sqrt{3}}{3}a\right)$,

拐点为$\left(-\frac{2\sqrt{3}}{3}a,\frac{3}{2}a\right)$,$\left(\frac{2\sqrt{3}}{3}a,\frac{3}{2}a\right)$.

20. $a=-3$,凹区间为$(1,+\infty)$,凸区间为$(-\infty,1]$,拐点为$(1,-7)$. **21.** $a=-\frac{3}{2}$,$b=\frac{9}{2}$.

22. 略. **23.** (1) $x=-1$,$x=5$,$y=0$;(2) $y=0$,$x=\pm1$;(3) $x=0$,$y=1$. **24.** 略.

25. (1) 1775,1.972;(2) 1.583;(3) $C'(900)=1.5$,$C'(1000)=1.667$.

26. 9975,199.5,199.

27. (1) $R(20)=120$,$R(30)=120$,$\overline{R}(20)=6$,$\overline{R}(30)=4$,$R'(20)=2$,$R'(30)=-2$;(2) 25.

28. (1) 1000:5600,4,5.60;2000:10600,6,5.30;3000:17600,8,5.87.

(2) $\overline{C}_{\min}=\overline{C}(1612)\approx5.22$.

29. 15. **30.** $P_0=3$,$Q_0=3000$. **31.** $P(x)=450-x/2$,$R(x)=450x-x^2/2$,125 元.

32. -3. **33.** 略. **34.** $x=1$,极小值点. **35.** $a=-\frac{1}{4}$,$b=\frac{3}{2}$. **36～39.** 略. **40.** $y=\frac{1}{5}$.

41. $a=0$,$b=-1$,$c=3$. **42.** 略. **43.** $(0,0)$,$\left(2,-6+\frac{9}{2}\ln 3\right)$. **44.** $(0,0)$.

45. 单调增区间为$(0,1)$,单调减区间为$(-\infty,0)$,$(1,+\infty)$,极小值点为 $x=0$,

凹区间为$\left(-\frac{1}{2},1\right)$,$(1,+\infty)$,凸区间为$\left(-\infty,-\frac{1}{2}\right)$,拐点为$\left(-\frac{1}{2},\frac{2}{9}\right)$.

46～47. 略.

48. $k>-2$时,无交点;$k=-2$时,只有一个交点;$k<-2$时,恰有两个交点. **49.** $\frac{\sqrt{3}}{2}$.

习题 5

1. (1) $\frac{1}{3}x^3+C$;(2) e^x+C;(3) $7x+C$;(4) $\tan x+C$;(5) $\sin x+3x+C$;(6) $2\ln x+\frac{1}{2}x^2+C$.

2. 略. **3.** $y=kx+C$（C为任意常数）. **4.** $y=\frac{1}{2}x^2+2x-1$.

5. (1) $\frac{x^6}{2}+C$;(2) $\frac{6^x}{\ln 6}+x+C$;(3) $\frac{a^x e^x}{\ln a+1}+C$;(4) $\frac{a}{3}x^3+\frac{b}{2}x^2+cx+C$;(5) $-\frac{1}{x^2}-\frac{1}{x}+C$;

(6) $-\frac{2\sqrt{2}}{3}x^{-\frac{3}{2}}+C$;(7) $\tan x+\frac{x^2}{2}-x+C$;(8) $6x-2\ln|x|-\frac{3}{x}-\frac{5}{2x^2}+C$;

(9) $x+6\ln|x|-\frac{12}{x}-\frac{4}{x^2}+C$;(10) $\frac{2}{3}x^{\frac{3}{2}}-2x+C$;(11) $\ln|x|+\frac{3^x}{\ln 3}-4\tan x-7e^x+C$;

(12) $\ln|x|+2\arctan x+C$;(13) $-2\cos x+C$;(14) $3\arcsin x+2x+C$;

(15) $2x-\tan x+C$;(16) $-\cot x-\tan x+C$;(17) $\frac{x}{2}-\frac{1}{2}\sin x+C$;(18) $\frac{3}{2}\tan x+C$;

(19) e^x-x+C;(20) $\tan x-\sec x+C$.

6. $y=x^2-x+1$.

7. (1) $\frac{1}{a}$;(2) $\frac{1}{a}$;(3) $\frac{1}{2}$;(4) $\frac{1}{2a}$;(5) $\frac{1}{\omega}$;(6) $\frac{1}{a}$;(7) $\frac{1}{2}$;(8) $\frac{1}{3}$;(9) $-\frac{1}{2}$;(10) 1.

8. (1) $-\frac{1}{8}(3-2x)^4+C$;(2) $-\frac{1}{2}(2-3x)^{\frac{2}{3}}+C$;(3) $-2\cos\sqrt{t}+C$;(4) $\ln|\ln\ln x|+C$;

(5) $e^{e^x}+C$;(6) $-\frac{4}{3}(1-\sqrt{x})^{\frac{3}{2}}+C$;(7) $\ln|\tan x|+C$;(8) $\arctan e^x+C$;

(9) $\frac{1}{2}\sin x^2+C$;(10) $-\frac{3}{4}\ln|1-x^4|+C$;(11) $\frac{1}{2\cos^2 x}+C$;

(12) $\frac{1}{2}\arcsin\frac{2x}{3}+\frac{1}{4}\sqrt{9-4x^2}+C$;(13) $\frac{1}{2\sqrt{2}}\ln\left|\frac{\sqrt{2}x-1}{\sqrt{2}x+1}\right|+C$;

(14) $\sin x-\frac{\sin^3 x}{3}+C$;(15) $\frac{1}{2}\cos x-\frac{1}{10}\cos 5x+C$;(16) $\frac{1}{3}\sec^3 x-\sec x+C$;

(17) $\frac{1}{2}\ln(9+x^2)+C$;(18) $\frac{3\sqrt{3}}{2}\arctan\left(\frac{2}{\sqrt{3}}\tan x\right)^2+C$;(19) $-\frac{10^{2\arccos x}}{2\ln 10}+C$;

(20) $(\arctan\sqrt{x})^2+C$;(21) $\frac{3}{2}\sqrt[3]{(\sin x-\cos x)^2}+C$;

(22) $-\frac{1}{x\ln x}+C$;(23) $\arccos\frac{1}{|x|}+C$;(24) $\frac{1}{2}(\ln\tan x)^2+C$.

9. (1) $\ln|\sqrt{1+x^2}-1|-\ln|x|+C$;(2) $\sqrt{x^2-4}-2\arccos\frac{2}{x}+C$;

(3) $\frac{a^2}{2}\left(\arcsin\frac{x}{a}-\frac{x}{a^2}\sqrt{a^2-x^2}\right)+C$;(4) $\frac{x}{\sqrt{1+x^2}}+C$;

(5) $\frac{1}{2}(\arcsin x+\ln|x+\sqrt{1-x^2}|)+C$;(6) $\arcsin x-\frac{x}{1+\sqrt{1-x^2}}+C$;

(7) $3\sqrt[3]{(1+x)^2}-6\sqrt[3]{x+1}+6\ln(1+\sqrt[3]{1+x})+C$;(8) $\ln\left|\frac{\sqrt{1+x}-1}{\sqrt{1+x}+1}\right|+C$;

(9) $9\arcsin\frac{x}{3}-x\sqrt{9-x^2}+C$;(10) $6\ln\left|\frac{\sqrt[6]{x}}{\sqrt[6]{x}+1}\right|+C$;(11) $\frac{1}{4x}\sqrt{x^2-4}+C$.

10. (1) $-\frac{x}{2}\cos2x+\frac{1}{4}\sin2x+C$;(2) $x\ln x-x+C$;(3) $x\arccos x-\sqrt{1-x^2}+C$;

(4) $-xe^{-x}-e^{-x}+C$;(5) $\frac{x^4}{4}\ln x-\frac{x^4}{16}+C$;(6) $2x\sin\frac{x}{2}+4\cos\frac{x}{2}+C$;

(7) $x\ln(1+x^2)-2x+2\arctan x+C$;(8) $x\tan x+\ln|\cos x|-\frac{x^2}{2}+C$;

(9) $\sqrt{x}\ln x-2\sqrt{x}+C$;(10) $-\frac{x^2}{2}\cos x^2+\frac{1}{2}\sin x^2+C$;

(11) $\frac{1}{13}e^{3x}(3\cos2x+2\sin2x)+C$;(12) $-\frac{e^{-x}(\sin2x+2\cos2x)}{5}+C$;

(13) $x\ln^2x-2x\ln x+2x+C$;(14) $-\frac{x\cos2x}{4}+\frac{1}{8}\sin2x+C$;

(15) $\frac{1}{2}(x^2+1)\operatorname{arccot}x+\frac{1}{2}x+C$;(16) $2e^{\sqrt{x}}(\sqrt{x}-1)+C$;

(17) $\frac{1}{2}(\ln|\csc x-\cot x|-\csc x\cot x)+C$;(18) $\frac{x(\sin\ln x-\cos\ln x)}{2}+C$.

11. $\frac{-x\sin x-2\cos x}{x}+C$.　**12.** $\frac{2-4\ln x}{x}+C$.

13. (1) $\ln|x|-\frac{1}{2}\ln(x^2+1)+C$;(2) $\ln|x^2+3x-8|+C$;

(3) $\frac{1}{3}x^3-\frac{3}{2}x^2+9x-27\ln|x+3|+C$;

(4) $\frac{1}{3}x^3+\frac{1}{2}x^2+x+8\ln x-4\ln|x+1|-3\ln|x-1|+C$.

14. (1) $\ln\left|1+\tan\frac{x}{2}\right|+C$;(2) $x-\tan x+\sec x+C$;

(3) $\frac{1}{5}\sin^5x-\frac{2}{7}\sin^7x+\frac{1}{9}\sin^9x+C$;(4) $\frac{\sin x}{2\cos^2x}-\frac{1}{2}\ln|\sec x+\tan x|+C$.

15. (1) $x-4\sqrt{x+1}+4\ln(\sqrt{1+x}+1)+C$;(2) $2x-3\sqrt[3]{x}+6\sqrt[6]{x}-6\ln(\sqrt[6]{x}+1)+C$;

(3) $\ln\frac{1-\sqrt{1-x^2}}{|x|}-\arcsin x+C$;(4) $-\frac{3}{2}\sqrt[3]{\frac{x+1}{x-1}}+C$.

16. $\frac{9}{5}x^{\frac{5}{3}}+C$.

17. (1) $\frac{1}{n}(x^n-\ln|1+x^n|)+C$;(2) $e^{2x}\tan x+C$;(3) $\frac{e^x}{1+x}+C$;

(4) $\frac{-x}{e^x-1}+\ln\left|\frac{e^x-1}{e^x}\right|+C$;(5) $\ln\left|\frac{x}{x-1}\right|-\frac{3}{x-1}+C$.

18. $f(x)=\frac{1}{2}(\ln x)^2$.　**19.** $e^x-\frac{2}{x}e^x+C$.　**20.** $x^2\cos x-4x\sin x-6\cos x+C$.

21. $\dfrac{f^2(x)}{2[f'(x)]^2}+C$. **22.** $\int f(x)\mathrm{d}x=\begin{cases}\dfrac{x^2}{2}+x+C, & x\leqslant 1,\\ x^2+C, & x>1.\end{cases}$

23. $-\mathrm{e}^{-x}\ln(1+\mathrm{e}^x)+x-\ln(1+\mathrm{e}^x)+C$. **24.** $-2\sqrt{1-x}\arcsin\sqrt{x}+2\sqrt{x}+C$.

25. $f(x)=\dfrac{x\mathrm{e}^{\frac{x}{2}}}{2(1+x)^{\frac{3}{2}}}$.

习题 6

1. $A=\int_1^2(x^3+1)\mathrm{d}x$. **2.** $s=\int_0^4(3t+1)\mathrm{d}t$. **3.** (1)(4)为正,(2)(3)为负. **4.** 略.

5. (1) $\dfrac{\pi}{4}$;(2) $\dfrac{5}{2}$;(3) 6. **6.** (1) 3;(2) $\dfrac{19}{3}$;(3) $\dfrac{11}{6}$;(4) $\dfrac{15}{4}$. **7.** (1) $<$;(2) $>$;(3) $>$.

8. (1) $\dfrac{2}{5}\leqslant\int_0^2\dfrac{\mathrm{d}x}{1+x^2}\mathrm{d}x\leqslant 2$;(2) $0\leqslant\int_{-1}^1 x^2\mathrm{e}^{x^2}\mathrm{d}x\leqslant 2\mathrm{e}$. **9.** 略.

10. (1) $\sqrt{\sin x+1}$;(2) $-\sin^2 x$;(3) $(\tan x^2+1)2x$;(4) $-\sin x\cos(\pi\cos^2 x)-\cos(\pi\sin^2 x)\cos x$.

11. (1) $\dfrac{1}{2}$;(2) $\dfrac{\pi^2}{4}$.

12. (1) $a^3+\dfrac{5}{2}a^2+2a+\ln(a+1)$;(2) $\dfrac{21}{8}$;(3) $\dfrac{271}{6}$;(4) $\dfrac{\pi}{3}$;(5) $\dfrac{\pi}{3a}$;(6) $\ln 3-\dfrac{1}{2}\ln 5$;

(7) $2\pi-4$;(8) 4;(9) 4;(10) $1-\dfrac{\pi}{4}$;(11) $\dfrac{142}{15}\sqrt{2}-\dfrac{68}{15}$;(12) $\mathrm{e}^{\pi}+\dfrac{\pi}{2}-1$.

13. $\dfrac{7}{3}$. **14.** $f(0)=0$,拐点为$\left(\pm\dfrac{\sqrt{2}}{2},\dfrac{1}{2}\left(1-\dfrac{1}{\sqrt{\mathrm{e}}}\right)\right)$. **15～16.** 略.

17. (1) $\dfrac{\pi}{8}$;(2) $\dfrac{1}{4}\ln 2$;(3) $2-\dfrac{\pi}{2}$;(4) 2;(5) -1;(6) $\dfrac{1}{4}$;(7) $\dfrac{2}{5}$;(8) $\dfrac{\pi}{4}$;(9) $\dfrac{\pi}{6}$.

18. (1) $1-2\mathrm{e}^{-1}$;(2) π^2-4;(3) $\dfrac{\pi}{12}+\dfrac{\sqrt{3}}{2}-1$;(4) $\dfrac{\pi}{4}-\dfrac{1}{2}$;(5) $\dfrac{1}{5}(\mathrm{e}^{\pi}-2)$;(6) $\dfrac{\pi}{4}-\dfrac{1}{2}\ln 2$.

19～21. 略. **22.** 1.

23. (1) $\dfrac{1}{3}$;(2) $\dfrac{1}{a}$;(3) 发散;(4) π;(5) 1;(6) $\dfrac{\pi}{2}$;(7) $\dfrac{1}{2}$;(8) 发散.

24. $k>1$时收敛,$k\leqslant 1$时发散. **25.** (1) 30;(2) $\dfrac{16}{105}$;(3) 24;(4) $\dfrac{\sqrt{2\pi}}{16}$.

26. (1) $S=\int_0^1(\sqrt{x}-x)\mathrm{d}x$;(2) $S=\int_0^1(\mathrm{e}-\mathrm{e}^x)\mathrm{d}x$;(3) $S=\int_0^1 x^2\mathrm{d}x+\int_1^2 x\mathrm{d}x$;

(4) $S=\int_{-1}^3(2x+3-x^2)\mathrm{d}x$.

27. (1) $\dfrac{3}{2}-\ln 2$;(2) $\mathrm{e}+\mathrm{e}^{-1}-2$;(3) 5;(4) 18;(5) $\dfrac{7}{6}$. **28.** (1) $\dfrac{\pi}{6}+\dfrac{\sqrt{3}}{4}$;(2) $6\pi a^2$.

29. (1) $\dfrac{32}{3}\pi$;(2) $\dfrac{512}{15}\pi$;(3) $\dfrac{3}{10}\pi$;(4) $\dfrac{1}{4}\pi(\pi-2)$. **30.** (1) 9987.5;(2) 19850.

31. (1) $x=4$(百台);(2) 0.5(万元). **32.** $2\mathrm{e}^{-\frac{1}{4}}\leqslant\int_0^2\mathrm{e}^{x^2-x}\mathrm{d}x\leqslant 2\mathrm{e}^2$.

33. $\int_0^{\pi}\frac{\sin x}{2\sqrt{x}}dx<\int_{\pi}^{2\pi}\frac{-\sin x}{2\sqrt{x}}dx$. **34.** $\frac{1}{3}$. **35.** $\frac{\pi}{4}-\frac{1}{2}$. **36.** $\ln(1+e)$.

37. $\frac{1}{2}$. **38.** 7. **39.** -1. **40.** $\frac{1}{3}$. **41.** 1. **42.** $\frac{1+e^{\pi}}{1+\pi}$. **43～44.** 略. **45.** $\frac{16}{3}$.

习题 7

1. $3x^2+3y^2+3z^2-48x-26y+8z+123=0$. **2.** $A(3,4,-4),C(-1,-4,4)$.

3. $5\sqrt{2},\sqrt{34},\sqrt{41},5$. **4.** $(0,6,0)$. **5.** 略.

6. (1) 平面平行于 z 轴;(2) 平面过点$\left(0,\frac{8}{3},0\right)$且平行于 xOz 平面;(3) 平面过 y 轴;

(4) 平面过 x 轴;(5) 平面在 x,y,z 轴上的截距分别为 $2,-3,3$;(6) 平面过原点.

7. $(x-1)^2+(y-3)^2+(z+2)^2=14$. **8.** $\frac{y^2}{a^2}+\frac{x^2+z^2}{a^2-c^2}=1$.

9. 球心为$(2,1,-2)$,半径为 3. **10.** (1) 3;(2) $t^2f(x,y)$;(3) $-2x+6y+3h$. **11.** 略.

12. (1) $D(z)=\{(x,y)\mid x\geqslant 0,-\infty<y<+\infty\}$;(2) $D(z)=\{(x,y)\mid |x|\leqslant 1,|y|\geqslant 1\}$;

(3) $D(z)=\left\{(x,y)\left|\frac{x^2}{a^2}+\frac{y^2}{b^2}\leqslant 1\right.\right\}$;(4) $D(z)=\{(x,y)\mid x+y<0\}$.

13. (1) $\frac{10}{3}$;(2) $\frac{1}{2}$;(3) 3;(4) $-\frac{1}{4}$;(5) 1;(6) 0.

14. 略. **15.** (1) $\{(x,y)\mid y^2-2x=0\}$;(2) $\{(x,y)\mid x=k\pi,y=n\pi,k,n\in\mathbf{Z}\}$.

16. (1) $\frac{\partial z}{\partial x}=3x^2y-y^3,\frac{\partial z}{\partial y}=x^3-3y^2x$;(2) $\frac{\partial z}{\partial x}=\frac{1}{2x\sqrt{\ln(xy)}},\frac{\partial z}{\partial y}=\frac{1}{2y\sqrt{\ln(xy)}}$;

(3) $\frac{\partial z}{\partial x}=y\cos(xy)-y\sin(2xy),\frac{\partial z}{\partial y}=x\cos(xy)-x\sin(2xy)$;

(4) $\frac{\partial u}{\partial x}=yz(1+xy)^{z-1},\frac{\partial u}{\partial y}=xz(1+xy)^{z-1},\frac{\partial u}{\partial z}=(1+xy)^z\ln(1+xy)$;

(5) $\frac{\partial u}{\partial x}=\frac{z(x-y)^{z-1}}{1+(x-y)^{2z}},\frac{\partial u}{\partial y}=-\frac{z(x-y)^{z-1}}{1+(x-y)^{2z}},\frac{\partial u}{\partial z}=\frac{(x-y)^z\ln(x-y)}{1+(x-y)^{2z}}$;

(6) $\frac{\partial u}{\partial x}=\frac{y}{z}x^{\frac{y}{z}-1},\frac{\partial u}{\partial y}=\frac{1}{z}x^{\frac{y}{z}}\ln x,\frac{\partial u}{\partial z}=-\frac{y}{z^2}x^{\frac{y}{z}}\ln x$.

17. $1-\frac{\sqrt{5}}{5}$.

18. (1) $\frac{\partial^2 z}{\partial x^2}=-a^2\sin(ax+by),\frac{\partial^2 z}{\partial y^2}=-b^2\sin(ax+by),\frac{\partial^2 z}{\partial x\partial y}=-ab\sin(ax+by)$;

(2) $\frac{\partial^2 z}{\partial x^2}=xy^3(1-x^2y^2)^{-\frac{3}{2}},\frac{\partial^2 z}{\partial y^2}=yx^3(1-x^2y^2)^{-\frac{3}{2}},\frac{\partial^2 z}{\partial x\partial y}=(1-x^2y^2)^{-\frac{3}{2}}$;

(3) $\frac{\partial^2 z}{\partial x^2}=\frac{1}{x^2}y^{\ln x}(\ln^2y-\ln y),\frac{\partial^2 z}{\partial y^2}=\ln x(\ln x-1)y^{\ln x-2},\frac{\partial^2 z}{\partial x\partial y}=\frac{y^{\ln x}(1+\ln x\ln y)}{xy}$;

(4) $\frac{\partial^2 z}{\partial x^2}=\frac{2xy}{(x^2+y^2)^2},\frac{\partial^2 z}{\partial y^2}=-\frac{2xy}{(x^2+y^2)^2},\frac{\partial^2 z}{\partial x\partial y}=\frac{y^2-x^2}{(x^2+y^2)^2}$.

19. 略.

20. (1) $\left(y+\frac{1}{y}\right)dx+x\left(1-\frac{1}{y^2}\right)dy$；(2) $-\frac{1}{x}e^{\frac{y}{x}}\left(\frac{y}{x}dx-dy\right)$；

(3) $(x^2+y^2)^{-\frac{3}{2}}(y^3dx+x^3dy)$；(4) $\frac{(1+y^2)dx+(1+x^2)dy}{1+x^2+y^2+x^2y^2}$；

(5) $a^{xyz}(yzdx+zxdy+xydz)\ln a$；(6) $\frac{3dx-2dy+dz}{3x-2y+z}$；(7) $\frac{2xdx+2ydy+2zdz}{\sqrt{1-(x^2+y^2+z^2)^2}}$.

21. $\frac{1}{6}dx+\frac{1}{3}dy$.　**22.** -0.1.　**23.** (1) 2.950；(2) 0.502；(3) 2.038；(4) 0.005.

24. 0.124 cm.　**25.** 55.3 cm^3.

26. $\frac{\partial z}{\partial x}=\frac{3}{2}x^2\sin 2y(\cos y-\sin y)$，$\frac{\partial z}{\partial y}=-x^3\sin 2y(\sin y+\cos y)+x^3(\sin^3 y+\cos^3 y)$.

27. $\frac{\partial z}{\partial x}=\frac{2x}{y^2}\ln(x\sin y)+\frac{x}{y^2}$，$\frac{\partial z}{\partial y}=-\frac{2x^2}{y^3}\ln(x\sin y)+\frac{x^2}{y^2}\cot y$.

28. $e^{\sin t-2t^3}(\cos t-6t^2)$.　**29.** $\frac{6t(1+2t)}{\sqrt{1-(3t^2+4t^3)^2}}$.

30. $\frac{\partial u}{\partial x}=2xf'_{\varepsilon}+2xf'_{\eta}+2yf'_{\xi}$，$\frac{\partial u}{\partial y}=2yf'_{\varepsilon}-2yf'_{\eta}+2xf'_{\xi}$.　**31～32.** 略.

33. (1) $\frac{\partial u}{\partial x}=2xf'$，$\frac{\partial u}{\partial y}=2yf'$，$\frac{\partial u}{\partial z}=-2zf'$；

(2) $\frac{\partial u}{\partial x}=f'_1+yf'_2+yzf'_3$，$\frac{\partial u}{\partial y}=xf'_2+xzf'_3$，$\frac{\partial u}{\partial z}=xyf'_3$.

34. (1) $\frac{\partial z}{\partial x}=\frac{z}{y}$，$\frac{\partial z}{\partial y}=\frac{z(y-x)}{y^2}$；(2) $\frac{\partial z}{\partial x}=-\frac{z\cos x+\sin y+yz}{\sin x+2z+xy}$，$\frac{\partial z}{\partial y}=-\frac{x\cos y+xz}{\sin x+2z+xy}$.

35. $\frac{2zy^2e^z-2xy^3z-y^2z^2e^z}{(e^z-xy)^3}$.　**36.** $\frac{z^5-2xyz^3-x^2y^2z}{(z^2-xy)^3}$.

37. (1) 无极值；(2) 极大值 $f(3,2)=36$；(3) 极小值 $f(0,1)=0$；

(4) $a>0$，取极大值 $f\left(\frac{a}{3},\frac{a}{3}\right)=\left(\frac{a}{3}\right)^3$；(5) 极大值 $f(1,1)=1$；

(6) 极小值 $f\left(\frac{1}{2},-1\right)=-\frac{1}{2}e$.

38. (1) 极大值 $f\left(\frac{1}{2},\frac{1}{2}\right)=\frac{1}{4}$；(2) 极小值 $f(1,1)=2$；

(3) 极小值 $f\left(\frac{ab^2}{a^2+b^2},\frac{a^2b}{a^2+b^2}\right)=\frac{a^2b^2}{a^2+b^2}$.

39. 直角边为$\frac{L}{\sqrt{2}}$的等腰直角 三角形.　**40.** 长、宽、高均为 $\sqrt[3]{V}$ cm时用料最省.

41. 长、宽、高均为$\frac{\sqrt{2}}{\sqrt{3}}a$ 时体积最大.　**42.** $2\sqrt{10}$ m，$3\sqrt{10}$ m.　**43.** $x=90t$，$y=30t$.

44. (1,2).　**45.** (1) $e^{\frac{1}{a}}$；(2) 0.　**46.** $(2-x)\sin y+\frac{1}{y}\ln\left|\frac{1-y}{1-xy}\right|$.

47. $f(x,y)=xy^2+y\sin x-x-\sin x$.　**48.** 0.　**49.** 0.

50. $\frac{1}{z}f'_1dx+\frac{1}{z}f'_2dy+\left(-\frac{x}{z^2}f'_1-\frac{y}{z^2}f'_2\right)dz$，$-\frac{x}{z^3}f''_{21}-\frac{y}{z^3}f''_{22}-\frac{1}{z^2}f'_2$.

51. $yf''(xy)+\varphi'(x+y)+y\varphi''(x+y)$.　**52.** 51.

$= C.$

$x^2\ln(Cx^2)$;(2) $\ln\dfrac{y^2}{|x|}+\dfrac{x}{y}=C$;(3) $y=xe^{Cx+1}$;(4) $y+\sqrt{x^2+y^2}=Cx^2$;

$=\exp\left(\dfrac{y^3}{x^3}\right)$;(6) $2xy-y^2=C$.

Ce^{-3x};(2) $y=Ce^{-3x}+\dfrac{1}{3}x-\dfrac{1}{9}$.

$3x-3+Ce^{-x}$;(2) $y=\dfrac{1}{x^2}\left(C-\dfrac{1}{3}\cos 3x\right)$;(3) $y=(x+1)^2\left[\dfrac{2}{3}(x+1)^{\frac{3}{2}}+C\right]$;

$e^{-x}(x+C)$;(5) $y=x^n(e^x+C)$;(6) $y=e^{-\sin x}(x+C)$.

$x\ln|1-\ln|x||$;(2) $y^3=x^3(3\ln|x|+1)$;(3) $\sin\dfrac{y}{x}=\dfrac{\sqrt{2}}{2}x$;(4) $y=x$;

$e^{x^2}(\sin x+2)$;(6) $y=\dfrac{1}{x}(-\cos x+\pi-1)$;(7) $y=x^2(e^x-e)$;(8) $y=\dfrac{\sin x-1}{x^2-1}$.

$(\arcsin x)^2+C_1\arcsin x+C_2$;(2) $y=x\arctan x-\dfrac{1}{2}\ln(1+x^2)+C_1x+C_2$;

$\dfrac{1}{2}x^2-x+C_1e^x+C_2$;(4) $y=\dfrac{1}{4}e^{2x}+\cos x+\dfrac{1}{2}x-\dfrac{5}{4}$;

$\ln\cos(x+C_1)+C_2$;(6) $y=-\ln(x+1)$;(7) $y=\dfrac{3}{2}(\arcsin x)^2$;

$\dfrac{1}{12}(x+2)^3-\dfrac{2}{3}$.

$x^3+\dfrac{1}{2}x+1$.

$C_1e^{-2x}+C_2e^{-3x}$;(2) $y=e^{-\frac{1}{4}x}\left(C_1\cos\dfrac{\sqrt{7}}{4}x+C_2\sin\dfrac{\sqrt{7}}{4}x\right)$;(3) $y=e^{-3x}(C_1+C_2x)$;

$C_1+C_2e^{5x}$;(5) $y=C_1+C_2e^{4x}+x$;(6) $y=C_1e^{3x}+C_2e^{-x}-\dfrac{2}{3}x+\dfrac{1}{9}$;

$(C_1\cos 2x+C_2\sin 2x)e^{3x}+\dfrac{14}{13}$;(8) $y=C_1e^x+C_2e^{-2x}+\dfrac{2}{3}xe^x$;

$C_1e^x+C_2e^{-x}-2\sin x$;(10) $y=(C_1+C_2x)e^{-x}+\dfrac{5}{2}x^2e^{-x}$.

$\cos x+2\sin x-2x\cos x$;(2) $y=\left(1+\dfrac{3}{2}x\right)e^{\frac{x}{2}}$;(3) $y=\dfrac{7}{2}e^{2x}-5e^x+\dfrac{5}{2}$;

$e^x-e^{-x}+(x^2-x)e^x$;(5) $y=e^{-x}+e^x$;(6) $y=4e^x+2e^{3x}$.

$+Ce^{-kt}$. **14.** $Q=1200\times 3^{-P}$.

为第 t 年账户资金余额,则 $\dfrac{dy}{dt}=0.05y, y(10)=10000e^{0.5}$(元).

$\dfrac{1000}{9+3^{\frac{t}{3}}}\cdot 3^{\frac{t}{3}}, y(6)=500$(条). **17.** (1) 六阶;(2) 三阶;(3) 五阶;(4) 二阶.

$=0$;(2) $\Delta^2 y_x=2$;(3) $\Delta y_x=e^{2x}(e^2-1), \Delta^2 y_x=e^{2x}(e^2-1)^2$;(4) $\Delta^3 y_x=6$;

$=2\cos a\left(x+\dfrac{1}{2}\right)\sin\dfrac{a}{2}$;(6) $\Delta^2 y_t=\ln(t+3)+\ln(t+1)-2\ln(t+2)$.

53. $\left(f'_x+f'_z\cdot\dfrac{x+1}{z+1}e^{x-z}\right)dx+\left(f'_y-f'_z\cdot\dfrac{y+1}{z+1}e^{y-z}\right)dy$.

54. (9,3) 是极小值点,极小值 $z(9,3)=3$;$(-9,-3)$ 是极大值点,极大值 $z(-9,-3)=-3$.

55. (1) (0,0),(−2,8);(2) (−2,8) 为极小值点.

习题 8

1. (1) $\iint\limits_D (x^2+y^2)d\sigma\geqslant\iint\limits_D (x^2+y^2)^3 d\sigma$;(2) $\iint\limits_D \ln(x+y)d\sigma\leqslant\iint\limits_D [\ln(x+y)]^2 d\sigma$.

2. (1) $8\pi\leqslant\iint\limits_D (x^2+y^2+2)d\sigma\leqslant 24\pi$;(2) $0\leqslant\iint\limits_D \ln(x+y+1)d\sigma\leqslant 2\ln 4$.

3. (1) $\int_{-1}^1 dx\int_{-1}^1 f(x,y)dy, \int_{-1}^1 dy\int_{-1}^1 f(x,y)dx$;(2) $\int_0^1 dx\int_x^1 f(x,y)dy, \int_0^1 dy\int_0^y f(x,y)dx$;

(3) $\int_1^e dx\int_0^{\ln x} f(x,y)dy, \int_0^1 dy\int_{e^y}^e f(x,y)dx$;

(4) $\int_0^1 dx\int_{x-1}^{1-x} f(x,y)dy, \int_{-1}^0 dy\int_0^{y+1} f(x,y)dx+\int_0^1 dy\int_0^{1-y} f(x,y)dx$;

(5) $\int_{-2}^0 dx\int_0^{4-x^2} f(x,y)dy+\int_0^2 dx\int_{2-\sqrt{4-x^2}}^{2+\sqrt{4-x^2}} f(x,y)dy, \int_0^4 dy\int_{-\sqrt{4-y}}^{\sqrt{4y-y^2}} f(x,y)dx$.

4. (1) $\int_0^1 dx\int_{x^2}^x f(x,y)dy$;(2) $\int_{\frac{1}{2}}^1 dy\int_{\frac{1}{y}}^2 f(x,y)dx+\int_1^2 dy\int_y^2 f(x,y)dx$;(3) $\int_0^4 dy\int_{\frac{y}{2}}^{\sqrt{y}} f(x,y)dx$;

(4) $\int_{-1}^0 dy\int_{-\sqrt{1-y^2}}^{\sqrt{1-y^2}} f(x,y)dx+\int_0^1 dy\int_{-\sqrt{1-y}}^{\sqrt{1-y}} f(x,y)dx$;(5) $\int_0^1 dy\int_y^{2-y} f(x,y)dx$;

(6) $\int_0^1 dx\int_x^{2-x} f(x,y)dy$.

5. (1) $\dfrac{1}{4}(e-1)$;(2) $\dfrac{76}{3}$;(3) $\dfrac{6}{55}$;(4) $\dfrac{5}{6}$;(5) $\dfrac{13}{6}$;(6) -3;(7) $1-\cos 1$;(8) $14a^4$.

6. (1) $\int_0^{2\pi} d\theta\int_a^b f(r\cos\theta, r\sin\theta)r dr$;(2) $\int_{-\frac{\pi}{2}}^{\frac{\pi}{2}} d\theta\int_0^{2\cos\theta} f(r\cos\theta, r\sin\theta)r dr$.

7. (1) $\int_{-\frac{\pi}{2}}^{\frac{\pi}{2}} d\theta\int_0^1 r^2\cos\theta f(r^2)dr$;(2) $\int_{\frac{\pi}{4}}^{\frac{\pi}{3}} d\theta\int_0^{2\sec\theta} r f(\theta)dr$;(3) $\int_0^{\frac{\pi}{4}} d\theta\int_0^{\frac{\sin\theta}{\cos^2\theta}} r f(r)dr$;

(4) $\int_0^{\frac{\pi}{2}} d\theta\int_{\frac{1}{\sin\theta+\cos\theta}}^1 r f\left(\dfrac{\cos\theta+\sin\theta}{r}\right)dr$;(5) $\int_0^{\frac{\pi}{2}} d\theta\int_0^{\cos\theta} f(r\cos\theta, r\sin\theta)r dr$;

(6) $\int_0^{\frac{\pi}{4}} d\theta\int_0^{\sec\theta} f(r\cos\theta, r\sin\theta)r dr$.

8. (1) $\pi(e^4-1)$;(2) $\pi\ln 2$;(3) $\dfrac{\pi}{4}(2\ln 2-1)$;(4) $\dfrac{15}{4}\pi$;(5) $\dfrac{\pi}{2}(4-\sqrt{7})$;

(6) $\dfrac{3}{64}\pi^2$;(7) 3π;(8) $\dfrac{1}{6}$.

9. (1) $\dfrac{3}{4}$;(2) 0;(3) $2-\dfrac{\pi}{2}$;(4) $\dfrac{9}{4}$;(5) -2. **10.** (1) $\dfrac{4}{9}$;(2) 0;(3) $\dfrac{14}{3}$.

11. (1) $\dfrac{9}{2}$;(2) $\sqrt{2}-1$;(3) $\dfrac{8}{3}$. **12.** (1) $\dfrac{5}{6}$;(2) $\dfrac{88}{105}$;(3) 3π.

13. (1) C；(2) C；(3) A；(4) C；(5) A.

14. (1) $\frac{e}{2}-1$；(2) $\frac{\pi}{4}-\frac{1}{3}$；(3) $\frac{2}{9}$；(4) $\frac{19}{4}+\ln 2$；(5) $\frac{3}{2}\pi$；(6) $4-\frac{\pi}{2}$；(7) $-\frac{8}{3}$；

(8) $\left(2\sqrt{2}-\frac{8}{3}\right)a^{\frac{3}{2}}$；(9) $\frac{9}{16}$；(10) $a^2\left(\frac{\pi^2}{16}-\frac{1}{2}\right)$.

15. (1) $\frac{1}{3}+4\sqrt{2}\ln(\sqrt{2}+1)$；(2) $\frac{14}{15}$；(3) $\frac{\pi}{2}(e^{\pi}+1)$.

习题 9

1. (1) $u_n=\frac{1}{2n-1}\ (n=1,2,\cdots)$；(2) $u_n=(-1)^{n+1}\frac{n+1}{n}\ (n=1,2,\cdots)$；

(3) $u_n=\frac{x^{n-1}}{(3n-2)(3n+1)}\ (n=1,2,\cdots)$；(4) $u_n=(-1)^{n+1}\frac{a^{n+1}}{2n+1}\ (n=1,2,\cdots)$.

2. (1) 发散；(2) 收敛；(3) 发散；(4) 收敛.

3. $u_n=\sqrt{n+1}-\sqrt{n}\to 0\ (n\to\infty)$；该级数前 n 项和 $S_n=\sqrt{n+1}-\sqrt{1}\to+\infty\ (n\to\infty)$，所以级数发散，这说明一般项 u_n 趋于零不是级数收敛的充分条件.

4. (1) 发散；(2) 收敛；(3) 收敛；(4) 收敛；(5) 收敛；(6) 发散；(7) 发散；(8) 发散.

5. (1) 收敛；(2) 收敛；(3) 收敛；(4) 发散；(5) 收敛；(6) 收敛；(7) 发散；(8) 发散.

6. (1) 收敛；(2) 收敛；(3) 收敛；(4) 发散；(5) 发散；(6) 收敛.

7. (1) 收敛；(2) 发散；(3) 收敛；(4) 发散.

8. (1) 绝对收敛；(2) 条件收敛；(3) 绝对收敛；(4) 发散；(5) 条件收敛；(6) 条件收敛.

9. (1) $1,[-1,1]$；(2) $+\infty,(-\infty,+\infty)$；(3) $3,[-3,3)$；(4) $\frac{1}{2},\left[-\frac{1}{2},\frac{1}{2}\right]$；

(5) 0，仅在 $x=0$ 收敛；(6) $1,[4,6)$；(7) $\sqrt{3},(-\sqrt{3},\sqrt{3})$；(8) $1,[-1,1]$；(9) $1,[-1,1)$；

(10) $\frac{1}{5},\left[-\frac{1}{5},\frac{1}{5}\right)$；(11) $\frac{1}{3},\left(-\frac{1}{3},\frac{1}{3}\right)$；(12) $\frac{\sqrt{2}}{2},\left(-\frac{\sqrt{2}}{2},\frac{\sqrt{2}}{2}\right)$.

10. (1) $S(x)=\frac{2x-x^2}{(1-x)^2},x\in(-1,1)$；(2) $S(x)=\frac{1}{4}\ln\frac{1+x}{1-x}+\frac{1}{2}\arctan x,x\in(-1,1)$；

(3) $S(x)=\frac{2x}{(1-x^2)^2},x\in(-1,1)$；(4) $S(x)=-\arctan x,x\in[-1,1]$；

(5) $S(x)=\frac{x}{(1-x)^2},x\in(-1,1)$；(6) $S(x)=\begin{cases}-\frac{1}{x}\ln\left(1-\frac{x}{2}\right), & x\neq 0 \text{ 且 } x\in[-2,2),\\ \frac{1}{2}, & x=0.\end{cases}$

11. (1) $\sum\limits_{n=0}^{\infty}\frac{(\ln a)^n}{n!}x^n\ (-\infty<x<+\infty)$；(2) $\sum\limits_{n=0}^{\infty}(-1)^n\frac{x^{2n+1}}{2^{2n+1}(2n+1)!}\ (-\infty<x<+\infty)$.

12. (1) $e^{x^2}=\sum\limits_{n=0}^{\infty}\frac{x^{2n}}{n!}\ (-\infty<x<+\infty)$；(2) $e^{-\frac{x}{2}}=\sum\limits_{n=0}^{\infty}\frac{(-1)^n}{2^n\cdot n!}x^n\ (-\infty<x<+\infty)$；

(3) $\frac{1}{(1-x)^2}=\sum\limits_{n=0}^{\infty}(n+1)x^n\ (-1<x<1)$；

(4) $\cos^2 x=1+\sum\limits_{n=1}^{\infty}(-1)^n\frac{(2x)^{2n}}{2(2n)!}\ (-\infty<x<+\infty$

(5) $\ln(1-x)=-\sum\limits_{n=0}^{\infty}\frac{1}{n+1}x^{n+1}\ (-1\leqslant x<1)$；

(6) $\ln(3-x)=\ln 3-\sum\limits_{n=1}^{\infty}\frac{x^n}{n\cdot 3^n}\ (-3\leqslant x<3)$；

(7) $x^3e^{-x}=\sum\limits_{n=0}^{\infty}(-1)^n\frac{x^{n+3}}{n!}\ (-\infty<x<+\infty)$；

(8) $\frac{1}{\sqrt{1-x^2}}=1+\sum\limits_{n=1}^{\infty}\frac{(2n-1)!!}{(2n)!!}x^{2n}\ (-1<x<$

(9) $\frac{1}{2+x}=\frac{1}{2}\sum\limits_{n=0}^{\infty}(-1)^n\frac{x^n}{2^n}\ (-2<x<2)$；

(10) $\frac{x}{x^2-2x-3}=\frac{1}{4}\sum\limits_{n=1}^{\infty}\left[(-1)^n-\frac{1}{3^n}\right]x^n\ (-1<$

13. (1) $\frac{1}{x}=\sum\limits_{n=0}^{\infty}\frac{(-1)^n}{3^{n+1}}(x-3)^n\ (0<x<6)$；(2) $e^x=$

(3) $\ln x=\ln 3+\sum\limits_{n=0}^{\infty}\frac{(-1)^n}{n+1}\cdot\frac{(x-3)^{n+1}}{3^{n+1}}\ (0<x\leqslant 6)$；

(4) $\frac{1}{x+2}=\frac{1}{5}\sum\limits_{n=0}^{\infty}\frac{(-1)^n}{5^n}(x-3)^n\ (-2<x<8)$

(5) $\frac{1}{x^2+3x+2}=\sum\limits_{n=0}^{\infty}\left[\frac{(-1)^n}{4^{n+1}}-\frac{(-1)^n}{5^{n+1}}\right](x-3)^n$

14. (1) 0.99985；(2) 2.993；(3) 1.625；(4) 0.693.

15. (1) 0.6667；(2) 0.0975；(3) 0.5448；(4) 0.4874.

20. 绝对收敛. **21.** (1) $[-1,1)$；(2) $[2,4]$；(3) $(0,4)$

24. $k\leqslant 0$，发散；$k>0$，收敛；$0<k\leqslant 1$，条件收敛；$k>$

26. $S(x)=\begin{cases}\frac{\ln\frac{1+x}{1-x}}{2x}-\frac{1}{1-x^2}, & 0<|x|<1,\\ 0, & x=0.\end{cases}$

27. $f(x)=1-\frac{1}{2}\ln(1+x^2)$，极大值 $f(0)=1$. **28.**

习题 10

1. (1) 二阶；(2) 一阶；(3) 一阶；(4) 一阶. **2.** 特解为

3. (1) $(1-x)(1+y)=C$；(2) $\cos x-\sqrt{2}\cos y=0$；(3

(5) $\frac{1}{2}y^2-\frac{1}{5}x^5=\frac{9}{2}$；(6) $y^2+1=\sqrt{x^2+1}$；(7)

(8) $\ln^2 x+\ln^2 y=C$.

4. x^2+y^2

5. (1) y^2

(5) Cx^3

6. (1) $y=$

7. (1) $y=$

(4) $y=$

8. (1) $y=$

(5) $y=$

9. (1) $y=$

(3) $y=$

(5) $y=$

(8) $y=$

10. $y=\frac{1}{6}$

11. (1) $y=$

(4) $y=$

(7) $y=$

(9) $y=$

12. (1) $y=$

(4) $y=$

13. $T=T_0$

15. 设 $y(t)$

16. $y(t)=$

18. (1) Δy_x

(5) Δy_x

53. $\left(f'_x+f'_z\cdot\dfrac{x+1}{z+1}\mathrm{e}^{x-z}\right)\mathrm{d}x+\left(f'_y-f'_z\cdot\dfrac{y+1}{z+1}\mathrm{e}^{y-z}\right)\mathrm{d}y.$

54. $(9,3)$ 是极小值点,极小值 $z(9,3)=3$;$(-9,-3)$ 是极大值点,极大值 $z(-9,-3)=-3$.

55. (1) $(0,0),(-2,8)$;(2) $(-2,8)$ 为极小值点.

习题 8

1. (1) $\iint\limits_D(x^2+y^2)\mathrm{d}\sigma\geqslant\iint\limits_D(x^2+y^2)^3\mathrm{d}\sigma$;(2) $\iint\limits_D\ln(x+y)\mathrm{d}\sigma\leqslant\iint\limits_D[\ln(x+y)]^2\mathrm{d}\sigma$.

2. (1) $8\pi\leqslant\iint\limits_D(x^2+y^2+2)\mathrm{d}\sigma\leqslant 24\pi$;(2) $0\leqslant\iint\limits_D\ln(x+y+1)\mathrm{d}\sigma\leqslant 2\ln 4$.

3. (1) $\int_{-1}^{1}\mathrm{d}x\int_{-1}^{1}f(x,y)\mathrm{d}y,\int_{-1}^{1}\mathrm{d}y\int_{-1}^{1}f(x,y)\mathrm{d}x$;(2) $\int_0^1\mathrm{d}x\int_x^1 f(x,y)\mathrm{d}y,\int_0^1\mathrm{d}y\int_0^y f(x,y)\mathrm{d}x$;

(3) $\int_1^{\mathrm{e}}\mathrm{d}x\int_0^{\ln x}f(x,y)\mathrm{d}y,\int_0^1\mathrm{d}y\int_{\mathrm{e}^y}^{\mathrm{e}}f(x,y)\mathrm{d}x$;

(4) $\int_0^1\mathrm{d}x\int_{x-1}^{1-x}f(x,y)\mathrm{d}y,\int_{-1}^{0}\mathrm{d}y\int_0^{y+1}f(x,y)\mathrm{d}x+\int_0^1\mathrm{d}y\int_0^{1-y}f(x,y)\mathrm{d}x$;

(5) $\int_{-2}^{0}\mathrm{d}x\int_0^{4-x^2}f(x,y)\mathrm{d}y+\int_0^2\mathrm{d}x\int_{2-\sqrt{4-x^2}}^{2+\sqrt{4-x^2}}f(x,y)\mathrm{d}y,\int_0^4\mathrm{d}y\int_{-\sqrt{4-y}}^{\sqrt{4y-y^2}}f(x,y)\mathrm{d}x$.

4. (1) $\int_0^1\mathrm{d}x\int_{x^2}^{x}f(x,y)\mathrm{d}y$;(2) $\int_{\frac{1}{2}}^{1}\mathrm{d}y\int_{\frac{1}{y}}^{2}f(x,y)\mathrm{d}x+\int_1^2\mathrm{d}y\int_y^2 f(x,y)\mathrm{d}x$;(3) $\int_0^4\mathrm{d}y\int_{\frac{y}{2}}^{\sqrt{y}}f(x,y)\mathrm{d}x$;

(4) $\int_{-1}^{0}\mathrm{d}y\int_{-\sqrt{1-y^2}}^{\sqrt{1-y^2}}f(x,y)\mathrm{d}x+\int_0^1\mathrm{d}y\int_{-\sqrt{1-y}}^{\sqrt{1-y}}f(x,y)\mathrm{d}x$;(5) $\int_0^1\mathrm{d}y\int_y^{2-y}f(x,y)\mathrm{d}x$;

(6) $\int_0^1\mathrm{d}x\int_x^{2-x}f(x,y)\mathrm{d}y$.

5. (1) $\dfrac{1}{4}(\mathrm{e}-1)$;(2) $\dfrac{76}{3}$;(3) $\dfrac{6}{55}$;(4) $\dfrac{5}{6}$;(5) $\dfrac{13}{6}$;(6) -3;(7) $1-\cos 1$;(8) $14a^4$.

6. (1) $\int_0^{2\pi}\mathrm{d}\theta\int_a^b f(r\cos\theta,r\sin\theta)r\mathrm{d}r$;(2) $\int_{-\frac{\pi}{2}}^{\frac{\pi}{2}}\mathrm{d}\theta\int_0^{2\cos\theta}f(r\cos\theta,r\sin\theta)r\mathrm{d}r$.

7. (1) $\int_{-\frac{\pi}{2}}^{\frac{\pi}{2}}\mathrm{d}\theta\int_0^1 r^2\cos\theta f(r^2)\mathrm{d}r$;(2) $\int_{\frac{\pi}{4}}^{\frac{\pi}{3}}\mathrm{d}\theta\int_0^{2\sec\theta}rf(\theta)\mathrm{d}r$;(3) $\int_0^{\frac{\pi}{4}}\mathrm{d}\theta\int_0^{\frac{\sin\theta}{\cos^2\theta}}rf(r)\mathrm{d}r$;

(4) $\int_0^{\frac{\pi}{2}}\mathrm{d}\theta\int_{\frac{1}{\sin\theta+\cos\theta}}^{1}rf\left(\dfrac{\cos\theta+\sin\theta}{r}\right)\mathrm{d}r$;(5) $\int_0^{\frac{\pi}{2}}\mathrm{d}\theta\int_0^{\cos\theta}f(r\cos\theta,r\sin\theta)r\mathrm{d}r$;

(6) $\int_0^{\frac{\pi}{4}}\mathrm{d}\theta\int_0^{\sec\theta}f(r\cos\theta,r\sin\theta)r\mathrm{d}r$.

8. (1) $\pi(\mathrm{e}^4-1)$;(2) $\pi\ln 2$;(3) $\dfrac{\pi}{4}(2\ln 2-1)$;(4) $\dfrac{15}{4}\pi$;(5) $\dfrac{\pi}{2}(4-\sqrt{7})$;

(6) $\dfrac{3}{64}\pi^2$;(7) 3π;(8) $\dfrac{1}{6}$.

9. (1) $\dfrac{3}{4}$;(2) 0;(3) $2-\dfrac{\pi}{2}$;(4) $\dfrac{9}{4}$;(5) -2.　**10.** (1) $\dfrac{4}{9}$;(2) 0;(3) $\dfrac{14}{3}$.

11. (1) $\dfrac{9}{2}$;(2) $\sqrt{2}-1$;(3) $\dfrac{8}{3}$.　**12.** (1) $\dfrac{5}{6}$;(2) $\dfrac{88}{105}$;(3) 3π.

13. (1) C;(2) C;(3) A;(4) C;(5) A.

14. (1) $\frac{e}{2}-1$;(2) $\frac{\pi}{4}-\frac{1}{3}$;(3) $\frac{2}{9}$;(4) $\frac{19}{4}+\ln 2$;(5) $\frac{3}{2}\pi$;(6) $4-\frac{\pi}{2}$;(7) $-\frac{8}{3}$;

(8) $\left(2\sqrt{2}-\frac{8}{3}\right)a^{\frac{3}{2}}$;(9) $\frac{9}{16}$;(10) $a^2\left(\frac{\pi^2}{16}-\frac{1}{2}\right)$.

15. (1) $\frac{1}{3}+4\sqrt{2}\ln(\sqrt{2}+1)$;(2) $\frac{14}{15}$;(3) $\frac{\pi}{2}(e^{\pi}+1)$.

习题 9

1. (1) $u_n=\frac{1}{2n-1}\ (n=1,2,\cdots)$;(2) $u_n=(-1)^{n+1}\frac{n+1}{n}\ (n=1,2,\cdots)$;

(3) $u_n=\frac{x^{n-1}}{(3n-2)(3n+1)}\ (n=1,2,\cdots)$;(4) $u_n=(-1)^{n+1}\frac{a^{n+1}}{2n+1}\ (n=1,2,\cdots)$.

2. (1) 发散;(2) 收敛;(3) 发散;(4) 收敛.

3. $u_n=\sqrt{n+1}-\sqrt{n}\to 0\ (n\to\infty)$;该级数前 n 项和 $S_n=\sqrt{n+1}-\sqrt{1}\to+\infty\ (n\to\infty)$,所以级数发散,这说明一般项 u_n 趋于零不是级数收敛的充分条件.

4. (1) 发散;(2) 收敛;(3) 收敛;(4) 收敛;(5) 收敛;(6) 发散;(7) 发散;(8) 发散.

5. (1) 收敛;(2) 收敛;(3) 收敛;(4) 发散;(5) 收敛;(6) 收敛;(7) 发散;(8) 发散.

6. (1) 收敛;(2) 收敛;(3) 收敛;(4) 发散;(5) 发散;(6) 收敛.

7. (1) 收敛;(2) 发散;(3) 收敛;(4) 发散.

8. (1) 绝对收敛;(2) 条件收敛;(3) 绝对收敛;(4) 发散;(5) 条件收敛;(6) 条件收敛.

9. (1) $1,[-1,1]$;(2) $+\infty,(-\infty,+\infty)$;(3) $3,[-3,3)$;(4) $\frac{1}{2},\left[-\frac{1}{2},\frac{1}{2}\right]$;

(5) 0,仅在 $x=0$ 收敛;(6) $1,[4,6)$;(7) $\sqrt{3},(-\sqrt{3},\sqrt{3})$;(8) $1,[-1,1]$;(9) $1,[-1,1)$;

(10) $\frac{1}{5},\left[-\frac{1}{5},\frac{1}{5}\right)$;(11) $\frac{1}{3},\left(-\frac{1}{3},\frac{1}{3}\right)$;(12) $\frac{\sqrt{2}}{2},\left(-\frac{\sqrt{2}}{2},\frac{\sqrt{2}}{2}\right)$.

10. (1) $S(x)=\frac{2x-x^2}{(1-x)^2},x\in(-1,1)$;(2) $S(x)=\frac{1}{4}\ln\frac{1+x}{1-x}+\frac{1}{2}\arctan x,x\in(-1,1)$;

(3) $S(x)=\frac{2x}{(1-x^2)^2},x\in(-1,1)$;(4) $S(x)=-\arctan x,x\in[-1,1]$;

(5) $S(x)=\frac{x}{(1-x)^2},x\in(-1,1)$;(6) $S(x)=\begin{cases}-\frac{1}{x}\ln\left(1-\frac{x}{2}\right), & x\neq 0 \text{ 且 } x\in[-2,2),\\ \frac{1}{2}, & x=0.\end{cases}$

11. (1) $\sum_{n=0}^{\infty}\frac{(\ln a)^n}{n!}x^n\ (-\infty<x<+\infty)$;(2) $\sum_{n=0}^{\infty}(-1)^n\frac{x^{2n+1}}{2^{2n+1}(2n+1)!}\ (-\infty<x<+\infty)$.

12. (1) $e^{x^2}=\sum_{n=0}^{\infty}\frac{x^{2n}}{n!}\ (-\infty<x<+\infty)$;(2) $e^{-\frac{x}{2}}=\sum_{n=0}^{\infty}\frac{(-1)^n}{2^n\cdot n!}x^n\ (-\infty<x<+\infty)$;

(3) $\frac{1}{(1-x)^2}=\sum_{n=0}^{\infty}(n+1)x^n\ (-1<x<1)$;

(4) $\cos^2 x = 1 + \sum_{n=1}^{\infty}(-1)^n \frac{(2x)^{2n}}{2(2n)!}\ (-\infty < x < +\infty)$;

(5) $\ln(1-x) = -\sum_{n=0}^{\infty} \frac{1}{n+1}x^{n+1}\ (-1 \leqslant x < 1)$;

(6) $\ln(3-x) = \ln 3 - \sum_{n=1}^{\infty} \frac{x^n}{n \cdot 3^n}\ (-3 \leqslant x < 3)$;

(7) $x^3 e^{-x} = \sum_{n=0}^{\infty}(-1)^n \frac{x^{n+3}}{n!}\ (-\infty < x < +\infty)$;

(8) $\frac{1}{\sqrt{1-x^2}} = 1 + \sum_{n=1}^{\infty} \frac{(2n-1)!!}{(2n)!!}x^{2n}\ (-1 < x < 1)$;

(9) $\frac{1}{2+x} = \frac{1}{2}\sum_{n=0}^{\infty}(-1)^n \frac{x^n}{2^n}\ (-2 < x < 2)$;

(10) $\frac{x}{x^2-2x-3} = \frac{1}{4}\sum_{n=1}^{\infty}\left[(-1)^n - \frac{1}{3^n}\right]x^n\ (-1 < x < 1)$.

13. (1) $\frac{1}{x} = \sum_{n=0}^{\infty} \frac{(-1)^n}{3^{n+1}}(x-3)^n\ (0 < x < 6)$;(2) $e^x = e^3 \sum_{n=0}^{\infty} \frac{(x-3)^n}{n!}\ (-\infty < x < +\infty)$;

(3) $\ln x = \ln 3 + \sum_{n=0}^{\infty} \frac{(-1)^n}{n+1} \cdot \frac{(x-3)^{n+1}}{3^{n+1}}\ (0 < x \leqslant 6)$;

(4) $\frac{1}{x+2} = \frac{1}{5}\sum_{n=0}^{\infty} \frac{(-1)^n}{5^n}(x-3)^n\ (-2 < x < 8)$;

(5) $\frac{1}{x^2+3x+2} = \sum_{n=0}^{\infty}\left[\frac{(-1)^n}{4^{n+1}} - \frac{(-1)^n}{5^{n+1}}\right](x-3)^n\ (-1 < x < 7)$.

14. (1) 0.99985;(2) 2.993;(3) 1.625;(4) 0.693.

15. (1) 0.6667;(2) 0.0975;(3) 0.5448;(4) 0.4874.　**16.** B.　**17.** B.　**18.** D.　**19.** C.

20. 绝对收敛.　**21.** (1) $[-1,1)$;(2) $[2,4]$;(3) $(0,4)$.　**22.** 略.　**23.** 略.

24. $k \leqslant 0$,发散;$k > 0$,收敛;$0 < k \leqslant 1$,条件收敛;$k > 1$,绝对收敛.　**25.** $\ln(2+\sqrt{2})$.

26. $S(x) = \begin{cases} \frac{\ln\frac{1+x}{1-x}}{2x} - \frac{1}{1-x^2}, & 0 < |x| < 1, \\ 0, & x = 0. \end{cases}$

27. $f(x) = 1 - \frac{1}{2}\ln(1+x^2)$,极大值 $f(0) = 1$.　**28.** 5.

习题 10

1. (1) 二阶;(2) 一阶;(3) 一阶;(4) 一阶.　**2.** 特解为 $y = 2e^{2x} - 2e^x$.

3. (1) $(1-x)(1+y) = C$;(2) $\cos x - \sqrt{2}\cos y = 0$;(3) $e^y - \frac{1}{3}e^{3x} = C$;(4) $y = Ce^{-\frac{x^2}{2}}$;

(5) $\frac{1}{2}y^2 - \frac{1}{5}x^5 = \frac{9}{2}$;(6) $y^2 + 1 = \sqrt{x^2+1}$;(7) $(1+x^2)(1+2y) = C$;

(8) $\ln^2 x + \ln^2 y = C$.

4. $x^2+y^2=C$.

5. (1) $y^2=x^2\ln(Cx^2)$;(2) $\ln\frac{y^2}{|x|}+\frac{x}{y}=C$;(3) $y=xe^{Cx+1}$;(4) $y+\sqrt{x^2+y^2}=Cx^2$;

(5) $Cx^3=\exp\left(\frac{y^3}{x^3}\right)$;(6) $2xy-y^2=C$.

6. (1) $y=Ce^{-3x}$;(2) $y=Ce^{-3x}+\frac{1}{3}x-\frac{1}{9}$.

7. (1) $y=3x-3+Ce^{-x}$;(2) $y=\frac{1}{x^2}\left(C-\frac{1}{3}\cos 3x\right)$;(3) $y=(x+1)^2\left[\frac{2}{3}(x+1)^{\frac{3}{2}}+C\right]$;

(4) $y=e^{-x}(x+C)$;(5) $y=x^n(e^x+C)$;(6) $y=e^{-\sin x}(x+C)$.

8. (1) $y=-x\ln|1-\ln|x||$;(2) $y^3=x^3(3\ln|x|+1)$;(3) $\sin\frac{y}{x}=\frac{\sqrt{2}}{2}x$;(4) $y=x$;

(5) $y=e^{x^2}(\sin x+2)$;(6) $y=\frac{1}{x}(-\cos x+\pi-1)$;(7) $y=x^2(e^x-e)$;(8) $y=\frac{\sin x-1}{x^2-1}$.

9. (1) $y=(\arcsin x)^2+C_1\arcsin x+C_2$;(2) $y=x\arctan x-\frac{1}{2}\ln(1+x^2)+C_1x+C_2$;

(3) $y=-\frac{1}{2}x^2-x+C_1e^x+C_2$;(4) $y=\frac{1}{4}e^{2x}+\cos x+\frac{1}{2}x-\frac{5}{4}$;

(5) $y=-\ln\cos(x+C_1)+C_2$;(6) $y=-\ln(x+1)$;(7) $y=\frac{3}{2}(\arcsin x)^2$;

(8) $y=\frac{1}{12}(x+2)^3-\frac{2}{3}$.

10. $y=\frac{1}{6}x^3+\frac{1}{2}x+1$.

11. (1) $y=C_1e^{-2x}+C_2e^{-3x}$;(2) $y=e^{-\frac{1}{4}x}\left(C_1\cos\frac{\sqrt{7}}{4}x+C_2\sin\frac{\sqrt{7}}{4}x\right)$;(3) $y=e^{-3x}(C_1+C_2x)$;

(4) $y=C_1+C_2e^{5x}$;(5) $y=C_1+C_2e^{4x}+x$;(6) $y=C_1e^{3x}+C_2e^{-x}-\frac{2}{3}x+\frac{1}{9}$;

(7) $y=(C_1\cos 2x+C_2\sin 2x)e^{3x}+\frac{14}{13}$;(8) $y=C_1e^x+C_2e^{-2x}+\frac{2}{3}xe^x$;

(9) $y=C_1e^x+C_2e^{-x}-2\sin x$;(10) $y=(C_1+C_2x)e^{-x}+\frac{5}{2}x^2e^{-x}$.

12. (1) $y=\cos x+2\sin x-2x\cos x$;(2) $y=\left(1+\frac{3}{2}x\right)e^{\frac{x}{2}}$;(3) $y=\frac{7}{2}e^{2x}-5e^x+\frac{5}{2}$;

(4) $y=e^x-e^{-x}+(x^2-x)e^x$;(5) $y=e^{-x}+e^x$;(6) $y=4e^x+2e^{3x}$.

13. $T=T_0+Ce^{-kt}$. **14.** $Q=1200\times 3^{-P}$.

15. 设 $y(t)$ 为第 t 年账户资金余额,则$\frac{dy}{dt}=0.05y$,$y(10)=10000e^{0.5}$(元).

16. $y(t)=\frac{1000}{9+3^{\frac{t}{3}}}\cdot 3^{\frac{t}{3}}$,$y(6)=500$(条). **17.** (1) 六阶;(2) 三阶;(3) 五阶;(4) 二阶.

18. (1) $\Delta y_x=0$;(2) $\Delta^2y_x=2$;(3) $\Delta y_x=e^{2x}(e^2-1)$,$\Delta^2y_x=e^{2x}(e^2-1)^2$;(4) $\Delta^3y_x=6$;

(5) $\Delta y_x=2\cos a\left(x+\frac{1}{2}\right)\sin\frac{a}{2}$;(6) $\Delta^2y_t=\ln(t+3)+\ln(t+1)-2\ln(t+2)$.

19. 略. **20.** 特解 $y_x=\frac{1}{2}\left[\left(\frac{5}{2}\right)^x+\left(\frac{1}{2}\right)^x\right]$.

21. (1) $y_x=-3+C\cdot 2^x$;(2) $y_x=2x+C$;(3) $y_x=\frac{1}{3}x-x^2+\frac{2}{3}x^3+C$;

(4) $y_x=\frac{1}{2}\left(\frac{5}{2}\right)^x+C\left(\frac{1}{2}\right)^x$;(5) $y_x=\frac{1}{4}\cdot 3^x+C(-1)^x$;

(6) $y_x=2^x\left(\frac{x}{3}-\frac{2}{9}\right)+C\cdot(-1)^x$.

22. (1) $y_x=3\left(-\frac{3}{4}\right)^x+2$;(2) $y_x=-\frac{3}{4}+\frac{37}{12}\cdot 5^x$;(3) $y_x=\frac{1}{3}\cdot 2^x+\frac{5}{3}\cdot(-1)^x$;

(4) $y_x=\frac{71}{25}(-4)^x+\frac{2}{5}x^2+\frac{1}{25}x-\frac{46}{25}$.

23. (1) $x+\sqrt{x^2+y^2}=C$ 或 $x-\sqrt{x^2+y^2}=Cy^2$;(2) $y^2=2x^2(\ln|x|+C)$;

(3) $\arctan\left(\frac{y-5}{x-1}\right)-\frac{1}{2}\ln\left[1+\left(\frac{y-5}{x-1}\right)^2\right]=\ln|C(x-1)|\ (x\neq 1)$;

(4) $y=e^{-\sin x}(x\ln x-x+C)$;(5) $y+\sqrt{x^2+y^2}=C$;(6) $y=C_1e^{-2x}+C_2e^{-3x}+e^{-x}$.

24. (1) $\frac{1-\cos(x+y)}{\sin(x+y)}=\frac{\pi}{2x}$;(2) $y=\frac{3}{4}+\frac{1}{4}e^{2x}+\frac{1}{2}xe^{2x}$;(3) $xy=2$;(4) $y=\frac{x}{\sqrt{\ln x+1}}$.

25. $y=Cx^{-3}e^{-\frac{1}{x}}$. **26.** $y=\begin{cases}1-e^{-\frac{x^2}{2}}, & 0\leqslant x\leqslant 1,\\ \left(e^{\frac{1}{2}}-1\right)e^{-\frac{x^2}{2}}, & x>1.\end{cases}$ **27.** $f(t)=(4\pi t^2+1)e^{4\pi t^2}$.

28. $f(x)=3e^{3x}-2e^{2x}$. **29.** $\varphi(x)=\frac{1}{2}(\cos x+\sin x+e^x)$.

30. $y=\begin{cases}e^{2x}-1, & x\leqslant 1,\\ (1-e^{-2})e^{2x}, & x>1.\end{cases}$ **31.** (1) $F'(x)+2F(x)=4e^{2x}$;(2) $F(x)=e^{2x}-e^{-2x}$.

32. $y'=3\left(\frac{y}{x}\right)^2-2\left(\frac{y}{x}\right)$, $y=x-x^3y$.

33. (1) $(-\infty,+\infty)$;(2) 略;(3) $S(x)=\frac{1}{2}(e^{-x}+e^x)+1$.

34. (1) $p_e=\left(\frac{a}{b}\right)^{\frac{1}{3}}$;(2) $p(t)=[p_e^3+(1-p_e^3)e^{-3kbt}]^{\frac{1}{3}}$;(3) $\lim\limits_{t\to+\infty}p(t)=p_e$.

35. (1) $y_t=C+(t-2)2^t$;(2) $y_t=C(-5)^t+\frac{5}{12}\left(t-\frac{1}{6}\right)$.

参考文献

[1] 侯亚君.微积分:经济类.北京:机械工业出版社,2011.
[2] 龚德恩,范培华.微积分.北京:高等教育出版社,2008.
[3] 周文龙,裴东林.高等数学.北京:北京邮电大学出版社,2009.
[4] 赵树嫄.微积分.3版.北京:中国人民大学出版社,2012.
[5] 刘浩荣,郭景德,蔡林福,等.高等数学:经管类.上海:同济大学出版社,2012.
[6] 党高学,韩金仓.微积分.北京:科学出版社,2010.
[7] 蔡光兴,李德宜.微积分:经管类.北京:科学出版社,2004.
[8] 大学数学编写委员会《高等数学》编写组.高等数学.北京:科学出版社,2012.
[9] 吴冰.新编高等数学习题集.北京:北京理工大学出版社,2011.